工程管理丛书

建设工程合同管理

（第 2 版）

高显义　柯　华　编著

同济大学 出版社
TONGJI UNIVERSITY PRESS

内 容 提 要

本书分上、下两篇,共由19章组成。上篇介绍了工程合同管理的内容和方法,包括建设工程合同管理概述、合同管理的组织、合同的策划、合同的订立、合同的履行、合同变更管理、合同索赔管理、合同风险管理、合同文档资料管理。下篇从实践的角度,借助各种示范文本介绍建设工程合同的内容,包括建设工程施工合同、标准施工招标文件合同条款、建设项目工程总承包合同、FIDIC施工合同条件、工程材料设备采购合同、建设工程勘察合同、建设工程设计合同、建设工程监理合同、建设工程造价咨询合同、工程咨询服务合同。

本书内容安排简明、实用,并尽量做到具有可操作性,编写中注重理论性和实践性的结合。

本书可作为高等院校工程管理专业及土木工程等相关专业教材,也可供各类工程管理人员参考。

图书在版编目(CIP)数据

建设工程合同管理/高显义,柯华编著. —2版.
—上海：同济大学出版社,2018.2
ISBN 978-7-5608-7768-6

Ⅰ.①建… Ⅱ.①高… ②柯… Ⅲ.①建筑工程—经济
合同—管理—高等学校—教材 Ⅳ.①TU723.1

中国版本图书馆CIP数据核字(2018)第043719号

工程管理丛书

建设工程合同管理(第2版)

高显义 柯 华 编著

责任编辑 姚烨铭 责任校对 徐春莲 封面设计 陈益平

出版发行	同济大学出版社 www.tongjipress.com.cn	
	(地址:上海市四平路1239号 邮编:200092 电话:021—65985622)	
经 销	全国各地新华书店	
印 刷	上海同济印刷厂有限公司	
开 本	787mm×1092mm 1/16	
印 张	25.75	
字 数	643000	
版 次	2018年3月第2版 2018年3月第1次印刷	
书 号	ISBN 978-7-5608-7768-6	

定 价 58.00元

再版前言

随着我国建筑业和建筑市场的发展,建设工程合同作为项目建设过程中协调各方关系的纽带,作为工程项目管理的核心内容,市场经济条件下配置项目资源的重要手段,越来越引起项目各参建单位的重视。

工程合同主要包括勘察、设计、监理、施工、重要材料设备采购等合同,其内容、特点及管理方法各不相同,所涉及的范围、参建主体、专业技术条件也各不相同。各参加建设单位从不同的角度和各自的目标出发,通过合同被统一在一个项目的建设中,各合同之间也存在着内容上、组织上、时间上和技术上复杂的界面,从而形成复杂的合同关系,因此,对这些合同的管理也显得非常复杂。

建设工程合同管理就是在一个项目的建设过程中,各方如何对本单位所涉及的建设工程合同进行管理,以实现本单位在该项目(合同)上的目标。对单项合同的管理,其内容主要包括合同的提出、合同的订立、合同的履行、合同变更和索赔控制、合同纠纷的处理等。站在项目的角度,工程合同管理的内容包括合同的策划和合同的控制和协调。合同管理的任务就是实现合同目标,而各参加建设单位的合同目标是不同的。业主实现合同目标是为了实现项目的目标,包括质量目标、进度目标和投资目标。承包方实现合同目标是为了在顺利完成承包合同的基础上,取得预期利润、赢得市场信誉。

本书立足于建立一套较为简明实用的建设工程合同管理知识体系,编者在借鉴国内外工程合同管理理论、内容和经验的基础上,结合我国市场经济条件下工程合同管理的现状,吸收了从事工程合同管理的工作实践和教学体会,介绍了建设工程合同管理的内容和方法,并注重理论性与实践性的结合。

本书由同济大学经济与管理学院建设管理与房地产系高显义、柯华主编。全书共19章。具体编写分工如下:第1、第2、第3、第5章,高显义;第4、第19章,贾广社;第6、第7、第8、第9章,柯华;第10、第11、第12、第15、第16、第17、第18章,高显义、曹少华;第13章,臧漫丹;第14章,曹吉鸣。本次再版,对第10章,第15至第19章部分内容作了较大修改。

本书可作为高等学校工程管理专业及土木工程类相关专业的教材,也可作为各类工程合同管理人员的参考书。由于编者的学术水平和实践经验有限,书中难免有错误之处,恳请读者给予批评指正。

在本书编写过程中,得到同济大学经济与管理学院建设管理与房地产系教师、同济大学出版社及有关单位的大力支持,在此一并表示衷心感谢!

编　　者

2018 年 1 月于同济大学

目　录

下 篇

上　篇

1　建设工程合同管理概述

工程项目的建设过程是一个复杂的社会生产过程,有着自身的规律和特点,具有明显的行业特征。从项目建设的过程看,可分为项目建议书、项目可行性研究、勘察设计、施工、竣工验收和生产运营等各个阶段;从专业技术角度看,项目建设涉及建筑、结构、给排水、电、燃气、电信、市政、园林绿化等专业设计和施工活动;从所消耗的资源看,需要劳动力、各种建筑材料、施工机械、建筑设备、建设资金等,工业项目更需要专业化的生产设备。

由于社会化生产和专业化分工,一个工程往往需要众多的单位参与前期策划、规划设计、建筑安装、材料设备供应及其他工程咨询等活动,小型项目可能需要十几个参建单位,大型项目往往需要几十个,甚至成百上千个参建单位。这些单位从各自的角度和各自的利益出发,通过分工协作,共同努力,完成项目建设任务。市场经济条件下,合同就成为维系这些参建单位,调节各方权利义务关系的纽带。

1.1　建设工程合同

我国《合同法》第二百六十九条规定:"建设工程合同是承包人进行工程建设,发包人支付价款的合同。建设工程合同包括工程勘察、设计、施工合同。"

事实上,建设工程合同还包括工程监理合同、工程材料设备采购合同以及与工程建设相关的其他合同。这里应注意,建设工程合同并非指一个参建单位在某项目建设过程中签订的所有合同。以业主为例,业主单位如果要在现场办公,则要购买办公用品,或临时租用办公用房、交通工具等,需要签订相关合同,而这些合同并不是工程合同。工程合同种类繁多,可以从不同的角度进行分类。

1)按承包的工作性质划分

按承包工作性质的不同,一般将工程合同划分为勘察合同、设计合同、工程监理合同、施工合同、材料设备采购合同和其他工程咨询合同等。

2)按承包的工程范围划分

按承包工程范围的不同,一般将工程合同划分为项目总承包合同、施工总承包合同,专业分包合同和劳务分包合同等。

3)按合同计价方式划分

按计价方式的不同,一般将工程合同划分为总价合同、单价合同、成本加酬金合同等。

1.2　建设工程中主要的合同关系

一个项目建设涉及不同种类的合同。通过合同使各参建单位之间建立起十分复杂的内部联系,形成了一个复杂的合同网络,一个项目合同关系的形成往往体现了以工程为主线,以业主为主导,以施工总包单位为重点的合同网络,如图1-1所示。

1.2.1　业主的合同关系

业主作为建筑市场的买方,是工程的发起者、组织者。业主参与项目建设全过程,并主导着一个项目建设的基本格局和基本方向。业主往往根据项目的功能和使用要求,规划确定项目的总目标,并在项目进展的全过程中对这些目标进行控制。但业主的行为属于投资行为,往往不具备专业设计施工力量和相应的资质,因此,要实现项目目标,业主必须将项目勘察、设计、各专业工程施工、材料设备供应、工程咨询等工作委托出去,组织社会上各方面的力量,共同参与项目建设,这期间必然要形成各种合同关系,从业主的角度,其主要的合同可分为以下几大类:

(1) 工程施工合同。即业主与施工单位签订的工程施工合同。一个项目根据承发包模式的不同可能涉及多种不同的施工合同,如施工总包合同、专业分包合同、劳务分包合同等;从专业性质分,又可分为建筑、安装、装饰等工程施工,其中,又可根据项目的规模和专业特点进一步分为若干个施工合同。

(2) 材料设备采购合同。主要指业主与材料和设备供应单位签订材料设备采购合同。

(3) 工程咨询合同。即业主与工程咨询单位签订的合同。这些咨询单位可为业主提供包括项目前期策划、可行性研究、勘察设计、建设监理、招标代理、工程造价、项目管理等某一项或几项工作。

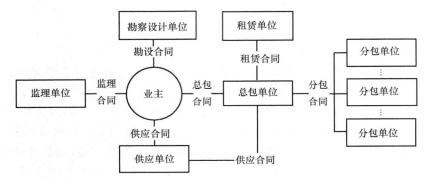

图 1-1　建设项目中主要的合同关系

总之,按照承发包模式的不同,业主可能订立许多合同。业主可以将整个项目以项目总承包的方式委托给一家总承包商,可以将整个工程的设计任务或施工任务委托给一家设计或施工总承包单位,也可以将工程分专业、分阶段委托给不同的施工单位,将材料设备供应分别委托给不同的供应商。因此,同一个项目,根据项目特点、业主的管理力量,甚至是业主的意志,会产生不同种类和不同数量的合同,而不同合同的工作范围和工作内容也可能会有很大的区别。

1.2.2　施工总包单位的合同关系

任何项目建设离不开施工单位的施工生产活动,施工单位是工程施工的具体实施者,也是施工合同的主要履行者。施工单位通过投标与业主签订工程施工合同后,要完成施工合同中规定的各种义务,包括合同中规定的工程范围内的施工、保修,以及其他应完成的工作,并为完成这些工作提供劳动力、建筑材料、施工机械等生产要素。施工单位由于受到项目规模、专业特点和施工单位自身的人员、技术力量和资质等的限制,不可能也不必要由自己一个单位完成所有工程,特别是从建筑业行业现状、行业管理、资质管理和建筑施工企业现行组织管理模式及国际惯例看,作为施工总承包单位,可以将专业工程分包出去,也可以进行劳务分包,包括大量的建筑材料、构配件及设备的采购,从而形成以施工总承包单位为核心、总分包合同为基本格局的合同关系。在项目建设中,施工总包单位往往会签订以下几个方面的合同。

（1）专业分包合同。施工总承包单位在相关法律法规允许的范围内将施工合同中的部分施工任务委托给具备专业施工资质的分包单位来完成,并与之签订专业分包合同。

（2）劳务分包合同。即施工总承包单位与劳务分包单位签订的劳务分包合同。

（3）材料设备采购合同。为提供施工合同规定的需施工单位自行采购的材料设备,施工单位与材料设备供应单位签订的合同。

（4）承揽加工合同。即施工单位将建筑构配件等的加工任务委托给加工承揽单位而签订的合同。

（5）运输合同。施工单位与材料设备运输单位签订的合同。

（6）租赁合同。在施工过程中需要许多施工机械、周转材料,当自己单位不具备某些施工机械,或周转材料不足,自己购置需要大量资金,今后这些东西可能不再需要或使用效率较低时,施工单位可以采用租赁方式,与租赁单位签订租赁合同。

1.3　工程合同管理

1.3.1　工程合同管理的概念和内容

这里所讲的工程合同管理,是指合同管理的主体对工程合同的管理,是对工程项目中相关的组织、策划、签订、履行、变更、索赔和争议解决的管理。根据合同管理的对象,可将合同管理分为两个层次,一是对单项合同的管理,二是对整个项目的合同管理。

单项合同的管理,主要指合同当事人从合同开始到合同结束的全过程对合同进行管理,包括合同的提出、合同文本的起草、合同的订立、合同的履行、合同变更和索赔控制、合同收尾等工作环节。

整个项目的合同管理,以业主为例,包括合同策划和合同控制两项工作,合同策划又可分为合同结构策划、合同文本策划及合同工作安排,即对本项目拟订立哪些种类的合同,拟订立多少个相同种类的合同,它们之间的范围如何定义,时间上如何安排,每个合同如何以及何时进行招标或采购,招标方式、招标范围、评标办法、合同条件、合同文本的起草等;合同控制主要包括合同的履行、合同跟踪、合同界面的协调等。对业主来讲,工程合同管理工作应贯穿从项目筹建到保修期结束的建设全过程。

根据合同管理主体的不同,合同管理可分为业主方合同管理和工程承包方合同管理。

由于业主方是建设工程项目生产过程的总组织者,项目合同关系以业主为主导。业主方合同管理是贯穿于建设项目的全过程,是对合同的内容、签订、履行、变更、索赔和争议解决的管理。

工程承包方合同管理是指承包方对于合同洽谈、草拟、签订、履行、变更、终止或解除以及审查、监督、控制等一系列行为的全过程的管理。其中,订立、履行、变更、解除、转让、终止是合同管理的内容;审查、监督、控制是合同管理的手段。施工企业合同管理不仅具有与其他行业合同管理相同的特点,还因其行业的专业性而有其特定的特点:合同管理持续时间长;合同管理涉及金额大;合同变更频繁,管理工作量大;合同文本多,合同管理系统性强;合同管理法律要求高。

1.3.2 工程合同管理的目标

在项目建设过程中,各参建单位合同管理的目标是不同的,他们站在各自的角度、各自的立场上,为各自的企业在本项目上的目标服务。但不管各单位的目标如何,所有参建单位的合同管理都必须服从整个项目的总目标,实现项目的总目标是实现企业目标的前提。站在项目的角度,工程合同管理的目标应该是每个合同的顺利履行和整个项目目标的实现。

保证项目三大目标的实现,使整个工程在预定的投资、预定的工期范围内完成,达到预定的质量标准,满足项目的使用和功能要求。

由于每个合同条款都是围绕项目总目标在本合同中的分解目标制定的,其中包括进度目标、质量目标、合同价款及支付办法,以及双方的责、权、利关系等。一个项目建设过程中,有众多的工程合同,每个合同都是实现项目总目标的一个分解目标,如果有一个合同目标不能实现,就会影响整个项目的目标,工程合同管理就是保证项目总目标的顺利实现。

具体到每个工程合同,为实现该合同的分解目标,就要通过对单项合同进行管理,使每个单项合同目标能够顺利实现。单项合同目标的实现,就是要合同双方能够积极按照合同的约定履行自己的义务,同时,在自己履行合同的前提下,也要防范对方是否会违约。一个成功的合同管理者,就是在合同结束时双方都感到满意,即业主对工程、对双方的合作感到满意;而承包商不但取得了预期利润,而且赢得了信誉,双方建立了友好合作关系。

1.3.3 工程合同管理的特点

工程合同管理不仅要懂得与合同有关的法律知识,还需要懂得工程技术、工程经济,特别是工程管理方面的知识,而且工程合同管理有很强的实践性,也就是只懂得理论知识是远远不够的,还需要非常丰富的实践经验,只有具备这些素质,才能管理好工程合同,工程合同管理主要是有以下几个方面的特点所决定的。

1)合同管理的复杂性

工程合同是按建设程序展开的,规划设计合同先行,监理施工采购合同在后,工程合同呈现出串联、并联和搭接的关系,工程合同管理也是随着项目的进展逐步展开的,因此,工程合同复杂的界面决定了工程合同管理的复杂性。

项目参建单位和协作单位多,通常涉及业主,勘察设计单位,监理单位,总包、分包单位,材料设备供应单位等,各方面责任界限的划分、合同权利和义务的定义异常复杂,合同在时间上和空间上的衔接和协调极为重要。合同管理必须协调和处理好各方面的关系,使相关的各合同和合同规定的各工作范围和工作内容不相矛盾,使各合同在内容上、技术上、组织上、时间上协调一致,才能形成一个完整的、周密的、有序的体系,以保证工程有秩序、按计划地实施。因此,复杂的合同关系,也决定了工程合同管理的复杂性。

2)合同管理的协作性

工程合同管理不是一个人的事,往往需要专门设立一个合同管理班子来管理,从施工合同角度,业主方和施工方所派驻的项目管理班子,某种程度上讲,都是工程合同的管理者,以业主为例,业主项目管理班子中的每个部门,甚至是每个岗位、每个人的工作都与合同管理有关,如业主的招标部门是合同的订立部门,工程管理部门是合同的履行部门等。

工程合同管理不仅需要专职的合同管理人员和部门,而且要求参与项目管理的其他各种人员或部门都必须精通合同,熟悉合同管理工作。正是因为工程合同管理是通过项目管理班子内部各部门的分工协作、相互配合进行的,因此,合同管理过程中的相互沟通与协调显得尤为重要,体现出合同管理需要各部门分工协作的特点。

3) 合同管理的风险性

由于工程合同实施时间长,涉及面广,受外界环境,如经济、社会、法律和自然条件等的影响大,这些因素一般称为工程风险,工程风险难以预测,难以控制,一旦发生往往会影响合同的正常履行,造成合同延期和(或)经济损失。因此,工程风险管理成为工程合同管理的重要内容。

由于建筑市场竞争激烈,承包商除依靠其他评标指标外,投标报价也是施工投标中能否中标的关键性指标,因此,常导致施工合同价格偏低,同时,业主也经常利用在建筑市场中的买方优势,提出一些苛刻的条件。加之我国还处于市场经济的初级阶段,因此,合同双方的信用风险也是工程合同管理的重要内容。

4) 合同管理的动态性

由于工程持续时间长,这使得相关的合同,特别是工程施工合同生命周期长;工程价值量大,合同价格高,由于合同履行过程中内外干扰事件多,合同变更频繁,合同管理必须按变化了的情况不断地调整,这要求合同管理必须是动态的,必须加强合同控制工作。

1.4　工程合同管理在项目管理中的作用

1) 工程合同管理是项目管理的一项重要职能

在项目管理中合同管理具有十分重要的地位,它已成为与组织协调、进度控制、质量控制、投资控制、信息管理等并列的一大管理内容。

合同管理作为项目管理的一个重要的组成部分,它必须融合于整个项目管理中。要实现项目的目标,必须对全部项目、项目实施的全过程和各个环节、项目的所有工程活动实施有效的合同管理。合同管理部门与其他管理职能部门密切结合,共同完成项目管理任务,实现项目的总目标。

工程合同包含着建设项目的工期、质量、投资等目标,规定着合同双方责、权、利关系,广义地讲,建设项目的实施和管理全部工作都可以纳入合同管理的范围,合同管理贯穿于项目建设的全过程和各个方面,对整个项目的实施起总控制和总保证作用,所以,工程合同管理又是项目管理的核心和灵魂。

2) 工程合同管理是建设任务组织的重要手段

合同将工程所涉及勘察、设计、监理、施工、材料设备采购等的分工协作关系联系起来,协调并统一各参建单位的行为。一个参建单位与项目的关系,在建设中承担的角色、任务和责任,都是由具体的合同来限定的。如果没有合同,就不能保证项目的各参建单位在建设的各个方面、各个环节上均按时、按质、按量地完成自己的义务,就不会有正常的生产秩序,就不可能顺利地实现工程总目标。因此,合同是业主组织项目建设、配置项目建设过程中所需各种资源的重要手段。

3) 工程合同管理是项目目标的分解落实

项目建设的任务就是实现项目的总目标,即质量、进度和投资目标。业主还必须将总目标进行分解,将总建设任务进行打包和分标,将分解目标和建设任务落实到每个具体的合同中去,每个合同都规定有分解到本合同的项目目标,确定了项目所要达到的目标以及和目标相关的所有主要的和细节的问题。以施工合同为例,合同确定的项目目标主要有三个方面。

(1)工期目标。包括工程的总工期、工程开始和工程结束的具体日期以及工程中的一些主要活动的持续时间。它们由合同协议书、施工组织、施工进度计划等规定。

(2)质量、安全文明施工目标。合同中一般规定有详细而具体的质量、安全文明施工目标。它们由合同条件、图纸、规范、工程量表等定义。

(3)投资目标。一般通过合同价款和支付办法等条款来规定,包括工程总价格,各分项工程的单价和总价,工程结算、工程变更和索赔处理等内容,业主通过对每个合同的价格控制实现其投资目标。

4)工程合同管理是项目目标控制的重要手段

合同中包含着项目目标的各个分解目标,通过对一个个合同的控制或一个个具体项目目标的控制,就可实现对整个项目目标的控制。

在合同中,一般都有对项目目标及目标出现偏差后如何进行处理的明确和详细的规定。在合同履行中,一旦发现实际情况与合同中的有关规定不符(主要可能的表现是进度拖延和质量不符合要求),业主可根据合同中的相应规定,采取有效措施,加以控制和纠正。例如,工期每拖延一天,按合同价的一定比例予以罚款;分项工程质量未达到规定要求,业主不予支付,并要求必须返工重做等。这样,通过合同既对承包商有经济制约,又简化了项目目标控制的工作。

5)工程合同管理是协调各方利益关系的前提

合同一经签订,合同双方结成了一定的权利义务关系。合同规定了双方在合同实施过程中的责任、权利和利益。合同一旦签订,双方就处于一个对立统一体中。

统一体现在:合同双方的权利和义务是互为条件的,只有共同协作,才能完成项目任务,否则,必然会影响和损害对方利益,影响项目顺利实施,从这个角度讲,双方的总目标是一致的、统一的。

对立体现在:合同双方的利益往往不一致,即承包商的目标是尽可能多地降低成本、增加收益,取得工程利润;而业主的目标是以尽可能少的投资完成量尽可能多、质尽可能高的工程。由于利益的不一致,导致工程过程中的利益冲突,造成在合同履行中双方的不一致、不协调,甚至产生矛盾或争议。合同双方常常都从各自利益出发考虑和分析问题,采用一些策略、手段和措施达到自己的目的。

在市场经济条件下,工程合同就成为调节这种关系的主要手段。双方都可以利用合同保护自己的权益,限制和制约对方。所以,合同应该体现双方责、权、利关系的均衡。如果不能保持这种均势,则往往孕育着合同一方的失败,或整个工程的失败。

6)工程合同管理是合同双方的最高行为准则

合同一旦签订,双方将按合同内容承担相应的法律责任,享有相应的法律权利,双方都必须按合同办事、正确履行合同,都必须用合同规范自己的行为。在市场经济条件下,合同是当事人双方经过协商达成一致的协议。在合同所定义的活动中,合同限定和调节着双方的义务和权力,作为双方的最高行为准则。任何工程问题首先都要按合同解决,合同具有法律上的最高优先地位。如果不能认真履行自己的责任和义务,甚至单方撕毁合同,则必须接受经济的甚至法律的处罚。除了特殊情况(如不可抗力等)使合同不能履行外,合同当事人即使亏本,甚至破产也不能摆脱这种法律约束力。

2　建设工程合同的管理组织

由于在项目合同关系中,往往业主的合同关系最复杂,合同管理的组织主要从业主方的角度来讲。在市场经济体制下,合同是组织工程建设任务的主要手段之一,它不仅涉及参与项目建设各方的责任、权利和义务关系的问题,而且也关系到项目投资、进度和质量目标的控制问题。因此,业主方应对工程合同管理予以高度重视,建立科学的合同管理体系,制订合同管理制度,配备合同管理的专业人员,加强员工合同意识教育,按照合同法的要求,抓好各个合同的管理,以保证工程建设顺利进行,最终能实现项目的总目标。

2.1　合同管理的职能分工

为做好合同管理工作,业主方应明确合同管理机构,制定职责分工,并应形成一套严谨科学的合同管理体系。

合同管理是业主方项目管理的任务之一,合同管理涉及项目建设过程中的各个方面,合同管理职能也需分配到业主方项目管理机构内部的各个部门中。合同管理职能的分配,既应考虑现行的组织机构,又要根据合同管理的需要适时地对现行组织机构进行调整。从合同管理角度出发,一般将与合同管理相关的各部门,划分为合同主管部门、主办部门和协办部门,从而形成工程合同管理按主管部门、主办部门和协办部门交叉协同的管理机制。

2.1.1　合同主管部门

业主组织机构内部应明确某个部门(比如,单独的部门或将该职能放在计划财务部门)作为业主的合同归口管理部门,合同主管部门的主要职责为:

(1)负责整个项目的合同策划和合同工作计划的制定,负责业主方合同的日常管理工作。

(2)组织单位员工学习合同知识,宣传、普及合同法律、法规。

(3)拟订组织单位内部的合同管理办法、规定等有关的规章制度,并监督各项合同管理制度的执行。

(4)会同合同主办部门草拟、制订、审核合同文本。

(5)参与合同谈判。

(6)经办合同的签订手续。

(7)监督、协调合同的履行,办理合同的变更、终止等手续。

(8)参与解决合同纠纷,根据授权代表本单位参加合同仲裁或诉讼。

(9)负责合同的登记、统计和有关文书、资料保管。

(10)负责本单位合同专用章的管理和使用、授权委托书的保管。

2.1.2　主办部门

合同的实际履行部门或当事部门(工程管理部门)如有多个工程管理部门,则可分为多个主办部门,分别承担本部门工作范围内的合同主办工作。在建设任务组织过程中,业主组织内部各工程管理部门所必须签订的勘察、设计、施工、监理、材料设备采购、咨询等合同,一般按照

谁管谁办的原则,承担合同的主办角色,其职责为:

(1) 及时提出拟订合同项目。

(2) 负责签约前的市场调研。

(3) 负责拟签约对方主体资格、履约能力调查。

(4) 组织合同谈判。

(5) 草拟、初审合同文本。

(6) 严格履行合同,跟踪和控制合同的履行,及时反映并会同其他部门处理合同履行中出现的问题。

(7) 参与解决合同纠纷。

2.1.3 协办部门

协办部门即是与某项合同的准备工作、招标、谈判签约及履约过程有相关业务联系的部门(比如,与某合同相关的其他工程管理部门、招标部门、计划部门、财务部门及档案管理部门等),这些部门根据具体的合同内容或需要协助主办或主管部门做好相应工作。

2.1.4 合同管理部门的职能分工

根据项目的性质和特点,通常情况下,合同管理的职能分工,可如表 2-1 所示。

表 2-1　　　　　　　　　　　　　合同管理职能分工

序号	任务	业主决策机构	主管部门	主办部门	协办部门
1	确定合同结构	D	P/E	P'	P'
2	编制合同管理工作计划	D	P/E	P'	P'
3	提出合同目标及标的技术要求		E	P/E	P'
4	起草合同文件(包括招标文件)	D	E'	E	E'
5	询价及考察投标单位资格			E	E'
6	编写询价报告或投标资格考察报告			E	E'
7	确定投标单位或合同预选单位	D		E'	E
8	组织招标		E'	E'	E
9	组织合同谈判		E'	E'	E
10	组织合同签订	D	E	E'	E
11	组织合同实施		E'	E	E'
12	跟踪合同执行情况		E'	E	E'
13	检查业主义务履行情况		E'	E	E'
14	控制合同变更		E'	E	E'
15	控制合同索赔及合同纠纷		E	E'	E'
16	汇总合同报告	D	E	E'	E'
17	编写合同管理总结报告	D	E	E'	E'

注:P—负责规划;D—决策;E—负责执行;P'—参与规划;E'—参与执行。

2.2 合同管理体系及运行机制

2.2.1 合同管理体系

合同管理体系就是在业主组织机构内部,对于整个合同工作,由主管部门统一负责所有合同的归口管理,并统一由该部门代表业主对外开展工程建设过程中的各种与合同相关的工作。

为充分调动各职能部门积极性,发挥各个岗位的岗位知识和专业技能,应根据具体的业务类别,由各业务部门作为合同的具体协办部门,从不同的角度和在各自的业务范围内进行审核和把关,如计划方面的问题由计划部门审核把关,财务方面的问题由财务部门审核把关,招标方面的问题由招标部门审核把关,档案方面的问题由档案部门审核把关,责任明确,各司其职,分工协作。

由于工程范围或专业性质的不同,对于大型工程项目,一般可分为几个工程管理部门,它们在各自工程范围或专业范围内,作为主办部门代表业主履行职责,同时在合同履行过程中进行统一跟踪管理。从而形成"统一管理、条块结合"的合同管理体系。

1)统一管理

所谓统一管理,是指业主在组织项目建设过程中,对合同管理的有关工作应做出统一的规定和安排,其中,包括各部门在合同管理方面的分工与职责,相互之间的协调与配合以及合同管理的相关制度。

合同管理工作涉及许多不同的部门,如果没有统一管理,各部门就可能各行其是,或产生矛盾,从而使合同管理工作陷入被动的境地。因此,对合同进行统一管理,一方面要求保证业主单位作为合同当事人的一方,各部门是一个统一的整体,应一致对外。另一方面要求对与项目有关的所有合同进行统一管理。项目建设涉及勘察、设计、施工、监理、材料设备采购等不同类型的合同,每种类型的合同又有许多具体合同。不同类型合同的内容有很大差异,即使是同一类型的合同,其内容也不尽相同。但是,就当事人权利、义务、责任等这些基本内容来看,不同类型合同的原则是一致的,具有许多相同或类似之处。因此,对不同合同进行统一管理,就是要注重从"共性"的角度对不同类型和各个具体的合同进行管理。

2)条块结合

对合同仅仅从"共性"的角度进行管理是远远不够的,还必须从"个性"的角度进行管理,即针对每一种类型合同、每一个具体的合同进行管理,这就需要运用条块结合的管理方式来实现。对合同管理实行条块结合的工作方式,不仅是合同管理工作的客观需要,而且也是合同管理工作能够落到实处的保证。

对合同需要从"条"的方面进行管理,是因为每一个合同都必然涉及工期与时间、技术与质量、费用与支付、权利与义务等不同专业领域的问题,需要不同的职能部门(如计划部门、财务部门等)分别从本专业的角度对合同中的有关条款进行审查,以保证在合同中对有关专业问题的规定不出现问题。"条"向管理体现的是不同职能部门在合同管理方面的分工。

对合同也需要从"块"的方面进行管理,每一类型乃至每一个具体的合同都必须落实一个部门,由其代表业主履行合同中的义务,行使相应的权利,并对合同进行全面、全过程的直接管理。根据业主项目管理组织的不同,一般可将合同管理分为以下几"块":规划设计部门分管勘察、设计合同,工程管理部门分管施工合同和监理合同(如果本组织中专门设有材料设备管理部门,则由其分管材料设备采购合同)。"块"化管理体现的是不同职能部门在合同管理方面的集中。

综上所述,合同管理体系既要体现"条"向管理,以保证合同内容的统一性,保证合同实施的连续性和一致性;又要体现"块"化管理,以保证合同内容的完整性、严密性和合理性。因此,对合同管理应实行条块结合的工作方式。

2.2.2 合同管理的运行机制

通过合同管理职能的分工和合同管理体系的建立,在业主内部,一般形成如图 2-1 所示的合同管理运行机制。根据业主组织机构的不同,各部门及其职责分工有所不同。

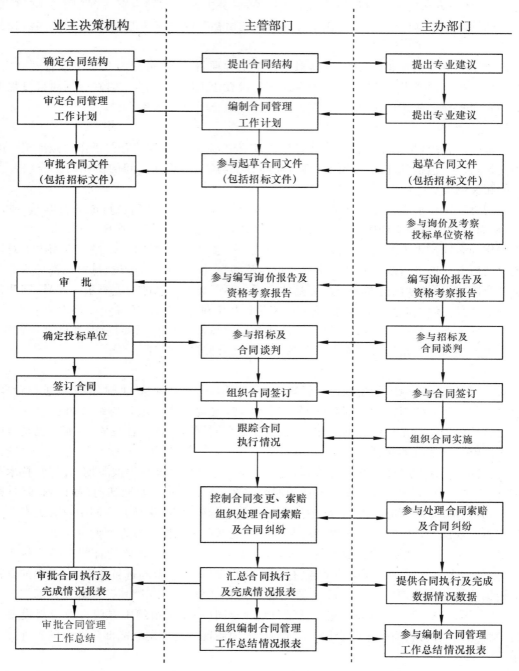

图 2-1 合同管理的运行机制

2.3　合同管理基本制度

由于业主方的合同种类多,数量多,涉及的业务面广,组织内部各部门的工作,都与合同管理有着不同程度的相关性。因此,建立和健全合同管理制度,规范合同管理方法是提高合同管理质量,有效利用合同管理过程的信息所不可缺少的措施。合同管理的基本制度主要有合同管理办法、合同审批制度、招标管理办法、评标办法、材料设备采购管理办法及合同档案管理制度等。

2.3.1　合同管理办法

合同管理办法是整个合同工作最基本的制度。它应明确合同管理的主管部门、主办部门和协办部门,各部门职责分工及其人员的职责分工,工作制度、工作方法和工作流程及相应的责任、权利和义务等。从而使合同管理得到组织上和制度上的保证。

2.3.2　招标管理办法

招标管理办法规定了订立工程合同的方法。一般依据项目的性质和特点、国家有关的法律法规和规定来制定。主要内容应包括招标范围、招标程序、招标日常办事机构、招标的牵头部门和参加部门、评标小组的组成方法、评标办法和原则及招标决策机构等。

2.3.3　合同审批制度

按照合同管理的分工和管理权限,在办理合同签订过程中,一般采用统一的格式(表2-2),由相关部门和主管领导进行会签,以保证各项合同内容审查手续的完备性。各部门对自己负责审查和签字的内容负责,由合同主管部门对会签的完整性作形式审查,呈报单位领导,办理签字盖章手续。

对每一个合同,都需要不同的职能部门分别从本专业的角度对其中的有关条款进行审查。以施工合同为例,主要从以下几方面进行审查。

计划部门对合同的标的及与工期和时间有关的条款进行审查,例如,合同标的和竣工日期是否符合招标文件中的要求,阶段性进度(如从基础到±0.00、结构封顶、安装开始、装修开始等)是否符合相应的工期目标要求,结构施工与安装、装修施工在时间上是否协调,甲供材料和设备能否满足施工进度的要求,等等。通过计划部门的审查,要确保每一个合同的工期都控制在项目总进度计划的范围之内,且还应当留有一定的余地,以防发生意外情况,影响总进度目标的实现。

工程管理部门要对合同中与技术和质量、安全、文明施工有关的条款进行审查,例如,对材料、工程设备质量的规定,对施工技术和工艺可靠性的要求,对承包商质量保证体系和质量安全文明施工措施的要求,对施工质量进行检测和有关试验的规定,业主或监理单位对施工质量进行检查和验收的规定,等等。通过工程管理部门的审查,要确保每一个合同的质量、安全、文明施工目标都能达到要求。

财务部门要对合同中与费用和支付有关的条款进行审查,例如,工程预付款的额度、支付的时间和方式、扣抵时间和方法,工程结算的内容、时间和有关要求,竣工结算的有关要求,保金的额度、退还的条件、时间和额度,提前工期奖和工期拖延罚款的条件和额度,涉及工程质保险的有关规定,等等。通过财务部门的审查,确保建设资金能得到合理的利用,以利于控制项目的投资目标。

合同主管部门对合同中与权利、义务、责任以及法律有关的条款进行审查,例如,承包商的权利、义务和责任,业主的权利、义务和责任,工程师的权力和职责,当事人承担违约责任的方式,合同争端解决的途径和方式,等等。合同主管部门对合同条款的审查,特别注意用词的准确性和严谨性,注意合同的法律背景和依据,以确保每一个合同首先必须是有效合同,并且从法律意义来说是对业主有利的合同。

表 2-2 　　　　　　　　　　某项目合同审查会签单

合同名称		编号	
缔约对方		标的额	
招标部门意见 受理时间: 　年　月　日	经办人: 　　　　　　　年　月　日		
	部门领导: 　　　　　　　年　月　日		
主办部门意见 受理时间: 　年　月　日	经办人: 　　　　　　　年　月　日		
	部门领导: 　　　　　　　年　月　日		
协办部门意见 受理时间: 　年　月　日	经办人: 　　　　　　　年　月　日		
	部门领导: 　　　　　　　年　月　日		
计划财务部门意见 受理时间: 　年　月　日	经办人: 　　　　　　　年　月　日		
	部门领导: 　　　　　　　年　月　日		
合同主管部门意见 受理时间: 　年　月　日	经办人: 　　　　　　　年　月　日		
	部门领导: 　　　　　　　年　月　日		
分管领导意见	年　月　日		
主管领导意见	年　月　日		

3   建设工程合同的策划

在项目建设过程中,业主的行为表现为投资行为,即在建设项目购置、建造、安装和调试等建设全过程中,业主处于主导的和买方的地位。建设一个项目单靠业主自身的行为显然是不够的,还必须有勘察、设计、施工、监理及材料设备供应等单位的参与。这些建设任务的组织,是通过业主的采购行为来实现的。在市场经济条件下,合同成为业主配置建设项目所需各种资源的主要手段。

合同策划是业主方项目策划的重要内容之一,通过合同策划形成整个项目合同结构的总体构想和基本框架,合同策划的结果表现为项目的合同结构。合同策划的目标是通过合同安排保证项目总目标的实现。

在合同策划过程中,应注重项目管理的系统化思想,注重并通过合同主线和合同界面的系统分析和全面协调,并随着项目的进展,逐渐调整,使整个项目的合同结构系统化和合理化,以保证项目的顺利实施。

3.1   合同策划的内容

在项目建设前期,合同策划主要是确定对整个项目建设具有根本性和方向性的问题,这对每个合同的订立和履行有重大影响,它们对整个项目的计划、组织、控制有着决定性的作用。合同策划的内容主要包括以下两方面。

(1) 涉及整个项目实施的战略性问题,例如,按勘察、设计、施工、监理及材料设备采购等建设任务将整个项目分解成多少个不同种类的合同,每种合同又可分解成多少个独立的合同,每个合同的工程内容和范围是什么,包括各个合同之间在内容上、时间上、组织上和技术上的协调。

(2) 作为确定的具体的合同,合同策划的内容主要包括:采用什么样的发包方式,采用什么样的合同文本,合同中一些重要条款的确定,合同订立和实施过程中一些重大问题的决策等。

3.2   整个项目的合同策划

业主在进行整个项目的合同策划时,需要考虑如下三方面条件:

(1) 项目的特点和内容。如项目性质、建设规模、功能要求和特点,技术复杂程度、项目质量目标、投资目标和工期目标的要求,项目面临的各种可能的风险等。

(2) 业主自身的条件。资金供应能力、管理力量和管理能力,期望对工程管理的介入深度等。

(3) 环境条件。建筑市场上项目资源的供应条件,包括勘察、设计、施工、监理等承包单位的状况和竞争情况,它们的能力、资信、管理水平、过去同类工程经验等,材料、设备等的供应及限制条件,地质、气候、自然、现场条件,项目所处的法律政策环境、物价的稳定性等。

3.2.1   按项目建设程序进行纵向策划

项目策划是一个从无到有,从建设内容和目标的不明确和不确定到逐渐明确和确定的渐进的过程。作为项目策划重要内容之一的合同策划必然要伴随着项目的进展而逐渐展开。项目的进展则必须要按照项目的建设程序来进行,所以,合同的策划也应按项目的建设程序分层展开。例如,一个项目的建设首先是从规划设计开始的,规划方案的形成、设计方案的产生和确定主要是通过设计招标或者设计方案竞赛的方式,在设计招标文件的制定中就要考虑将来要与谁签订设计合同,是方案中标者还是买断方案另外再找设计单位,或是将方案设计和初步设计发包给一家单位,施工图设计另外发包给一家或多家设计单位,甚至是实行设计施工总承包方式,如果面向国际进行设计招标,如何签订设计合同,等等。

如果还没有设计方案,显然,尚不能确定施工的承发包模式。随着设计工作的进展,项目的目标渐渐清晰,这时就需要提前考虑施工合同的策划,是只签订一个施工总承包合同,还是采用平行承发包模式,还是介于二者之间,哪些部分的施工要考虑采用业主指定分包方式等。监理、材料设备的采购合同也是如此。也就是说,整个项目的各个合同是随着项目建设的程序分层展开,项目合同的策划工作是一个渐进的过程。

3.2.2　按工作分解结构进行横向策划

所谓按工作分解结构进行横向策划是指在项目进展的每个阶段,按照工程内容和范围,如何划分合同包的问题,该项工作主要是按照项目分解结构(WBS),对要发包的工程内容进行打包或分标,最终与纵向合同策划共同形成整个项目的合同结构。

3.2.3　动态调整

通过以上分析,合同策划不仅是分层展开的,同时,所形成的合同结构也不是一成不变的,要随着已实施合同的执行情况、工程环境的变化,随着项目的进展进行动态调整、滚动实施。只有当整个项目结束时,才能最终形成一个完整的合同结构,这个最终的合同结构不仅是该工程的经验总结,同时也可为其他工程的实施提供借鉴。

按照以上合同策划的原则和方法,进行合同策划时需注意以下几个方面的问题:

1) 抓住合同主线

对于大型项目可能有众多的合同,合同策划工作和合同管理工作必须区分轻重缓急,抓住主要矛盾,才能起到事半功倍的效果。所谓合同主线,是指项目所有合同中对实现项目目标起主要乃至决定性作用的合同。对合同主线的分析,可以首先从投资、进度、质量三大目标分别进行分析,找出各目标的合同主线;然后,将三大目标两两结合,找出每两个目标的合同主线;最后,将三大目标综合起来,找出对三大目标起共同作用的合同主线,显然,这条合同主线应是重中之重。

2) 与合同管理体系相协调

任何合同都要落实到具体的职能部门和具体的工作人员对其进行管理,因此,合同策划要考虑与项目合同管理组织和合同管理办法相联系,与合同的主管部门、主办部门和协办部门,即合同管理体系相联系。例如,勘察合同、设计合同可由规划设计部门分管,材料设备采购合同由材料设备部门分管,施工、监理合同由工程管理部门分管,等等。按这种方式确定合同结构的优点在于,合同管理的分工明确,专业性强,效率较高,且较少出现交叉重复和相互推诿的现象。

3) 考虑合同界面的协调

在进行合同策划时,还要统筹考虑各种合同的界面和协调问题,如果合同界面出现问题,不仅会增加业主协调的工作量,而且也会增加业主的风险,甚至会影响整个项目的顺利进行。

一般来说,合同界面越多,业主的协调工作量就越多。例如,从我国目前建筑市场的现状来看,许多业主喜欢利用自己的有利地位,将整个项目肢解成一个个较小的合同,以便能较大幅度地压低合同价。但是,这样做无疑使项目的合同结构复杂化,增加了合同管理工作的难度,结果往往事与愿违,适得其反。

业主在进行合同策划时,应尽量考虑减少合同的界面,相应地,也就意味着合同数量的减少和合同包的增大。例如,对于设备合同,可以考虑凡是同一制造商可能做的内容,尽可能作为一个合同项目进行招标;对于施工合同,可以按专业内容分别招标,如土建、装修、安装等。这样,合同的界面较为清楚,而且数量较少。当然,因为合同包的增大,例如,施工总承包合同,因其管理的内容和范围的增加,要考虑总包管理费,可能会导致合同额的增加。因此,合同界面的多少,也需要业主在考虑自身条件,特别是业主的管理力量、管理能力和风险的承受能力等多方面进行综合平衡。

无论合同界面是多还是少,都存在合同界面的协调问题。为使合同界面清晰,在合同策划时,应协调处理好以下几个方面的问题。

（1）内容上的协调。业主的所有合同确定的工程或工作范围应能涵盖项目的所有工作,即只要完成各个合同,就可实现项目总目标。这方面的界面出现问题往往会带来设计的修改、新增工程、计划的修改、施工现场的停工、导致双方的争议等。为了防止合同之间在内容上的缺陷和遗漏,应做好如下工作:

① 认真进行项目的范围定义和系统分析;

② 在项目结构分解的基础上列出各个合同的工程范围,通过项目结构分解,将整个项目任务分解成若干独立的合同,每个合同中又有一个完整的工程范围;

③ 进行项目任务（各个合同或各个承包单位）之间的界面分析,确定各个界面上的工作责任、价格、工期、质量和范围定义等。

（2）技术上的协调。各合同只有在技术上相协调,才能协同完成项目的目标。主要包括:

① 相关合同之间,如基础、主体结构、安装等之间应有很好的协调;

② 采购合同的技术要求必须符合施工合同中的技术规范;

③ 各合同所定义的工程之间应有明确的界面和合理的搭接,例如,供应合同与运输合同,土建承包合同和安装合同,安装合同和设备供应合同之间应有明确的界面和搭接。

（3）时间上的协调。由各个合同所确定的工程活动不仅要与项目计划的时间要求一致,而且它们之间在时间上也要协调,即各种工程活动形成一个有序的、有计划的实施过程。例如,设计图纸供应与施工,设备、材料供应与运输,土建和安装施工等之间应合理搭接。

3.3　具体合同的策划

当项目有了一个总体的合同方案后,需要对每个合同分别付诸实施,这就需要在每个合同订立（招标）前分别对具体的合同进行策划。具体合同的策划主要包括合同文本的起草或选择,以及合同中一些重要条款的确定。

3.3.1　合同文本的起草或选择

合同文本（包括协议书、合同条件及其附件）是合同文件中最直接、最重要的部分。它规定着双方的责权利关系、价格、工期、合同违约责任和争议的解决等一系列重大问题,是合同管理的核心文件。

业主可以按照需要自己(或委托咨询机构)起草合同文本,也可以选择标准的合同文本,在具体应用时,可以按照自己的需要通过专用条款对通用条款的内容进行补充和修改。

这里需要指出的是,从工程实际出发,国内外目前比较普遍的做法是,直接采用标准的合同文本,标准合同文本可以使双方避免因起草而增加交易费用,且因标准合同条件中的一些内容已形成惯例,在合同履行中因双方有一致的理解而减少争议的发生,即使有争议发生也因有权威的解释而使多数争议能顺利得到解决。

3.3.2 重要合同条款的确定

合同是业主按市场经济要求配置项目资源的主要手段,是项目顺利进行的有力保证,合同又是双方责、权、利关系的根本体现和法律约束。由于业主起草招标文件,业主居于合同的主导地位,所以,业主要确定一些重要的合同条款。所谓合同的重要条款,从合同法的角度就是一般合同中所说的实质性条款,即合同中有关标的,数量,质量,价款或者报酬,履约的期限、地点和方式,违约责任,解决争议的办法等内容。

目前,在国际、国内普遍采用标准合同的条件下,合同重要条款是指"专用条件"中需双方进行协商的有关条款。例如,施工合同中,有关合同价格的条款,包括付款方式,如预付款、进度款、竣工结算、保修金等的支付时间、金额和方法等;合同价格调整的条件、范围和方法等,由于法律法规变化、费用变化、汇率和税率变化等对合同价格调整的规定等。

值得指出的是,尽管业主具有主导地位和买方市场的优势,对具体合同内容的策划,是从业主的角度考虑的,甚至可以将有些不尽合理和欠公平的条款写到招标文件中。但合同是双方自愿达成的协议,有些非招标文件中的规定或者可以在合同谈判阶段进行谈判的内容应最终通过合同谈判来确定。因此业主在合同内容的策划中,对一些内容的确定应符合现实的法律法规的规定。

3.4 合同结构

所谓合同结构,从广义上讲,是指一个项目上所有合同之间所形成的构成状况和相互联系;从狭义上讲,则是指一个具体合同内容的组成及其联系。

任何一个项目都有合同结构的问题,也就是说,合同结构本身是一个客观存在。但是,是否主动、自觉地对合同结构进行总体策划,合同结构的状况是否合理,在相当程度上影响到合同管理工作的效果。

合同结构显示的是整个项目所有合同的概貌,合同结构是合同策划和合同管理工作的结果。合同策划所采用的原则和方法不同,项目合同结构的具体表现形式也不同,甚至同一个项目因为管理人员的不同,其结果也不相同,合同结构具体的表现形式带有明显的主观因素。反映合同结构最简单、明了的方式是合同结构图,如图 3-1 所示。

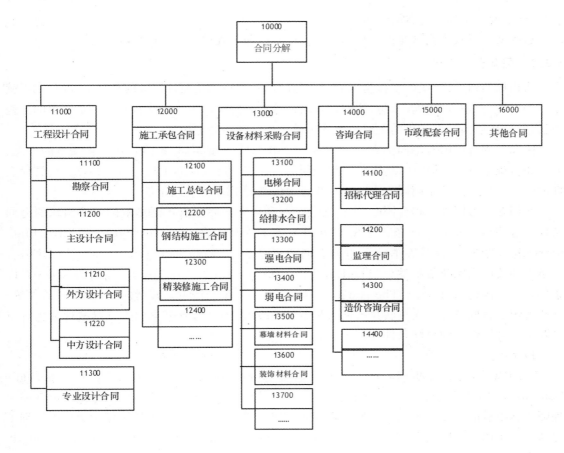

图 3-1 合同结构示意图

3.5 工程合同示范文本制度

3.5.1 国内示范文本制度

由于建设工程的复杂性,有必要对工程合同做规范化引导,因而也就有了合同标准化,即颁布标准文本。近 20 年来,我国颁布了一些合同示范文本。其中,最重要也是最典型的是 1991 年颁布的《建设工程施工合同示范文本(GF—91—0201)》。经过多年的使用后,在已积累了丰富的经验的基础上作了修改。目前,我国颁布的工程合同条件主要有:

《建设工程施工合同(示范文本)》(GF—2013—0201);

《建设工程委托监理合同(示范文本)》(GF—2012—0216);

《建设工程勘察合同(示范文本)》(GF—2000—0203);

《建设工程设计合同(示范文本)》(GF—2000—0209);

《建设工程造价咨询合同(示范文本)》(GF—2002—0212);

《建设工程施工专业分包合同(示范文本)》(GF—2003—0213);

《建设工程施工劳务分包合同(示范文本)》(GF—2003—0214);

《建设工程招标代理合同(示范文本)》(GF—2005—0215);

《标准施工招标文件》(2007年版)等。

这些文本反映了我国建设工程合同的法律制度和工程惯例,更符合我国国情。

3.5.2 国际合同条件

从招标的角度讲,国际工程是指面向国际招标的工程。从项目管理的角度讲,国际工程就是一个在咨询、融资、采购、承包、管理以及培训等各个阶段的参与者来自不止一个国家的工程项目,并且按照国际上通用的工程项目管理模式进行管理的工程。

国际工程合同因有不同国家的主体参加,各国法律制度不同,各国管理工程项目的理念、方法和传统也各不相同,所以,国际工程合同的内容应考虑到国际工程的这些特点。最具代表性的国际工程合同就是国际咨询工程师联合会编制的FIDIC合同条件。

我们在学习国际工程合同时,一般还会学习和研究国际上有广泛影响的一些组织的合同条件。这些组织及其合同条件主要有英国土木工程师学会(The Institution of Civil Engineers)编制的NEC合同条件,英国联合合同仲裁庭(Joint Contracts Tribunal)编制的JCT合同条件和英国皇家建筑师学会(The Royal Institute Of British Architects)编制的RIBA合同条件以及美国建筑师学会(The American Institute of Architects)编制的AIA合同条件等。这些组织的合同条件因在英联邦国家和北美地区被广泛采用,所以它们也可以被理解为具有国际工程合同性质的合同条件。

1) FIDIC合同条件

FIDIC(菲迪克)是指国际咨询工程师联合会(Federation International Edes Ingenieurs Conseils),它是该联合会法语名称的缩写。FIDIC最早是于1913年由欧洲三个国家的咨询工程师协会组成的。经过100多年的发展,该组织已拥有60多个代表不同国家和地区的咨询工程师专业团体会员国(它的会员在每个国家只有一个),中国工程咨询协会代表中国于1996年10月加入该组织。FIDIC代表了世界上大多数独立的咨询工程师,作为最具有权威性的咨询工程师组织,它推动了全球范围的工程咨询服务业的发展。

FIDIC下设五个永久性专业委员会:业主与咨询工程师关系委员会(CCRC),合同委员会(CC),风险管理委员会(RMC),质量管理委员会(OMC),环境委员会(ENVC)。

FIDIC的各专业委员会编制了许多规范性的文件,其中最常用的有《土木工程施工合同条件》(红皮书),《电气和机械工程合同条件》(黄皮书),《业主/咨询工程师标准服务协议书》(白皮书),《设计—建造与交钥匙工程合同条件》(橘皮书)及《土木工程施工分包合同条件》。1999年,FIDIC又出版了《施工合同条件》(新红皮书)(*Conditions of Contract for Construction*)、《EPC/交钥匙工程合同条件》(新黄皮书)(*Conditions of Contract for EPC/Turnkey Projects*)、《永久设备和设计—建造合同条件》(银皮书)(*Conditions of Contract for Plant and Design—Build*)及《合同的简短格式》(绿皮书)(*Short Form of Contract*)四个文本。此外,FIDIC还针对各合同条件,分别编写了"应用指南",对使用者学习和理解合同条款有很大的帮助。

FIDIC合同条件是在总结世界各国国际工程合同管理的经验基础上制定的,并且长期以来一直在根据各方意见加以修改完善。以FIDIC"红皮书"为例,从1957年制定第一版以来,已经多次修订和增补。

1957年,FIDIC与欧洲建筑工程联合会(FIEC)一起在英国土木工程师协会(ICE)编写的

《标准合同条件》(ICE Conditions)基础上,制定了 FIDIC 土木工程施工合同条件第 1 版。第 1 版主要沿用英国的传统做法和法律体系。1969 年,FIDIC 出版了第 2 版 FIDIC 土木工程施工合同条件。第 2 版没有修改第 1 版的内容,只是增加了适用于疏浚工程的特殊条件。1977 年,第 3 版 FIDIC 土木工程施工合同条件出版,在起草第 3 版时,各大洲的承包商协会的代表曾参加起草工作,对第 2 版作了较大修改,同时出版了《土木工程合同文件注释》。1987 年,FIDIC 土木工程施工合同条件第 4 版出版。在第 4 版的编写工作中,欧洲国际承包商会(EIC)和美国总承包商协会(AGC)曾提出不少意见和建议,1988 年又出版了第 4 版订正版。第 4 版出版后,为指导应用,FIDIC 又于 1989 年出版了一本更加详细的《土木工程合同条件应用指南》。1999 年,以"红皮书"为基础的《施工合同条件》的出版,是在广泛采纳众多专家意见的基础上,全面修改了合同条件的结构和内容。

由此可见,FIDIC 合同条件是在总结各个地区、国家的业主、咨询工程师和承包商各方的经验的基础上编制出来的,是国际上一个高水平的通用性的文件。一些国际金融组织的贷款项目及一些国家和地区的国际工程项目也都采用 FIDIC 合同条件。比如,世界银行、亚洲开发银行等国际金融机构的招标采购样本也常常采用 FIDIC 合同条件。凡是世行、亚行、非行贷款的工程项目招标中,都全文采用 FIDIC 的某种合同条件。我国改革开放以来,国际工程承包事业的拓展和世界银行贷款项目的增多,FIDIC 合同条件对我国的工程合同及合同管理也产生了深远的影响。我国施工合同示范文本在制定时将 FIDIC 合同条件作为重要的参考文本。

2) ICE 合同条件

英国土木工程师学会是设在英国的国际性组织,现有会员 8 万多名,其中,1/5 是在英国以外的 140 多个国家和地区。ICE 是根据英国法律具有注册资格的教育、学术研究与资质评定的团体,创立于 1818 年,是世界公认的学术中心、资质评定组织及专业代表机构。

英国土木工程师学会在土木工程合同方面具有很高的权威性。它编制的《ICE 土木工程合同条件》在英联邦国家的土木工程界有着广泛的影响。FIDIC《土木工程施工合同条件》的最早版本即源于 ICE 合同条件。

ICE 合同条件属于单价合同格式,同 FIDIC 施工合同条件一样,是以实际完成的工程量和投标书中的单价来控制工程项目的总造价。ICE 也为设计—建造模式制定了专门的合同条件。同 ICE 合同条件配套使用的还有一份《ICE 分包合同标准格式》,规定了总承包商与分包商签订分包合同时采用的标准格式。

随着社会和经济的发展,建筑业活动变得日趋复杂,工程类型的界定也越来越难以定义。英国现行的标准工程合同条件已不能满足业主多样化的要求,也不便于对工程进行良好的管理和各方共同协作。同时,原有标准合同文本并不能解决工程频繁的争议和不利影响。为此,英国不断发展的建筑业呼唤一种用于工程施工的一般合同形式,以满足专业人员能熟悉众多合同的不同格式、综合性、精确性和商业敏感性的需要。

1985 年 9 月,英国土木工程师学会批准并开始编制新工程合同(NEC)。1991 年 1 月出版了征求意见版,1993 年 3 月正式出版新工程合同(NEC),1995 年出版了第 2 版。

NEC 系列合同包括:工程施工合同(The Engineering and Construction Contract),用于业主和总承包商之间的主合同,也被用于总包管理的一揽子合同。工程施工分包合同(The Engineering and Construction Sub-contract),用于总承包商与分包商之间的合同。专业服务合同(The Professional Services Contract),用于业主与项目管理人、监理人、设计人、测量师、律师、社区关系咨询师等之间的合同。裁判者合同(The Adjudicator's Contract),用于指定裁判者解决任何 NEC 合同项下的争议的合同。

3) JCT 合同条件

在英联邦国家普遍采用的与 ICE 土木工程合同条件并列的是适用于建筑工程合同的 JCT 合同系列。JCT 是英国建筑业多个专业组织的联合会,它包括英国皇家建筑师学会(RI-BA)、皇家注册测量师学会(RICS)、地区市政协会(Association of District Councils)以及咨询工程师协会(ACE)。自 1931 年成立以来,该联合会孜孜不倦地致力于私人和公共建筑的标准合同文本的制定与不断更新,其中,最重要的文件是标准建筑合同,最新的 1998 年版合同在 1980 版的基础上作了大量的修改和增补。在 JCT 标准文本中建筑师负责工程的设计、工程量的确定和对整个合同的实施进行管理与协调。

JCT 系列的标准合同门类齐全,具体分成九个类别:

① 标准建筑合同的不同形式(The Standard Form of Building Contract in Variants)。按照地方政府或私人投资、带工程量清单、不带工程量清单、带近似的工程量清单分为五种标准合同文本;

② 承包人带设计的合同(Standard Form with Contractor's Design(CD98));

③ 固定总价合同(Fixed Fee Form of Prime Cost Contract(1987));

④ 总包标准合同(Standard Form of Prime Contract(1992));

⑤ Intermediate Form of Building Contract(IFC84);

⑥ 小型工程合同(Agreement for Minor Works(MW80));

⑦ 管理承包合同(Management Contract(MC87));

⑧ 单价合同(JCT Measured Form Contract);

⑨ 分包合同标准文本(Standard Form Sub-contract),包括招标、投标文件,分包特别条件,指定分包等不同情况所用的文本。

4) AIA 合同条件

美国建筑师学会制定并发布的合同条件主要用于私营的房屋建筑工程,针对不同的工程项目模式及不同的合同类型出版了多种形式的合同,在美国及美洲各国应用甚广,影响很大。

AIA 文件中包括 A,B,C,D,G 等系列,具体内容如下:

A 系列——用于业主与承包商之间的各种标准合同文件;不仅包括合同条件,还包括承包商资格申报表,各类担保的标准格式等。

B 系列——用于业主与建筑师之间的标准合同文件,其中包括专门用于建筑设计,装修工程等特定情况的标准合同文件。

C 系列——用于建筑师与专业咨询机构之间的标准合同文件。

D 系列——建筑师行业内部使用的文件。

G 系列——建筑师企业及项目管理中使用的文件。

AIA 系列标准合同文件如表 3-1 所示。

表 3-1   **AIA 系列标准合同文件**

编　号	名　称
A101	业主与承包商协议书格式——总价
A101/CMa	业主与承包商协议书格式(总价——CMa)
A105	业主与承包商协议书标准格式——用于小型项目
A205	施工合同一般条件——用于小型项目(与 A105 配售)
A107	业主与承包商协议书简要格式——总价(用于限定范围项目)
A111	业主与承包商协议格式——成本补偿(可采用最大成本保证)
A121/CMc	业主与 CM 经理协议书格式(CM 经理负责施工),AGC565
A131/CMc	业主与 CM 经理协议书格式(CM 经理负责施工)——成本补偿(无最大成本保证),AGC566
A171	业主与承包商协议书格式——总价(用于装饰工程)
A177	业主与承包商协议书简要格式——总价(用于装饰工程)
A181	业主与建筑师协议书标准格式——用于房屋服务
A188	业主与建筑师协议书标准格式——限定在房屋项目的建筑服务
A191	业主与设计——建造承包商协议
A201	施工合同一般条件
A201/CMa	施工合同一般条件——CMa 版
A271	施工合同一般条件——用于装饰工程
A401	承包商与分包商协议书标准格式
A491	设计—建造承包商与承包商协议
B141	业主与建筑师协议书标准格式
B151	业主与建筑师协议书简要格式
B155	业主与建筑师协议书标准格式——用于小型项目
B163	业主与建筑师协议书标准格式——用于指定服务
B171	业主与建筑师协议书标准格式——用于室内设计服务
B177	业主与建筑师协议书简要格式——用于室内设计服务
B352	建筑师的项目代表的责任、义务与权限
B727	业主与建筑师协议书标准格式——用于特殊服务
B801/CMa	业主与 CM 经理协议书标准格式——CMa
B901	设计—建造承包商与建筑师协议书标准格式
C141	建筑师与专业咨询人员协议书标准格式
C142	建筑师与专业咨询人员协议书简要格式
C727	建筑师与专业咨询人员协议书标准格式——用于特殊服务

4 建设工程合同的订立

4.1 建设工程合同订立程序

以建筑工程施工合同的订立为例,工程合同的订立程序如下:

1）要约邀请

即发包人采用招标通知或公告的方式,向不特定人发出的,以吸引或邀请相对人发出要约为目的的意思表示。

2）要约

即投标,指投标人按照招标人要求,在规定的期间内向招标人发出的,以订立合同为目的的,包括合同的主要条款的意思表示。

3）承诺

即中标通知,指由招标人通过评标后,在规定期间内发出的,表示愿意按照投标人所提出的条件与投标人订立合同的意思表示。中标通知产生法律效果后,工程合同就成立了。

4）签约

由于工程建设的特殊性,招标人和中标人在中标通知产生法律效力后,还需要按照中标通知书、招标文件和中标人的投标书等内容经过合同谈判,订立书面合同,此时工程合同才成立并生效。

工程建设项目招标、投标是市场经济条件下进行工程建设项目的发包与承包中所采用的主要的交易方式。建设工程合同主要通过招标、投标的方式来订立的。

4.2 建设工程招标

建设工程招标是建设单位就拟建的工程发布公告,吸引承包单位参加竞争,以便从中优选中标人的一种经济活动。

4.2.1 建设工程招标的方式

为规范招标投标活动,我国《招标投标法》规定,招标方式分为公共招标和邀请招标两大类。

1）公开招标

公开招标是指招标人通过新闻媒体发布招标公告,凡具备相应资质、符合招标条件的法人或组织不受地域和行业限制均可申请投标。它是一种无限制的竞争方式。公开招标的优点是,招标人可以在较广的范围内选择中标人,投标竞争激烈,有利于将工程项目的建设交予可靠的中标人实施,并取得有竞争性的报价。但其缺点是,由于申请投标人较多,一般要设置资格预审程序,评标的工作量较大,所需招标时间长、费用高。

2）邀请招标

邀请投标是指招标人以投标邀请书的方式邀请特定的法人或者其他组织投标。采用邀请招标方式时,邀请对象的数目以 5～7 家为宜,但不应少于 3 家。邀请招标的优点是,不需要发布招标公告和设置资格预审程序,节约招标费用和节省时间;由于对投标人以往的业绩和履约能力比较了解,减小了合同履行过程中承包方违约的风险。邀请招标的缺点是,由于邀请范围较小,选择面窄,可能排斥了某些在技术或报价上有竞争实力的潜在投标人,投标竞争的激烈程度相对较差。

4.2.2 建设工程强制招标的范围

我国《招标投标法》规定,凡在中华人民共和国境内进行下列工程建设项目,包括项目的勘察、设计、施工、监理以及与工程建设有关的重要设备、材料等的采购,必须进行招标。

(1) 大型基础设施、公用事业等关系社会公共利益、公众安全的项目;

(2) 全部或者部分使用国有资金投资或国家融资的项目;

(3) 使用国际组织或者外国政府贷款、援助资金的项目。

依据《招标投标法》的基本原则,国家计委颁布了《工程建设项目招标范围和规模标准规定》,对上述工程建设项目招标范围和规模标准又做出了具体规定。

(1) 关系社会公共利益、公众安全的基础设施项目的范围包括:

① 煤炭、石油、天然气、电力、新能源等能源项目;

② 铁路、公路、管道、水运、航空以及其他交通运输业等交通运输项目;

③ 邮政、电信枢纽、通信、信息网络等邮电通讯项目;

④ 防洪、灌溉、排涝、引(供)水、滩涂治理、水土保持、水利枢纽等水利项目;

⑤ 道路、桥梁、地铁和轻轨交通、污水排放及处理、垃圾处理、地下管道、公共停车场等城市设施项目;

⑥ 生态环境保护项目;

⑦ 其他基础设施项目。

(2) 关系社会公共利益、公众安全的公用事业项目的范围包括:

① 供水、供电、供气、供热等市政工程项目;

② 科技、教育、文化等项目;

③ 体育、旅游等项目;

④ 卫生、社会福利等项目;

⑤ 商品住宅,包括经济适用住房;

⑥ 其他公用事业项目。

(3) 使用国有资金投资项目的范围包括:

① 使用各级财政预算资金的项目;

② 使用纳入财政管理的各种政府性专项建设基金的项目;

③ 使用国有企业、事业单位自有资金,并且国有资产投资者实际拥有控制权的项目。

(4) 国家融资项目的范围包括:

① 使用国家发行债券所筹资金的项目;

② 使用国家对外借款或者担保所筹资金的项目;

③ 使用国家政策性贷款的项目;

④ 国家授权投资主体融资的项目;

⑤ 国家特许的融资项目。

(5) 使用国际组织或者外国政府资金的项目的范围包括:

① 使用世界银行、亚洲开发银行等国际组织贷款资金的项目；

② 使用外国政府及其机构贷款资金的项目；

③ 使用国际组织或者外国政府援助资金的项目。

(6) 以上第(1)条至第(5)条规定范围内的各类工程建设项目,包括项目的勘察、设计、施工、监理以及与工程建设有关的重要设备、材料等的采购,达到下列标准之一的,必须进行招标。

① 施工单项合同估算价在 200 万元人民币以上的；

② 重要设备、材料等货物的采购,单项合同估算价在 100 万元人民币以上的；

③ 勘察、设计、监理等服务的采购,单项合同估算价在 50 万元人民币以上的。

为了防止将应该招标的工程项目化整为零规避招标,即使单项合同估算价低于上述第①、②、③项规定的标准,但项目总投资在 3 000 万元人民币以上的勘察、设计、施工、监理以及与工程建设有关的重要设备、材料等的采购,也必须采用招标方式委托工作任务。

(7) 依法必须进行招标的项目,全部使用国有资金投资或者国有资金投资占控股或者主导地位的,应当公开招标。

可以不进行招标的范围。按照有关规定,属于下列情形之一的,可以不进行招标,采用直接委托的方式发包建设任务。

(1) 涉及国家安全、国家秘密的工程。

(2) 抢险救灾工程。

(3) 利用扶贫资金实行以工代赈、需要使用农民工等特殊情况。

(4) 建筑造型有特殊要求的设计。

(5) 采用特定专利技术、专有技术进行勘察、设计或施工。

(6) 停建或者缓建后恢复建设的单位工程,并且承包人未发生变更的。

(7) 施工企业自建自用的工程,并且该施工企业资质等级符合工程要求的。

(8) 在建工程追加的附属小型工程或者主体加层工程,并且承包人未发生变更的。

(9) 法律、法规、规章规定的其他情形。

4.2.3 建设工程施工招标应具备的条件

1) 施工招标项目应具备的条件

按照有关规定,施工招标项目应当具备下列条件：

(1) 按照国家有关规定需要履行项目审批手续的,已经履行审批手续。

(2) 工程资金或者资金来源已经落实。

(3) 有满足施工招标需要的设计文件及其他技术资料。

(4) 法律、法规、规章规定的其他条件。

2) 施工招标单位应具备的条件

利用招标方式选择承包单位属于招标单位自主的市场行为,因此《招标投标法》规定,招标人具有编制招标文件和组织评标能力的,可以自行办理招标事宜,具体包括：

(1) 有与招标工作相适应的经济、法律咨询和技术管理人员。

(2) 有组织编制招标文件的能力。

(3) 有审查招标单位资质的能力。

(4) 有组织开标、评标、定标的能力。

如果招标单位不具备上述要求,则需委托具有相应资质的招标代理机构。

3)招标代理机构应具备的条件

按照建设部《工程建设项目招标代理机构资格认定办法》,招标代理机构有如下规定。

(1)申请工程招标代理机构资格的单位应当具备下列条件:

① 依法设立的中介组织;

② 与行政机关和其他国家机关没有行政隶属关系或者其他利益关系;

③ 有固定的营业场所和开展工程招标代理业务所需设施及办公条件;

④ 有健全的组织机构和内部管理的规章制度;

⑤ 具备编制招标文件和组织评标的相应专业力量;

⑥ 具有可以作为评标委员会成员人选的技术、经济等方面的专家库。

(2)工程招标代理机构的资格等级

工程招标代理机构的资格等级分为甲、乙两级。

(3)申请甲级工程招标代理机构资格,除具备上述第(1)条规定的条件外还应当具备下列条件:

① 近3年内代理中标金额3000万元以上的工程不少于10个,或者代理招标的工程累计中标金额在8亿元以上(以中标通知为依据,下同);

② 具有工程建设类执业注册资格或者中级以上专业技术职称的专职人员不少于20人,其中具有造价工程师执业资格人员不少于2人;

③ 法定代表人、技术经济负责人、财会人员为本单位专职人员,其中技术经济负责人具有高级职称或者相应执业注册资格并有10年以上从事工程管理的经验;

④ 注册资金不少于100万元。

(4)申请乙级工程招标代理机构资格,除具备上述第(1)条规定的条件外,还应当具备下列条件:

① 近3年内代理中标金额1000万元以上的工程不少于10个,或者代理招标的工程累计中标金额在3亿元以上;

② 具有工程建设类执业注册资格或者中级以上专业技术职称的专职人员不少于10人,其中具有造价工程师执业资格人员不少于2人;

③ 法定代表人、技术经济负责人、财会人员为本单位专职人员,其中技术经济负责人具有高级职称或者相应执业注册资格并有7年以上从事工程管理的经验;

④ 注册资金不少于50万元。

乙级工程招标代理机构只能承担工程投资额(不含征地费、大市政配套与拆迁补偿费)3000万元以下的工程招标代理业务。

4.2.4 建设工程招标程序

1. 招标准备

招标准备工作的内容主要包括,办理招标备案和准备招标文件两个方面。

1)办理招标备案

按照我国现行规定,招标工程在具备招标条件后,招标人应按工程管理权限到所管辖的招投标管理部门领取有关表格,办理申请招标手续。招标备案文件应说明:招标工作范围,招标方式,计划工期,对投标人的资质要求,招标项目前期准备工作的完成情况,自行招标还是委托代理招标等内容。获得认可后才可以开展招标工作。

2）编制与招标有关的文件

开始招标前，招标人应编制好与招标有关的各种文件，以保证招标活动的正常进行。这些文件主要包括招标公告、资格预审文件、招标文件、合同条件，以及资格预审和评标办法。

2. 招标公告

招标公告是指采用公开招标方式的招标人向所有潜在的投标人发出的一种广泛的邀请。招标公告的目的是使所有潜在的投标人都具有公平的投标竞争的机会。招标人采用公开招标方式的，应当发布招标公告。

按照《招标公告发布暂行办法》，有关发布招标公告的要求如下：

1）发布招标公告的媒介

（1）《中国日报》、《中国经济导报》、《中国建设报》和《中国采购与招标网》（http://www.chinabidding.com.cn）为发布依法必须招标项目招标公告的指定媒介。其中，依法必须招标的国际招标项目的招标公告应在《中国日报》发布。

（2）各地方人民政府依照审批权限审批的依法必须招标的民用建设项目的招标公告，可在省、自治区、直辖市人民政府主管部门指定的媒介发布。

（3）使用国际组织或者外国政府贷款、援助资金的招标项目，贷款方、资金提供方对招标公告的发布另有规定的，适用其规定。

2）发布招标公告要求

（1）拟发布的招标公告文本应当由招标人或其委托的招标代理机构的主要负责人签名并加盖公章；

（2）招标人或其委托的招标代理机构发布招标公告，应当向指定媒介提供营业执照、项目批准文件的复印件等证明文件；

（3）招标人或其委托的招标代理机构应至少在一家指定的媒介上发布招标公告；

（4）招标人或其委托的招标代理机构在两个以上媒介发布的同一招标项目的招标公告的内容应当相同；

（5）指定报纸和网络应当在收到招标公告文本之日起7日内发布招标公告，指定媒介应与招标人或其委托的招标代理机构就招标公告内容进行核实，经双方确定无误后在前款规定的时间内发布。

3）招标公告内容

招标公告应当载明招标人的名称和地址、招标项目的性质、数量、实施地点和时间、投标截止日期以及获取招标文件的办法等事项。

招标人或其委托的招标代理机构应当保证招标公告内容的真实、准确和完整。

3. 资格预审

资格预审是指招标人在招标开始之前或开始初期，由招标人对申请参加投标的潜在投标人进行资质条件、业绩、信誉、技术、资金等多方面情况进行资格审查。公开招标时才设置资格预审环节。

（1）资格预审的目的。对潜在投标人进行资格审查，主要考察该企业总体能力是否具备完成招标工作所要求的条件。一是保证参与投标的法人或组织在资质和能力等方面能够满足完成招标工作的要求，排除不合格的投标人；二是通过评审优选出综合实力较强的一批申请投标人,再请他们参加投标竞争,以减小评标的工作量,进而降低招标人的采购成本,提高招标工作的效率。

（2）编写资格预审文件。资格预审文件分为资格预审须知和资格预审表两大部分。

资格预审须知内容包括前附表,工程概况,对投标人的基本要求以及指导投标人填写资格预审文件的有关说明。

资格预审表的内容一般包括:

① 申请人概况。如企业简历、人员和机械设备情况;

② 财务状况。包括基本情况,近3年每年完成投资金额,本年度预计完成投资额,最近两年经审计的财务报表等;

③ 拟投入的主要管理人员和施工机械设备情况;

④ 近3年承建的相似工程情况;

⑤ 施工经验;

⑥ 诉讼案件情况;

⑦ 其他资料。

（3）发布资格预审公告。资格预审公告是指招标人向潜在投标人发出的参加资格预审的广泛邀请,由招标人在指定媒介上发布邀请资格预审的公告。采用资格预审的招标公告,除一般招标公告中应载明的招标项目名称,工程的规模,结构类型,招标范围,建设地点,质量要求,计划开、竣工日期以及投标人的资质要求外,特别需要载明的是

① 获取资格预审文件的时间和地点;

② 提供资格预审申请文件的方式及截止日期;

③ 预计发出资格预审合格通知书的时间。

（4）发出资格预审文件。发布资格预审公告后,招标人向申请参加资格预审的申请人发放或者出售资格预审文件,所有申请参加投标竞争的潜在投标人都可以购买资格预审文件,由其按要求填报后作为投标人的资格预审文件。

（5）对潜在投标人资格的审查和评定。招标人在规定时间内,按照资格预审文件中规定的标准和方法,对提交资格预审申请书的潜在投标人资格进行审查。

① 投标人必须满足的基本资格条件。

投标满足的最基本条件,可分为必要合格条件和附加合格条件两种。具体要求应在资格预审须知中明确列出。

必要合格条件通常包括法人地位、资质等级、财务状况、企业信誉等具体要求,是潜在投标人应满足的最低标准。

附加合格条件视招标项目是否对潜在投标人有特殊要求来决定。普通工程项目一般承包人均可完成,可不设置附加合格条件。对于大型复杂项目尤其是需要有专门技术、设备或经验的投标人才能完成时,则应设置此类条件。附加合格条件是为了保证承包工作能够保质、保量、按期完成,按照项目特点设定。招标人可以针对工程所需的特别措施;专业工程施工资质;环境保护方针和保证体系;同类工程施工经历;项目经理资质要求;安全文明施工要求等方面设立附加合格条件。

② 资格预审合格的条件。

在投标人必需满足资格预审文件规定的基本资格条件的基础上,招标人依据工程项目特

点和发包工作性质确定评审指标,如资质条件、人员能力、设备和技术能力、财务状况、工程经验、企业信誉等,并分别给予不同权重。对其中的各方面再进一步细化评定内容和分项评分标准。通过对各投标人的评定和打分,确定各投标人的综合素质得分。

一般采用的合格标准有两种方式:一种是限制合格者数量,以便减小评标的工作量,招标人按得分高低次序向预定数量的投标人发出邀请投标函并请他予以确认,如果某家放弃投标则由下家递补维持预定数量;另一种是不限制合格者的数量,凡达到一定分数的潜在投标人均视为合格,以保证投标的公平性和竞争性。后一种原则的缺点是如果合格者数量较多时,增加评标的工作量。

(6)发出预审合格通知书。经资格预审后,招标人应当向资格预审合格的投标申请人发出资格预审合格通知书,告知获取招标文件的时间、地点和方法,并同时向资格预审不合格的投标申请人告知资格预审结果。

4.招标文件

1)招标文件的编制

招标文件是由招标人或其委托的招标代理机构编制发布的,是投标单位编制投标文件的依据。

招标文件应尽可能完整、详细,不仅能使投标人对项目的招标有充分的了解,有利于投标竞争,而且招标文件中的很多文件将作为未来合同的有效组成部分。由于招标文件的内容繁多,必要时可以分卷、分章编写。《标准施工招标文件》(2007年版)中的招标文件组成结构包括:

第一卷　第一章　招标公告(未进行资格预审)

　　　　　　　　投标邀请书(适用于邀请招标)

　　　　　　　　投标邀请书(代资格预审通过通知书)

　　　　　第二章　投标人须知

　　　　　第三章　评标办法(经评审的最低投标价法)

　　　　　　　　评标办法(综合评估法)

　　　　　第四章　合同条款及格式

　　　　　第五章　工程量清单

第二卷　第六章　图纸

第三卷　第七章　技术标准和要求

第四卷　第八章　投标文件格式

2)招标文件的发售与修改

(1)招标文件一般发售给通过资格预审、获得投标资格的投标人。投标人在收到招标文件后,应认真核对,核对无误后应以书面形式予以确认。

(2)招标文件的修改。招标人对已发出的招标文件进行必要的澄清或者修改的,应当在招标文件要求提交投标文件截止时间至少15日前,以书面形式通知所有招标文件收受人。该澄清或者修改的内容为招标文件的组成部分。

(3)投标人在收到招标文件后,若有问题需要澄清,应于收到招标文件后以书面形式向招标单位提出,招标人应以书面形式或投标预备会的方式予以解答,答复应送给所有获得招标文件的投标人。

5. 勘察现场

招标人在投标须知规定的时间组织投标人自费进行现场考察。设置此程序的目的：一方面让投标人了解工程项目的现场情况、自然条件、施工条件以及周围环境条件，以获取投标人认为有必要的信息，便于编制投标文件；另一方面，要求投标人通过自己的实地考察确定投标的原则和策略，避免合同履行过程中投标人以不了解现场情况为理由推卸应承担的合同责任。

6. 解答投标人的质疑

对投标人关于招标文件、图纸和有关技术资料及勘察现场提出的问题，招标人可通过以下方式进行解答。

（1）收到投标人提出的问题后，以书面形式进行解答，招标人对任何一个投标人所提问题的回答，必须发送给每一个投标人，以保证招标的公开和公平，但不必说明问题的来源。回答函件作为招标文件的组成部分，如果书面解答的问题与招标文件中的规定不一致，以函件的解答为准。

（2）收到投标人提出的问题后，通过投标预备会的方式进行解答，并以会议记录形式同时送达所有获得招标文件的投标人。

7. 收受投标文件

我国《招标投标法》规定，投标人应当在招标文件要求提交投标文件的截止时间前，将投标文件送达投标地点。招标人收到招标文件后，应当签收保存，不得开启。在投标截止日期后送达的投标文件，招标人应当拒收。投标人在招标文件要求提交投标文件的截止时间前，可以补充、修改或者撤回已提交的投标文件，并书面通知招标人。补充、修改的内容为投标文件的组成部分。

8. 开标

1）开标的时间和地点

我国《招标投标法》规定，开标应当在招标文件确定的提交投标文件截止时间的同一时间公开进行。这样的规定是为了避免投标中的舞弊行为。在下列情况下可以暂缓或者推迟开标时间：

（1）招标文件发售后对原招标文件作了变更或者补充；

（2）开标前发现有影响招标公正的不正当行为；

（3）出现突发事件等。

开标地点应当为招标文件中预先确定的地点。招标人应当在招标文件中对开标地点做出明确、具体的规定，以便投标人及有关方面按照招标文件规定的开标时间到达开标地点。

2）出席开标会议的规定

开标由招标人或者招标代理人主持开标会议，邀请所有投标人参加，投标人法定代表人或授权代理人未参加开标会议的视为自动弃权。

3）开标程序

（1）开标会议宣布开始后，应首先请各投标人代表确认其投标文件的密封情况，并签字予以确认，也可以由招标人委托的公证机构检查并公证。经确认无误后，工作人员当众拆封，核查投标人提交的证件和资料，并审查投标文件的完整性、文件的签署、投标担保等。宣读投标人名称、投标价格和投标文件的其他主要内容。修改或撤回通知、所有在投标致函中提出的附加条件、补充声明、替代方案、优惠条件等均应宣读。

（2）开标后，任何投标人都不允许更改投标书的内容和报价，也不允许再增加优惠条件。招标人也不得更改评标、定标办法。

（3）开标过程应当记录，并存档备查。

4）无效投标文件

开标时，如果发现投标文件出现下列情形之一，应当作为无效投标文件，不再进入评标：

（1）投标文件未按照招标文件的要求予以密封；

（2）投标文件中的投标函未加盖投标人的企业及企业法定代表人印章，或者企业法定代表人委托代理人没有合法、有效的委托书（原件）及委托代理人印章；

（3）投标文件的关键内容字迹模糊、无法辨认；

（4）投标人未按照招标文件的要求提供投标保证金或者投标保函；

（5）组成联合体投标的，投标文件未附联合体各方共同投标协议。

9. 评标

评标是对各投标书优劣的比较，以便最终确定中标人，评标工作由评标委员会负责。

1）评标委员会

评标委员会由招标人或其委托的招标代理机构熟悉相关业务的代表，以及有关技术、经济等方面的专家组成，成员人数为 5 人以上的单数，其中，技术、经济等方面的专家不得少于成员总数的 2/3。

评标委员会的专家成员应当从省级以上人民政府有关部门提供的专家名册或者招标代理机构专家库内的相关专家名单中确定。确定评标专家，可以采取随机抽取或者直接确定的方式。一般项目，可以采取随机抽取的方式；技术特别复杂、专业性要求特别高或者国家有特殊要求的招标项目，采取随机抽取方式确定的专家难以胜任的，可以由招标人直接确定。

2）对评标委员会成员的要求

评标委员会中的专家成员应符合下列条件：

（1）从事相关专业领域工作满 8 年并具有高级职称或者同等专业水平；

（2）熟悉有关招标投标的法律、法规，并具有与招标项目相关的实践经验；

（3）能够认真、公正、诚实、廉洁地履行职责。

有下列情形之一的，不得担任评标委员会成员：

（1）投标人或者投标人主要负责人的近亲属；

（2）项目主管部门或者行政监督部门的人员；

（3）与投标人有经济利益关系，可能影响对投标公正评审的；

（4）曾因在招标、评标以及其他与招标投标有关活动中从事违法行为而受过行政处罚或刑事处罚的。

评标委员会成员有上述情形之一的，应当主动提出回避。

3）评标委员会成员的基本行为要求

（1）评标委员会成员应当客观、公正地履行职责，遵守职业道德，对所提出的评审意见承担个人责任；

（2）评标委员会成员不得与任何投标人或者与招标结果有利害关系的人进行私下接触，不得收受投标人、中介人、其他利害关系人的财物或者其他好处；

（3）评标委员会成员和与评标活动有关的工作人员不得透露对投标文件的评审和比较、

中标候选人的推荐情况以及与评标有关的其他情况。

4）评标准备

招标人或者其委托的招标代理机构应当向评标委员会提供评标所需的重要信息和数据。招标人设有标底的，标底应当保密，并在评标时作为参考。

评标委员会成员应该认真研究招标文件，至少应了解和熟悉以下内容：

（1）招标的目标；

（2）招标项目的范围和性质；

（3）招标文件中规定的主要技术要求、标准和商务条款；

（4）招标文件规定的评标标准、评标办法和在评标过程中考虑的相关因素。

评标委员会成员应当编制供评标使用的相应表格。

5）初步评审

初步评审的内容包括对投标文件的符合性评审、技术性评审和商务性评审。

（1）投标文件的符合性评审。投标文件的符合性评审包括商务符合性和技术符合性鉴定。投标文件应实质上响应招标文件的所有条款、条件，无显著的差异或保留。所谓显著的差异或保留包括以下情况：对工程的范围、质量及使用性能产生实质性影响；偏离了招标文件的要求，而对合同中规定的业主的权利或者投标人的义务造成实质性的限制；纠正这种差异或者保留将会对提交了实质性响应要求的投标书的其他投标人的竞争地位产生不公正影响。

（2）投标文件的技术性评审。投标文件的技术性评审包括方案可行性评估和关键工序评估；劳务、材料、机械设备、质量控制措施评估以及对施工现场周围环境污染的保护措施评估。

（3）投标文件的商务性评审。投标文件的商务性评审包括投标报价校核，审查全部报价数据计算的正确性，分析报价构成的合理性，并与标底价格进行对比分析。

6）投标文件的澄清和说明

评标委员会可以要求投标人对投标文件中含意不明确的内容作必要的澄清或者说明，但是，澄清或者说明不得超出投标文件的范围或者改变投标文件的实质性内容。对招标文件的相关内容作出澄清和说明，其目的是有利于评标委员会对投标文件的审查、评审和比较。澄清和说明包括投标文件中含义不明确、对同类问题表述不一致或者有明显文字和计算错误的内容。例如，投标文件中的大写金额和小写金额不一致的，以大写金额为准；总价金额与单价金额不一致的，以单价金额为准，但单价金额小数点有明显错误的除外；对不同文字文本投标文件的解释发生异议的，以中文文本为准，等等。

7）应当作为废标处理的情况

（1）弄虚作假。在评标过程中，评标委员会发现投标人以他人的名义投标、串通投标、以行贿手段谋取中标或者以其他弄虚作假方式投标的，该投标人的投标应作废标处理。

（2）报价低于其个别成本。在评标过程中，评标委员会发现投标人的报价明显低于其他投标报价或者在设有标底时明显低于标底，使其投标报价可能低于其个别成本的，应当要求该投标人作出书面说明并提供相关证明材料。投标人不能合理说明或者不能提供相关证明材料的，由评标委员会认定该投标人以低于成本报价竞标，其投标应作废标处理。

（3）投标人不具备资格条件或者投标文件不符合要求。投标人不具备资格条件或者投标文件不符合要求，其投标也应当作废标处理。这包括投标人资格条件不符合国家有关规定和招标文件要求的，或者拒不按照要求对投标文件进行澄清、说明或者补正的，评标委员会可以否决其投标。

（4）未能在实质上响应的投标。评标委员会应当审查每一投标文件是否对招标文件提出的所有实质性要求和条件做出响应。未能在实质上响应的投标，应作废标处理。

8）投标偏差

评标委员会应当根据招标文件，审查并逐项列出投标文件的全部投标偏差。投标偏差分为重大偏差和细微偏差。

下列情况属于重大偏差：

（1）没有按照招标文件要求提供投标担保或者所提供的投标担保有瑕疵；

（2）投标文件没有投标人法定代表人或授权代理人签字和加盖公章；

（3）投标文件载明的招标项目完成期限超过招标文件规定的期限；

（4）明显不符合技术规格、技术标准的要求；

（5）投标文件载明的货物包装方式、检验标准和方法等不符合招标文件的要求；

（6）投标文件附有招标人不能接受的条件；

（7）不符合招标文件中规定的其他实质性要求。

所有存在重大偏差的投标文件都应作废标处理。

细微偏差，是指投标文件在实质上响应招标文件要求，但在个别地方存在漏项或者提供了不完整的技术信息和数据等情况，并且补正这些遗漏或者不完整不会对其他投标人造成不公平的结果。细微偏差不影响投标文件的有效性。

存在细微偏差的投标文件，评标委员会可以书面要求投标人在评标结束前予以澄清、说明或者补正，但不得超出投标文件的范围或者改变投标文件的实质性内容。投标人拒不补正的，在详细评审时可以对细微偏差作不利于该投标人的量化，量化标准应当在招标文件中明确规定。

9）有效投标过少的处理

投标人数量是决定投标有竞争性的最主要的因素。如果有效投标很少，则达不到增加竞争性的目的。因此，《评标委员会和评标方法暂行规定》中规定，如果否决不合格投标或者界定为废标后，因有效投标不足3个使得投标明显缺乏竞争的，评标委员会可以否决全部投标。投标人少于3个或者所有投标被否决的，招标人应当依法重新招标。

10）详细评审

经初步评审合格的投标文件，评标委员会应当根据招标文件确定的评标标准和办法，对其技术部分和商务部分作进一步评审、比较。

设有标底的招标项目，评标时应当参考标底。评标委员会完成评标后，应当向招标人提出书面评标报告，并推荐合格的中标候选人。招标人根据评标委员会提出的书面评标报告和推荐的中标候选人确定中标人，招标人也可以授权评标委员会直接确定中标人。

11）编制评标报告

评标报告是评标委员会经过对各投标书评审后向招标人提出的结论性报告，作为定标的主要依据。评标报告一般包括以下内容：

（1）基本情况和数据表；

（2）评标委员会成员名单；

（3）开标记录；

（4）符合要求的投标一览表；

（5）废标情况说明；

（6）评标标准、评标方法或者评标因素一览表；

（7）经评审的价格或者评分比较一览表；

（8）经评审的投标人排序；

（9）推荐的中标候选人名单与签订合同前要处理的事宜；

（10）澄清、说明、补正事项纪要。

评标报告由评标委员会全体成员签字。对评标结论持有异议的评标委员会成员可以书面方式阐述其不同意见和理由。评标委员会成员拒绝在评标报告上签字且不陈述其不同意见和理由的，视为同意评标结论。评标委员会应当对此作出书面说明并记录在案。

10. 定标

1）中标候选人的确定

评标委员会推荐的中标候选人应当限定在 1～3 人，并标明排列顺序。

对使用国有资金投资或者国家融资的项目，招标人应当确定排名第一的中标候选人为中标人。排名第一的中标候选人放弃中标、因不可抗力提出不能履行合同，或者招标文件规定应当提交履约担保而在规定的期限内未能提交的，招标人可以确定排名第二的中标候选人为中标人。

排名第二的中标候选人因前款规定的同样原因不能签订合同的，招标人可以确定排名第三的中标候选人为中标人。

2）定标原则

《招标投标法》规定，中标人的投标应当符合下列条件之一：

（1）能够最大限度满足招标文件中规定的各项综合评价标准；

（2）能够满足招标文件的实质性要求，并且经评审的投标价格最低，但是投标价格低于成本的除外。

确定中标人前，招标人不得与投标人就投标价格、投标方案等实质性内容进行谈判。招标人应当在投标有效期截止时限 30 日前确定中标人。招标人应当自确定中标人之日起 15 日内，向工程所在地的县级以上地方人民政府建设行政主管部门提交施工招标投标情况的书面报告。建设行政主管部门自收到书面报告之日起 5 日内未通知招标人在招标投标活动中有违法行为的，招标人可以向中标人发出中标通知书，并将中标结果通知所有未中标的投标人。

3）发出中标通知书

中标人确定后，招标人应当向中标人发出中标通知书，并同时将中标结果通知所有未中标的投标人。中标通知书对招标人和中标人具有法律效力。中标通知书发出后，招标人改变中标结果，或者中标人放弃中标项目的，应当依法承担责任。

4）订立书面合同

招标人和中标人应当自中标通知书发出之日起 30 日内，按照招标文件和中标人的投标文件订立书面合同。招标人和中标人不得再行订立背离合同实质性内容的其他协议。招标人无正当理由不与中标人签订合同，给中标人造成损失的，招标人应当给予赔偿。招标文件要求中标人提交履约担保的，中标人应当提交。中标人不与招标人订立合同的，投标保证金不予退还并取消其中标资格，给招标人造成的损失超过投标担保数额的，应当对超过部分予以赔偿。

订立书面合同后 7 日内，中标人应当将合同送县级以上工程所在地的建设行政主管部门备案。

招标人与中标人签订合同后 5 个工作日内，应当向未中标的投标人退还投标保证金（无息)。中标人的投标保证金,按要求提交履约担保并签署合同后,予以退还(无息)。

如投标人有下列情况,将被没收投标保证金:

(1) 投标单位在投标有效期内撤回其投标文件;

(2) 中标单位未能在规定期限内提交履约担保,或中标后拒绝签订合同的。

4.2.5 评标办法

评标办法包括经评审的最低投标价法、综合评估法等。

1. 经评审的最低投标价法

经评审的最低投标价法,评标委员会对满足招标文件实质要求的投标文件,根据规定的量化因素及量化标准进行价格折算,按照经评审的投标价由低到高的顺序推荐中标候选人,或根据招标人授权直接确定中标人,但投标报价低于其成本的除外。经评审的投标价相等时,投标报价低的优先;投标报价也相等的,由招标人自行确定。

1) 评审标准

按评标办法前附表(经评审的最低投标价法)规定进行评审,如表 4-1 所示。

表 4-1   评标办法前附表(经评审的最低投标价法)

条款号	条款内容	评审因素	评审标准
2.1.1	形式评审标准	投标人名称	与营业执照、资质证书、安全生产许可证一致
		投标函签字盖章	有法定代表人或其委托代理人签字或加盖单位章
		投标文件格式	符合"投标文件格式"的要求
		联合体投标人	提交联合体协议书,并明确联合体牵头人(如有)
		报价唯一	只能有一个有效报价
		……	……
2.1.2	资格评审标准	营业执照	具备有效的营业执照
		安全生产许可证	具备有效的安全生产许可证
		资质等级	符合"投标人须知"相应规定
		财务状况	符合"投标人须知"相应规定
		类似项目业绩	符合"投标人须知"相应规定
		信誉	符合"投标人须知"相应规定
		项目经理	符合"投标人须知"相应规定
		其他要求	符合"投标人须知"相应规定
		联合体投标人	符合"投标人须知"相应规定(如有)
		……	……

续表

条款号	条款内容	评审因素	评审标准
2.1.3	响应性评审标准	投标内容	符合"投标人须知"相应规定
		工期	符合"投标人须知"相应规定
		工程质量	符合"投标人须知"相应规定
		投标有效期	符合"投标人须知"相应规定
		投标保证金	符合"投标人须知"相应规定
		权利义务	符合"合同条款及格式"规定
		已标价工程量清单	符合"工程量清单"给出的范围及数量
		技术标准和要求	符合"技术标准和要求"规定
		……	……
2.1.4	施工组织设计和项目管理机构评审标准	施工方案与技术措施	……
		质量管理体系与措施	……
		安全管理体系与措施	……
		环境保护管理体系与措施	……
		工程进度计划与措施	……
		资源配备计划	……
		技术负责人	……
		其他主要人员	……
		施工设备	……
		试验、检测仪器设备	……
		……	……

条款号		量化因素	量化标准
2.2	详细评审标准	单价遗漏	……
		付款条件	……
		……	……

2)初步评审

（1）未进行资格预审的。评标委员会可以要求投标人提交"投标人须知"规定的有关证明和证件的原件，以便核验。评标委员会依据评标办法前附表第2.1.1项、第2.1.2项、第2.1.3项和第2.1.4项规定的标准对投标文件进行初步评审。有一项不符合评审标准的，作废标处理。

（2）已进行资格预审的。评标委员会依据评标办法前附表第2.1.1项、第2.1.3项、第2.1.4项规定的标准对投标文件进行初步评审。有一项不符合评审标准的，作废标处理。当投标人资格预审申请文件的内容发生重大变化时，评标委员会依据评标办法前附表第2.1.2项规定的标准对其更新资料进行评审。

（3）投标人有以下情形之一的，其投标作废标处理：

①"投标人须知"规定情形中的任何一种情形的；

② 串通投标或弄虚作假或有其他违法行为的;

③ 不按评标委员会要求澄清、说明或补正的。

(4) 投标报价有算术错误的,评标委员会按以下原则对投标报价进行修正,修正的价格经投标人书面确认后具有约束力。投标人不接受修正价格的,其投标作废标处理。

① 投标文件中的大写金额与小写金额不一致的,以大写金额为准;

② 总价金额与依据单价计算出的结果不一致的,以单价金额为准修正总价,但单价金额小数点有明显错误的除外。

3) 详细评审

(1) 评标委员会按表 4-2 所规定的量化因素和标准进行价格折算,计算出评标价,并编制价格比较一览表。

表 4-2   评标办法前附表(综合评估法)

条款号	条款内容	评审因素	评审标准
2.1.1	形式评审标准	投标人名称	与营业执照、资质证书、安全生产许可证一致
		投标函签字盖章	有法定代表人或其委托代理人签字或加盖单位章
		投标文件格式	符合"投标文件格式"的要求
		联合体投标人	提交联合体协议书,并明确联合体牵头人
		报价唯一	只能有一个有效报价
		……	……
2.1.2	资格评审标准	营业执照	具备有效的营业执照
		安全生产许可证	具备有效的安全生产许可证
		资质等级	符合"投标人须知"相应规定
		财务状况	符合"投标人须知"相应规定
		类似项目业绩	符合"投标人须知"相应规定
		信誉	符合"投标人须知"相应规定
		项目经理	符合"投标人须知"相应规定
		其他要求	符合"投标人须知"相应规定
		联合体投标人	符合"投标人须知"相应规定
		……	……
2.1.3	响应性评审标准	投标内容	符合"投标人须知"相应规定
		工期	符合"投标人须知"相应规定
		工程质量	符合"投标人须知"相应规定
		投标有效期	符合"投标人须知"相应规定
		投标保证金	符合"投标人须知"相应规定
		权利义务	符合"合同条款及格式"规定
		已标价工程量清单	符合"工程量清单"给出的范围及数量
		技术标准和要求	符合"技术标准和要求"规定
		……	……

续表

条款号	条款内容	评审因素	评审标准
2.2.1	分值构成 （总分100分）		施工组织设计：_____分 项目管理机构：_____分 投标报价：_____分 其他评分因素：_____分
2.2.2		评标基准价计算方法	
2.2.3		投标报价的偏差率计算公式	偏差率＝100%×（投标人报价 － 评标基准价）/评标基准价
条款号		评分因素	评分标准
2.2.4(1)	施工组织设计评分标准	内容完整性和编制水平	—
		施工方案与技术措施	—
		质量管理体系与措施	—
		安全管理体系与措施	—
		环境保护管理体系与措施	—
		工程进度计划与措施	—
		资源配备计划	—
		……	—
2.2.4(2)	项目管理机构评分标准	项目经理任职资格与业绩	—
		技术负责人任职资格与业绩	—
		其他主要人员	—
		……	—
2.2.4(3)	投标报价评分标准	偏差率	—
		……	—
2.2.4(4)	其他因素评分标准	……	—

（2）评标委员会发现投标人的报价明显低于其他投标报价，或者在设有标底时明显低于标底，使得其投标报价可能低于其成本的，应当要求该投标人作出书面说明并提供相应的证明材料。投标人不能合理说明或者不能提供相应证明材料的，由评标委员会认定该投标人以低于成本报价竞标，其投标作废标处理。

2. 综合评估法

综合评估法，评标委员会对满足招标文件实质性要求的投标文件，按照规定的评分标准进行打分，并按得分由高到低顺序推荐中标候选人，或根据招标人授权直接确定中标人，但投标报价低于其成本的除外。综合评分相等时，以投标报价低的优先；投标报价也相等的，由招标人自行确定。

1）评审标准

按评标办法前附表（综合评估法）规定进行评审，如表4-2所示。

2）初步评审

（1）未进行资格预审的。评标委员会可以要求投标人提交"投标人须知"规定的有关证明和证件的原件,以便核验。评标委员会依据评标办法前附表第 2.1.1 项、第 2.1.2 项和第 2.1.3 项规定的标准对投标文件进行初步评审。有一项不符合评审标准的,作废标处理。

(2) 已进行资格预审的。评标委员会依据评标办法前附表第 2.1.1 项、第 2.1.3 项规定的评审标准对投标文件进行初步评审。有一项不符合评审标准的,作废标处理。当投标人资格预审申请文件的内容发生重大变化时,评标委员会依据评标办法前附表第 2.1.2 项规定的标准对其更新资料进行评审。

(3) 投标人有以下情形之一的,其投标作废标处理。

① "投标人须知"规定情形的任何一种情形的;

② 串通投标或弄虚作假或有其他违法行为的;

③ 不按评标委员会要求澄清、说明或补正的。

(4) 投标报价有算术错误的,评标委员会按以下原则对投标报价进行修正,修正的价格经投标人书面确认后具有约束力。投标人不接受修正价格的,其投标作废标处理。

① 投标文件中的大写金额与小写金额不一致的,以大写金额为准;

② 总价金额与依据单价计算出的结果不一致的,以单价金额为准修正总价,但单价金额小数点有明显错误的除外。

3) 详细评审

(1) 评标委员会按评标办法前附表规定的量化因素和分值进行打分,并计算出综合评估得分。

① 按评标办法前附表规定的评审因素和分值对施工组织设计计算出得分 A;

② 按评标办法前附表规定的评审因素和分值对项目管理机构计算出得分 B;

③ 按评标办法前附表规定的评审因素和分值对投标报价计算出得分 C;

④ 按评标办法前附表规定的评审因素和分值对其他部分计算出得分 D。

(2) 评分分值计算保留小数点后两位,小数点后第三位"四舍五入"。

(3) 投标人得分 $= A + B + C + D$。

(4) 评标委员会发现投标人的报价明显低于其他投标报价,或者在设有标底时明显低于标底,使得其投标报价可能低于其个别成本的,应当要求该投标人作出书面说明并提供相应的证明材料。投标人不能合理说明或者不能提供相应证明材料的,由评标委员会认定该投标人以低于成本报价竞标,其投标作废标处理。

4.3   建设工程投标

投标是工程承包商应招标人的邀请,根据招标人规定的条件,在规定的时间和地点向招标人递价,以争取成交的行为。

工程承包合同形成的过程分两步:第一步,投标争取合同;第二步,确定中标后的协议书签约。在这个过程中,作为承包商主要通过分析招标文件进行投标报价、按时交送投标书、与业主进行谈判商谈合同条款的各个细节问题、修改合同文本、双方达成共识后签订合同书。合同一旦形成,将作为双方日后必须履行的约束。因此,承包商应十分重视这一过程,充分考虑利因素,力求使双方责权利关系平衡,没有苛刻的单方面约束性条件。

4.3.1   工程投标报价及策略

投标报价是取得合同的关键,也是合同的主要组成部分。报价应考虑两方面因素:一方面包含承包商为完成合同规定义务的全部费用和所期望的工程利润,应该采取有利的报价;另一方面由于参加投标竞争的承包商都有承包工程的资格,都希望报价为业主选中,通过竞争以击败对手取得合同资格。因此,要做好一个既有利可图又有竞争力的报价,应重点做好以下几个方面的工作:

1) 编制工程预算

工程预算是承包商为完成合同规定的义务所必需的费用支出,也是承包商的保本点。因此,工程预算必须全面反映招标文件的内容,反映招标文件规定的承包商的合同责任、义务、工程范围和详细的工程量。编制预算前必须对招标文件进行详细分析、具体地逐条地确定承包商的合同责任,复核工程量,以确定各项费用。

2) 制定报价策略

制定报价策略是经营策略的一部分,因此,必须综合考虑承包商的经营总策略、建筑市场竞争的激烈程度和合同的风险程度等,以调整不可预见风险费和利润水平。一般在承包工程中,投标报价不等于合同价格,因为在议价谈判和合同谈判中可能调整报价。而常常合同价格又不等于工程实际结算价格,因为合同实施中可通过工程变更和索赔调整合同价格。因此,承包商在议价谈判过程中可根据实际情况,采取进一步调整报价,提出更好的、更先进的技术措施及实施方案以战胜对手。例如,隧道报价中,可利用洞内弃方进行石料自加工,可减少地材购入费;开挖过程中也可采用人机配合的施工或多功能台架进行生产的合理调配,这样可降低机械使用费。

4.3.2 工程承包合同文本的审查

承包商在取得合同资格后,应把主要的精力转入合同谈判签约阶段,其主要的工作是对合同文本进行审查,进行合同风险分析以及最终签订有利的工程承包合同。

订立工程承包合同前,要细心研究合同条款,要结合项目特点和当事人自身情况,设想在履行中可能出现的问题,事先提出解决的措施。合同条款用词要准确,发包人和承包人的义务、责任、权利要写清楚,切不要因准备不足或疏忽而使合同条款留下漏洞,给合同履行带来困难,使承包商合法权益蒙受损失。工程承包合同签订前对合同文件进行全面审查主要目的是:

(1) 将合同文本"解剖"开来,使它"透明"和易于理解,使谈判者对合同有一个全面、完整的认识和了解。

(2) 检查合同结构和内容的完整性,用标准的合同文本和结构对照该合同文本,即可发现它缺少或遗漏哪些必需的条款。

(3) 分析评价每一合同条款执行的法律后果,其中隐含哪些风险,为投标报价的判定提供资料,为合同谈判和签订提供决策依据。

(4) 通过审查发现和修订合同内容含糊、概念不清或自己未能完全理解的条款;合同之间矛盾或不一致的条款;隐含较大风险的条款;过于苛刻、单方面约束性的条款等。

(5) 争取改善合同条件,谋求公正和合理的权益,使承包人的权利与义务达到平衡。

(6) 利用合同条件的修改变更,争取更为有利的合同价格。

为了切实维护自己的合法利益,在合同谈判、签约之前,无论是发包人还是承包人都必须认真仔细地研究招标文件及双方在招投标过程中达成的协议,审查每一个合同条款,分析该条款的履行后果,从中寻找合同漏洞及于己不利的条款,力争通过合同谈判使自己处于较为有利的位置,以改善合同条件中一些主要条款的内容,从而能够从合同条款上全力维护自己的合法权益。

合同文本通常指合同协议书和合同条款等文件,是合同的核心。合同的文本尽量采用我国《建设工程承包合同示范文本》或国际通用的 FIDIC 合同条款作为合同文本的依据,但在确定审查项目过程中,应结合具体的工程项目性质、特点以及工程项目所在地的自然环境和地理条件以及工程项目的技术要求,结合招标文件中有关技术规范、施工图纸、工程量清单以及其他有关技术资料的要求,根据以往的经验确定审查重点。主要内容包括:

(1)合法性分析。合同必须在合同依据的法律基础的范围内签订和实施,否则会导致合同全部或部分无效,从而给合同当事人带来不必要的损失。这是合同审查分析的最基本也是最重要的工作。这包括:当事人(发包人和承包人)是否具备相应资格;工程项目是否已具备招标投标、签订和实施合同的一切条件,特别是是否具备各种批准文件;招标投标过程是否符合法定的程序;合同内容是否符合合同法和其他相关法律的要求。

(2)完备性分析。根据《合同法》规定,合同应包括合同当事人、合同标的、标的的数量和质量、合同价款或酬金、履行期限、地点和方式、违约责任和解决争议的方法。一份完整的合同应包括上述所有条款。如果合同不够完备,就可能会给当事人造成重大损失。因此,必须对合同的完备性进行审查。这包括:构成合同文件的种种文件(特别是环境、水文地质等方面的说明文件和技术设计文件,如图纸、规范等)是否齐全;合同条款是否齐全,对各种问题的规定有没有遗漏等。

(3)公正性分析。公平公正、诚实信用是《合同法》的基本原则,当事人无论是签订合同还是履行合同,都必须遵守该原则。但是,在实际操作中,由于建筑市场竞争异常激烈,而合同的起草权掌握在发包人手中,承包人只能处于被动应付的地位,因此,业主所提供的合同条款往往很难达到公平公正的程度。所以,承包人应逐条审查合同条款是否公平公正,对明显缺乏公平公正的条款,在合同谈判时,通过寻找合同漏洞、向发包人提出自己合理化建议、利用发包人澄清合同条款及进行变更的机会,力争使发包人对合同条款作出有利于自己的修改。这包括:合同条款是否体现双方平等互利,即责任和权利、工程和报酬之间的平衡等。

(4)准确性分析。合同的准确性是合同顺利实施的基本条件,反映了合同科学性和严密性。通过合同准确性分析,减少合同双方的摩擦和争议,提高合同管理的效率。包括:合同用词是否准确,有无模棱两可或含义不清之处;定义是否准确,双方工程责任界限是否明确,是否含糊不清;对工程中可能出现的不利情况是否有足够的预见性。

合同审查后,对上述分析研究结果可以用合同审查表(表 4-3)进行归纳整理。用合同审查表可以系统地针对合同文本中存在的问题提出相应的对策。

对于一些重大工程或合同关系与合同文本很复杂的工程,合同审查的结果应经律师或合同法律专家核对评价,或在其指导下进行审查,以减少合同风险,减少合同谈判和签订中的失误。

表 4-3　　　　　　　　　　　　　承包人的合同审查表

审查项目编号	审查项目	条款号	条款内容	条款说明	建议或对策
J02020	工程范围	3.1	工程范围:包括 BQ 单中所列出的工程及承包商可合理推知需要提供的为本工程服务所需要的一切辅助工程	工程范围不清楚,业主可以随意扩大工程范围,增加新项目	①限定工程范围仅为 BQ 单中所列出的工程; ② 增加对新增工程可重新约定价格条款
S06021	责任和义务	6.1	承包商严格遵守工程师对本工程的各项目标并使工程师满意	工程师权限过大,使工程师满意对承包商产生极大的约束	工程师指令及满意仅限于技术规范及合同条件范围内并增加反约束条款
S07056	工程质量	16.2	承包商在施工中应加强质量管理工作,确保交工时工程达到设计生产能力,否则应对业主损失给予赔偿	达不到设计生产能力的原因很多,权责不平衡	①赔偿责任仅限因承包商原因造成的; ②对业主原因达不到设计生产能力的,承包商有权获得补偿

4.3.2　工程承包合同风险的分析和对策

建筑市场实行的是先定价后生产的期货交易,其远期交割的特性决定了建筑行业的高风险性。因此,尽可能有效地防范和控制工程承包合同的风险是每个承包商应该十分重视的问题。承包商取得招标文件后,不进行深入研究和全面的分析,没有正确理解招标文件,签订的工程承包合同不尽完善等原因,工程风险及风险的防范意识较差,会给合同管理造成隐患。

建筑工程承包合同风险的客观存在是由其合同特殊性、合同履行的长期性、多样性、复杂性以及建筑工程的特点而决定的。常见的风险有以下几类:业主的信用风险,外界环境的风险,工程技术、经济和法律风险等。

合同的客观风险由法律法规、合同条件以及国际惯例规定,其风险责任是合同双方无法回避的,可归类为工程变更风险、市场价格风险、时效风险等。

业主利用市场竞争中的有利地位和起草合同的便利条件,在合同中把相当一部分风险转嫁给承包人,主要有合同存在单方面的约束性,不平衡的责权利条款,合同内缺少和有不完善的转移风险的担保、索赔、保险等条款,缺少因第三方造成工期延误或经济损失的赔偿条款,缺少对发包人驻工地代表或监理工程师工作效率低或发出错误指令的制约条款等。

在对工程承包合同文本的审查的同时,承包商应结合工程的实际情况进行合同的风险分析,提出有效防范和化解风险措施的具体条款,并采取相应的对策。如何减少或避免风险,是承包商合同谈判的重点。对于已分析的工程承包中存在的风险,主要有如下对策:

(1)在报价过程中,承包商应充分考虑到风险因素,可采用风险大的分项工程先抛开,再与业主议价谈判,其次合同中规定应由承包商承担的风险要增加风险附加费,或采用多方案不平衡报价以供业主选择。但这些方法要根据自己竞争的能力以及抗风险的能力而确定,以免影响中标。

(2)通过合同谈判,使合同能体现双方的责权利关系的平衡,尽量避免业主单方面苛刻的约束条件,并相应提出约束条件。尽可能将风险大的合同责任尽量采用分摊的原则,尽可能使双方形成一种共同抵御、共同承担的密切合作关系,但同时承包商也可能相应地减少一些利益。

例如,某承包商承建的铁路工程中标后,因工程类型多,尤其是桥梁工程较多,按设计要求及承包商实际情况,要么购买大量的新设备及模板、模具,要么长途调运,这样要大量增加投入,谈判中承包商建议业主增加投资,但业主不肯让步,为了减少风险损失,承包商采取与业主合作,将部分桥梁工程分包给业主指定的并具有同等资质的专业承包商施工,以回避风险。

为有效预防合同风险,在工程施工前避免亏损发生。某承包商根据《建设工程项目管理规范》的有关规定,结合自身实际情况,在企业内部建立起强有力的合同规范化管理体系,在合同管理中始终坚持工程承包合同"五不签":

(1)未经审查的合同不签。公司专门设立合同管理部,负责所有工程承包合同的管理。每项合同签订前必须报合同管理部,合同管理部组织相关职能部门对其合法性、完整性、明确性进行评审。如评审人员对合同条款有修改建议,由合同管理部负责协商并征求意见。合同评审后经双方确认无误,由合同管理部出具评审报告,公司法定代表人或授权委托人负责办理,合同正式签订后,正本报合同管理部备案。

未经审查的工程承包合同不签,彻底杜绝了签合同"拍脑袋"情况的发生,从程序上保证了工程承包合同的质量。

(2)不合法的合同不签。我国法律明确规定:违法的合同为无效合同。公司坚持不签包含扰乱社会经济秩序、损害社会公共利益或第三者利益、对社会有不良影响内容的合同;坚持合同当事人的法律地位平等,与劳务人员签署劳务合同时,禁止使用违背《劳动法》的条款,不将企业意志强加给另一方,也不设定"霸王合同"格式。充分尊重对方依法享有自愿订立合同的权利,使公司的合同履约率大大提高。

(3)低于成本价的合同不签。建筑市场僧多粥少造成企业间无序低价竞争。明知道干一项工程连本都保不住,还要硬着头皮干。可一旦拿到手的项目低于成本价,不仅会导致工期延误,安全质量也难以保证。低标价经营还使得企业无力增加科技创新投入,科研成果贫乏,企业竞争力更无法得到快速提升。公司坚持低于成本价的合同不签,可彻底扭转"饥不择食食鱼钩"的尴尬局面。

(4)有失公平的合同不签。有失公平的合同内容包括:条款中明确约定不支付工程预付款的合同;工程款不能按期支付、需要垫资的合同;收取高额履约保证金的合同等。例如,某公司在承建某公路工程时,按照合同总价的10%交纳了履约保证金。后该工程纳入区域公路资源整合范畴,在资产重组时,发现业主已将保证金挪作他用,无法退还履约保证金,给公司造成一定损失。公司坚持不签有失公平的合同,可使公司所签工程承包合同的含金量大幅度提高。

(5)不合招投标程序的合同不签。有一些项目,因资金不到位、环保设计未达标等原因,无法或暂时无法取得行政主管部门的批文,业主就常常擅自招标、开工。这些项目因施工手续不齐全,开工后大多被政府主管部门勒令停工补办手续。由于这些工程项目连最起码的立项手续和开工许可证都没有,施工企业与业主签订的工程合同也就不具备法律效力,想跟业主打官司都无从打起,最终大都会蒙受损失。坚持不签订招投标程序不符合规定的工程承包合同,可避免工程项目的政策风险。

4.3.3 承包合同的谈判与签约

承包商通过以上各项工作,在合同谈判阶段,应选择最有合同谈判能力和经验的人作为主谈进行合同谈判,其他各部门应积极配合,提供资料和建议。合同谈判与签约的要点如下。

（1）符合承包商的基本目标。

承包商的基本目标是取得工程利润，这个利润可能是该工程的盈利，也可能是承包商的长远利益。

（2）积极争取自己的正当利益。

虽然合同法赋予合同双方平等的法律地位和权利，但在实际的经济活动中，绝对的平等是不存在的，权利还要靠承包商自己去争取，如有可能，应争取合同文本的拟稿权。对业主提出的合同文本，双方应对每个条款都作具体的商讨。另外，对重大问题不能讲客气和盲目让步，切不可在观念上把自己放在被动的地位，当然，谈判策略和技巧是极为重要的。

（3）重视合同的法律性质。

合同一旦签订，具有法律效力，合同中的每一条都与双方有利害关系。所以，在合同谈判和签订中，应注意以下两点：

① 一切问题必须"先小人，后君子"，对可能发生的情况和各个细节问题都要考虑到，并作明确的约定，不能有侥幸的心理；

② 一切问题都应明确具体地规定，不要以口头承诺和保证，要相信"一字千金"，不要相信"一诺千金"。

签订工程承包合同，应充分注意并处理好下列问题。

（1）掌握有关工程承包合同的法律、法规规定。

目前，签订工程承包合同，普遍采用建设部与国家工商总局共同制定的《建设工程施工合同》（GF—1999—0201）示范文本。该文本由协议书、通用条款、专用条款及合同附件四个部分组成。签订合同前仔细阅读和准确理解"通用条款"十分重要。因为这一部分内容不仅注明合同用语的确切含义，引导合同双方如何签订"专用条款"，更重要的是当"专用条款"中某一条款未作特别约定时，"通用条款"中的对应条款自动成为合同双方一致同意的合同约定。有关工程承包合同的法律、法规规定主要有《中华人民共和国合同法》、《中华人民共和国建筑法》、《建设工程质量管理条例》、《建筑业企业资质管理规定》、《建筑业企业资质等级标准》、《建筑安装工程总分包实施办法》、《建设工程施工发包与承包价格管理暂行规定》、《工程建设项目实施阶段程序管理暂行规定》等。

（2）严格审查发包人资质等级及履约信用。

承包商在签订《建设工程施工合同》时，对发包人主体资格的审查是签约的一项重要的准备工作，它将不合格的主体排斥在合同的大门之外，将导致合同伪装的陷阱和风险隐患排除在外，为将来合同能够得到及时、正确地履行奠定一个良好的基础。

根据我国法律规定，从事房地产开发的企业必须取得相应的资质等级，承包人承包的项目应当是经依法批准的合法项目。违反这些规定，将因项目不合法而导致所签订的工程承包合同无效。因此，在订立合同时，应先审查业主是否依法领取企业法人营业执照，取得相应的经营资格和等级证书，审查业主签约代表人的资格，审查工程项目的合法性。其次还应对发包方的履约信用进行审查。

（3）约定施工项目工期、质量和造价的具体内容。

工期、质量、造价是建设工程施工管理永恒的主题，有关这三个方面的合同条款是工程承包合同最重要的内容。

① 实践中关于工期的争议多因开工、竣工日期未明确界定而产生。开工日期有"破土之

日"、"验线之日"、"进场之日"之说,竣工日期有"验收合格之日"、"交付使用之日"、"申请验收之日"之说。无论采用何种说法,均应在合同中予以明确,并约定开工、竣工应办理哪些手续、签署何种文件。对中间交工的工程也应按上述方法作出约定。

② 根据国务院《建设工程质量管理条例》的规定,工程质量监督部门不再是工程竣工验收和工程质量评定的主体,竣工验收将由业主组织勘察、设计、施工、监理单位进行。因此,合同中应明确约定参加验收的单位、人员,采用的质量标准,验收程序,须签署的文件及产生质量争议的处理办法等。

③ 建设工程承包合同最常见的纠纷是关于合同价款及结算的争议。由于任何工程在施工过程中都不可避免设计变更、现场签证和材料差价的发生,所以均难以一次性包死,不做调整。合同中必须对价款调整的范围、程序、计算依据和设计变更、现场签证、材料价格的签发、确认作出明确规定。

(4) 详细规定工程价款和结算支付程序。

一般情况下,工程进度款按月付款或按工程进度拨付,但如何申请拨款,需报何种文件,如何审核确认拨款数额以及双方对进度款额认识不一致时如何处理,往往缺少详细的合同规定,引起争议,影响工程施工。一般合同中对竣工结算程序的规定也较粗,不利操作。因此,合同中应特别注重拨款和结算的程序约定。

(5) 具体规定总包合同中发包方、总包方和分包方各自的责任和相互关系。

尽管发包方与总包方、总包方与分包方之间订有总包合同和分包合同,法律对发包方、总包方及分包方各自的责任和相互关系也有原则性规定,但实践中仍常常发生分包方不接受发包方监督和发包方直接向分包方拨款造成总包方难以管理的现象。因此,在总包合同中应当将各方责任和关系具体化,便于操作,避免纠纷。

(6) 明确规定监理工程师及双方管理人员的职责和权限。

《民法通则》明确规定,企业法人对它的法定代表人及其他工作人员的经营行为承担民事责任。建设工程施工过程中,发包方、承包方、监理方参与生产管理的工程技术人员和管理人员较多,但往往职责和权限不明确或不为对方所知,由此造成双方不必要的纠纷和损失。合同中应明确列出各方派出的管理人员名单,明确其各自的职责和权限,特别应将具有变更、签证、价格确认等签认权的人员、签认范围、程序、生效条件等规定清楚,防止其他人员随意签字,给各方造成损失。

(7) 量化不可抗力。

工程承包合同《通用条款》对不可抗力发生后当事人责任、义务、费用等如何划分均作了详细规定,发包人和承包人都认为不可抗力的内容就是这些了。于是,在《专用条款》上打"√"或填上"无约定"的比比皆是。

国内工程在施工周期中发生战争、动乱、空中飞行物体坠落等现象的可能性很少,较常见的是风、雨、雪、洪、震等自然灾害。达到什么程度的自然灾害才能被认定为不可抗力,《通用条款》未明确,实践中双方难以达成共识,双方当事人在合同中对可能发生的风、雨、雪、洪、震等自然灾害的程序应予以量化。比如,几级以上的大风、几级以上的地震、持续多少天达到多少毫米的降水等,才可能认定为不可抗力,以免引起不必要的纠纷。

(8) 通过担保或保险,降低工程风险。

在签订《建设工程施工合同》时,可以运用担保制度和保险制度,来防范或减少合同条款所带来的风险。如施工企业向业主提供履约担保的同时,业主也应该向施工企业提供工程款支付担保。

除上述八个方面外,签订合同时对材料设备采购、检验,施工现场安全管理,违约责任等条款也应充分重视,作出具体明确的约定。任何一份工程承包合同都难以做到十分详尽、完美,合同履行中还应根据实际情况需要及时签订补充协议、变更协议,调整各方权利义务。

5   建设工程合同的履行

5.1   业主方合同的履行

已经签订的合同,是业主方项目策划、项目管理体制和项目管理方法的体现,是市场经济条件下,业主将建设任务分配给某承包单位组织实施的方式,也是界定合同双方责权利的依据。业主在合同中确定了该合同范围内工程内容的合同目标和该部分项目管理的目标,明确了业主与承包单位的工作方法和工作程序。

合同一经签订,就将按照合同的规定进入履行阶段,在合同的履行阶段,合同双方均应按合同约定的权利义务,严格认真履行。但是,项目建设过程中存在许多不可预见的因素,再周密的合同也不可能在履行的时候一成不变,而且,一个合同的变化,可能影响到业主整个项目的目标实现。因此,业主要对合同的实施进行控制。

在合同的履行阶段,作为业主,首先应按照合同规定履行自己的合同义务;其次为保证该合同目标的实现,且不能因该合同而影响整个项目目标的实现,业主还要对承包商合同履行的情况进行监督和检查,控制合同的变更,及时处理索赔。对合同的实施状态进行动态跟踪控制,如果发现合同目标偏差,则应采取措施进行纠正或根据情况调整合同目标。

1. 业主职责的履行

按合同的一般规定,业主应保证履行自己的职责,避免因自己违约而受到承包单位的索赔,从而影响到合同目标的实现。业主的职责,在合同中有明确的规定,如保证建设资金的供应、图纸的供应、甲供材料的供应、工程师职责的及时到位等,具体的内容体现在合同文本中(参见第 2 章)。为了更好地履行业主的职责,应该注意以下几个方面:

1)做好合同管理的组织协调

在项目建设过程中,由于各个合同并不是同时签订的,执行时间也不一致,而且常常也不是由一个部门进行管理的,所以,业主内部各部门的协调显得尤其重要。例如,工程管理部门要适时地提出下一步要招标的项目或甲供材料设备的供应计划。根据工程进度,下月所需工程款数量要与财务部门及时沟通,发生工期延期或工程变更事件要及时与计划部门沟通,甚至要单位领导进行决策等。

2)借助专家和社会咨询机构的力量

因为业主单位的特点,业主单位的人员和管理力量往往不足,按我国现行法律法规规定和工程咨询事业的发展,业主往往对一些重大问题咨询各方面专家,及时解决合同履行中出现的各种问题,同时往往借助社会咨询机构的力量帮助业主对合同的履行进行监督管理,如聘请监理单位、造价咨询单位等,这些单位可以作为业主方合同管理的延伸,众多工程实践证明,这些专家和社会咨询机构在业主项目管理过程中发挥着重要的作用。

2. 合同履行的监督、检查

合同履行的监督、检查是指作为合同一方的业主,对承包方合同的履行情况进行监督、检查。代表业主方对施工合同进行监督、检查的主体,在施工合同中称为工程师。

工程师的工作内容、方法和程序在合同文本中均有明确的规定,工程师监督检查的目的是保证合同目标的实现,合同目标又是项目目标实现的保证,下面就施工合同的目标,从进度、质量安全文明施工和合同价款的结算支付三个方面简单阐述在聘请监理的体制下业主方(包括业主方、监理方)监督检查和控制的方法和程序。

需要指出的是这些方法和程序既是业主项目管理的典型方法和程序,也是在每个合同中的具体体现。

5.1.1　合同进度目标的控制

施工合同中关于合同工期的规定,是基于业主整个项目的总体进度目标而确定的,为保证整个项目总进度目标的实现,业主必须严格按合同工期目标进行控制,及时掌握每个合同的实际进度状态,施工合同进度控制与协调的任务,按合同中有关进度的条款对实际进度情况进行监督检查和跟踪控制。

业主方施工合同进度目标的控制,主要包括施工进度计划的审批,开工审查,实际施工进度的跟踪检查、控制和协调,工程延期审查等的监督检查工作。合同进度目标控制工作程序如图 5-1 所示。

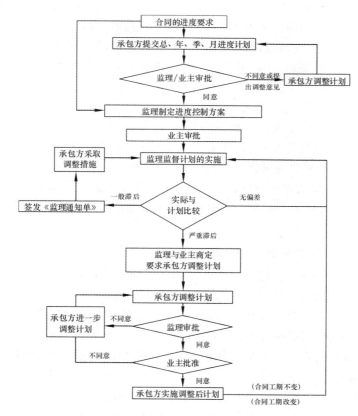

图 5-1　合同进度目标控制工作程序

1)进度计划的审批

承包单位根据合同及竣工日期的要求,结合工程进展情况分别编制总体进度计划、年度进度计划,关键工程进度计划以及阶段性进度计划。对进度计划的审批应注意:进度计划的内容及提交时间应符合合同要求;工期和时间安排的合理性;施工准备的可靠性;计划目标与施工能力适应性;应在合同规定期限内完成对进度计划的审批工作等。

2) 开工审核

开工审查的重点包括施工许可证已获政府主管部门批准;施工场地能满足工程进度的需要;施工组织设计已获得批准;承包单位现场管理人员已到位,施工人员及设备已进场,主要工程材料已落实;进场道路及水、电、通讯等已满足开工要求等。

3) 实际进度的监督和检查

为保证合同进度目标的实现,工程师应对实际进度的执行情况进行监督和检查,当实际进度与计划进度基本相符(尤其是关键线路上)时,不应干预承包单位对进度计划的执行。当实际进度与计划进度出现偏差时,视情况分为一般滞后和严重滞后,此时应根据整个项目的进展情况,确定是否需要调整或赶工,以保证整个项目的进度要求或与其他合同的协调。至于工期和费用的责任问题,视原因依合同的规定执行。

4) 工程暂停及复工处理

工程师对工程暂停及复工处理的原则是:

(1) 工程暂停令签发前,工程师应就工程暂停后引起的工期和费用问题提出处理建议。

(2) 工程暂停令必须明确停工原因和范围,避免承包单位提出不必要的工程索赔。

(3) 工程暂停期间,工程师应记录现场发生的各类情况,便于日后处理合同争议。

(4) 按合同规定的程序和时间,审核承包单位申报的复工审批表。

5) 工程延期处理

工程师对工程延期处理的原则是:

(1) 工程延期申请的期限及资料提供应符合合同规定。

(2) 影响延期事件具有连续性时,工程师应先批准临时延期,便于承包单位调整进度计划,收到承包单位正式延期申请报告后,再批准最终延期。

(3) 延期评估应主要从以下方面进行评定:承包方提交的申请资料必须真实、齐全,满足评审需要;申请延期的合同依据必须准确;申请延期的理由必须正确与充分;申请延期天数的计算原则与方法应恰当。

5.1.2 工程质量、安全和文明施工的监督检查

为保证工程质量,工程师应依据合同和国家有关法律法规的规定,对合同实施过程中工程质量、安全和文明施工进行监督和检查。主要包括设计交底,施工组织设计(施工方案)的审查,承包方现场质量、安全和文明施工管理体系的审查,测量放线控制,工程材料、构配件、设备质量的监督,审查分包单位资格,对质量行为、工程质量形成过程和安全文明施工进行监督检查,进行各种检查验收等。以保证工程质量安全文明施工符合合同、图纸规范和有关法律法规的要求。

1) 施工组织设计(施工方案)的审核

为保证工程质量,施工组织设计(或施工方案)在实施前须得到工程师的确认。施工组织设计(或施工方案)审核的工作程序如图5-2所示。工程师对施工组织设计(或施工方案)的审核应侧重:是否经承包单位上级技术管理部门审批,技术负责人有无签字;施工方案是否切实可行(结合工程特点和工地环境)、安全可靠;主要的技术措施是否符合规范的要求,是否齐全等。

2) 承包方现场管理体系的审核

工程师对承包方现场管理体系进行审核时,应注意,承包方现场质量管理体系必须经上级技术

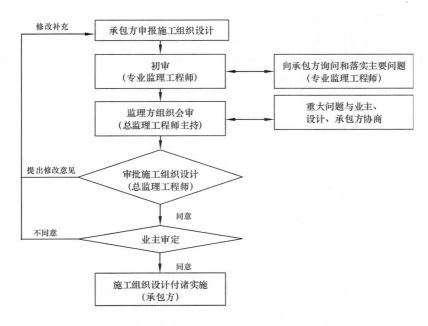

图 5-2 施工组织设计(或施工方案)审核的工作程序

管理部门审核同意后方可报审;现场质量管理体系要贯彻"横向到边、纵向到底"原则;管理人员、特种作业人员数量应符合工程进度计划安排要求等,承包方现场管理体系的审核程序如图 5-3 所示。

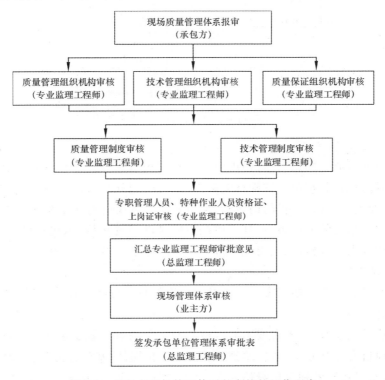

图 5-3 承包方现场管理体系的审核的工作程序

3）工程材料、构配件、设备的审查

采购单位进行建筑材料（设备）报审时应提供生产许可证、质保书、相应性能测试报告，由工程师复核。工程师要参与送检材料的见证取样，确保样品有代表性。具体程序如图 5-4 所示。

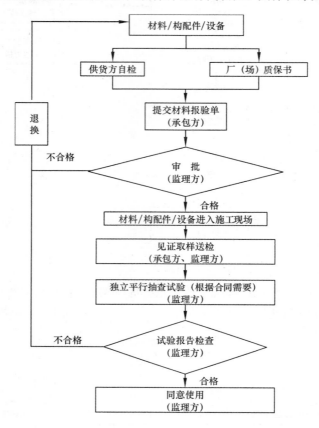

图 5-4　工程材料、构配件、设备的审查工作程序

4）分包单位资格的审核

工程分包应征得业主同意，其资格由监理工程师进行审核。审核内容包括分包单位的营业执照、资质等级证书；分包单位特殊行业施工许可证，国外（境外）企业在国内承包工程许可证；分包单位的业绩；拟分包工程的内容和范围；专职管理人员和特种作业人员的资格证、上岗证。施工合同中已指明的分包单位，其资质在招标时已经过审核，承包单位可不报审，但其管理人员和特种作业人员资格证、上岗证须报审。具体程序如图 5-5 所示。

5）分项工程验收

分项工程的验收应严格按国家有关的验收标准执行。分项工程验收程序如图 5-6 所示。

6）隐蔽工程验收

施工中经后道工序遮盖，不宜或不能再检查的工程内容均属隐蔽工程验收范围。重要的隐蔽工程验收项目有桩基施工、基坑验槽；钢筋工程、预埋件；基础分部工程；防水工程（防水工程基础处理、防水层数）；各种变形缝的处理；管道的接头、防腐、保温、基底、支架的施工；电气的跨接、避雷引下线、接地极埋设与接地带连接处焊接等。隐蔽工程验收程序如图 5-7 所示。

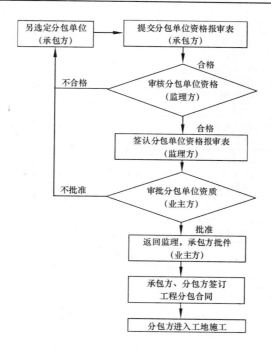

图 5-5　分包单位资格的审核

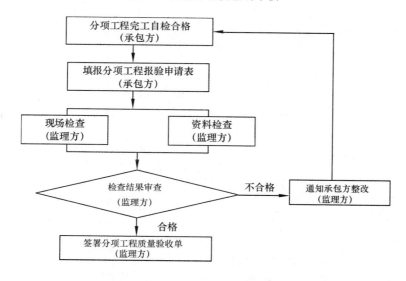

图 5-6　分项工程验收程序

7）中间验收

中间验收主要内容包括桩基础工程；地基与基础工程；主体工程；安装工程；燃气工程；电梯安装工程等以及业主或质监机构根据工程特点及有关规定确认的有关分部（分项）工程。中间验收程序如图 5-8 所示。

（1）分部工程验收。分部工程的验收结果在分项评定的基础上经统计而得；分部验收的工程质量评估报告应表明监理方对工程质量评定的意见；地基基础与主体分部工程的质量评定应在施

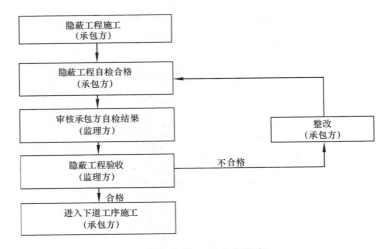

图 5-7　隐蔽工程验收程序

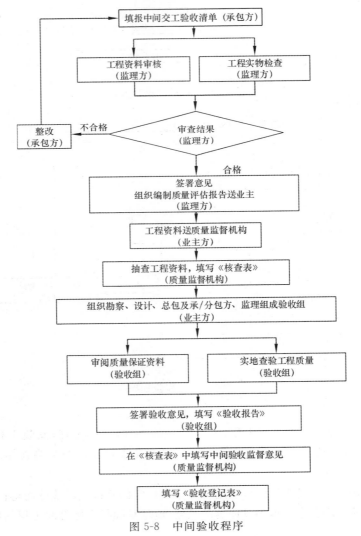

图 5-8　中间验收程序

工企业技术部门和质量部门核定后再向监理报审。监理方确认评定意见前应进行现场检查。

（2）单位工程验收。总监要组织专业监理工程师对质量情况、使用功能进行全面检查,对需要进行功能试验的项目应督促承包单位及时完成;单位工程验收要在承包单位自查自评的基础上,结合质量保证资料核查,观感质量评定和关键部位全面进行检查;检查中发现的质量问题和缺陷要按部位、按层次逐项列出清单,要求承包单位限期整改,验收中存在的质量问题不得隐瞒;业主组织各方和政府有关部门共同验收,再由政府有关部门备案。

（3）交工验收。交工检查小组由业主、监理、设计、承包单位指定负责人参加,邀请质量监督部门或竣工备案部门参加。对交工申请重点审查工程范围、交工工程质量、质量缺陷处理、交工资料完成情况、剩余工程计划。现场主要检查外观质量、外形尺寸及所有现场清理工作,评价工程缺陷的修复。

8）文明、安全施工的监督检查

业主和监理单位均应安排有资质的管理人员负责安全、文明施工的监督检查工作;并做好安全、文明施工的日常检查,检查结果应留有记录;重大安全事故应按有关规定向政府部门及时汇报;定期组织安全生产工作检查。文明、安全施工监督检查的程序如图 5-9 所示。

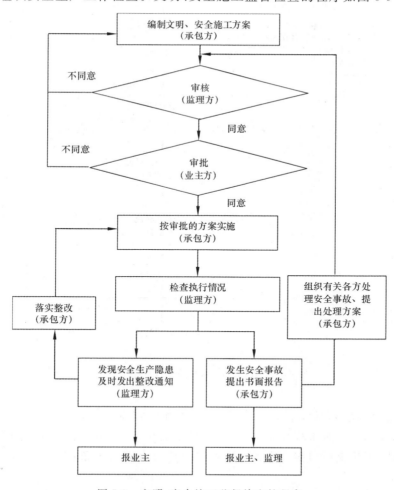

图 5-9 文明、安全施工监督检查的程序

5.1.3 合同价款的结算控制

业主方项目管理方法中一般都规定了统一的工程计量和价款结算方法和程序,这些方法和程序应在签订合同时确定。合同价款结算的工作内容一般包括工程计量、工程进度款的审核支付,竣工结算价款的结算等。

1)工程计量

工程师进行工程计量的原则是不符合合同文件要求及质量要求的工程不得计量;按合同文件所规定方法、范围、内容、单位计量;按工程师同意的计量方法计量;承包单位填报计量通知、工程师进行现场计量以及填报《中间计量表》的期限均应符合合同规定。工程计量程序如图 5-10 所示。

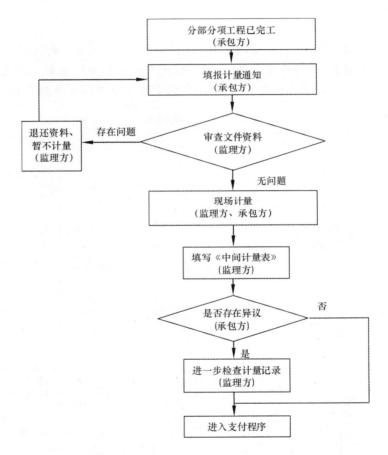

图 5-10 工程计量程序

2)工程款支付审核

工程款支付审核应注意以下事项:申请的格式和内容应满足合同规定;结算清单必须完全、完整、清晰;证明资料有工程师签字认可;计量与支付无重复;工程变更、索赔、价格调整已经过工程师确认;工程支付申报和审批工作期限应符合合同有关条款要求。工程款支付审核的程序如图 5-11 所示。

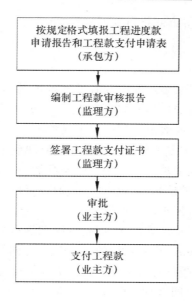

图 5-11　工程款支付审核的程序

5.1.4　合同界面的协调

不同合同之间的界面往往是合同管理的薄弱环节,是最容易出现交叉重复、遗漏疏忽、相互推诿现象的地方。除在合同策划时做好合同界面的协调外,合同履行过程中,合同界面的协调也是业主进行合同管理的重要工作内容。

详细的合同策划应该对合同之间界面的具体"位置"予以确认,甚至对合同履行中可能出现的各种风险做出预测。在合同履行中,业主(工程师)应做好各合同履行时相关关系的协调,特别是各个合同之间工程内容和范围的界定以及工期的衔接问题,尽可能保证在合同界面上不出现矛盾或遗漏。例如,设计合同与施工合同之间的界面主要表现在设计图纸提供的时间能否满足施工进度的要求,在处理二者的关系时,应保证图纸的供应,否则,不仅工期目标可能受到影响,业主也可能面临施工单位索赔的风险;又如,土建施工合同履行时,工程师应注意土建施工的阶段性进度对装修、安装单位进场时间及其进度的要求是否相一致;再如,施工合同与材料采购合同的界面在于材料供应的时间、数量和质量要符合施工的要求,而安装合同与设备采购合同的界面则在于设备供应的时间、数量和质量能满足安装施工的要求,这些都是工程师在合同履行阶段对合同界面进行协调所需注意的问题。

为做好合同界面的协调,还应在合同界面所涉及合同中的主导合同(例如,就设计合同与施工合同的合同界面而言,设计合同是主导合同)已经签订的情况下,对合同界面有深刻的了解并对后续合同的有关问题要有充分的考虑。当合同履行中发现已经签订的合同未能很好地处理合同界面问题时,要及时采取补救措施,或签订补充协议或在签订后续合同时予以解决,避免或缓解已出现的合同界面问题。例如,当设计合同对设计进度的规定不能满足施工进度的需要时,可与设计单位协商加快设计进度,或分阶段提供施工图,必要时可适当支付一些设计赶工费。当然,在处理合同界面所出现的问题时,既要考虑措施的可能性和可行性,又要考虑所需付出的代价,在服从整个项目目标要求的前提下,做出最优的决策。

业主方进行合同界面协调时,除做好合同策划工作,对合同工作计划及时做出调整外,还可以通过工程例会或专题会议等方式进行及时处理。

5.1.5 合同跟踪和合同清理

1) 合同跟踪

所谓合同跟踪,是指在项目实施过程中及时了解各个具体合同的履行情况,及时、准确地收集有关投资、进度和质量方面的数据,并与合同中相应的规定进行比较,从而能及时发现合同履行过程中出现的问题,采取有效措施加以纠正或解决。

合同跟踪工作主要依靠业主方工程管理部门和各监理单位来完成。合同跟踪除对书面报告和资料进行分析外,还要到施工现场了解合同的实际履行情况,尤其是进度和质量状况,只有在施工现场了解到的情况才是最真实、最可靠的;而投资的有关情况,也只有与进度和质量状况联系起来进行分析,才能得出正确的结论。

合同跟踪,并不仅仅是针对承包商的,也需要及时掌握业主自身的履约情况,包括已履行的义务、应履行而尚未履行的义务、将要履行的义务等。合同当事人的权利和义务是相对的,项目业主的权利只有在其完全履行自己义务的前提下才能得到保障。业主通过合同跟踪能较好地履行自己的义务,从而在合同管理工作中处于主动的地位,避免出现由于自己违约而被索赔。

工程管理部门和各监理单位通过合同跟踪掌握了合同履行的实际情况,在合同规定的权限范围内有权对出现的一些问题作出处理或决策。对于一些重大的问题,应当由业主单位更高一层机构进行决策时,各工程管理部门应定期或不定期地向上级汇报合同跟踪所了解的情况,以使上级全面了解合同的履行情况。

以投资目标控制为例,工程师应每月对各合同实际投资状态进行统计,与各合同的计划值和整个工程的投资计划进行对比分析,当投资出现偏差时,采取措施进行纠偏或调整投资控制目标,如图 5-12 所示。

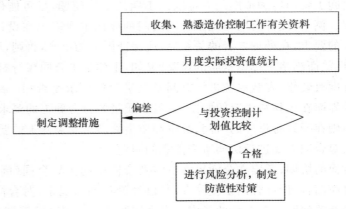

图 5-12 对投资目标进行合同跟踪的方法和程序

2) 合同清理

通过合同跟踪工作能够及时掌握合同履行状态和整个工程的进展状况。根据合同履行的实际状态,可能需要对后续合同工作计划进行动态的调整。特别是对于大型项目,因合同、种类、数量众多,合同关系复杂,应定期或不定期地对合同进行清理。根据合同清理的工作成果及时对合同工作计划进行调整。

所谓合同清理,是指在项目实施过程中对所有合同的履行情况进行全面综合性分析,不仅要发现各合同存在或需解决的主要问题,而且要发现不同合同之间的相互影响,包括已签订的合同之间的相互影响和已签订合同对尚未签订合同的影响,从而抓住主要矛盾加以解决,有时需对尚未签订的合同作出必要的调整。

合同清理与合同跟踪既有区别又有联系。二者的区别在于:合同跟踪是针对每一个具体合同的履行情况而言,要求深入而细致,不放过任何一个问题;而合同清理则注重从不同合同之间的相互关系进行全面综合性分析,突出那些需要及时处理或决策的问题。二者的联系则体现在,合同跟踪是合同清理的依据和基础,而合同清理则是对合同跟踪情况的综合处理和深入分析。

合同清理工作可以由合同主管部门主持,工程管理部门的主要负责人参加。这些部门的负责人分别管理设计、施工、监理和设备材料采购等合同,他们不仅对自己分管合同的履行情况了如指掌,而且对相关合同的要求也心中有数,一般可采用联席会议的方式进行相互交流和沟通。

合同清理工作分为经常性清理和全面性清理两种,可以定期或不定期进行,主要是根据合同实际履行情况和工作需要来安排合同清理工作。合同清理工作对尚未签订合同的作用相对较大,对解决已签订且已实施的合同扫尾工作或遗留问题也有重要的作用。

根据合同清理工作的结果,对下一步合同工作及时做出调整,以利于项目目标的实现。

5.2　承包方合同的履行

而对于承包商,工程承包合同的实施,是全面履行合同、创造管理效益、提高企业信誉的关键环节,它贯穿于项目开工到竣工的全过程。其主要任务是建立实施、监督、追踪和反馈信息等保证体系,全面落实合同标的、实现各项合同目标。其具体要求是:

(1)合同管理部门进行全面的宏观监控。

(2)建立以项目合同班子为主的定期检查、报告制度。

(3)及时处理好履约过程中出现的各种情况和问题,如合同偏离的原因和措施,索赔与反索赔等。

(4)健全与合同相关的文件资料的收集、整理、综合、分析等制度,为履行合同和合同终止后的资料归档提供完备、准确的依据。

5.2.1　承包商合同管理体系

承包商的合同管理体系指的是,为实现企业经营管理目标,以合同管理为龙头,建立有效的合同管理组织体系,明确分工,各司其责,相互沟通,环环紧扣,充分发挥合同管理的作用和效能。主要是建立和健全企业合同管理的组织网络和制度网络。

1. 合同管理组织网络

组织网络,是指企业要由上而下地建立和健全合同的管理机构(包括专职机构和兼职机构),使合同管理覆盖企业的每个层次,延伸到各个角落。合同管理机构应当与企业总师室、工程部等机构一样成为施工企业的重要内部机构。目前,已有一些施工企业设立了专门的法律顾问室来管理合同的谈判、签署、修改、履约监控、存档和保管等一系列管理活动。但是,尚有相当一部分施工企业还没有建立这样的一个专门部门。事实上,合同管理是非常专业化且要求相当高的一种工作,必须要由专门机构和专业人员来完成,而不应由其他人员兼任。根据企

业的规模和管理层次,合同管理机构可考虑下列情况:

(1)对于集团型大型承包企业应当设置二级管理制度。即在集团和其子公司中分别设立各自的合同管理机构,工作相对独立,但又应当及时联络,形成统、分灵活的管理模式。

针对集团企业投标承接的项目,应由集团企业牵头进行合同管理,所有合同的订立、履行和变更、解除等均应通过集团来完成,具体实施项目的施工企业必须配合集团完成合同管理工作,及时报告合同履行情况,定期书写合同履行情况,保管好所有的往来函件和资料,并对由自己施工的项目做好合同归档保存工作。

针对集团下属施工企业自行投标承接的项目,原则上应由施工企业自行做好合同管理工作,但是,对于超出一定数额的大项目应当报集团备案,必要时集团应当对其进行工作指导。

(2)对于中小型施工企业也必须设立合同管理机构和合同管理员,统一管理施工合同,制定合同评审制度,组织履约监督和仲裁、诉讼,切忌将合同管理权下放到项目部,以强化规范管理。

合同管理工作由合同管理机构统一操作,应当落实到具体人员。合同管理员的分工既可依合同性质、种类划分,也可依合同实施阶段划分,具体由施工企业根据自身实际情况和企业经营传统决定。

在具体施工企业合同管理操作过程中,企业内部不同的机构其职责又不同。例如,某施工企业内部不同级别机构的职责划分如下。

(1)集团公司合约部是全局合同的管理机构,其主要职责是:

① 负责组织宣传、学习贯彻《合同法》、《建筑法》、《招标投标法》、《建设工程质量管理条例》及有关合同的法律、法规和规章;

② 负责制定集团公司合同管理工作规划,并组织实施;

③ 负责集团公司总部参加"重合同、守信用"评比及年审工作;

④ 组织以集团公司名义承接的重大、重要工程有关合同条款的审议工作及合同的评审、洽谈、签约工作;

⑤ 负责标价分离及工程项目施工内部承包合同管理工作;

⑥ 组织合同管理工作的业务培训;

⑦ 负责修订完善合同管理制度,指导各公司制定合同管理实施细则;

⑧ 监督、检查各公司施工合同、劳务分包合同、专业分包合同、物资设备采购合同的签约、履行情况,并总结推广先进经验和做法等。

(2)公司合约部的职责:公司合约部在总经济师领导下开展工作,应配备专职合同管理人员。公司合约部的职能除要贯彻落实集团公司合约部对公司职能要求外,可根据公司的实际情况,增加内容,对合同谈判、评审、签约三个环节公司都要加强授权委托管理,以免造成合同签约权的失控。

(3)项目经理部合约的职责:项目经理部设合约副经理,专职负责合约的履约管理工作及办理合约相关的工作。其具体职责是

① 负责向所在项目所有人员宣传、贯彻合同法律、法规和规章,组织学习所在项目的各种合同,并熟悉合同;

② 贯彻执行集团公司及公司有关合同管理方法和实施细则,代表、协助项目经理进行所在项目的各类分包、物资采购等合同的洽谈、起草、签约工作;

③ 负责所在项目所有合同的日常管理工作,收集、记录、整理、收存与合同有关的协议、函件,办理工程变更和签证等,并及时报公司合约部等。

合同组织管理模式是影响合同管理作用与效能的重要因素。在项目开工之初,根据公司自身特点,制定以项目经理部为中心,项目合同管理部门为重点,各相关职能部门紧密配合,分步把关,全员参与的多功能、全方位的合同管理组织体系。

(1)明确企业是合同履行主体。合同履行主体的界定应该是:

① 企业法人是合同履行的责任主体。合同履行的最终责任要落实到企业法人身上,合同的最终权益也应由企业法人来享有,只有这样界定,企业法人对项目合同的监管才能到位,项目经理负盈不负亏的问题才会得到有力约束。

② 项目经理和项目部是合同履行的执行主体。其主要职责是以合同管理为中心,强化全员合同意识,全面履行合同,认真研究合同条件,全面收集合同履行过程中的原始依据,根据合同及时认真地开展索赔,以维护企业的合法权益。

在施工项目实施过程中,某些承包商往往把项目部或项目管理作为合同责任主体,企业法人远离合同管理,合同管理责任主体错位,造成企业法人对合同管理弱化。具体表现在企业对某项目投标中标签订合同后,与项目经理签订内部经营责任书,把合同直接授予项目经理或项目部,企业法人对合同履行情况就不再过问了。只要求项目经理按照经营责任书返回企业利润就行了。其后果是,项目经理只对企业上缴利润的那一部分负责,而对项目上带来巨大亏损可以开脱责任。

项目经理能不能作为合同责任主体?显然不能,原因有三个:其一,项目经理作为自然人不能承担消极的或积极的合同履行的法律后果,合同法律履行的后果只能由企业法人来承担。其二,项目一次性,项目部组织的暂时性,项目经理的任期性,责任主体无法到位,因为合同履行后果一般体现在工程竣工后。其三,项目经理承受能力有限,不可能对项目巨大亏损负经济责任。

(2)公司合同管理部门与项目部合同管理部门工作相结合。公司合同管理部门应加强对项目合同管理进行业务指导,重视公司合同专家对项目合同履行中关键问题的指导和会诊,以便及时有效地弥补项目合同管理中出现的漏洞。对此,要求公司合同主管部门对工程项目合同应分类建档,跟踪合同履行进展,定期实行合同评审制度,及时发现和纠正重大偏差,积极参与合同纠纷的解决。项目部合同管理部门,定期向公司提供项目合同履行情况的详细书面报告,对合同中的疑难问题要主动聘请公司合同专家及时处理。

2. 合同管理制度网络

合同管理制度网络,一是指企业要就承包项目合同管理全过程的每个环节,建立和健全具体的可操作的制度,使合同管理有章可循。为保障管理流程的顺利实施,制定相应的合同管理工作制度是十分必要的。这些环节包括合同的洽谈、草拟、评审、签订、下达、交底、学习、责任分解、履约跟踪、变更、中止、解除、终止等。二是指企业及承包项目各层次都应有自己的合同管理制度。一套完善、合理的合同管理制度可以供合同管理机构和人员在工作中参照执行,将合同管理工作落到实处。承包商合同管理制度主要有:

1)合同会签制度

由于承包合同涉及企业各个部门的管理工作,为了保证合同签订后得以全面履行,在合同未正式签订之前,由办理合同的业务部门会同施工、技术、材料、劳动、机械动力和财务等部门共同研究,提出对合同条款的具体意见,进行会签。在施工企业内部实行合同会签制度,有利于调动企业各部门的积极性,发挥各部门管理职能作用,以保证合同履行的可行性,并促使施工企业各部门之间的相互衔接和协调,确保合同全面、切实地履行。

2) 审查批准制度

为了使承包合同签订后合法、有效,必须在签订前履行审查、批准手续。审查是指将准备签订的合同在部门之间会签后,送给企业主管合同的机构或法律顾问进行审查;批准是由企业主管或法定代表人签署意见,同意对外正式签订合同。通过严格的审查批准手续,可以使合同的签订建立在可靠的基础上,尽量防止合同纠纷的发生,以维护企业的合法权益。

3) 合同交底制度

合同交底指合同管理人员在对合同的主要内容作出解释和说明的基础上,通过组织项目管理人员和各工程小组负责人学习合同条文和合同总体分析结果,使大家熟悉合同中的主要内容、各种规定、管理程序,了解承包商的合同责任和工程范围、各种行为的法律后果等,使大家都树立全局观念,避免执行中的违约行为,同时,使大家的工作协调一致。

合同签订以后,合同管理人员必须对各级项目管理人员和各工作小组负责人进行合同交底,组织大家学习合同,对合同的主要内容作出解释和说明。

4) 印章制度

企业合同专用章是代表企业在经营活动中对外行使权力、承担义务、签订合同的凭证。因此,企业对合同专用章的登记、保管、使用等都要有严格的规定。合同专用章应由合同管理员保管、签印,并实行专章专用。凡外出签订合同时,应由合同专用章管理人员携章陪同负责办理签约的人员一起前往签约。

5) 检查和奖励制度

通过定期的检查和考核,发现和解决合同履行中的薄弱环节和矛盾,协调企业各部门履行合同中的关系,促进企业各部门不断改进合同履行管理工作,提高企业的经营管理水平。实行奖惩制度有利于增强企业各部门和有关人员履行合同的责任心,是保证全面履行合同的极其有效的措施。

6) 统计考核制度

合同统计考核制度,是企业整个统计报表制度的重要组成部分。完善合同统计考核制度,利用中标率、合同谈判成功率、合同签约率和合同履约率等统计指标,反馈合同订立和履行情况,为企业经营决策提供重要依据。施工企业合同考核制度包括统计范围、计算方法、报表格式、填报规定、报送期限和部门等。

7) 信息报送制度

信息是合同工程师的眼睛。建立每日工作信息报送制度,要求各职能部门必须将各部门的工作情况及未来一周的工作计划报送到合同管理工程师处,使其及时掌握工程合同信息,从而能够及时对已经发生或将要发生的问题做出决定。

建立和健全建筑施工企业的合同管理制度,必须根据我国的《合同法》和相关的法规,以及企业的实际情况。《合同法》是我国建国以来,特别是开放改革以来,合同管理经验教训的总结,又是合同理论的实际运用。分则第十六章对建设工程合同,作出了专门的法律规定,更有利于承包企业规范自己的合同管理,维护企业的合法权益。特别是第286条,历史上第一次赋予建筑施工企业,在该建设工程的折价或拍卖所得中优先受偿的权利。《合同法》的大多数法律条文都可以纳入企业合同管理制度之中。

　　合同管理的组织网络和制度网络,构成企业合同管理体系。体系的运作,必须通过定期的检查来保证。要检查合同管理组织和制度是否适应合同管理的需要和市场需要,对不适应部分进行必要的调整。一句话,对合同管理体系也应进行动态控制,及时调整,不断完善。

5.2.2　承包合同履约分析

　　合同履约分析是承包商落实合同责任,分享合同权益的关键性措施。合同履行分析是在合同总体分析和进行合同结构分解的基础上,依据合同协议书、合同条件、规范、图纸、工作量表等,确定各项目管理人员及各工程小组的合同工作,以及划分各责任人的合同责任。它体现了合同管理水平的高低,通过对合同进行分类归档,专项细分,对照项目,解释说明,把原始合同文本变成执行合同文件,使合同执行人员明确合同责任所在,便于实施全员合同控制。合同工作分析涉及承包商签约后的所有活动,其结果实质上是承包商的合同执行计划,它包括:

　　(1) 工程项目的结构分解,即工程活动的分解和工程活动逻辑关系的安排;

　　(2) 技术会审工作;

　　(3) 工程实施方案、总体计划和施工组织计划,在投标书中已包括这些内容,但在施工前,应进一步细化,作详细的安排;

　　(4) 工程详细的成本计划;

　　(5) 合同工作分析,不仅针对承包合同,而且包括与承包合同同级的各个合同的协调,包括各个分合同的工作安排和各分合同之间的协调。

　　国外承包商都十分重视合同履行分析,经常研究对照合同,从中找出问题,趋利避害。国内承包商在合同管理中的差距表现在:一是没有做合同履行分析,出现问题才去查找原始合同文件;二是没有做合同交底,没有形成以合同为中心的技术交底,合同的责任无法在项目活动中体现出来;三是认为合同履行是经营部门的事,形成"营的不用,用的不知",即管理合同的部门具体不运用合同,真正要落实合同责任的部门和人员却不知晓合同内容。

　　根据合同工作分析,落实各分包商、项目管理人员及各工程小组的合同责任。对分包商,主要通过分包合同确定双方的责权利关系,以保证分包商能及时按质、按量地完成合同责任。如果出现分包商违约或完不成合同,可对它进行合同处罚和索赔。对承包商的项目管理人员可以通过内部的经济责任制来保证。落实工期、质量、消耗等目标后,应将其与工程小组经济利益挂钩,建立一套经济奖罚制度,以保证目标的实现。

　　合同履行分析还要求做好合同交底。在我国传统的施工项目管理系统中,人们十分注重"图纸交底"工作,却没有"合同交底"工作,所以项目组和各工程小组对项目的合同体系、合同基本内容不甚了解。在现代市场经济中必须转变到"按合同施工"上来,特别是在工程使用非标准合同文本或本项目组不熟悉的合同文本时,合同交底工作就显得更为重要。

　　合同交底应分解落实如下合同和合同分析文件:合同事件表(任务单、分包合同)、图纸、设备安装图纸、详细的施工说明等。最重要的是以下几方面内容:工程的质量、技术要求和实施中的注意点;工期要求;消耗标准;合同事件之间的逻辑关系;各工程小组(分包商)责任界限的划分;完不成责任的影响和法律后果等。

　　合同管理人员应在合同的总体分析和合同结构分解、合同工作分析的基础上,按施工管理程序,在工程开工前,逐级进行合同交底,使得每一个项目参加者都能够清楚地掌握自身的合同责任,以及自己所涉及的应当由对方承担的合同责任;同时,如发现对方违约,及时向合同管理人员汇报,以便及时要求对方履行合同义务及进行索赔。在交底的同时,应将各种合同事件的责任分解落实到各分包商或管理部门直至每一个项目参加者,以经济责任制形式规范各自的合同行为,以保证合同目标能够实现。

合同交底也可以说是通过管理部门逐层陈述合同意图、合同要点及合同执行计划,使合同责任落到实处。具体步骤为:

第一步,企业合同管理人员向项目经理及合同管理人员进行合同交底,全面陈述合同背景、合同工作范围、合同目标、合同执行要点,并解答项目经理及项目管理人员提出的问题,形成合同交底记录;

第二步,项目合同管理人员向项目职能部门负责人进行合同交底,陈述合同基本情况、合同执行计划、各职能部门的执行要点、合同风险防范措施,并解答各职能部门提出的问题,形成交底记录;

第三步,各职能部门负责人向其所属执行人员进行合同交底,陈述合同基本情况、本部门的合同责任及执行要点、合同风险方法措施,并解答所属人员提出的问题,形成书面交底记录;

第四步,各部门将交底情况反馈给项目合同管理人员,由其对合同执行计划、合同管理程序、合同管理措施及风险防范措施进一步修改完善,最后形成合同管理文件,下发各执行人员,指导其管理活动。

5.2.3 承包合同控制

在工程实施过程中,由于实际情况千变万化,导致合同实施与预定目标的偏离,如果不及时采取措施,这种偏差常常由小到大,日积月累。这就需要对合同实施情况进行跟踪,以便及时发现偏差,不断调整合同实施,使之与总目标一致。承包合同控制是指承包商的合同管理组织为保证合同所约定的各项义务的全面完成及各项权利的实现,以合同分析的成果为基准,对整个合同实施过程的全面监督、检查、对比、引导及纠正的管理活动。

承包合同的控制方法有主动控制和被动控制。主动控制是预先分析目标偏离的可能性,拟订和采取预防性措施,以保证目标得以实现。被动控制是从计划的实际中发现偏差,对偏差采取措施及时纠正的控制方式。

1)合同控制的依据

合同控制时,判断实际情况与计划情况是否存在差异的依据主要有:合同和合同分析的结果,如各种计划、方案、合同变更文件等,它们是比较的基础,是合同实施的目标和方向;各种实际的工程文件,如原始记录、各种工程报表、报告、验收结果等;工程管理人员每天对现场情况的直观了解,如对施工现场的巡视、与各种人谈话、召集小组会议、检查工程质量、通过报表和报告等。

2)合同控制的对象

合同实施情况控制的对象主要有以下几个方面:具体的合同事件;工程管理部门或分包商工作;业主和工程师的工作;工程总的实施状况。

3)合同控制的内容

承包合同控制的主要内容是对合同实施情况追踪检查,如:

(1)工程总体情况追踪检查。如整体工程的秩序如何,已完工程是否通过验收,有无大的工程事故,进度是否出现拖期,计划和实际成本有无重大的偏差等。

(2)工程具体的合同事件。包括工程的质量、工期、成本、安全工作。

（3）对业主和监理工程师、分包商、供应商的工作跟踪。是否及时下达命令、做出答复、及时支付工程款项，是否造成工程缺陷。

4）合同控制的分析

通过追踪检查，收集、整理反映出实际状况的各种资料和数据，如进度报表、质量报告、成本和费用收支报表等，将这些信息与工程目标，如合同文件进行对比分析，对偏差进行处理和调整，可以采取组织措施派遣得力的管理人员；可以采取技术措施，采取更有效的施工方案或新技术；可以采取经济措施对工作人员进行经济激励；最有效的措施是合同措施，如找出业主的责任，通过索赔降低自己的损失。如发现业主有意不支付工程款，发生合同亏损，要及早确定战略，采取各种办法，减少自己的损失。

5.2.4　分包合同管理

1）分包合同的概念

分包合同是指工程总承包人、勘察承包人、设计承包人、施工承包人承包建设工程以后，将其承包的某一部分或某几部分工程，再发包给其他承包人，与其签订承包合同项下的分包合同。这里有两个合同法律关系，一个是原发包人与承包人的承包合同关系，另一个是承包人与分包人的分包合同关系。承包人在原承包合同范围内向发包人负责，分包人与承包人在分包合同范围内向原发包人承担连带责任。

适度分包可以转移承包工程风险，而过度分包则加剧承包商工程风险。过度分包，会失去业主的信任和牺牲未来的市场，管理难度增大，项目的质量、进度、效益无法保证。承包商应坚持工程项目施工自营为主的方针，能不分包则坚决不分包。坚持三看，一看分包是否是业主的要求；二看分包后对项目的总体效益和影响；三看项目的某些专业技术水平是否超出了自身能力。

2）签订分包合同的条件

签订分包合同应当同时具备三个条件：

（1）承包人只能将自己承包的部分工程分包给具有相应资质条件的分包人。所谓相应的资质条件是指：有符合国家规定的注册资本；有相应的专业技术人员；有相应的技术装备；符合法律、法规规定的其他条件。《建筑法》第 26 条规定："承包建筑工程的单位应当持有依法取得的资质证书，并在其资质等级许可的业务范围内承揽工程。"《建筑法》第 29 条和《合同法》第 272 条同时规定，禁止（总）承包人将工程分包给不具备相应资质条件的单位，这是维护建筑市场秩序和保证建设工程质量的需要。

（2）分包工程必须经过发包人同意。承包人承包工程后，可以采取两种方式履行合同义务，既可以自行完成，也可将其中的部分工程分包给分包人完成。具体分包项目范围必须限定在法定范围内。其一，单位工程的主体结构不得分包；其二，分包的工作必须是部分工作，而不能是全部工作；其三，《合同法》第 272 条规定："承包人不得……将其承包的全部建设工程肢解以后以分包的名义转包给第三人。"发包人的认可，可以有两种形式：在建设工程总包合同中约定分包；若无此约定，应事先征得发包人的同意。

（3）禁止工程再分包和转包。我国法律明确禁止分包人将自己承包的工程再分包。主体结构的施工必须由承包人自行完成，不得向他人分包，否则签订的合同属于无效合同。转包的界定，即使分包合同在形式上满足上述法律限制，但如果（总）承包人对分包部分不承担任何质量、工期、造价、安全等责任，则构成工程转包。（总）承包人在承接工程后，对该工程不派出项目管理班子,不进行质量、工期、造价、安全等管理,不依照总包合同约定履行承包义务,将工程全部转让给他人,或是以分包名义将工程肢解后分别转让给他人,均属转包行为。

3）分包队伍审查

在建筑市场交易活动中,承包商最不规范的交易行为集中反映在项目的转包和分包问题上,表现在违法违规转包分包屡禁不止,以包代管,包而不管的现象突出。例如,某一承包商在一项仅 4100 万元的工程中,各类分包队伍多达 35 家,而经劳务部门确认合格的仅 5 家,该项目实施的结果,使工期延续 19 个月,亏损高达 1917 万元,亏损率 48%。事实说明,转包和过度分包对工程本身以及承包商的自身利益危害极大。

针对上述情况,承包商应该阻止或拒绝工程肢解分包,由于种种原因已经造成了分项工程另行发包,承包商也应该在对工程总包的前提下,同意建设方另找分项工程的施工队伍,但一定要纳入总包方的管理,对工程的质量、资料进行统一管理,平衡协调负责到底,并要有文字记录,分清职责,免得到头来互相扯皮。在分包过程中,对分包队伍实行严格审查制度。分包队伍必须具有营业执照,资质证书和施工安全证,对分包队伍严格筛选,并实行淘汰管理,对没有履约能力的和违约的要坚决令其退场。

6　建设工程合同变更管理

由于工程建设的周期长,涉及的经济关系和法律关系复杂,受自然条件和客观因素的影响大,导致合同的实际履行情况与签订合同时的情况相比会发生一些变化。合同变更是工程合同的特点之一,是工程合同履行过程中不可避免的,合同变更管理属于合同履行过程中的正常管理工作。

工程合同变更管理是施工过程管理的重要内容。工程合同变更常伴随着合同价格的调整,是合同双方利益的焦点。因重大误解订立的或在订立合同时显失公平的工程合同,当事人一方有权请求人民法院或者仲裁机构撤销。因此,合理确定并及时正确处理好工程合同变更或撤销,既可以减少不必要的合同纠纷,保证工程承包合同的顺利实施,又有利于工程造价的控制。

6.1　工程合同变更的条件

在履约过程中合同变更是正常的事情。合同变更包括合同内容变更和合同主体的变更两种情形。合同变更的目的是通过对原合同的修改,保障合同更好履行和一定目标的实现。对于由于增加或减少合同中的工作量;改变使用功能、质量要求标准和产品类型;任何部分施工顺序等原因对合同中事先约定的事项或未曾约定的新情况的进行变更的,均要及时形成书面文字。由双方以补充协议、签证或会议记录形式,使之成为合同附件。但无论何种形式,都须以书面形式,并由双方签字盖章。这些书面资料实质是在合同履行过程中合同双方意思表示一致的结果,是整个建设工程工程承包合同的组成部分。

根据《合同法》和《建筑安装工程承包合同条例》的规定,发生下列情况之一者可以按一定程序变更或解除工程承包合同:

(1) 当事人双方经过协商同意,并且不因此损害国家利益和影响国家计划的执行。

(2) 订立工程承包合同所依据的国家计划被修改或取消。

(3) 当事人一方由于关闭、停产、转产、破产而确实无法履行工程承包合同。

(4) 由于不可抗力或由于一方当事人虽无过失但无法防止的外因,致使工程承包合同无法履行。

(5) 由于一方违约,使工程承包合同履行成为不必要。当事人一方要求变更或解除合同时,应及时通知对方,因变更或解除合同使一方遭受损失的,除依法可以免除责任的外,应由责任方负责赔偿。

可追究责任的变更有下列情况:

(1) 国家计划调整。

(2) 发包方要求缩短或延长工期,扩大或缩小工作范围和数量,暂停或缓建工程或部分工程。

(3) 设计错误。设计所依据的条件与实际不符,图与说明不一致,施工图的遗漏与错误等。

不可追究责任的变更有下列情况：

（1）固定总价合同，物价的不正常波动。

（2）发生强烈自然灾害或其他不可抗力。

（3）国家标准修订等。

变更或解除工程承包合同的通知或协议，应当采用书面形式。协议未达成以前，原合同仍然有效。工程承包合同的变更或解除，如果涉及国家指令性产品或项目，在签订变更或解除协议前应报下达该计划的主管部门批准。变更或解除工程承包合同的建议和答复均应在事件发生后一定期限内提出。

6.2 工程合同变更的范围和起因

工程合同变更是指施工过程中由于各种原因引起的合同条件的变化，包括工程量变更、工程项目的变更、进度计划变更、施工条件变更以及原招标文件和工程量清单中未包括的新增工程等。例如，增加或减少合同中约定的工程量；省略工程（但被省略的工作不能转由业主或其他承包人实施）；更改工程的性质、质量或类型；更改一部分工程的基线、标高、位置或尺寸；进行工程完工需要的附加工作；改动部分工程的施工顺序或施工时间；增加或减少合同的工程项目。

合同变更包括工程变更和合同条件变更两个方面。

6.2.1 工程变更

工程变更包括工程内容或范围的变更、工程数量的变更，工程项目的变更（如发包人提出增加或者删减原项目内容），施工次序和进度计划的变更、施工条件和实施方案的变更以及工程质量、性质、功能等的变化。工程变更主要是由设计变更和施工条件变化引起的。具体包括

（1）工程量的改变。招标文件中的工程量清单中所列的工程量是暂时估计的，是为承包人编制投标文件时合理进行施工组织设计及报价之用，因此，实施过程中会出现实际工程量与计划工程量不符的情况。

（2）任何工作质量或其他特性的变更。

（3）工程任何部分标高、位置和尺寸的改变。

（4）删减任何合同约定的工作内容。

（5）改变原定的施工顺序或时间安排。

（6）新增工程，指进行永久工程所必需的任何附加工作、永久设备、材料供应或其他服务。

这些变更均涉及设计图纸或技术规范的改变、修改或补充，最终往往表现为设计变更。基于以上变更的类别，依据变更的具体内容及重要程度，设计变更又分为三大类：

（1）重大设计变更，指涉及工程总体的规模、特性、标准、总体布置、主要设备选择、已经批准的总工期及阶段性工期等项改变的设计变更。

（2）重要设计变更，指涉及单位工程的布置、调整、建筑物结构形式的改变等内容的设计变更。

（3）一般设计变更，指涉及分部分项工程细部结构及局部布置的改变、施工详图的局部修改以及施工中一般设计问题处理引起的改变等内容的设计变更。

设计变更必须有设计变更通知，承包人才能执行；未经同意，承包人不得擅自对原工程设计进行变更。

6.2.2 合同条件变更

合同条件变更主要是指合同文件内容的增加、删减和修改,包括合同条件和合同协议书所定义的双方责权利关系或一些重大问题的变更。合同条件变更主要是由合同履行条件变化引起的。

以施工合同为例,合同变更主要有如下几方面原因:

(1)业主的变更指令,包括业主对项目功能的改变或对工程有了新的要求、修改项目计划、增加项目、削减预算、对项目进度有了新的要求等。

(2)由于设计的错误,必须对设计图纸作修改。

(3)工程环境的变化,预定的工程条件不准确,要求实施方案或计划变更。

(4)由于产生新的技术和知识,有必要改变原设计、实施方案或实施计划,或由于业主指令、业主的原因造成承包商施工方案的变更。

(5)法律、法规或者政府对建设项目有了新的要求。

(6)由于合同实施出现问题,必须调整合同目标,或修改合同条款。

这类变更应当由业主和承包人平等协商、签署变更协议后,方按变更协议执行。

6.3 工程合同变更的处理原则

1. 变更合同工程量清单

原合同清单中有项目和单价的,如果发生变化,致使该分项工程经审查的实际工程量超过原合同分项工程量的一定百分比,应按合同规定办理变更合同工程量清单的审查,再据以填列工程月报表和价款结算单。实际施工时,工程量变化在原合同分项工程量的一定百分比以内的,或原合同有项目和单价,仅因规格和型号发生变化,经协商后可使用相近单价,并按要求提交工程量调整清单。

2. 确定变更价款

按有关规定,变更合同价款按下列方法进行:

1)合同中有相应计价项目的变更工程定价

当合同中有相应的计价项目时,原则上采用合同中工程量清单的单价和价格,即按其相应项目的合同单价作为变更工程的计价依据。此时,可将变更工程分解成若干项与合同工程量清单对应的计价项目,然后根据其完成的工程量及相应的单价办理变更工程的计量支付。

单价和价格的采用具体分为以下几种情况:

(1)直接套用。即从工程量清单上直接拿来使用;

(2)间接套用。即依据工程量清单,通过换算后采用;

(3)部分套用。即依据工程量清单,取其价格中的某一部分使用。

施工过程中,工程任何部分的标高、基线、位置、尺寸的改变引起的工程变更,以及设计变更或工程规模变化而引起的工程量增减均可按上述原则来定价。因为合同工程量清单的单价和价格系由承包人投标时提供,用于变更工程,容易为业主、承包人及监理工程师接受,从合同意义上讲也是比较公平的。这样既能保持合同履行的严肃性,有效地发挥通过招标而产生的合同价格的作用,又能有效地避免双方协商单价时的争议以及对合同正常履行带来的影响。

2)合同中无相应计价项目的变更工程定价

合同中无相应计价项目的变更工程定价分为两种情况:

（1）以计日工为依据定价。以计日工的方式进行一项变更工作,其金额应按承包人在投标书中提出并经业主确认后列入合同文件的计日工项目及单价进行计算。这种方式适用于一些小型的变更工作,此时可分别估算出变更工程的人工、材料及机械台班消耗量,然后按计日工形式并根据工程量清单中计日工的有关单价计价。对大型变更工作而言,这种计价方式并不适用。一方面,它不利于施工效率的提高,另一方面,难以准确核定发生的计日工数量。

（2）协商确定新的单价。这是合同中无相应计价依据时的常见做法。协商确定单价的方法通常有以下两种:第一,以合同单价为基础,按照与合同单价水平相一致的原则确定新的单价或价格。该方法的特点是简单且有合同依据。但如果原单价偏低,则得出的新单价也会偏低;反之,原单价偏高,则得出的新单价也会偏高。所以,其确定的单价只有在原单价是合理的情况下才会相对合理,当原单价不合理(有不平衡报价)时,该方法对增加的工程量部分的定价是不合理的;第二,以概预算方法为基础,重新编制工程项目报价单,采用现行的概预算定额,用综合单价分析表的形式,比照投标报价的编制原则进行编制。这种方法适用于新增工程的定价。

6.4　工程合同变更控制

控制合同变更是工程师进行合同管理的一项重要内容,因为合同一旦出现变更,就可能会对合同目标及双方权利义务关系产生影响。本部分只简单介绍业主方(工程师)对工程变更的控制。

在工程实践中,工程师对工程变更的控制应按如下的原则和方法进行:

（1）在合同履行过程中,工程师应尽可能提早预测并减少合同履行中可能的风险和变动因素,严格控制不必要和不合理的变更。

（2）如果出现了必须变更的情况,应当尽快做出变更的决定。工程变更越早,造成的损失就越小。

（3）对工程变更要认真分析和慎重决策。在做出变更决策前应充分考虑此项变更将对合同目标和整个工程目标产生的影响。

（4）工程变更往往涉及工期和(或费用)的变化,因此,在工程变更过程中应记录、收集、整理所涉及的各种文件,保存好同期记录,以作为进一步分析的依据和双方就变更事宜进行工期和(或)费用调整的证据。

国内施工合同示范文本和 FIDIC 施工合同条件中对工程变更都有着明确的规定。图 6-1表达了业主对由承包单位提出的工程变更进行控制的程序。

以设计变更为例,变更的一般处理程序为:

（1）变更的提出。为设计的优化、设计问题的处理、或为施工中实际情况及其变化的需要等,设计单位、承包人、业主和监理单位都可以提出书面的设计变更的要求和建议书。

（2）变更建议的审查。参与工程建设任何一方提出的设计变更要求和建议,首先必须交由业主或监理单位审查,然后提出设计变更建议的审查意见。变更的批准按其类别分别确定。重大设计变更由国家指定的机构批准;重要设计变更由业主组织最终审查后批准;一般设计变更,在业主授权范围内由监理单位审查批准,报业主备案。

（3）变更的实施。经审查批准的变更,仍由原设计单位负责完成具体的设计变更工作,并应发出正式的设计变更(含修改)通知书(包括施工图纸)。业主或监理单位对设计(修改)变更通知书审查后予以签发,同时下达设计变更通知。在业主与承包人就设计变更的报价及其他有关问题协商达成一致意见后,由监理单位正式下达设计变更指令,承包人组织实施。

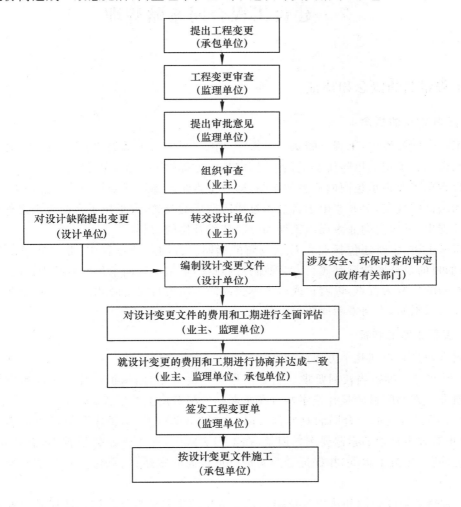

图 6-1 工程变更控制程序

7　建设工程合同索赔管理

7.1　工程索赔的概念和特征

7.1.1　工程索赔的概念

在工程合同履行中,工程索赔是当事人一方由于另一方未履行合同所规定的义务或者出现了应当由对方承担的风险而遭受损失时,向另一方提出赔偿要求的行为。

工程索赔主要指承包商向业主的索赔,即施工索赔。施工索赔是指施工过程中,承包商根据合同和法律的规定,对并非由于自己的过错所造成的损失,或承担了合同规定之外的工作所付的额外支出,承包商向业主提出工期和(或)费用补偿的权利。

从广义上讲,索赔还包括业主对承包商的索赔。合同履行过程中,业主处于发包人的地位,业主的目的是合同的顺利履行,实现项目的目标,业主不以向承包商索赔为目的,但应以对承包商索赔的反驳为重点,以避免或减少承包商的索赔为目的。因此,发包人向承包人的索赔也往往称为反索赔、逆向索赔或防范索赔。

7.1.2　工程索赔的特征

工程索赔具有下列几个方面的特征:

(1)索赔是一种正当权利要求。它是依据合同的规定,向承担责任方索回不应该由自己承担的损失。索赔的目的是补偿索赔方在工期和(或)费用上的损失。

(2)索赔是双向的。合同的双方都可向对方提出索赔要求,被索赔方可以对索赔方提出异议,阻止对方不合理的索赔要求。但是,在工程实践中,业主索赔数量较小,而且处理方便,可以通过冲账、扣拨工程款、扣保证金等实现对承包商的索赔;而承包商对业主的索赔则比较困难。

(3)索赔必须以合同和法律为依据。索赔成功的主要依据是合同和法律及与此有关的证据。没有合同和法律依据,没有依据合同和法律提出的各种证据,索赔不能成立。

(4)索赔必须建立在违约事实和损害后果都已经客观存在的基础上,违约事实可以表现为违约方的作为或不作为,而其后果是给守约方造成了明确的工期和(或)费用的损失。

7.2　索赔的分类

工程索赔依据不同的标准可以进行不同的分类。

7.2.1　按索赔的有关当事人分类

索赔按有关当事人可分为承包商与业主之间的索赔,承包商与分包商之间的索赔,业主或承包商与供货商之间的索赔,业主或承包商向保险公司的索赔。

7.2.2　按索赔的合同依据分类

索赔按合同依据可以将工程索赔分为合同中明示的索赔和合同中默示的索赔。

1）合同中明示的索赔

合同中明示的索赔是指承包人所提出的索赔要求,在该工程项目的合同文件中有文字依据,承包人可以据此提出索赔要求,并取得相应补偿。这些在合同文件中有文字规定的合同条款,称为明示条款。

2）合同中默示的索赔

合同中默示的索赔,即承包人的该项索赔要求,虽然在合同条款中没有专门的文字叙述,但可以根据该合同的某些条款,推论出承包人有索赔权。这种索赔要求,同样有法律效力,有权得到相应的补偿。这种有补偿含义的条款,在合同管理工作中被称为"默示条款"或称为"隐含条款"。默示条款是一个广泛的合同概念,它包含合同明示条款中没有写入、但符合双方签订合同时设想的愿望和当时环境条件的一切条款。这些默示条款,或者从明示条款中引申出来,或者从法律上的合同关系引申出来,经合同双方协商一致,或被法律和法规所指明,都成为合同文件的有效条款。

7.2.3　按索赔目的分类

按索赔目的可以将工程索赔分为工期索赔和费用索赔。

1）工期索赔

由于非承包人原因而导致施工延误,要求批准顺延合同工期的索赔,称之为工期索赔。工期索赔形式上是对权利的要求,以避免在原定合同竣工日不能完工时,被发包人追究拖期违约责任。一旦获得批准合同工期顺延,承包人不仅免除了承担拖期违约的风险,而且可能提前工期得到奖励,最终将反映在经济收益上。

2）费用索赔

当施工的客观条件改变导致承包人增加开支,要求对超出计划成本的附加开支给予补偿,以挽回不应由其承担的经济损失。

7.2.4　按索赔事件的性质分类

按索赔事件的性质可以分为工程延误索赔、工程变更索赔、合同被迫终止索赔、工程加速索赔、意外风险和不可预见因素索赔和其他索赔。

1）工程延误索赔

因发包人未按合同要求提供施工条件,如未及时提供设计图纸、施工现场、道路等,或因发包人指令工程暂停或不可抗力事件等原因造成工期拖延的,承包人对此提出索赔。

2）工程变更索赔

由于工程师指令增加或减少工程量或增加附加工程、修改设计、变更工程顺序等,造成工期延长和费用增加,承包人对此提出索赔。

3）意外风险和不可预见因素索赔

在工程实施过程中,因人力不可抗拒的自然灾害、特殊风险以及一个有经验的承包人通常不能合理预见的不利施工条件或外界障碍。

4）工程加速索赔

由于发包人或工程师指令承包人加快施工速度,缩短工期,引起承包人的额外开支而提出的索赔。

5）合同被迫终止的索赔

由于发包人或承包人违约以及不可抗力事件等原因造成合同非正常终止,无责任的受害方因其蒙受损失而向对方提出索赔。

6）其他索赔

如因汇率、物价、政策法规等的变化引起的索赔。

7.3 工程索赔的程序

工程索赔是工程合同履行过程中经常发生的问题，是工程合同管理的一项重要内容，某种程度上讲，工程索赔管理的水平反映了双方合同管理的水平。

在国内施工合同文本和 FIDIC 施工合同条件中，都规定有工程索赔的程序，施工索赔的程序如图 7-1 所示。

在工程实践中，从业主方的角度，对承包商提出的索赔要求，工程师应严格进行审核，以维护合同中规定的业主方的权益。工程师在对承包商提出的索赔进行审核时，应重点审核索赔申请格式是否满足工程师要求；索赔申请是否符合时效要求；索赔内容是否符合合同规定；索赔资料是否真实、齐全；索赔依据、理由是否正确、充分；索赔值的计算原则和方法是否恰当、数量是否正确等。

7.4 承包商向业主的索赔

工程索赔不是一个独立的行为，贯穿于整个项目生产全过程，涉及项目管理的每一个部门。切实加强合同管理，全面履行合同条款，健全基础工作，妥善保管签收文件，提高企业管理水平，是开展工程索赔工作的前提，也是索赔工作的必要条件。工程索赔管理是目前施工合同管理中的薄弱环节，不仅影响工程建设效益和企业经济效益的提高，也影响了市场经济体系的建立。

7.4.1 工程索赔事件

工程索赔事件又称干扰事件，是指那些使实际情况与合同规定不符合，最终引起工期和费用变化的事件。不断地追踪、监督索赔事件就是不断地发现索赔机会。在工程实践中，承包商可以提出的索赔事件通常有：

（1）业主未按合同规定的时间和数量交付设计图纸和资料，未按时交付合格的施工现场及行驶道路、接通水电等，造成工程拖延和费用增加。

（2）工程实际地质条件与合同规定不一致。

（3）业主或监理工程师变更原合同规定的施工顺序，打乱了工程施工计划。

（4）设计变更、设计错误、业主或监理工程师错误的指令或提供错误的数据等造成工程修改、返工、停工或窝工等。

（5）工程数量变更，使实际工程量与原定工程量不同。

（6）业主指令提高设计、施工、材料的质量标准。

（7）业主或监理工程师指令增加额外工程。

（8）业主指令工程加速。

（9）不可抗力因素。

（10）业主未及时支付工程款。

（11）合同缺陷，如条款不全、错误或前后矛盾，双方就合同理解产生争议。

（12）物价上涨，造成材料价格、工人工资上涨。

（13）国家政策、法令修改，如增加或提高新的税费，颁布新的外汇管制条例等。

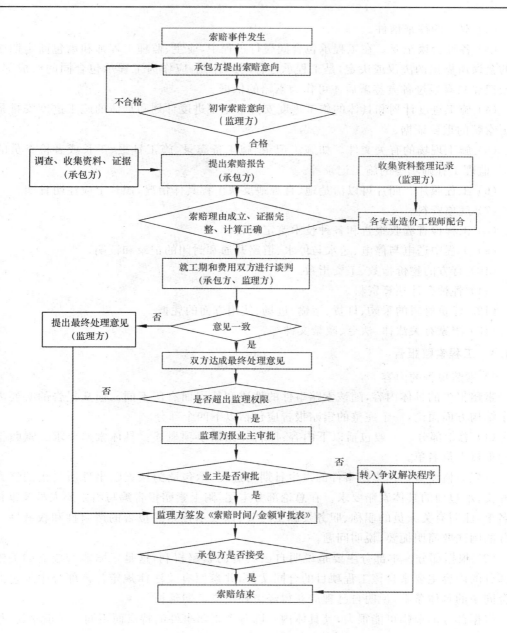

图 7-1 施工索赔处理程序

（14）货币贬值，使承包商蒙受较大的汇率损失等。

上述事件承包商能否作为索赔事件，进行有效的索赔，还要看具体的工程和合同背景、合同条件，不可一概而论。

7.4.2 工程索赔证据

下列索赔的证据可在索赔报告中直接引用。

（1）招标文件、工程承包合同文件及附件，其他各种签约（如备忘录、修正案等），经认可的工程实施计划、各种工程图纸、技术规范等。

（2）双方的往来信件。

（3）各种会谈纪要。在工程承包合同履行过程中，业主、监理工程师和承包商定期或不定期的会谈所做出的决议或决定，是工程承包合同的补充，应作为工程承包合同的组成部分，但会谈纪要只有经过各方签署后才可作为索赔的依据。

（4）施工进度计划和具体的施工进度安排。施工进度计划和具体的施工进度安排是工程变更索赔的重要证据。

（5）施工现场的有关文件。如施工记录、施工备忘录、施工日报、工长或者检查员的工作日记、监理工程师填写的施工记录等。

（6）工程照片。照片可以清楚地、直观地反映工程具体情况，照片上应注明日期。

（7）气象资料。

（8）工程检查验收报告和各种技术鉴定报告。

（9）工程中送电与停电、送水与停水、道路开通和封闭的记录和证明。

（10）官方的物价指数、工资指数。

（11）各种会计核算资料。

（12）建筑材料的采购、订货、运输、进场、使用方面的凭据。

（13）国家有关法律、法令、政策文件等。

7.4.3　工程索赔报告

1）索赔报告的内容

索赔报告的具体内容，随该索赔事件的性质和特点而有所不同。但从报告的必要内容与文字结构方面而论，一个完整的索赔报告应包括以下四个部分。

（1）总论部分。一般包括以下内容：序言。索赔事项概述。具体索赔要求。索赔报告编写和审核人员名单。

首先应概要地论述索赔事件的发生日期与过程；承包商为该索赔事件所付出的努力和附加开支；承包商的具体索赔要求。在总论部分末尾，附上索赔报告编写组主要人员及审核人员的名单，注明有关人员的职称、职务及施工经验，以表示该索赔报告的严肃性和权威性。总论部分的阐述要简明扼要，说明问题。

（2）根据部分。本部分主要是说明自己具有的索赔权利，这是索赔能否成立的关键。根据部分的内容主要来自该工程项目的合同文件，并参照有关法律规定。该部分中承包商应引用合同中的具体条款，说明自己理应获得经济补偿或工期延长。

根据部分的篇幅可能很大，其具体内容随各个索赔事件的特点而不同。一般来说，根据部分应包括以下内容：索赔事件的发生情况；已递交索赔意向书的情况；索赔事件的处理过程；索赔要求的合同根据；所附的证据资料。

在写法结构上，按照索赔事件发生、发展、处理和最终解决的过程编写，并明确全文引用有关的合同条款，使业主和监理工程师能了解索赔事件的始末，并充分认识该项索赔的合理性和合法性。

（3）计算部分。索赔计算的目的，是以具体的计算来说明自己应得经济补偿的额度或延长时间。如果说根据部分的任务是解决索赔能否成立，则计算部分的任务就是决定应得到多少索赔款额和工期。前者是定性的，后者是定量的。

在款额计算部分，承包商必须阐明下列问题：

① 索赔款的要求总额；

②各项索赔款的计算,如额外开支的人工费、材料费、管理费和所失利润;

③指明各项开支的计算依据及证据资料,承包商应注意采用合适的计价方法。

至于采用哪一种计价法,应根据索赔事件的特点及自己所掌握的证据因事而异。

(4)证据部分。证据部分包括该索赔事件所涉及的一切证据资料,以及对这些证据的说明,证据是索赔报告的重要组成部分,没有翔实可靠的证据,索赔是不能成功的。

在引用证据时,要注意该证据的效力或可信程度。为此,对重要的证据资料最好附以文字证明或确认件。例如,对一个重要的电话内容,仅附上自己的记录本是不够的,最好附上经过双方签字确认的电话记录;或附上发给对方要求确认该电话记录的函件,即使对方未给复函,亦可说明责任在对方,因为对方未复函确认或修改,按惯例应理解为他已默认。

2)编写索赔报告的一般要求

索赔报告是具有法律效力的正规的书面文件夹。对重大的索赔,最好在律师或索赔专家的指导下进行。编写索赔报告的一般要求有以下几方面:

(1)索赔事件应该真实。索赔报告中所提出的干扰事件,必须有可靠的证据来证明。对索赔事件的叙述必须明确、肯定,不包含任何估计的猜测。

(2)责任分析应清楚、准确、有根据。索赔报告应仔细分析事件的责任,明确指出索赔所依据的合同条款或法律条文,且说明承包商的索赔是完全按照合同规定程序进行的。

(3)充分论证事件造成承包商的实际损失。索赔的原则是赔偿由事件引起的承包商所遭受的实际损失,所以,索赔报告中应强调由于事件影响,使承包商在实施工程中所受到干扰的严重程度,以致工期拖延,费用增加;并充分论证事件影响与实际损失之间的直接因果关系,报告中还应说明承包商为了避免或减轻事件影响和损失已尽了最大的努力,采取了所能采用的措施。

(4)索赔计算必须合理、正确。要采用合理的计算数据,正确地计算出应取得的经济补偿款额或工期延长。计算中应力求避免漏项或重复,不出现计算上的错误。

(5)文字要精炼、条理要清楚、语气要中肯。索赔报告必须简洁明了、条理清楚、结论明确、有逻辑性。索赔证据和索赔值的计算应详细和清晰,没有差错而又不显烦琐。语气措辞应中肯,在论述事件的责任及索赔根据时,所用词语要肯定,忌用"大概""一定程度""可能"等词语;索赔理由须简洁明了、条理清楚、结论明确、有逻辑性。

7.5　业主向承包商的索赔

由于承包商不履行或不完全履行约定的义务,或者由于承包商的行为使业主受到损失时,业主可向承包商提出索赔。业主向承包商的索赔主要限于施工质量缺陷和拖延工期等违约行为导致的业主损失。

7.5.1　工期延误索赔

在工程项目的施工过程中,由于多方面的原因,往往使竣工日期拖后,影响到业主对该工程的利用,给业主带来经济损失,此时业主有权对承包商进行索赔,即由承包商支付误期损害赔偿费。通常业主在确定误期损害赔偿费的费率时,一般要考虑以下因素。

(1)业主盈利损失。

(2)由于工程拖期而引起的贷款利息增加。

(3)工程拖期带来的附加监理费。

(4)由于工程拖期不能使用,继续租用原建筑物或租用其他建筑物的租赁费。

至于误期损害赔偿费的计算方法,在每个合同文件中均有具体规定。一般按每延误一天赔偿一定的款额计算。

7.5.2 质量不满足合同要求索赔

当承包商的施工质量不符合合同的要求,或使用的设备和材料不符合合同规定,或在保修期内未完成应该负责修补的工程时,业主有权向承包商追究责任,要求补偿所受的经济损失。如果承包商在规定的期限内未完成修补工作,业主有权雇佣他人来完成工作,发生的费用由承包商承担。

7.5.3 承包商不履保险索赔

如果承包商未能按照合同规定办理保险,业主可以投保,业主所支付的保险费可在应付给承包商的款项中扣回。

7.5.4 对超额利润的索赔

如果工程量增加很多,使承包商预期的收入增大,因工程量增加承包商并不增加任何固定成本,合同价应由双方讨论调整,收回部分超额利润。

由于法规的变化导致承包商在工程实施中降低了成本,产生了超额利润,应重新调整合同价格,收回部分超额利润。

7.5.5 对指定分包商的付款索赔

在承包商未能提供已向指定分包商付款的合理证明时,业主可以直接按照监理工程师的证明书,将承包商未付给指定分包商的所有款项(扣除保留金)付给指定分包商,并从应付给承包商的任何款项中如数扣回。

7.5.6 业主合理终止合同或承包商不正当地放弃工程的索赔

如果业主合理地终止合同,或者承包商不合理放弃工程,则业主有权从承包商手中收回由新的承包商完成工程所需的工程款与原合同未付部分的差额。

表7-1是在FIDIC施工合同(1999第1版)条件下,业主可向承包商提出索赔的内容和有关条款。

表 7-1 业主可向承包商提出索赔的内容和有关条款

序号	条款号	内容
1	2.5	业主为承包商提供水、电、气等应收款项
2	7.5	拒收不合格的材料和工程
3	7.6	承包人未能按照工程师的指示完成缺陷补救工作
4	8.6	承包商原因修改进度计划导致业主额外支出
5	8.7	拖期违约赔偿
6	9.4	未能通过竣工检验
7	11.3	缺陷通知期延长
8	11.4	未能补救缺陷
9	15.4	承包人违约终止合同后的支付
10	18.2	承包人办理保险未能获得补偿的部分

7.6　业主方索赔管理

业主方的索赔管理应从合同策划开始,包括勘察设计、招标、合同谈判和订立等前期工作,因为合同文件的前期准备工作对索赔管理至关重要。在前期策划阶段就应有防范风险、减少承包商索赔机会的明确的思路,做到防患于未然,防止和减少承包商的索赔。

(1)把好勘察设计关,尽量减少设计变更。勘察设计工作的充分性、正确性和稳定性对预防索赔十分重要。如果业主提供的原始资料出现差错,如果经常出现设计错误,设计变更、功能调整或施工图纸不能及时供应等情况,必然会给施工造成困难和延误,使承包商有机会索赔。

(2)编好招标文件,签订好合同。招标文件是投标人投标的依据,也是签订工程合同的重要基础,招标文件体现业主方拟签订合同的重要制度和主要内容,体现着业主方工程管理的主要思想。因此,业主方应尽可能详尽地编好招标文件,签订好合同,尽量避免和减少相互之间的矛盾处以减少索赔事件的发生。

(3)要认真学习和研究合同文件,特别是合同条件,列出承包商可能要求索赔的各种可能性,在管理中注意防范,如督促设计人员及时提供图纸,尽量减少变更,保证甲供材料设备的及时到货,保证资金供应,及时提供工程师的各种批准、指令等。

(4)做好现场记录,以便在承包商提出索赔时有自己的记录和依据。

(5)在出现索赔事件之后,要及时进行调研,弄清事实,才有可能根据合同提出有理有据的建议。

由于工程建设不可预见性大,索赔也是难以避免。索赔事件出现以后,业主应针对索赔事件判断对承包商补偿的内容。不同的合同文本中对可以合理补偿给承包商索赔的内容是不同的,不同的索赔事件导致的索赔内容也是不同,表7-2中列出了在FIDIC(1999第1版)施工合同条件下,可以合理补偿承包商索赔的内容及对应的条款。

表7-2　　　　　可以合理补偿承包商索赔的内容及对应的条款

序号	条款号	主要内容	可补偿内容		
			工期	费用	利润
1	1.9	提供图纸延误	√	√	√
2	2.1	延误移交施工现场	√	√	√
3	4.7	承包商依据工程师提供的错误数据导致放线错误	√	√	√
4	4.12	不可预见的外界条件	√	√	
5	4.24	施工中遇到文物和古迹	√	√	
6	7.4	非承包商原因检验导致施工的延误	√	√	√
7	8.4(a)	变更导致竣工时间的延长	√		
8	8.4(c)	异常不利的气候条件	√		
9	8.4(d)	由于传染病或其他政府行为导致工期的延误	√		
10	8.4(e)	业主或其他承包商的干扰	√		
11	8.5	公共当局引起的延误	√		
12	10.2	业主提前占用工程	√	√	
13	10.3	对竣工检验的干扰	√	√	√
14	13.7	后续法规引起的调整	√	√	√
15	18.1	业主办理的保险未能从保险公司获得补偿部分		√	
16	19.4	不可抗力事件造成的损害	√	√	

8   建设工程合同风险管理

工程实施过程中,建设工程的特点决定了技术、经济、环境、合同订立和履行等方面诸多风险因素的存在。建筑产品与其他产品相比,具有规模大、周期长、生产的单件性和复杂性等特点,加之目前我国建筑市场尚不成熟,主体行为不规范的现象在一定范围内仍存在,在工程实施过程中还存在着许多不确定的因素,建筑产品的生产比一般产品的生产具有更大的风险。

8.1   工程合同风险的产生

工程合同存在风险的主要原因就在于合同的不完全性特征,即合同是不完全的。不完全合同是来自于经济学的概念,是指由于个人的有限理性,外在环境的复杂性、不确定性,信息的不对称、交易成本以及机会主义行为的存在,合同当事人无法证实或观察一切,这就造成合同条款的不完全。与一般合同一样,工程合同也是不完全的,并且因为建筑产品的特殊性,致使工程合同不完全性的表现比一般合同更加复杂。

(1)合同的不确定性。由于人的有限理性,对外在环境的不确定性是无法完全预期的,不可能把所有可能发生的未来事件都写入合同条款中,更不可能制定好处理未来事件的所有具体条款。

(2)在复杂的、无法预测的世界中,一个工程的实施会存在各种各样的风险事件,人们很难预测未来事件,无法根据未来情况作出计划,往往是计划不如变化,诸如不利的自然条件、工程变更、政策法规的变化、物价的变化等。

(3)一个合同有时因为语句是模棱两可或不清晰而可能造成合同的不完全,容易导致双方理解上的分歧而发生纠纷,甚至发生争端。

(4)由于合同双方的疏忽,未就有关的事宜订立合同,而使合同不完全。

(5)交易成本的存在。因为合同双方为订立某一条款以解决某特定事宜的成本超出了其收益而造成一个合同是不完全的。由于存在着交易成本,人们签订的合同在某些方面肯定是不完全的。缔约各方愿意遗漏许多意外事件,认为等一等、看一看,要比把许多不大可能发生的事件考虑进去要好得多。

(6)信息的不对称。信息不对称是合同不完全的根源,多数问题都可以从信息的不对称中寻找到答案。建筑市场上的信息不对称主要表现为以下几方面:

① 业主并不真正了解承包商实际的技术和管理能力以及财务状况。一方面,尽管他可以事先进行调查,但调查结果只能表明承包商过去在其他工程上的表现。由于人员的流动,承包商的实际能力随时发生变动。另一方面,由于工程彼此之间相差悬殊,能够承担这一工程并不能说明也能承担其他工程。所以,业主对承包商并不真正了解。而承包商对自己目前的实际能力显然要比业主清楚得多。同时,业主也并不知道他们想要得到的建筑物到底应当使用哪些材料,不知道运到现场的材料是否符合要求,而承包商却比业主清楚得多。

② 承包商也并不真正了解业主是否有足够的资金保证,不知道业主能否及时支付工程款,但是业主要比承包商清楚得多。

③ 总承包商对于分包商是否真有能力完成,并不十分有把握,承包商对建筑生产要素掌握的信息远不如这些要素的提供者清楚。

(7) 机会主义行为的存在。机会主义行为被定义为这样一种行为:即用虚假的或空洞的,也就是非真实的威胁或承诺来谋取个人利益的行为。即只顾眼前获利而不顾长远后果。经济学中通常假定各种经济行为主体是具有利己性的,所追求的是自身利益的最大化,且最大化行为具有普遍性。

损人利己的行为可分为两类:一类是在追求私利的时候,附带地损害了他人的利益,比如说一个生产者在生产的时候排放出了一定量的废气,造成了环境污染,从而损害了他人的利益。这在经济学中属于"外部效应"问题,这种类型的损人利己是由于技术上的原因,才导致在利己的时候损害了他人。另一类损人利己的行为则纯粹是人为的、故意的,纯粹是以损人利己为手段来为自己谋利,其典型的例子,如偷窃、欺骗,利用他人轻信的机会损人利己,这类行为才被称为机会主义行为。经济学上的机会主义行为主要强调的是用掩盖信息和提供虚假信息损人利己这一层含义。

任何交易都有可能发生机会主义行为,机会主义行为可分为事前的和事后的两种。前者不愿意袒露与自己真实条件有关的信息,甚至会制造扭曲的、虚假的或模糊的信息。事后的机会主义行为也称为道德风险。

事前的机会主义行为可以通过减少信息不对称部分地消除,但不能完全消除,而避免事后的机会主义行为的方法之一,就是在订立合同时进行有效的防范和履约过程中进行监督管理。

防止别人损害的办法,就是设法取得更充分的信息——发掘出一切被掩盖的信息,揭穿一切虚假的信息,防止上当受骗。

经济生活中的一个特点,就是未来具有不确定性,因此,要事先想到各种可能的情况并加以预防。比如,市场价格在未来可能发生变化,交易双方都可能在未来的某一天遇到天灾人祸,可能破产倒闭,政府的法规政策可能发生变化,国际上可能发生战争,等等。要想防止交易双方中的任何一方利用这些不确定的但是可能发生的变故,违反合同,损害另一方的利益,就要事先把各种情况都想到,事先确定出各种情况下双方的权利和义务,确定合同的履行办法。

在签署了交易合同之后,只要整个交易还没有完成,就不能掉以轻心,因为还要监督和检查合同的履行情况,防止合同当事人任何可能的违约行为。这种违约行为属于事后的机会主义行为,如甲方要随时监督、检查施工质量,防止偷工减料等。

8.2 合同风险的分类

工程合同风险可以按不同的方法进行分类。

1) 按合同风险产生的原因划分

可以分为合同工程风险和合同信用风险。合同工程风险是指客观原因和非主观故意导致的。例如,工程进展过程中发生不利的地质条件变化、工程变更、物价上涨、不可抗力等。合同信用风险是指主观故意原因导致的。表现为合同双方的机会主义行为,如业主拖欠工程款,承包商层层转包、非法分包、偷工减料、以次充好、知假买假等。

2) 按合同的不同阶段进行划分

可以将合同风险分为合同订立风险和合同履约风险。

8.3　合同工程风险的管理

8.3.1　合同风险与项目风险

项目风险是指一个项目建设的全过程中，所有可能的各种风险。业主人员应在项目实施过程中，对可能遇到的各种风险进行全面系统的分析，采用系统分析的方法，进行归纳整理，建立项目风险结构体系，并列出相应的风险因素分析表，如表 8-1 所示。

表 8-1　　　　　　　　　　　　　　项目风险因素分析表

序号	分类标准	风险名称	详　细　描　述
1	环境要素风险	法规风险	如法规不健全、有法不依、执行不严，法规的调整变化，法规对项目的干预；人们对法规的不了解，工程中有可能触犯法规的行为等
		经济风险	国家经济政策的变化，建筑市场、劳动力市场、材料设备供应市场的变化等
		自然条件	自然灾害，恶劣天气或周围项目的干扰等
		社会风险	社会治安的稳定性，劳动者的文化素质、社会风气
2	行为主体风险	业主	(1)业主违约、随意变更工程又不赔偿，非法干预施工； (2)不能及时完成合同责任，如不及时提供施工场地，不及时支付工程款等
		设计施工单位	(1)设计单位设计错误； (2)施工单位施工能力不足； (3)设计单位与施工单位配合不力等
		监理等咨询单位	(1)能力差，积极性小； (2)职业道德问题
3	管理过程要素分析	高层战略风险	指导方针、战略思想有错误，导致项目目标设计错误
		调查预测风险	风险预测失误
		项目决策风险	错误的选择，错误的决策等
		项目策划风险	风险策划水平不高，策划失误等
		项目设计风险	设计错误，设计不经济，设计变更频繁等
		项目计划风险	招标文件的不完整性，合同条款不准确、不严密等
		实施控制风险	合同履行风险、供应风险、新技术新工艺风险、工程管理失误风险等
		运营管理风险	准备不足，无法正常运营等

从表 8-1 中可以看出，对项目建设过程中各种风险进行管理，应属于项目风险管理的范畴。项目风险中包括工程风险和合同风险，合同风险中的工程风险属于整个项目工程风险的某一部分，合同又是业主方转移风险和进行工程风险管理的手段之一；工程建设因为通过合同配置资源，产生了合同关系，因为有了合同也就产生了合同风险中的信用风险。

8.3.2　项目风险管理是合同风险管理的基础和前提

项目风险管理是人们对潜在的意外损失进行辨识、评估、预防和控制的过程，项目风险管理流程图如图 8-1 所示。

在现代项目管理中，项目风险管理强调全面风险管理的理念，所谓全面风险管理是用系统

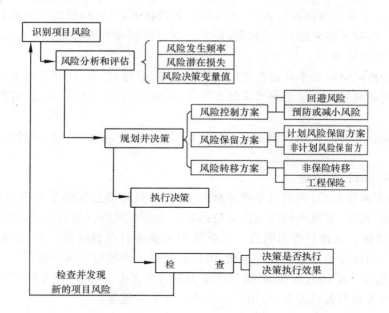

图 8-1 项目风险管理流程图

的、动态的方法进行风险控制,以减少项目过程中的不确定性。也就是,业主应根据项目的具体情况,制订全过程、全方位的项目建设风险管理方案。它不仅要求各层次的项目管理者树立风险意识,重视风险问题,防患于未然,而且在各阶段、各个方面实施有效的风险控制,形成一个前后连续的管理过程。

1)项目全过程的风险管理

项目实行全过程的风险管理,即在项目的整个生命期中对项目的不确定性因素进行管理。

(1)可行性研究阶段。对风险进行细化,进一步预测风险发生的可能性和规律性,同时,研究各风险状况对项目目标的影响程度,即风险对项目的敏感性分析。

(2)初步设计阶段。对影响项目的重大风险进行预测,寻找实现目标的风险和可能的困难。项目的风险管理强调事前的识别、评价和预防措施。

(3)技术设计阶段。随着技术设计的深入,实施方案也逐步细化,项目的结构分析也逐渐清晰。这个阶段的风险分析不仅要针对风险的种类,而且要细化落实到各分部分项工程。在设计和计划中,要考虑对风险因素的防范措施。

(4)在工程实施阶段。在工程实施过程中要加强风险控制,主要表现为建立风险监控系统,及时尽早地发现风险,及早作出反应;尽早采取预防措施,控制风险的影响量和影响范围,减少项目损失;在风险状态下,采取有效措施保证工程正常实施,保证施工秩序,及时修改方案,调整计划,以恢复正常的施工状态,减少损失;在阶段性计划调整的过程中,继续加强风险的预测,纳入近期计划中,同时,考虑计划的调整所带来的新的问题和风险。

(5)项目结束后。对整个项目的风险、风险管理进行评价,以总结经验教训,作为以后类似项目的参考。

2)项目全方位的风险管理

在每一阶段进行风险管理都要罗列各种可能的风险,并将它们作为管理对象,不能有遗漏或疏忽。在组织上落实风险控制责任,建立风险控制体系,将风险管理作为项目各层次管理人员的任务之一,并赋予相应的责任、权限,使参与项目建设和管理的每一个人都有风险意识,对项目进行全方位的管理。

首先,要分析风险对整个项目的进度、投资、质量、合同、技术、计划等各个方面的影响;

其次,采用的对策措施也必须考虑综合手段,从组织、技术、经济、合同、管理等各个方面确定解决办法;

最后,风险管理要遵从风险辨别、风险分析、风险评价、风险控制、风险档案管理的系统过程。

3)项目风险的控制措施

在风险因素确定以后,凭借科学的分析方法,对风险可能造成的损失进行分析评价,根据风险可能造成的损失,采取不同的风险应对措施。一般在风险控制中所采取的主要措施如下:

(1)组织措施。选择最得力的技术经济管理人员进行项目管理工作,并根据项目具体特点,选择有实力的设计单位进行设计工作,选择有较强实力的施工队伍等。

(2)技术措施。采用有弹性的、抗风险能力强的技术方案,而不用未经工程实践的不成熟的技术方案;准备多套备选方案,采用多种安全和保护措施等。

(3)经济措施。采取经济手段制订质量风险、进度风险和投资风险的控制措施。

(4)合同措施。在合同中对出现工程风险应如何进行分担都有较为详细的规定,合同是业主转移工程风险的手段,但也正是因为有了合同,所以,就又产生了新的风险,即合同的信用风险。

(5)保险措施。对于一些无法排除的风险,例如,工程损坏,第三方责任、人身伤亡、机械设备的损坏等,通过投保的方式加以解决。

(6)风险准备金。风险准备金是从财务角度为风险做准备。在项目投资中应单独考虑一笔风险准备金,用于防范风险出现时的经济损失。

8.3.3　工程合同是项目风险管理的手段

项目风险管理的好坏影响着合同风险发生的概率,同时,合同又是工程风险管理的手段之一。合同中一般对风险及风险责任有以下约定:

1)业主的风险

合同中都规定有哪些风险完全属于业主的风险,如 FIDIC 施工合同条件中就规定有业主的八大风险。

2)承包商的风险

合同中也规定有哪些风险完全属于承包商的风险,如工程施工质量的风险等。

3)风险的分担

合同中应详细地规定当某风险事件发生时,双方如何进行分担。例如,在可调单价合同中,对物价风险,一般都规定,当物价上涨在一定范围内时由业主承担,在一定范围以外才由承包商承担,等等。

4)工程保险

合同中一般都有工程保险的条款,也就是通过合同规定,对一些风险通过保险的办法进行处理,并对投保的责任进行规定。

值得指出的是,尽管合同是工程管理的手段之一,但合同中对工程风险的有关规定和处理办法,都主要局限在当出现某种风险时,由合同的哪一方承担或双方如何对风险进行分担的规定,也就是对风险责任划分进行规定,如业主风险、工程保险、不利的自然条件、不可抗力、政策法规变化、物价变化、工程变更等的规定。但合同无法对风险尚未发生前如何减少或预防风险事件的发生进行控制,所以工程风险管理单靠合同是不够的,更重要的是做好整个项目的风险管理工作,并应通过组织、技术、经济、合同等一切手段来对风险进行控制。

因此,项目工程风险管理是合同风险管理的基础和前提,合同中工程风险管理应该上升到项目的风险管理,项目风险管理是合同中少出现或不出现风险的前提,作为项目风险管理手段之一的合同只是对当风险事件出现后如何进行处理的措施之一。

8.4　合同信用风险的管理

合同信用风险包括合同订立风险和合同履行风险。

8.4.1　合同订立风险的管理

合同订立阶段的信用风险管理,主要任务是如何减少合同订立阶段的信息不对称以及如何订立尽可能完善的合同。

1) 竞争机制的利用

招标方式是最好的引起竞争的方式,而有效的竞争可以使价格、工程质量均能达到最优,所以,招标的办法被国际建筑界广泛采用,通过招标活动,使投标者的真实信息得以显示,使业主能够得到较为合理的工程价格、施工方案。根据招标的性质和机理,业主为减少信息的不对称,应重点考虑的环节是:资格预审,如投标单位的能力和信用调查,机械设备、财务状况的评审;施工组织设计或施工方案的评审;投标报价、工期和质量目标方面的评审以及合同的谈判等方面。

2) 标准合同的利用

建筑产品的特点是先交易后生产。工程合同履行的结果往往与缔约时所期望的结果不一致。各式各样的标准合同、惯例等通过预先对各种偶发事件可能带来的损失和收益,通过建立背景规则对工程风险进行了分配,能够使合同双方不必对每一个合同条款进行协商,在降低交易成本的同时,也使合同对风险的规定尽趋完善。

3) 担保制度的利用

针对合作伙伴的信用风险,业主一般在勘察设计、监理、施工等的招标和签订合同前,要求对方提供投标担保、履约担保,工程担保制度可以有效预防信用风险。

值得指出的是,工程担保与工程保险有本质的不同。保险保的是可保风险即意外和自然灾害的风险,而担保保的是不可保风险中的信用风险,它的特点是将信用风险转移回到它的风险源,作为风险转移的结果是债务人增加了履约的自律。工程担保解决的仅仅是工程风险的一个方面,不能代替工程保险。要全面解决项目建设中的风险问题,必须是工程担保和工程保险同时实施,以应对工程建设中的各种不同性质的风险。

8.4.2　合同履行风险的管理

合同履行阶段的信用风险管理,主要任务是防止对方的后机会主义行为,发挥合同约束机制的作用,加强对对方履约行为进行监督。

1) 自动履约机制的利用

所谓自动履行合同是指合同当事人依靠日常习惯、合作诚意和信誉来执行合同。在现实生活中,大多数合同是依赖习惯、诚信、声誉等方式完成的。一个自动履行的合同就可以利用交易者的性质和专用关系将个人惩罚条款加在违约者的身上。这个惩罚条款包括两方面的内容:一方面的内容是终止与对方的关系,给对方造成经济损失;另一方面的内容是使对方的市场声誉受损,使与其交易的未来伙伴知道其违约前科,以至于不相信该交易者的承诺。当然,如果交易者发现在这个自我履约的范围以外,还存在一个比施加的惩罚条款损失还要大的收益时,自动履约机制就失灵了。或者由于信息的不畅、受阻,使当事人在其他场合得逞。

2) 业主的监督管理

以施工合同为例,业主的监督管理主要指业主对承包商行为和工程本身的监督管理,由于机会主义行为的存在和工程合同履行中存在着信息的不对称,因此,作为合同一方的业主对合同另一方有进行监督的必要性。

在工程建设中,一般业主的力量比较弱,靠自身的力量往往不能对承包方进行有效的监督管理。对业主来讲,一般聘请具有专业力量的咨询机构协助进行工程合同的管理。因此,国内外建筑市场上就产生了对咨询工程师的需求,国内外现有的标准合同,大多数都自动设置了工程师(建筑师)制度。作为业主方的监督机构(业主方项目管理班子或其聘用的咨询工程师机构),在合同履行过程中对信用风险的管理重点是防止对方的机会主义行为,如是否存在非法分包、层层转包、偷工减料、以次充好,结算中的高估冒算行为等。

9　建设工程合同文档资料管理

合同文档资料管理是工程合同管理的重要组成部分,也是项目建设各参建单位文档资料管理和工程项目管理的重要内容之一,合同文档资料管理要符合单位内部相关管理制度的要求,同时,也必须符合城建档案管理和项目竣工验收备案的要求。

9.1　合同文档资料的内容

与合同有关的文档资料众多,量大面广,形式多样,主要包括

(1) 工程合同资料,如招标文件、投标文件、合同文本等合同订立过程中产生的各种文件资料。

(2) 合同履行过程中产生的各种文件资料。如各种申请、报表、报告、指令、批准、签证、信函、会议纪要,各种变更记录、验收记录,以及其他相关的文件资料。

严格地讲,合同文档资料属于各参建单位工程管理文件的一部分,也是城建档案的一部分,且很难与其他工程管理文件相分开,正如合同文件组成中所规定的那样,这些内容都可能成为解释合同的重要文件。

表 9-1 是某大型项目业主单位工程管理文件归档分类办法。工程管理文件归档分类办法是工程管理基础制度中必不可少的重要内容,各项目制定工程管理文件归档分类办法的目的,是为了统一各文件归档,便于文件检索及工作交接,明确项目完工后移交资料内容,完善文件责任制度。

表 9-1　　　　　　　　　　　某项目工程管理文件的归档分类办法

	内容
A 册:管理规范	工程管理控制文件(A1)、各部门职责及人员架构表(A2)
B 册:合同文件	施工合同文件(B1)、监理合同文件(B2)、材料采购合同文件(B3)、合同登记汇总表(B4)、施工合同台帐(B5)
C 册:内部来往文件	发文(C1)、收文(C2)
D 册:监理部门往来文件	《监理人员登记表》及证明材料(D1)、监理规划(D2)、监理细则(D3)、监理例会纪要(D4)、监理备忘录及专题报告(D5)、监理月报及审核意见(D6)、发监理单位文件(D7)
E 册:与施工单位来往文件	施工组织设计(E1)、施工方案(E2)、工程联系单(E3)
F 册:设计变更和工程签证	设计变更(F1)、技术核定单(F2)、工程签证(F3)
G 册:计划管理	总进度计划(G1)、施工图纸交付计划(G2)、甲供材料计划(G3)、施工单位总进度计划(G4)、施工单位月计划(G5)、施工单位周计划(G6)
H 册:作业指导书	工程管理指导书(H1)、成本管理指导书(H2)
I 册:材料设备管理	封样登记一览表(I1)、收(调)料单(I2)、设备调试验收记录(I3)
J 册:会议纪要	工程例会纪要(K1)、现场工作协调会议纪要(K2)、专题会议纪要(K3)
……	……

每个文件夹须有《文件卷目总索引》、《文件卷索引表》、《文件目录表》三级索引表,以便对归档文件进行检索,《文件卷目总索引》列明归档文件各卷目编号及名称,贴于文件夹外;《文件卷索引表》列明本卷归档文件的分类及名目;《文件目录表》作为记录、文件的最终目录,在文件归档时进行登录,标明文件的编号、主题及归档时间。文件须以文件夹分类存放,文件夹侧面以标签进行标识,标签上须标明项目名称、卷目名称及卷目编号,各类文件夹按卷目编号进行排放

表 9-2 是城建档案归档范围目录中与合同文档资料相关的内容节录。

表 9-2   城建档案归档范围目录中与合同文档资料相关的内容节录

1	工程准备阶段文件	…………
		勘察设计合同
		施工合同
		监理合同
2	监理文件	…………
		工程开工/复工审批表
		工程开工/复工暂停令
		…………
		工程竣工决算审核意见书
		工程延期报告及审批
		合同争议、违约报告及处理意见
		合同变更材料
		…………
3	土建(建筑与结构)工程	…………
		设计会议会审记录
		设计变更记录
		工程洽商记录
		…………
4	电气、给排水、消防、采暖、通风、空调、燃气、建筑智能化、电梯工程	…………
		设计变更
		工程洽商
		…………

9.2 合同文档资料管理的任务

合同文档资料管理的任务包括收集、分类和整理、储存、使用等几个环节。

(1) 合同文档资料的收集。合同文档资料管理首先必须指派相应的专职人员每天收集原始资料,做好资料的收集工作。

(2) 合同文档资料的分类和整理。原始资料必须经过加工和整理,才能反映工程进展的状况,才能成为可供使用和决策的信息。

(3) 合同文档资料的储存。合同文档资料不仅仅是为了目前的使用,必须保存好,以备将来查找和使用。

(4) 合同文档资料的使用。合同文档资料为工程实施情况汇报、领导决策提供依据,为工程的各种验收、索赔和反索赔提供资料和证据等,为工程管理服务。

9.3 合同文档资料管理的原则

合同文档资料的管理应遵循以下原则：

（1）必须体现原始性、完整性、准确性、科学性的原则。各种文件资料应实事求是，客观反映，不能弄虚作假。

（2）与工程进展同步，所组案卷要及时、真实地反映工程的进程情况。

（3）应按照城市建设档案管理规定的要求编制。

（4）及时提供。

（5）简单明了，便于理解。

9.4 合同编码体系

有效的文档管理是以与用户友好的和具有较强的表达能力的资料编码为前提的，为便于合同文档资料的管理、计算机管理的需要，应建立合同编码体系。在项目前期阶段就应专门研究和建立合同文档资料的编码系统，一般对合同资料的编码有如下要求：

（1）所有资料应建立统一的编码系统。

（2）从编码上就应区分出资料的种类和特征。

（3）应具有较强的扩展性功能。

通常，资料编码由字母和数字符号构成，它们被赋予一定的含义。一般由如下几部分构成：

（1）资料范围。说明资料的范围，如属于某项目或子项目。

（2）资料种类。通常有几种分类方法，如：

① 不同形态、性质和类别的资料，如图纸、合同文本、信件、备忘录等；

② 不同特征的资料，如技术性的、商务性的、行政的等。

（3）内容和对象。这是资料编码最重要的部分。

（4）日期。对相同范围、相同种类、相同对象的资料可通过日期或序号来表达和区别。

例如，某项目合同编码由年份（2位数）、类别（2位数）、序号（4位数）和备注（1位数）四个部分共9位数组成，如"00-03-0001-0"，其编制方法是：

① 年份按合同签订的时间填写。

② 类别按合同的工作内容分为：

（01）建安工程施工准备合同（包括：征地、拆迁、放线、通讯、灌渠、考古、测绘等）

（02）建设工程勘察设计合同

（03）建筑安装工程承包合同

（04）建筑装饰工程承包合同

（05）物资（设备）采购合同

（06）运输（仓储）类合同

（07）贷款类合同

（08）其他合同（包括：委托代理、咨询、租赁、合资、合作、保险等）

（09）大型临时设施合同

③ 序号按类别序时填写（0001—9999）。

④ 注分为：默认值（0）；签订后作出修改的合同（1）；补充合同（3）；涉外合同（9）。

下　篇

10　建设工程施工合同

10.1　文本说明

为了指导建设工程施工合同当事人的签约行为,维护合同当事人的合法权益,依据《中华人民共和国合同法》《中华人民共和国建筑法》《中华人民共和国招标投标法》以及相关法律法规,住房和城乡建设部、国家工商行政管理总局对《建设工程施工合同(示范文本)》(GF-1999-0201)进行了修订,制定了《建设工程施工合同(示范文本)》(GF-2013-0201)(以下简称《示范文本》)。为了便于合同当事人使用《示范文本》,现就有关问题说明如下。

1.《示范文本》的组成

《示范文本》由合同协议书、通用合同条款和专用合同条款三部分组成。

1)合同协议书

《示范文本》合同协议书共计13条,主要包括:工程概况、合同工期、质量标准、签约合同价和合同价格形式、项目经理、合同文件构成、承诺以及合同生效条件等重要内容,集中约定了合同当事人基本的合同权利义务。

2)通用合同条款

通用合同条款是合同当事人根据《中华人民共和国建筑法》《中华人民共和国合同法》等法律法规的规定,就工程建设的实施及相关事项,对合同当事人的权利义务作出的原则性约定。

通用合同条款共计20条,具体条款分别为:一般约定、发包人、承包人、监理人、工程质量、安全文明施工与环境保护、工期和进度、材料与设备、试验与检验、变更、价格调整、合同价格、计量与支付、验收和工程试车、竣工结算、缺陷责任与保修、违约、不可抗力、保险及索赔和争议解决。前述条款安排既考虑了现行法律法规对工程建设的有关要求,也考虑了建设工程施工管理的特殊需要。

3)专用合同条款

专用合同条款是对通用合同条款原则性约定的细化、完善、补充和修改或另行约定的条款。合同当事人可以根据不同建设工程的特点及具体情况,通过双方的谈判、协商对相应的专用合同条款进行修改补充。在使用专用合同条款时,应注意以下事项:

(1)专用合同条款的编号应与相应的通用合同条款的编号一致;

(2)合同当事人可以通过对专用合同条款的修改,满足具体建设工程的特殊要求,避免直接修改通用合同条款;

(3)在专用合同条款中有横道线的地方,合同当事人可针对相应的通用合同条款进行细化、完善、补充和修改或另行约定;如无细化、完善、补充和修改或另行约定,则填写"无"或划"/"。

2.《示范文本》的性质和适用范围

《示范文本》为非强制性使用文本。《示范文本》适用于房屋建筑工程、土木工程、线路管道和设备安装工程及装修工程等建设工程的施工承发包活动,合同当事人可结合建设工程具体情况，根据《示范文本》订立合同，并按照法律法规规定和合同约定承担相应的法律责任及合同权利义务。

10.2　合同协议书

合同协议书内容及格式如下：

发包人（全称）：＿＿＿＿＿＿＿＿＿＿＿＿＿＿＿＿＿＿＿＿＿

承包人（全称）：＿＿＿＿＿＿＿＿＿＿＿＿＿＿＿＿＿＿＿＿＿

根据《中华人民共和国合同法》、《中华人民共和国建筑法》及有关法律规定，遵循平等、自愿、公平和诚实信用的原则，双方就＿＿＿＿＿＿＿＿＿＿＿＿＿＿工程施工及有关事项协商一致，共同达成如下协议。

1. 工程概况

（1）工程名称：＿＿＿＿＿＿＿＿＿＿＿＿＿＿＿＿＿＿＿＿＿＿＿。

（2）工程地点：＿＿＿＿＿＿＿＿＿＿＿＿＿＿＿＿＿＿＿＿＿＿＿。

（3）工程立项批准文号：＿＿＿＿＿＿＿＿＿＿＿＿＿＿＿＿＿＿。

（4）资金来源：＿＿＿＿＿＿＿＿＿＿＿＿＿＿＿＿＿＿＿＿＿＿＿。

（5）工程内容：＿＿＿＿＿＿＿＿＿＿＿＿＿＿＿＿＿＿＿＿＿＿＿。

群体工程应附《承包人承揽工程项目一览表》（附件1）。

（6）工程承包范围：＿＿＿＿＿＿＿＿＿＿＿＿＿＿＿＿＿＿＿＿

＿＿＿＿＿＿＿＿＿＿＿＿＿＿＿＿＿＿＿＿＿＿＿＿＿＿＿＿＿＿＿。

2. 合同工期

计划开工日期：＿＿＿＿＿年＿＿＿＿＿月＿＿＿＿＿日。

计划竣工日期：＿＿＿＿＿年＿＿＿＿＿月＿＿＿＿＿日。

工期总日历天数：＿＿＿＿＿天。工期总日历天数与根据前述计划开竣工日期计算的工期天数不一致的，以工期总日历天数为准。

3. 质量标准

工程质量符合＿＿＿＿＿＿＿＿＿＿＿＿＿＿＿＿＿＿＿＿＿标准。

4. 签约合同价与合同价格形式

1）签约合同价为：

人民币（大写）＿＿＿＿＿＿＿＿＿＿＿（￥＿＿＿＿＿＿＿元）；

其中：＿＿＿＿＿＿＿＿＿＿＿＿＿＿＿＿＿＿＿＿＿＿＿＿

（1）安全文明施工费：

人民币（大写）＿＿＿＿＿＿＿＿＿＿＿（￥＿＿＿＿＿＿元）；

（2）材料和工程设备暂估价金额：

人民币（大写）＿＿＿＿＿＿＿＿＿＿＿（￥＿＿＿＿＿＿元）；

（3）专业工程暂估价金额：

人民币（大写）＿＿＿＿＿＿＿＿＿＿＿（￥＿＿＿＿＿＿元）；

（4）暂列金额：

人民币（大写）＿＿＿＿＿＿＿＿＿＿＿（￥＿＿＿＿＿＿元）。

2）合同价格形式：＿＿＿＿＿＿＿＿＿＿＿＿＿＿＿＿＿＿＿。

5．项目经理

承包人项目经理：_____。

6．合同文件构成

本协议书与下列文件一起构成合同文件：

（1）中标通知书（如果有）；

（2）投标函及其附录（如果有）；

（3）专用合同条款及其附件；

（4）通用合同条款；

（5）技术标准和要求；

（6）图纸；

（7）已标价工程量清单或预算书；

（8）其他合同文件。

在合同订立及履行过程中形成的与合同有关的文件均构成合同文件组成部分。

上述各项合同文件包括合同当事人就该项合同文件所作出的补充和修改，属于同一类内容的文件，应以最新签署的为准。专用合同条款及其附件须经合同当事人签字或盖章。

7．承诺

（1）发包人承诺按照法律规定履行项目审批手续、筹集工程建设资金并按照合同约定的期限和方式支付合同价款。

（2）承包人承诺按照法律规定及合同约定组织完成工程施工，确保工程质量和安全，不进行转包及违法分包，并在缺陷责任期及保修期内承担相应的工程维修责任。

（3）发包人和承包人通过招投标形式签订合同的，双方理解并承诺不再就同一工程另行签订与合同实质性内容相背离的协议。

8．词语含义

本协议书中词语含义与第二部分通用合同条款中赋予的含义相同。

9．签订时间

本合同于_____年_____月_____日签订。

10．签订地点

本合同在_____签订。

11．补充协议

合同未尽事宜，合同当事人另行签订补充协议，补充协议是合同的组成部分。

12．合同生效

本合同自_____生效。

13．合同份数

本合同一式_____份，均具有同等法律效力，发包人执_____份，承包人执_____份。

发包人：　　　　　（公章）　　　　承包人：　　　　　（公章）

法定代表人或其委托代理人：　　　　法定代表人或其委托代理人：

（签字）　　　　　　　　　　　　　（签字）

组织机构代码：_____　　　　组织机构代码：_____

地　　址：_____　　　　地　　址：_____

邮政编码：_____　　　　邮政编码：_____

法定代表人：_____　　　　法定代表人：_____

委托代理人：_____　　　　委托代理人：_____

电　　话：_____　　　　电　　话：_____

传　　真：_____　　　　传　　真：_____

电子信箱：_____　　　　电子信箱：_____

开户银行：_____　　　　开户银行：_____

账　　号：_____　　　　账　　号：_____

10.3　合同条款

10.3.1　一般约定

1. 通用条款

1）词语定义与解释

合同协议书、通用合同条款、专用合同条款中的下列词语具有本款所赋予的含义。

（1）合同。

① 合同：是指根据法律规定和合同当事人约定具有约束力的文件，构成合同的文件包括合同协议书、中标通知书（如果有）、投标函及其附录（如果有）、专用合同条款及其附件、通用合同条款、技术标准和要求、图纸、已标价工程量清单或预算书以及其他合同文件。

② 合同协议书：是指构成合同的由发包人和承包人共同签署的称为"合同协议书"的书面文件。

③ 中标通知书：是指构成合同的由发包人通知承包人中标的书面文件。

④ 投标函：是指构成合同的由承包人填写并签署的用于投标的称为"投标函"的文件。

⑤ 投标函附录：是指构成合同的附在投标函后的称为"投标函附录"的文件。

⑥ 技术标准和要求：是指构成合同的施工应当遵守的或指导施工的国家、行业或地方的技术标准和要求，以及合同约定的技术标准和要求。

⑦ 图纸：是指构成合同的图纸，包括由发包人按照合同约定提供或经发包人批准的设计文件、施工图、鸟瞰图及模型等，以及在合同履行过程中形成的图纸文件。图纸应当按照法律规定审查合格。

⑧ 已标价工程量清单：是指构成合同的由承包人按照规定的格式和要求填写并标明价格的工程量清单，包括说明和表格。

⑨ 预算书：是指构成合同的由承包人按照发包人规定的格式和要求编制的工程预算文件。

⑩ 其他合同文件：是指经合同当事人约定的与工程施工有关的具有合同约束力的文件或书面协议。合同当事人可以在专用合同条款中进行约定。

（2）合同当事人及其他相关方。

① 合同当事人：是指发包人和（或）承包人。

② 发包人：是指与承包人签订合同协议书的当事人及取得该当事人资格的合法继承人。

③ 承包人:是指与发包人签订合同协议书的,具有相应工程施工承包资质的当事人及取得该当事人资格的合法继承人。

④ 监理人:是指在专用合同条款中指明的,受发包人委托按照法律规定进行工程监督管理的法人或其他组织。

⑤ 设计人:是指在专用合同条款中指明的,受发包人委托负责工程设计并具备相应工程设计资质的法人或其他组织。

⑥ 分包人:是指按照法律规定和合同约定,分包部分工程或工作,并与承包人签订分包合同的具有相应资质的法人。

⑦ 发包人代表:是指由发包人任命并派驻施工现场在发包人授权范围内行使发包人权利的人。

⑧ 项目经理:是指由承包人任命并派驻施工现场,在承包人授权范围内负责合同履行,且按照法律规定具有相应资格的项目负责人。

⑨ 总监理工程师:是指由监理人任命并派驻施工现场进行工程监理的总负责人。

(3) 工程和设备。

① 工程:是指与合同协议书中工程承包范围对应的永久工程和(或)临时工程。

② 永久工程:是指按合同约定建造并移交给发包人的工程,包括工程设备。

③ 临时工程:是指为完成合同约定的永久工程所修建的各类临时性工程,不包括施工设备。

④ 单位工程:是指在合同协议书中指明的,具备独立施工条件并能形成独立使用功能的永久工程。

⑤ 工程设备:是指构成永久工程的机电设备、金属结构设备、仪器及其他类似的设备和装置。

⑥ 施工设备:是指为完成合同约定的各项工作所需的设备、器具和其他物品,但不包括工程设备、临时工程和材料。

⑦ 施工现场:是指用于工程施工的场所,以及在专用合同条款中指明作为施工场所组成部分的其他场所,包括永久占地和临时占地。

⑧ 临时设施:是指为完成合同约定的各项工作所服务的临时性生产和生活设施。

⑨ 永久占地:是指专用合同条款中指明为实施工程需永久占用的土地。

⑩ 临时占地:是指专用合同条款中指明为实施工程需要临时占用的土地。

(4) 日期和期限。

① 开工日期:包括计划开工日期和实际开工日期。计划开工日期是指合同协议书约定的开工日期;实际开工日期是指监理人按照"开工通知"项的约定发出的符合法律规定的开工通知中载明的开工日期。

② 竣工日期:包括计划竣工日期和实际竣工日期。计划竣工日期是指合同协议书约定的竣工日期;实际竣工日期按照"竣工日期"项的约定确定。

③ 工期:是指在合同协议书约定的承包人完成工程所需的期限,包括按照合同约定所作的期限变更。

④ 缺陷责任期:是指承包人按照合同约定承担缺陷修复义务,且发包人预留质量保证金的期限,自工程实际竣工日期起计算。

⑤ 保修期：是指承包人按照合同约定对工程承担保修责任的期限，从工程竣工验收合格之日起计算。

⑥ 基准日期：招标发包的工程以投标截止日前 28 天的日期为基准日期，直接发包的工程以合同签订日前 28 天的日期为基准日期。

⑦ 天：除特别指明外，均指日历天。合同中按天计算时间的，开始当天不计入，从次日开始计算，期限最后一天的截止时间为当天 24:00 时。

(5) 合同价格和费用。

① 签约合同价：是指发包人和承包人在合同协议书中确定的总金额，包括安全文明施工费、暂估价及暂列金额等。

② 合同价格：是指发包人用于支付承包人按照合同约定完成承包范围内全部工作的金额，包括合同履行过程中按合同约定发生的价格变化。

③ 费用：是指为履行合同所发生的或将要发生的所有必需的开支，包括管理费和应分摊的其他费用，但不包括利润。

④ 暂估价：是指发包人在工程量清单或预算书中提供的用于支付必然发生但暂时不能确定价格的材料、工程设备的单价、专业工程以及服务工作的金额。

⑤ 暂列金额：是指发包人在工程量清单或预算书中暂定并包括在合同价格中的一笔款项，用于工程合同签订时尚未确定或者不可预见的所需材料、工程设备、服务的采购、施工中可能发生的工程变更、合同约定调整因素出现时的合同价格调整以及发生的索赔、现场签证确认等的费用。

⑥ 计日工：是指合同履行过程中，承包人完成发包人提出的零星工作或需要采用计日工计价的变更工作时，按合同中约定的单价计价的一种方式。

⑦ 质量保证金：是指按照第 15.3 款（质量保证金）约定承包人用于保证其在缺陷责任期内履行缺陷修补义务的担保。

⑧ 总价项目：是指在现行国家、行业以及地方的计量规则中无工程量计算规则，在已标价工程量清单或预算书中以总价或以费率形式计算的项目。

(6) 其他。

书面形式：是指合同文件、信函、电报及传真等可以有形地表现所载内容的形式。

2）语言文字

合同以中国的汉语简体文字编写、解释和说明。合同当事人在专用合同条款中约定使用两种以上语言时，汉语为优先解释和说明合同的语言。

3）法律

合同所称法律是指中华人民共和国法律、行政法规、部门规章，以及工程所在地的地方性法规、自治条例、单行条例和地方政府规章等。

合同当事人可以在专用合同条款中约定合同适用的其他规范性文件。

4）标准和规范

(1) 适用于工程的国家标准、行业标准、工程所在地的地方性标准，以及相应的规范、规程等，合同当事人有特别要求的，应在专用合同条款中约定。

(2) 发包人要求使用国外标准、规范的，发包人负责提供原文版本和中文译本，并在专用合同条款中约定提供标准规范的名称、份数和时间。

（3）发包人对工程的技术标准、功能要求高于或严于现行国家、行业或地方标准的,应当在专用合同条款中予以明确。除专用合同条款另有约定外,应视为承包人在签订合同前已充分预见前述技术标准和功能要求的复杂程度,签约合同价中已包含由此产生的费用。

5）合同文件的优先顺序

组成合同的各项文件应互相解释,互为说明。除专用合同条款另有约定外,解释合同文件的优先顺序如下:

（1）合同协议书;

（2）中标通知书（如果有）;

（3）投标函及其附录（如果有）;

（4）专用合同条款及其附件;

（5）通用合同条款;

（6）技术标准和要求;

（7）图纸;

（8）已标价工程量清单或预算书;

（9）其他合同文件。

上述各项合同文件包括合同当事人就该项合同文件所作出的补充和修改,属于同一类内容的文件,应以最新签署的为准。

在合同订立及履行过程中形成的与合同有关的文件均构成合同文件组成部分,并根据其性质确定优先解释顺序。

6）图纸和承包人文件

（1）图纸的提供和交底。

发包人应按照专用合同条款约定的期限、数量和内容向承包人免费提供图纸,并组织承包人、监理人和设计人进行图纸会审和设计交底。发包人至迟不得晚于通用条款10.3.7第3）款第（2）项（开工通知）载明的开工日期前14天向承包人提供图纸。

因发包人未按合同约定提供图纸导致承包人费用增加和（或）工期延误的,按照第7.5.1项（因发包人原因导致工期延误）的约定办理。

（2）图纸的错误。

承包人在收到发包人提供的图纸后,发现图纸存在差错、遗漏或缺陷的,应及时通知监理人。监理人接到该通知后,应附具相关意见并立即报送发包人,发包人应在收到监理人报送的通知后的合理时间内作出决定。合理时间是指发包人在收到监理人的报送通知后,尽其努力且不懈怠地完成图纸修改补充所需的时间。

（3）图纸的修改和补充。

图纸需要修改和补充的,应经图纸原设计人及审批部门同意,并由监理人在工程或工程相应部位施工前将修改后的图纸或补充图纸提交给承包人,承包人应按修改或补充后的图纸施工。

（4）承包人文件。

承包人应按照专用合同条款的约定提供应当由其编制的与工程施工有关的文件,并按照专用合同条款约定的期限、数量和形式提交监理人,并由监理人报送发包人。

除专用合同条款另有约定外,监理人应在收到承包人文件后7天内审查完毕,监理人对承包人文件有异议的,承包人应予以修改,并重新报送监理人。监理人的审查并不减轻或免除承包人根据合同约定应当承担的责任。

(5)图纸和承包人文件的保管。

除专用合同条款另有约定外,承包人应在施工现场另外保存一套完整的图纸和承包人文件,供发包人、监理人及有关人员进行工程检查时使用。

7)联络

(1)与合同有关的通知、批准、证明、证书、指示、指令、要求、请求、同意、意见、确定和决定等,均应采用书面形式,并应在合同约定的期限内送达接收人和送达地点。

(2)发包人和承包人应在专用合同条款中约定各自的送达接收人和送达地点。任何一方合同当事人指定的接收人或送达地点发生变动的,应提前3天以书面形式通知对方。

(3)发包人和承包人应当及时签收另一方送达至送达地点和指定接收人的来往信函。拒不签收的,由此增加的费用和(或)延误的工期由拒绝接收一方承担。

8)严禁贿赂

合同当事人不得以贿赂或变相贿赂的方式,谋取非法利益或损害对方权益。因一方合同当事人的贿赂造成对方损失的,应赔偿损失,并承担相应的法律责任。

承包人不得与监理人或发包人聘请的第三方串通损害发包人利益。未经发包人书面同意,承包人不得为监理人提供合同约定以外的通讯设备、交通工具及其他任何形式的利益,不得向监理人支付报酬。

9)化石、文物

在施工现场发掘的所有文物、古迹以及具有地质研究或考古价值的其他遗迹、化石、钱币或物品属于国家所有。一旦发现上述文物,承包人应采取合理有效的保护措施,防止任何人员移动或损坏上述物品,并立即报告有关政府行政管理部门,同时通知监理人。

发包人、监理人和承包人应按有关政府行政管理部门要求采取妥善的保护措施,由此增加的费用和(或)延误的工期由发包人承担。

承包人发现文物后不及时报告或隐瞒不报,致使文物丢失或损坏的,应赔偿损失,并承担相应的法律责任。

10)交通运输

(1)出入现场的权利。

除专用合同条款另有约定外,发包人应根据施工需要,负责取得出入施工现场所需的批准手续和全部权利,以及取得因施工所需修建道路、桥梁以及其他基础设施的权利,并承担相关手续费用和建设费用。承包人应协助发包人办理修建场内外道路、桥梁以及其他基础设施的手续。

承包人应在订立合同前查勘施工现场,并根据工程规模及技术参数合理预见工程施工所需的进出施工现场的方式、手段、路径等。因承包人未合理预见所增加的费用和(或)延误的工期由承包人承担。

(2)场外交通。

发包人应提供场外交通设施的技术参数和具体条件,承包人应遵守有关交通法规,严格按照道路和桥梁的限制荷载行驶,执行有关道路限速、限行、禁止超载的规定,并配合交通管理部门的监督和检查。场外交通设施无法满足工程施工需要的,由发包人负责完善并承担相关费用。

（3）场内交通。

发包人应提供场内交通设施的技术参数和具体条件，并应按照专用合同条款的约定向承包人免费提供满足工程施工所需的场内道路和交通设施。因承包人原因造成上述道路或交通设施损坏的，承包人负责修复并承担由此增加的费用。

除发包人按照合同约定提供的场内道路和交通设施外，承包人负责修建、维修、养护和管理施工所需的其他场内临时道路和交通设施。发包人和监理人可以为实现合同目的使用承包人修建的场内临时道路和交通设施。

场外交通和场内交通的边界由合同当事人在专用合同条款中约定。

（4）超大件和超重件的运输。

由承包人负责运输的超大件或超重件，应由承包人负责向交通管理部门办理申请手续，发包人给予协助。运输超大件或超重件所需的道路和桥梁临时加固改造费用和其他有关费用，由承包人承担，但专用合同条款另有约定除外。

（5）道路和桥梁的损坏责任

因承包人运输造成施工场地内外公共道路和桥梁损坏的，由承包人承担修复损坏的全部费用和可能引起的赔偿。

（6）水路和航空运输。

本款前述各项的内容适用于水路运输和航空运输，其中"道路"一词的含义包括河道、航线、船闸、机场、码头和堤防以及水路或航空运输中其他相似结构物；"车辆"一词的含义包括船舶和飞机等。

11）知识产权

（1）除专用合同条款另有约定外，发包人提供给承包人的图纸、发包人为实施工程自行编制或委托编制的技术规范以及反映发包人要求的或其他类似性质的文件的著作权属于发包人，承包人可以为实现合同目的而复制、使用此类文件，但不能用于与合同无关的其他事项。未经发包人书面同意，承包人不得为了合同以外的目的而复制、使用上述文件或将之提供给任何第三方。

（2）除专用合同条款另有约定外，承包人为实施工程所编制的文件，除署名权以外的著作权属于发包人，承包人可因实施工程的运行、调试、维修和改造等目的而复制、使用此类文件，但不能用于与合同无关的其他事项。未经发包人书面同意，承包人不得为了合同以外的目的而复制、使用上述文件或将之提供给任何第三方。

（3）合同当事人保证在履行合同过程中不侵犯对方及第三方的知识产权。承包人在使用材料、施工设备、工程设备或采用施工工艺时，因侵犯他人的专利权或其他知识产权所引起的责任，由承包人承担；因发包人提供的材料、施工设备、工程设备或施工工艺导致侵权的，由发包人承担责任。

（4）除专用合同条款另有约定外，承包人在合同签订前和签订时已确定采用的专利、专有技术、技术秘密的使用费已包含在签约合同价中。

12）保密

除法律规定或合同另有约定外，未经发包人同意，承包人不得将发包人提供的图纸、文件以及声明需要保密的资料信息等商业秘密泄露给第三方。

除法律规定或合同另有约定外,未经承包人同意,发包人不得将承包人提供的技术秘密及声明需要保密的资料信息等商业秘密泄露给第三方。

13)工程量清单错误的修正

除专用合同条款另有约定外,发包人提供的工程量清单,应被认为是准确的和完整的。出现下列情形之一时,发包人应予以修正,并相应调整合同价格:

(1)工程量清单存在缺项、漏项的;

(2)工程量清单偏差超出专用合同条款约定的工程量偏差范围的;

(3)未按照国家现行计量规范强制性规定计量的。

2. 专用条款

1)词语定义

(1)合同。

其他合同文件包括:_____。

(2)合同当事人及其他相关方。

① 监理人:

名　　称:_____;

资质类别和等级:_____;

联系电话:_____;

电子信箱:_____;

通信地址:_____。

② 设计人:

名　　称:_____;

资质类别和等级:_____;

联系电话:_____;

电子信箱:_____;

通信地址:_____;

(3)工程和设备。

① 作为施工现场组成部分的其他场所包括:_____。

② 永久占地包括:_____。

③ 临时占地包括:_____。

2)法律

适用于合同的其他规范性文件:_____
_____。

3)标准和规范

(1)适用于工程的标准规范包括:_____;
_____

(2)发包人提供国外标准、规范的名称:_____
_____

发包人提供国外标准、规范的份数:_____;

发包人提供国外标准、规范的名称:_____。

（3）发包人对工程的技术标准和功能要求的特殊要求：＿＿＿＿＿＿＿＿＿＿＿＿＿＿
＿＿。

4）合同文件的优先顺序

合同文件组成及优先顺序为：＿＿＿＿＿＿＿＿＿＿＿＿＿＿＿＿＿＿＿＿＿＿＿＿＿＿
＿＿。

5）图纸和承包人文件

（1）图纸的提供。

发包人向承包人提供图纸的期限：＿＿＿＿＿＿＿＿＿＿＿＿＿＿＿＿＿＿＿＿＿＿＿；

发包人向承包人提供图纸的数量：＿＿＿＿＿＿＿＿＿＿＿＿＿＿＿＿＿＿＿＿＿＿＿；

发包人向承包人提供图纸的内容：＿＿＿＿＿＿＿＿＿＿＿＿＿＿＿＿＿＿＿＿＿＿＿。

（2）承包人文件。

需要由承包人提供的文件，包括：＿＿＿＿＿＿＿＿＿＿＿＿＿＿＿＿＿＿＿＿＿＿＿＿＿
＿＿；

承包人提供的文件的期限为：＿＿＿＿＿＿＿＿＿＿＿＿＿＿＿＿＿＿＿＿＿＿＿＿＿＿；

承包人提供的文件的数量为：＿＿＿＿＿＿＿＿＿＿＿＿＿＿＿＿＿＿＿＿＿＿＿＿＿＿；

承包人提供的文件的形式为：＿＿＿＿＿＿＿＿＿＿＿＿＿＿＿＿＿＿＿＿＿＿＿＿＿＿；

发包人审批承包人文件的期限：＿＿＿＿＿＿＿＿＿＿＿＿＿＿＿＿＿＿＿＿＿＿＿＿＿。

（3）现场图纸准备。

关于现场图纸准备的约定：＿＿＿＿＿＿＿＿＿＿＿＿＿＿＿＿＿＿＿＿＿＿＿＿＿＿＿。

6）联络

（1）发包人和承包人应当在＿＿＿＿＿＿＿＿天内将与合同有关的通知、批准、证明、证书、指示、指令、要求、请求、同意、意见、确定和决定等书面函件送达对方当事人。

（2）发包人接收文件的地点：＿＿＿＿＿＿＿＿＿＿＿＿＿＿＿＿＿＿＿＿＿＿＿＿＿＿；

发包人指定的接收人为：＿＿＿＿＿＿＿＿＿＿＿＿＿＿＿＿＿＿＿＿＿＿＿＿＿＿＿＿。

承包人接收文件的地点：＿＿＿＿＿＿＿＿＿＿＿＿＿＿＿＿＿＿＿＿＿＿＿＿＿＿＿＿；

承包人指定的接收人为：＿＿＿＿＿＿＿＿＿＿＿＿＿＿＿＿＿＿＿＿＿＿＿＿＿＿＿＿。

监理人接收文件的地点：＿＿＿＿＿＿＿＿＿＿＿＿＿＿＿＿＿＿＿＿＿＿＿＿＿＿＿＿；

监理人指定的接收人为：＿＿＿＿＿＿＿＿＿＿＿＿＿＿＿＿＿＿＿＿＿＿＿＿＿＿＿＿。

7）交通运输

（1）出入现场的权利。

关于出入现场的权利的约定：＿＿＿＿＿＿＿＿＿＿＿＿＿＿＿＿＿＿＿＿＿＿＿＿＿＿
＿＿。

（2）场内交通。

关于场外交通和场内交通的边界的约定：＿＿＿＿＿＿＿＿＿＿＿＿＿＿＿＿＿＿＿＿
＿＿。

关于发包人向承包人免费提供满足工程施工需要的场内道路和交通设施的约定：＿＿＿
＿＿。

（3）超大件和超重件的运输。

运输超大件或超重件所需的道路和桥梁临时加固改造费用和其他有关费用由

_____承担。

8）知识产权

（1）关于发包人提供给承包人的图纸、发包人为实施工程自行编制或委托编制的技术规范以及反映发包人关于合同要求或其他类似性质的文件的著作权的归属：_____
_____。

关于发包人提供的上述文件的使用限制的要求：_____
_____。

（2）关于承包人为实施工程所编制文件的著作权的归属：_____
_____。

关于承包人提供的上述文件的使用限制的要求：_____
_____。

（3）承包人在施工过程中所采用的专利、专有技术、技术秘密的使用费的承担方式：
_____。

9）工程量清单错误的修正

出现工程量清单错误时，是否调整合同价格：_____。
允许调整合同价格的工程量偏差范围：_____
_____。

10.3.2 发包人

1. 通用条款

1）许可或批准

发包人应遵守法律，并办理法律规定由其办理的许可、批准或备案，包括但不限于建设用地规划许可证、建设工程规划许可证、建设工程施工许可证、施工所需临时用水、临时用电、中断道路交通及临时占用土地等许可和批准。发包人应协助承包人办理法律规定的有关施工证件和批件。

因发包人原因未能及时办理完毕前述许可、批准或备案，由发包人承担由此增加的费用和（或）延误的工期，并支付承包人合理的利润。

2）发包人代表

发包人应在专用合同条款中明确其派驻施工现场的发包人代表的姓名、职务、联系方式及授权范围等事项。发包人代表在发包人的授权范围内，负责处理合同履行过程中与发包人有关的具体事宜。发包人代表在授权范围内的行为由发包人承担法律责任。发包人更换发包人代表的，应提前7天书面通知承包人。

发包人代表不能按照合同约定履行其职责及义务，并导致合同无法继续正常履行的，承包人可以要求发包人撤换发包人代表。

不属于法定必须监理的工程，监理人的职权可以由发包人代表或发包人指定的其他人员行使。

3）发包人人员

发包人应要求在施工现场的发包人人员遵守法律及有关安全、质量、环境保护和文明施工等规定，并保障承包人免于承受因发包人人员未遵守上述要求给承包人造成的损失和责任。

发包人人员包括发包人代表及其他由发包人派驻施工现场的人员。

4）施工现场、施工条件和基础资料的提供

（1）提供施工现场。

除专用合同条款另有约定外，发包人应最迟于开工日期7天前向承包人移交施工现场。

（2）提供施工条件。

除专用合同条款另有约定外，发包人应负责提供施工所需要的条件，包括：

① 将施工用水、电力、通讯线路等施工所必需的条件接至施工现场内；

② 保证向承包人提供正常施工所需要的进入施工现场的交通条件；

③ 协调处理施工现场周围地下管线和邻近建筑物、构筑物、古树名木的保护工作，并承担相关费用；

④ 按照专用合同条款约定应提供的其他设施和条件。

（3）提供基础资料。

发包人应当在移交施工现场前向承包人提供施工现场及工程施工所必需的毗邻区域内供水、排水、供电、供气、供热、通信和广播电视等地下管线资料，气象和水文观测资料，地质勘察资料，相邻建筑物、构筑物和地下工程等有关基础资料，并对所提供资料的真实性、准确性和完整性负责。

按照法律规定确需在开工后方能提供的基础资料，发包人应尽其努力及时地在相应工程施工前的合理期限内提供，合理期限应以不影响承包人的正常施工为限。

（4）逾期提供的责任。

因发包人原因未能按合同约定及时向承包人提供施工现场、施工条件、基础资料的，由发包人承担由此增加的费用和（或）延误的工期。

5）资金来源证明及支付担保

除专用合同条款另有约定外，发包人应在收到承包人要求提供资金来源证明的书面通知后28天内，向承包人提供能够按照合同约定支付合同价款的相应资金来源证明。

除专用合同条款另有约定外，发包人要求承包人提供履约担保的，发包人应当向承包人提供支付担保。支付担保可以采用银行保函或担保公司担保等形式，具体由合同当事人在专用合同条款中约定。

6）支付合同价款

发包人应按合同约定向承包人及时支付合同价款。

7）组织竣工验收

发包人应按合同约定及时组织竣工验收。

8）现场统一管理协议

发包人应与承包人、由发包人直接发包的专业工程的承包人签订施工现场统一管理协议，明确各方的权利义务。施工现场统一管理协议作为专用合同条款的附件。

2. 专用条款

1）发包人代表

发包人代表：

姓　　名：＿＿＿＿＿＿＿＿＿＿＿＿＿＿＿＿＿；

身份证号：＿＿＿＿＿＿＿＿＿＿＿＿＿＿＿＿＿；

职　　务：＿＿＿＿＿＿＿＿＿＿＿＿＿＿＿＿＿；

联系电话：_____；

电子信箱：_____；

通信地址：_____；

发包人对发包人代表的授权范围如下：_____

_____。

2）施工现场、施工条件和基础资料的提供

（1）提供施工现场。

关于发包人移交施工现场的期限要求：_____

_____

（2）提供施工条件。

关于发包人应负责提供施工所需要的条件，包括：_____

_____。

3）资金来源证明及支付担保

发包人提供资金来源证明的期限要求：_____。

发包人是否提供支付担保：_____。

发包人提供支付担保的形式：_____。

10.3.3 承包人

1. 通用条款

1）承包人的一般义务

承包人在履行合同过程中应遵守法律和工程建设标准规范，并履行以下义务：

（1）办理法律规定应由承包人办理的许可和批准，并将办理结果书面报送发包人留存。

（2）按法律规定和合同约定完成工程，并在保修期内承担保修义务。

（3）按法律规定和合同约定采取施工安全和环境保护措施，办理工伤保险，确保工程及人员、材料、设备和设施的安全。

（4）按合同约定的工作内容和施工进度要求，编制施工组织设计和施工措施计划，并对所有施工作业和施工方法的完备性和安全可靠性负责。

（5）在进行合同约定的各项工作时，不得侵害发包人与他人使用公用道路、水源、市政管网等公共设施的权利，避免对邻近的公共设施产生干扰。承包人占用或使用他人的施工场地，影响他人作业或生活的，应承担相应责任。

（6）按照通用条款10.3.6中第3）款（环境保护）的约定负责施工场地及其周边环境与生态的保护工作。

（7）按照通用条款10.3.6中第1）款（安全文明施工）的约定采取施工安全措施，确保工程及其人员、材料、设备和设施的安全，防止因工程施工造成的人身伤害和财产损失。

（8）将发包人按合同约定支付的各项价款专用于合同工程，且应及时支付其雇用人员工资，并及时向分包人支付合同价款。

（9）按照法律规定和合同约定编制竣工资料，完成竣工资料立卷及归档，并按专用合同条款约定的竣工资料的套数、内容、时间等要求移交发包人。

（10）应履行的其他义务。

2）项目经理

（1）项目经理应为合同当事人所确认的人选，并在专用合同条款中明确项目经理的姓名、职称、注册执业证书编号、联系方式及授权范围等事项，项目经理经承包人授权后代表承包人负责履行合同。项目经理应是承包人正式聘用的员工，承包人应向发包人提交项目经理与承包人之间的劳动合同，以及承包人为项目经理缴纳社会保险的有效证明。承包人不提交上述文件的，项目经理无权履行职责，发包人有权要求更换项目经理，由此增加的费用和（或）延误的工期由承包人承担。

项目经理应常驻施工现场，且每月在施工现场时间不得少于专用合同条款约定的天数。项目经理不得同时担任其他项目的项目经理。项目经理确需离开施工现场时，应事先通知监理人，并取得发包人的书面同意。项目经理的通知中应当载明临时代行其职责的人员的注册执业资格、管理经验等资料，该人员应具备履行相应职责的能力。

承包人违反上述约定的，应按照专用合同条款的约定，承担违约责任。

（2）项目经理按合同约定组织工程实施。在紧急情况下为确保施工安全和人员安全，在无法与发包人代表和总监理工程师及时取得联系时，项目经理有权采取必要的措施保证与工程有关的人身、财产和工程的安全，但应在 48 小时内向发包人代表和总监理工程师提交书面报告。

（3）承包人需要更换项目经理的，应提前 14 天书面通知发包人和监理人，并征得发包人书面同意。通知中应当载明继任项目经理的注册执业资格、管理经验等资料，继任项目经理继续履行第（1）项约定的职责。未经发包人书面同意，承包人不得擅自更换项目经理。承包人擅自更换项目经理的，应按照专用合同条款的约定承担违约责任。

（4）发包人有权书面通知承包人更换其认为不称职的项目经理，通知中应当载明要求更换的理由。承包人应在接到更换通知后 14 天内向发包人提出书面的改进报告。发包人收到改进报告后仍要求更换的，承包人应在接到第二次更换通知的 28 天内进行更换，并将新任命的项目经理的注册执业资格、管理经验等资料书面通知发包人。继任项目经理继续履行第（1）项约定的职责。承包人无正当理由拒绝更换项目经理的，应按照专用合同条款的约定承担违约责任。

（5）项目经理因特殊情况授权其下属人员履行其某项工作职责的，该下属人员应具备履行相应职责的能力，并应提前 7 天将上述人员的姓名和授权范围书面通知监理人，并征得发包人书面同意。

3）承包人人员

（1）除专用合同条款另有约定外，承包人应在接到开工通知后 7 天内，向监理人提交承包人项目管理机构及施工现场人员安排的报告，其内容应包括合同管理、施工、技术、材料、质量、安全和财务等主要施工管理人员名单及其岗位、注册执业资格等，以及各工种技术工人的安排情况，并同时提交主要施工管理人员与承包人之间的劳动关系证明和缴纳社会保险的有效证明。

（2）承包人派驻到施工现场的主要施工管理人员应相对稳定。施工过程中如有变动，承包人应及时向监理人提交施工现场人员变动情况的报告。承包人更换主要施工管理人员时，应提前 7 天书面通知监理人，并征得发包人书面同意。通知中应当载明继任人员的注册执业资格、管理经验等资料。

特殊工种作业人员均应持有相应的资格证明，监理人可以随时检查。

（3）发包人对于承包人主要施工管理人员的资格或能力有异议的，承包人应提供资料证明被质疑人员有能力完成其岗位工作或不存在发包人所质疑的情形。发包人要求撤换不能按照合同约定履行职责及义务的主要施工管理人员的，承包人应当撤换。承包人无正当理由拒绝撤换的，应按照专用合同条款的约定承担违约责任。

（4）除专用合同条款另有约定外，承包人的主要施工管理人员离开施工现场每月累计不超过 5 天的，应报监理人同意；离开施工现场每月累计超过 5 天的，应通知监理人，并征得发包人书面同意。主要施工管理人员离开施工现场前应指定一名有经验的人员临时代行其职责，该人员应具备履行相应职责的资格和能力，且应征得监理人或发包人的同意。

（5）承包人擅自更换主要施工管理人员，或前述人员未经监理人或发包人同意擅自离开施工现场的，应按照专用合同条款约定承担违约责任。

4）承包人现场查勘

承包人应对基于发包人按照通用条款 10.3.2 第 4）款第（3）项（提供基础资料）提交的基础资料所做出的解释和推断负责，但因基础资料存在错误、遗漏而导致承包人解释或推断失实的，由发包人承担责任。

承包人应对施工现场和施工条件进行查勘，并充分了解工程所在地的气象条件、交通条件、风俗习惯以及与完成合同工作有关的其他资料。因承包人未能充分查勘、了解前述情况或未能充分估计前述情况所可能产生后果的，承包人承担由此增加的费用和（或）延误的工期。

5）分包

（1）分包的一般约定。

承包人不得将其承包的全部工程转包给第三人，或将其承包的全部工程肢解后以分包的名义转包给第三人。承包人不得将工程主体结构、关键性工作及专用合同条款中禁止分包的专业工程分包给第三人，主体结构、关键性工作的范围由合同当事人按照法律规定在专用合同条款中予以明确。

承包人不得以劳务分包的名义转包或违法分包工程。

（2）分包的确定。

承包人应按专用合同条款的约定进行分包，确定分包人。已标价工程量清单或预算书中给定暂估价的专业工程，按照通用条款 10.3.10 第 7）款（暂估价）确定分包人。按照合同约定进行分包的，承包人应确保分包人具有相应的资质和能力。工程分包不减轻或免除承包人的责任和义务，承包人和分包人就分包工程向发包人承担连带责任。除合同另有约定外，承包人应在分包合同签订后 7 天内向发包人和监理人提交分包合同副本。

（3）分包管理。

承包人应向监理人提交分包人的主要施工管理人员表，并对分包人的施工人员进行实名制管理，包括但不限于进出场管理、登记造册以及各种证照的办理。

（4）分包合同价款

① 除本项第②目约定的情况或专用合同条款另有约定外，分包合同价款由承包人与分包人结算，未经承包人同意，发包人不得向分包人支付分包工程价款；

② 生效法律文书要求发包人向分包人支付分包合同价款的，发包人有权从应付承包人工程款中扣除该部分款项。

（5）分包合同权益的转让

分包人在分包合同项下的义务持续到缺陷责任期届满以后的，发包人有权在缺陷责任期届满前,要求承包人将其在分包合同项下的权益转让给发包人,承包人应当转让。除转让合同另有约定外,转让合同生效后,由分包人向发包人履行义务。

6) 工程照管与成品、半成品保护

(1) 除专用合同条款另有约定外,自发包人向承包人移交施工现场之日起,承包人应负责照管工程及工程相关的材料、工程设备,直到颁发工程接收证书之日止。

(2) 在承包人负责照管期间,因承包人原因造成工程、材料、工程设备损坏的,由承包人负责修复或更换,并承担由此增加的费用和(或)延误的工期。

(3) 对合同内分期完成的成品和半成品,在工程接收证书颁发前,由承包人承担保护责任。因承包人原因造成成品或半成品损坏的,由承包人负责修复或更换,并承担由此增加的费用和(或)延误的工期。

7) 履约担保

发包人需要承包人提供履约担保的,由合同当事人在专用合同条款中约定履约担保的方式、金额及期限等。履约担保可以采用银行保函或担保公司担保等形式,具体由合同当事人在专用合同条款中约定。

因承包人原因导致工期延长的,继续提供履约担保所增加的费用由承包人承担;非因承包人原因导致工期延长的,继续提供履约担保所增加的费用由发包人承担。

8) 联合体

(1) 联合体各方应共同与发包人签订合同协议书。联合体各方应为履行合同向发包人承担连带责任。

(2) 联合体协议经发包人确认后作为合同附件。在履行合同过程中,未经发包人同意,不得修改联合体协议。

(3) 联合体牵头人负责与发包人和监理人联系,并接受指示,负责组织联合体各成员全面履行合同。

2. 专用条款

1) 承包人的一般义务

(1) 承包人提交的竣工资料的内容:_____

_____。

承包人需要提交的竣工资料套数:_____。

承包人提交的竣工资料的费用承担:_____。

承包人提交的竣工资料移交时间:_____。

承包人提交的竣工资料形式要求:_____。

(2) 承包人应履行的其他义务:_____

_____。

2) 项目经理

(1) 项目经理:

姓　　名:_____;

身份证号:_____;

建造师执业资格等级:_____;

建造师注册证书号:_____;

建造师执业印章号：＿＿＿＿＿＿＿＿＿＿＿＿＿＿＿＿；

安全生产考核合格证书号：＿＿＿＿＿＿＿＿＿＿＿＿＿＿；

联系电话：＿＿＿＿＿＿＿＿＿＿＿＿＿＿＿＿＿＿；

电子信箱：＿＿＿＿＿＿＿＿＿＿＿＿＿＿＿＿＿＿；

通信地址：＿＿＿＿＿＿＿＿＿＿＿＿＿＿＿＿＿＿。

承包人对项目经理的授权范围如下：＿＿＿＿＿＿＿＿＿＿＿＿＿
＿＿＿＿＿＿＿＿＿＿＿＿＿＿＿＿＿＿＿＿＿＿＿＿＿＿＿＿＿＿。

关于项目经理每月在施工现场的时间要求：＿＿＿＿＿＿＿＿＿＿＿
＿＿＿＿＿＿＿＿＿＿＿＿＿＿＿＿＿＿＿＿＿＿＿＿＿＿＿＿＿＿。

承包人未提交劳动合同，以及没有为项目经理缴纳社会保险证明的违约责任：
＿＿＿＿＿＿＿＿＿＿＿＿＿＿＿＿＿＿＿＿＿＿＿＿＿＿＿＿＿＿。

项目经理未经批准，擅自离开施工现场的违约责任：＿＿＿＿＿＿＿＿
＿＿＿＿＿＿＿＿＿＿＿＿＿＿＿＿＿＿＿＿＿＿＿＿＿＿＿＿＿＿。

（2）承包人擅自更换项目经理的违约责任：＿＿＿＿＿＿＿＿＿＿
＿＿＿＿＿＿＿＿＿＿＿＿＿＿＿＿＿＿＿＿＿。

（3）承包人无正当理由拒绝更换项目经理的违约责任：＿＿＿＿＿＿
＿＿＿＿＿＿＿＿＿＿＿＿＿＿＿＿＿＿＿＿＿＿＿＿＿＿＿＿＿＿。

3）承包人人员

（1）承包人提交项目管理机构及施工现场管理人员安排报告的期限：＿＿
＿＿＿＿＿＿＿＿＿＿＿＿＿＿＿＿＿＿＿＿＿＿＿＿＿＿＿＿＿＿。

（2）承包人无正当理由拒绝撤换主要施工管理人员的违约责任：＿＿＿
＿＿＿＿＿＿＿＿＿＿＿＿＿＿＿＿＿＿＿＿＿＿＿＿＿＿＿＿＿＿。

（3）承包人主要施工管理人员离开施工现场的批准要求：＿＿＿＿＿
＿＿＿＿＿＿＿＿＿＿＿＿＿＿＿＿＿＿＿＿＿＿＿＿＿＿＿＿＿＿。

（4）承包人擅自更换主要施工管理人员的违约责任：＿＿＿＿＿＿＿
＿＿＿＿＿＿＿＿＿＿＿＿＿＿＿＿＿＿＿＿＿＿＿＿＿＿＿＿＿＿。

承包人主要施工管理人员擅自离开施工现场的违约责任：＿＿＿＿＿＿
＿＿＿＿＿＿＿＿＿＿＿＿＿＿＿＿＿＿＿＿＿＿＿＿＿＿＿＿＿＿。

4）分包

（1）分包的一般约定。

禁止分包的工程包括：＿＿＿＿＿＿＿＿＿＿＿＿＿＿＿＿＿＿＿。

主体结构、关键性工作的范围：＿＿＿＿＿＿＿＿＿＿＿＿＿＿＿＿
＿＿＿＿＿＿＿＿＿＿＿＿＿＿＿＿＿＿＿＿＿＿＿＿＿＿＿＿＿＿。

（2）分包的确定。

允许分包的专业工程包括：＿＿＿＿＿＿＿＿＿＿＿＿＿＿＿＿＿。

其他关于分包的约定：＿＿＿＿＿＿＿＿＿＿＿＿＿＿＿＿＿＿＿＿
＿＿＿＿＿＿＿＿＿＿＿＿＿＿＿＿＿＿＿＿＿＿＿＿＿＿＿＿＿＿。

（3）分包合同价款

关于分包合同价款支付的约定：＿＿＿＿＿＿＿＿＿＿＿＿＿＿＿＿。

5）工程照管与成品、半成品保护

承包人负责照管工程及工程相关的材料、工程设备的起始时间：_____

_____。

6）履约担保

承包人是否提供履约担保：_____。

承包人提供履约担保的形式、金额及期限的：_____

_____。

10.3.4　监理人

1．通用条款

1）监理人的一般规定

工程实行监理的，发包人和承包人应在专用合同条款中明确监理人的监理内容及监理权限等事项。监理人应当根据发包人授权及法律规定，代表发包人对工程施工相关事项进行检查、查验、审核和验收，并签发相关指示，但监理人无权修改合同，且无权减轻或免除合同约定的承包人的任何责任与义务。

除专用合同条款另有约定外，监理人在施工现场的办公场所、生活场所由承包人提供，所发生的费用由发包人承担。

2）监理人员

发包人授予监理人对工程实施监理的权利由监理人派驻施工现场的监理人员行使，监理人员包括总监理工程师及监理工程师。监理人应将授权的总监理工程师和监理工程师的姓名及授权范围以书面形式提前通知承包人。更换总监理工程师的，监理人应提前7天书面通知承包人；更换其他监理人员，监理人应提前48小时书面通知承包人。

3）监理人的指示

监理人应按照发包人的授权发出监理指示。监理人的指示应采用书面形式，并经其授权的监理人员签字。紧急情况下，为了保证施工人员的安全或避免工程受损，监理人员可以口头形式发出指示，该指示与书面形式的指示具有同等法律效力，但必须在发出口头指示后24小时内补发书面监理指示，补发的书面监理指示应与口头指示一致。

监理人发出的指示应送达承包人项目经理或经项目经理授权接收的人员。因监理人未能按合同约定发出指示、指示延误或发出了错误指示而导致承包人费用增加和（或）工期延误的，由发包人承担相应责任。除专用合同条款另有约定外，总监理工程师不应将通用条款10.3.4第4）款（商定或确定）的约定应由总监理工程师作出确定的权力授权或委托给其他监理人员。

承包人对监理人发出的指示有疑问的，应向监理人提出书面异议，监理人应在48小时内对该指示予以确认、更改或撤销，监理人逾期未回复的，承包人有权拒绝执行上述指示。

监理人对承包人的任何工作、工程或其采用的材料和工程设备未在约定的或合理期限内提出意见的，视为批准，但不能免除或减轻承包人对该工作、工程、材料及工程设备等应承担的责任和义务。

4）商定或确定

合同当事人进行商定或确定时，总监理工程师应当会同合同当事人尽量通过协商达成一致，不能达成一致的，由总监理工程师按照合同约定审慎做出公正的确定。

总监理工程师应将确定以书面形式通知发包人和承包人，并附详细依据。合同当事人对总监理工程师的确定没有异议的,按照总监理工程师的确定执行。任何一方合同当事人有异议,按照第 10.3.20 条(争议解决)约定处理。争议解决前,合同当事人暂按总监理工程师的确定执行;争议解决后,争议解决的结果与总监理工程师的确定不一致的,按照争议解决的结果执行,由此造成的损失由责任人承担。

2. 专用条款

1) 监理人的一般规定

关于监理人的监理内容:_____。

关于监理人的监理权限:_____。

关于监理人在施工现场的办公场所、生活场所的提供和费用承担的约定:

_____。

2) 监理人员

总监理工程师:

姓　　　名:_____;

职　　　务:_____;

监理工程师执业资格证书号:_____;

联系电话:_____;

电子信箱:_____;

通信地址:_____;

关于监理人的其他约定:_____。

3) 商定或确定

在发包人和承包人不能通过协商达成一致意见时,发包人授权监理人对以下事项进行确定:

(1)　_____;

(2)　_____;

(3)　_____。

10.3.5　工程质量

1. 通用条款

1) 质量要求

(1) 工程质量标准必须符合现行国家有关工程施工质量验收规范和标准的要求。有关工程质量的特殊标准或要求由合同当事人在专用合同条款中约定。

(2) 因发包人原因造成工程质量未达到合同约定标准的,由发包人承担由此增加的费用和(或)延误的工期,并支付承包人合理的利润。

(3) 因承包人原因造成工程质量未达到合同约定标准的,发包人有权要求承包人返工直至工程质量达到合同约定的标准为止,并由承包人承担由此增加的费用和(或)延误的工期。

2) 质量保证措施

(1) 发包人的质量管理。

发包人应按照法律规定及合同约定完成与工程质量有关的各项工作。

(2) 承包人的质量管理。

承包人按照通用条款 10.3.7 第 1)款(施工组织设计)的约定向发包人和监理人提交工程

质量保证体系及措施文件,建立完善的质量检查制度,并提交相应的工程质量文件。对于发包人和监理人违反法律规定和合同约定的错误指示,承包人有权拒绝实施。

承包人应对施工人员进行质量教育和技术培训,定期考核施工人员的劳动技能,严格执行施工规范和操作规程。

承包人应按照法律规定和发包人的要求,对材料、工程设备以及工程的所有部位及其施工工艺进行全过程的质量检查和检验,并作详细记录,编制工程质量报表,报送监理人审查。此外,承包人还应按照法律规定和发包人的要求,进行施工现场取样试验、工程复核测量和设备性能检测,提供试验样品、提交试验报告和测量成果以及其他工作。

(3)监理人的质量检查和检验。

监理人按照法律规定和发包人授权对工程的所有部位及其施工工艺、材料和工程设备进行检查和检验。承包人应为监理人的检查和检验提供方便,包括监理人到施工现场,或制造、加工地点,或合同约定的其他地方进行察看和查阅施工原始记录。监理人为此进行的检查和检验,不能免除或减轻承包人按照合同约定应当承担的责任。

监理人的检查和检验不应影响施工正常进行。监理人的检查和检验影响施工正常进行的,且经检查检验不合格的,影响正常施工的费用由承包人承担,工期不予顺延;经检查检验合格的,由此增加的费用和(或)延误的工期由发包人承担。

3)隐蔽工程检查

(1)承包人自检。

承包人应当对工程隐蔽部位进行自检,并经自检确认是否具备覆盖条件。

(2)检查程序。

除专用合同条款另有约定外,工程隐蔽部位经承包人自检确认具备覆盖条件的,承包人应在共同检查前48小时书面通知监理人检查,通知中应载明隐蔽检查的内容、时间和地点,并应附有自检记录和必要的检查资料。

监理人应按时到场并对隐蔽工程及其施工工艺、材料和工程设备进行检查。经监理人检查确认质量符合隐蔽要求,并在验收记录上签字后,承包人才能进行覆盖。经监理人检查质量不合格的,承包人应在监理人指示的时间内完成修复,并由监理人重新检查,由此增加的费用和(或)延误的工期由承包人承担。

除专用合同条款另有约定外,监理人不能按时进行检查的,应在检查前24小时向承包人提交书面延期要求,但延期不能超过48小时,由此导致工期延误的,工期应予以顺延。监理人未按时进行检查,也未提出延期要求的,视为隐蔽工程检查合格,承包人可自行完成覆盖工作,并作相应记录报送监理人,监理人应签字确认。监理人事后对检查记录有疑问的,可按通用条款10.3.5第3)款第(3)项(重新检查)的约定重新检查。

(3)重新检查。

承包人覆盖工程隐蔽部位后,发包人或监理人对质量有疑问的,可要求承包人对已覆盖的部位进行钻孔探测或揭开重新检查,承包人应遵照执行,并在检查后重新覆盖恢复原状。经检查证明工程质量符合合同要求的,由发包人承担由此增加的费用和(或)延误的工期,并支付承包人合理的利润;经检查证明工程质量不符合合同要求的,由此增加的费用和(或)延误的工期由承包人承担。

(4)承包人私自覆盖。

承包人未通知监理人到场检查,私自将工程隐蔽部位覆盖的,监理人有权指示承包人钻孔探测或揭开检查,无论工程隐蔽部位质量是否合格,由此增加的费用和(或)延误的工期均由承包人承担。

4)不合格工程的处理

(1)因承包人原因造成工程不合格的,发包人有权随时要求承包人采取补救措施,直至达到合同要求的质量标准,由此增加的费用和(或)延误的工期由承包人承担。无法补救的,按照通用条款 10.3.13 第 2)款第(4)项(拒绝接收全部或部分工程)的约定执行。

(2)因发包人原因造成工程不合格的,由此增加的费用和(或)延误的工期由发包人承担,并支付承包人合理的利润。

5)质量争议检测

合同当事人对工程质量有争议的,由双方协商确定的工程质量检测机构鉴定,由此产生的费用及因此造成的损失,由责任方承担。

合同当事人均有责任的,由双方根据其责任分别承担。合同当事人无法达成一致的,按照通用条款 10.3.4 第 4)款(商定或确定)执行。

2. 专用条款

1)质量要求

特殊质量标准和要求:_____

_____。

关于工程奖项的约定:_____

_____。

2)隐蔽工程检查

承包人提前通知监理人隐蔽工程检查的期限的约定:_____

_____。

监理人不能按时进行检查时,应提前_____小时提交书面延期要求。

关于延期最长不得超过:_____小时。

10.3.6 安全文明施工与环境保护

1. 通用条款

1)安全文明施工

(1)安全生产要求。

合同履行期间,合同当事人均应当遵守国家和工程所在地有关安全生产的要求,合同当事人有特别要求的,应在专用合同条款中明确施工项目安全生产标准化达标目标及相应事项。承包人有权拒绝发包人及监理人强令承包人违章作业、冒险施工的任何指示。

在施工过程中,如遇到突发的地质变动、事先未知的地下施工障碍等影响施工安全的紧急情况,承包人应及时报告监理人和发包人,发包人应当及时下令停工并报政府有关行政管理部门采取应急措施。

因安全生产需要暂停施工的,按照通用条款 10.3.7 第 8)款(暂停施工)的约定执行。

(2)安全生产保证措施。

承包人应当按照有关规定编制安全技术措施或者专项施工方案,建立安全生产责任制度、治安保卫制度及安全生产教育培训制度,并按安全生产法律规定及合同约定履行安全职责,如实编制工程安全生产的有关记录,接受发包人、监理人及政府安全监督部门的检查与监督。

(3) 特别安全生产事项。

承包人应按照法律规定进行施工,开工前做好安全技术交底工作,施工过程中做好各项安全防护措施。承包人为实施合同而雇用的特殊工种的人员应受过专门的培训并已取得政府有关管理机构颁发的上岗证书。

承包人在动力设备、输电线路、地下管道、密封防震车间、易燃易爆地段以及临街交通要道附近施工时,施工开始前应向发包人和监理人提出安全防护措施,经发包人认可后实施。

实施爆破作业,在放射、毒害性环境中施工(含储存、运输、使用)及使用毒害性、腐蚀性物品施工时,承包人应在施工前7天以书面通知发包人和监理人,并报送相应的安全防护措施,经发包人认可后实施。

需单独编制危险性较大分部分项专项工程施工方案的,以及要求进行专家论证的超过一定规模的危险性较大的分部分项工程,承包人应及时编制和组织论证。

(4) 治安保卫。

除专用合同条款另有约定外,发包人应与当地公安部门协商,在现场建立治安管理机构或联防组织,统一管理施工场地的治安保卫事项,履行合同工程的治安保卫职责。

发包人和承包人除应协助现场治安管理机构或联防组织维护施工场地的社会治安外,还应做好包括生活区在内的各自管辖区的治安保卫工作。

除专用合同条款另有约定外,发包人和承包人应在工程开工后7天内共同编制施工场地治安管理计划,并制定应对突发治安事件的紧急预案。在工程施工过程中,发生暴乱、爆炸等恐怖事件,以及群殴、械斗等群体性突发治安事件的,发包人和承包人应立即向当地政府报告。发包人和承包人应积极协助当地有关部门采取措施平息事态,防止事态扩大,尽量避免人员伤亡和财产损失。

(5) 文明施工。

承包人在工程施工期间,应当采取措施保持施工现场平整,物料堆放整齐。工程所在地有关政府行政管理部门有特殊要求的,按照其要求执行。合同当事人对文明施工有其他要求的,可以在专用合同条款中明确。

在工程移交之前,承包人应当从施工现场清除承包人的全部工程设备、多余材料、垃圾和各种临时工程,并保持施工现场清洁整齐。经发包人书面同意,承包人可在发包人指定的地点保留承包人履行保修期内的各项义务所需要的材料、施工设备和临时工程。

(6) 安全文明施工费。

安全文明施工费由发包人承担,发包人不得以任何形式扣减该部分费用。因基准日期后合同所适用的法律或政府有关规定发生变化,增加的安全文明施工费由发包人承担。

承包人经发包人同意采取合同约定以外的安全措施所产生的费用,由发包人承担。未经发包人同意的,如果该措施避免了发包人的损失,则发包人在避免损失的额度内承担该措施费。如果该措施避免了承包人的损失,由承包人承担该措施费。

除专用合同条款另有约定外,发包人应在开工后28天内预付安全文明施工费总额的50%,其余部分与进度款同期支付。发包人逾期支付安全文明施工费超过7天的,承包人有权向发包人发出要求预付的催告通知,发包人收到通知后7天内仍未支付的,承包人有权暂停施工,并按通用条款10.3.16第1)款第(1)项(发包人违约的情形)执行。

承包人对安全文明施工费应专款专用，承包人应在财务账目中单独列项备查，不得挪作他用，否则发包人有权责令其限期改正；逾期未改正的，可以责令其暂停施工，由此增加的费用和（或）延误的工期由承包人承担。

（7）紧急情况处理。

在工程实施期间或缺陷责任期内发生危及工程安全的事件，监理人通知承包人进行抢救，承包人声明无能力或不愿立即执行的，发包人有权雇佣其他人员进行抢救。此类抢救按合同约定属于承包人义务的，由此增加的费用和（或）延误的工期由承包人承担。

（8）事故处理

工程施工过程中发生事故的，承包人应立即通知监理人，监理人应立即通知发包人。发包人和承包人应立即组织人员和设备进行紧急抢救和抢修，减少人员伤亡和财产损失，防止事故扩大，并保护事故现场。需要移动现场物品时，应作出标记和书面记录，妥善保管有关证据。发包人和承包人应按国家有关规定，及时如实地向有关部门报告事故发生的情况，以及正在采取的紧急措施等。

（9）安全生产责任。

① 发包人的安全责任：发包人应负责赔偿以下各种情况造成的损失：

A. 工程或工程的任何部分对土地的占用所造成的第三者财产损失；

B. 由于发包人原因在施工场地及其毗邻地带造成的第三者人身伤亡和财产损失；

C. 由于发包人原因对承包人、监理人造成的人员人身伤亡和财产损失；

D. 由于发包人原因造成的发包人自身人员的人身伤害以及财产损失。

② 承包人的安全责任：由于承包人原因在施工场地内及其毗邻地带造成的发包人、监理人以及第三者人员伤亡和财产损失，由承包人负责赔偿。

2）职业健康

（1）劳动保护。

承包人应按照法律规定安排现场施工人员的劳动和休息时间，保障劳动者的休息时间，并支付合理的报酬和费用。承包人应依法为其履行合同所雇用的人员办理必要的证件、许可、保险和注册等，承包人应督促其分包人为分包人所雇用的人员办理必要的证件、许可、保险和注册等。

承包人应按照法律规定保障现场施工人员的劳动安全，并提供劳动保护，并应按国家有关劳动保护的规定，采取有效的防止粉尘、降低噪声、控制有害气体和保障高温、高寒、高空作业安全等劳动保护措施。承包人雇佣人员在施工中受到伤害的，承包人应立即采取有效措施进行抢救和治疗。

承包人应按法律规定安排工作时间，保证其雇佣人员享有休息和休假的权利。因工程施工的特殊需要占用休假日或延长工作时间的，应不超过法律规定的限度，并按法律规定给予补休或付酬。

（2）生活条件。

承包人应为其履行合同所雇用的人员提供必要的膳宿条件和生活环境；承包人应采取有效措施预防传染病，保证施工人员的健康，并定期对施工现场、施工人员生活基地和工程进行防疫和卫生的专业检查和处理，在远离城镇的施工场地，还应配备必要的伤病防治和急救的医务人员与医疗设施。

3）环境保护

承包人应在施工组织设计中列明环境保护的具体措施。在合同履行期间，承包人应采取合理措施保护施工现场环境。对施工作业过程中可能引起的大气、水、噪声以及固体废物污染采取具体可行的防范措施。

承包人应当承担因其原因引起的环境污染侵权损害赔偿责任，因上述环境污染引起纠纷而导致暂停施工的，由此增加的费用和（或）延误的工期由承包人承担。

2. 专用条款

1）安全文明施工

（1）项目安全生产的达标目标及相应事项的约定：＿＿＿＿＿＿＿＿＿＿＿＿＿＿

＿＿＿＿＿＿＿＿＿＿＿＿＿＿＿＿＿＿＿＿＿＿＿＿＿＿＿＿＿＿＿＿＿＿。

（2）关于治安保卫的特别约定：＿＿＿＿＿＿＿＿＿＿＿＿＿＿＿＿＿＿＿＿

＿＿＿＿＿＿＿＿＿＿＿＿＿＿＿＿＿＿＿＿＿＿＿＿＿＿＿＿＿＿＿＿＿＿。

关于编制施工场地治安管理计划的约定：＿＿＿＿＿＿＿＿＿＿＿＿＿＿＿

＿＿＿＿＿＿＿＿＿＿＿＿＿＿＿＿＿＿＿＿＿＿＿＿＿＿＿＿＿＿＿＿＿＿。

（3）文明施工。

合同当事人对文明施工的要求：＿＿＿＿＿＿＿＿＿＿＿＿＿＿＿＿＿＿＿＿

＿＿＿＿＿＿＿＿＿＿＿＿＿＿＿＿＿＿＿＿＿＿＿＿＿＿＿＿＿＿＿＿＿＿。

（4）关于安全文明施工费支付比例和支付期限的约定：＿＿＿＿＿＿＿＿＿

＿＿＿＿＿＿＿＿＿＿＿＿＿＿＿＿＿＿＿＿＿＿＿＿＿＿＿＿＿＿＿＿＿＿。

10.3.7 工期和进度

1. 通用条款

1）施工组织设计

（1）施工组织设计的内容。

施工组织设计应包含以下内容：

① 施工方案；

② 施工现场平面布置图；

③ 施工进度计划和保证措施；

④ 劳动力及材料供应计划；

⑤ 施工机械设备的选用；

⑥ 质量保证体系及措施；

⑦ 安全生产、文明施工措施；

⑧ 环境保护、成本控制措施；

⑨ 合同当事人约定的其他内容。

（2）施工组织设计的提交和修改。

除专用合同条款另有约定外，承包人应在合同签订后 14 天内，但至迟不得晚于"开工通知"项载明的开工日期前 7 天，向监理人提交详细的施工组织设计，并由监理人报送发包人。除专用合同条款另有约定外，发包人和监理人应在监理人收到施工组织设计后 7 天内确认或提出修改意见。对发包人和监理人提出的合理意见和要求，承包人应自费修改完善。根据工程实际情况需要修改施工组织设计的，承包人应向发包人和监理人提交修改后的施工组织设计。

施工进度计划的编制和修改按照通用条款 10.3.7 第 2)款(施工进度计划)执行。

2)施工进度计划

(1)施工进度计划的编制。

承包人应按照通用条款 10.3.7 第 1)款(施工组织设计)的约定提交详细的施工进度计划,施工进度计划的编制应当符合国家法律规定和一般工程实践惯例,施工进度计划经发包人批准后实施。施工进度计划是控制工程进度的依据,发包人和监理人有权按照施工进度计划检查工程进度情况。

(2)施工进度计划的修订。

施工进度计划不符合合同要求或与工程的实际进度不一致的,承包人应向监理人提交修订的施工进度计划,并附具有关措施和相关资料,由监理人报送发包人。除专用合同条款另有约定外,发包人和监理人应在收到修订的施工进度计划后 7 天内完成审核和批准或提出修改意见。发包人和监理人对承包人提交的施工进度计划的确认,不能减轻或免除承包人根据法律规定和合同约定应承担的任何责任或义务。

3)开工

(1)开工准备。

除专用合同条款另有约定外,承包人应按照通用条款 10.3.7 第 1)款(施工组织设计)约定的期限,向监理人提交工程开工报审表,经监理人报发包人批准后执行。开工报审表应详细说明按施工进度计划正常施工所需的施工道路、临时设施、材料、工程设备、施工设备及施工人员等落实情况以及工程的进度安排。

除专用合同条款另有约定外,合同当事人应按约定完成开工准备工作。

(2)开工通知。

发包人应按照法律规定获得工程施工所需的许可。经发包人同意后,监理人发出的开工通知应符合法律规定。监理人应在计划开工日期 7 天前向承包人发出开工通知,工期自开工通知中载明的开工日期起算。

除专用合同条款另有约定外,因发包人原因造成监理人未能在计划开工日期之日起 90 天内发出开工通知的,承包人有权提出价格调整要求,或者解除合同。发包人应当承担由此增加的费用和(或)延误的工期,并向承包人支付合理利润。

4)测量放线

(1)除专用合同条款另有约定外,发包人应在至迟不得晚于通用条款 10.3.7 第 3)款第(2)项(开工通知)载明的开工日期前 7 天通过监理人向承包人提供测量基准点、基准线和水准点及其书面资料。发包人应对其提供的测量基准点、基准线和水准点及其书面资料的真实性、准确性和完整性负责。

承包人发现发包人提供的测量基准点、基准线和水准点及其书面资料存在错误或疏漏的,应及时通知监理人。监理人应及时报告发包人,并会同发包人和承包人予以核实。发包人应就如何处理和是否继续施工作出决定,并通知监理人和承包人。

(2)承包人负责施工过程中的全部施工测量放线工作,并配置具有相应资质的人员、合格的仪器、设备和其他物品。承包人应矫正工程的位置、标高、尺寸或准线中出现的任何差错,并对工程各部分的定位负责。

施工过程中对施工现场内水准点等测量标志物的保护工作由承包人负责。

5）工期延误

（1）因发包人原因导致工期延误。

在合同履行过程中，因下列情况导致工期延误和（或）费用增加的，由发包人承担由此延误的工期和（或）增加的费用，且发包人应支付承包人合理的利润：

① 发包人未能按合同约定提供图纸或所提供图纸不符合合同约定的；

② 发包人未能按合同约定提供施工现场、施工条件、基础资料、许可和批准等开工条件的；

③ 发包人提供的测量基准点、基准线和水准点及其书面资料存在错误或疏漏的；

④ 发包人未能在计划开工日期之日起 7 天内同意下达开工通知的；

⑤ 发包人未能按合同约定日期支付工程预付款、进度款或竣工结算款的；

⑥ 监理人未按合同约定发出指示、批准等文件的；

⑦ 专用合同条款中约定的其他情形。

因发包人原因未按计划开工日期开工的，发包人应按实际开工日期顺延竣工日期，确保实际工期不低于合同约定的工期总日历天数。因发包人原因导致工期延误需要修订施工进度计划的，按照通用条款 10.3.7 第 2）款第（2）项（施工进度计划的修订）执行。

（2）因承包人原因导致工期延误。

因承包人原因造成工期延误的，可以在专用合同条款中约定逾期竣工违约金的计算方法和逾期竣工违约金的上限。承包人支付逾期竣工违约金后，不能免除承包人继续完成工程及修补缺陷的义务。

6）不利物质条件

不利物质条件是指有经验的承包人在施工现场遇到的不可预见的自然物质条件、非自然的物质障碍和污染物，包括地表以下物质条件和水文条件以及专用合同条款约定的其他情形，但不包括气候条件。

承包人遇到不利物质条件时，应采取克服不利物质条件的合理措施继续施工，并及时通知发包人和监理人。通知应载明不利物质条件的内容以及承包人认为不可预见的理由。监理人经发包人同意后应当及时发出指示，指示构成变更的，按通用条款 10.3.10 条（变更）的约定执行。承包人因采取合理措施而增加的费用和（或）延误的工期由发包人承担。

7）异常恶劣的气候条件

异常恶劣的气候条件是指在施工过程中遇到的，有经验的承包人在签订合同时不可预见的，对合同履行造成实质性影响的，但尚未构成不可抗力事件的恶劣气候条件。合同当事人可以在专用合同条款中约定异常恶劣的气候条件的具体情形。

承包人应采取克服异常恶劣的气候条件的合理措施继续施工，并及时通知发包人和监理人。监理人经发包人同意后应当及时发出指示，指示构成变更的，按通用条款 10.3.10 条（变更）的约定办理。承包人因采取合理措施而增加的费用和（或）延误的工期由发包人承担。

8）暂停施工

（1）发包人原因引起的暂停施工。

因发包人原因引起暂停施工的，监理人经发包人同意后，应及时下达暂停施工指示。情况紧急且监理人未及时下达暂停施工指示的，按照通用条款 10.3.7 第 8）款第（1）项（紧急情况下的暂停施工）执行。

因发包人原因引起的暂停施工，发包人应承担由此增加的费用和（或）延误的工期，并支付承包人合理的利润。

（2）承包人原因引起的暂停施工。

因承包人原因引起的暂停施工，承包人应承担由此增加的费用和（或）延误的工期，且承包人在收到监理人复工指示后84天内仍未复工的，视为通用条款10.3.16第2）款第（1）项（承包人违约的情形）第⑦目约定的承包人无法继续履行合同的情形。

（3）指示暂停施工。

监理人认为有必要时，并经发包人批准后，可向承包人作出暂停施工的指示，承包人应按监理人指示暂停施工。

（4）紧急情况下的暂停施工。

因紧急情况需暂停施工，且监理人未及时下达暂停施工指示的，承包人可先暂停施工，并及时通知监理人。监理人应在接到通知后24小时内发出指示，逾期未发出指示，视为同意承包人暂停施工。监理人不同意承包人暂停施工的，应说明理由，承包人对监理人的答复有异议，按照第10.3.20条（争议解决）的约定处理。

（5）暂停施工后的复工。

暂停施工后，发包人和承包人应采取有效措施积极消除暂停施工的影响。在工程复工前，监理人会同发包人和承包人确定因暂停施工造成的损失，并确定工程复工条件。当工程具备复工条件时，监理人应经发包人批准后向承包人发出复工通知，承包人应按照复工通知要求复工。

承包人无故拖延和拒绝复工的，承包人承担由此增加的费用和（或）延误的工期；因发包人原因无法按时复工的，按照通用条款10.3.7第5）款第（1）项（因发包人原因导致工期延误）的约定办理。

（6）暂停施工持续56天以上。

监理人发出暂停施工指示后56天内未向承包人发出复工通知，除该项停工属于通用条款10.3.7第8）款第（2）项（承包人原因引起的暂停施工）及第10.3.17条（不可抗力）项约定的情形外，承包人可向发包人提交书面通知，要求发包人在收到书面通知后28天内准许已暂停施工的部分或全部工程继续施工。发包人逾期不予批准的，则承包人可以通知发包人，将工程受影响的部分视为按通用条款10.3.10第1）款（变更的范围）第（2）项的可取消工作。

暂停施工持续84天以上不复工的，且不属于通用条款10.3.7第8）款第（2）项（承包人原因引起的暂停施工）及第10.3.17条（不可抗力）约定的情形，并影响到整个工程以及合同目的实现的，承包人有权提出价格调整要求，或者解除合同。解除合同的，按照通用条款10.3.16第1）款第（3）项（因发包人违约解除合同）执行。

（7）暂停施工期间的工程照管。

暂停施工期间，承包人应负责妥善照管工程并提供安全保障，由此增加的费用由责任方承担。

（8）暂停施工的措施。

暂停施工期间，发包人和承包人均应采取必要的措施确保工程质量及安全，防止因暂停施工扩大损失。

9）提前竣工

（1）发包人要求承包人提前竣工的，发包人应通过监理人向承包人下达提前竣工指示，承包人应向发包人和监理人提交提前竣工建议书，提前竣工建议书应包括实施的方案、缩短的时间、增加的合同价格等内容。发包人接受该提前竣工建议书的，监理人应与发包人和承包人协商采取加快工程进度的措施,并修订施工进度计划,由此增加的费用由发包人承担。承包人认为提前竣工指示无法执行的,应向监理人和发包人提出书面异议,发包人和监理人应在收到异议后 7 天内予以答复。任何情况下,发包人不得压缩合理工期。

(2)发包人要求承包人提前竣工,或承包人提出提前竣工的建议能够给发包人带来效益的,合同当事人可以在专用合同条款中约定提前竣工的奖励。

2. 专用条款

1)施工组织设计

(1)合同当事人约定的施工组织设计应包括的其他内容:＿＿＿＿＿＿＿＿＿＿＿＿＿＿
＿＿＿＿＿＿＿＿＿＿＿＿＿＿＿＿＿＿＿＿＿＿＿＿＿＿＿＿＿＿＿＿＿＿＿＿＿＿＿。

(2)施工组织设计的提交和修改

承包人提交详细施工组织设计的期限的约定:＿＿＿＿＿＿＿＿＿＿＿＿＿＿＿＿＿＿
＿＿＿＿＿＿＿＿＿＿＿＿＿＿＿＿＿＿＿＿＿＿＿＿＿＿＿＿＿＿＿＿＿＿＿＿＿＿＿。

发包人和监理人在收到详细的施工组织设计后确认或提出修改意见的期限:
＿＿＿＿＿＿＿＿＿＿＿＿＿＿＿＿＿＿＿＿＿＿＿＿＿＿＿＿＿＿＿＿＿＿＿＿＿＿＿。

2)施工进度计划

施工进度计划的修订。

发包人和监理人在收到修订的施工进度计划后确认或提出修改意见的期限:
＿＿＿＿＿＿＿＿＿＿＿＿＿＿＿＿＿＿＿＿＿＿＿＿＿＿＿＿＿＿＿＿＿＿＿＿＿＿＿。

3)开工

(1)开工准备。

关于承包人提交工程开工报审表的期限:＿＿＿＿＿＿＿＿＿＿＿＿＿＿＿＿＿＿。

关于发包人应完成的其他开工准备工作及期限:＿＿＿＿＿＿＿＿＿＿＿＿＿＿＿＿
＿＿＿＿＿＿＿＿＿＿＿＿＿＿＿＿＿＿＿＿＿＿＿＿＿＿＿＿＿＿＿＿＿＿＿＿＿＿＿。

关于承包人应完成的其他开工准备工作及期限:＿＿＿＿＿＿＿＿＿＿＿＿＿＿＿＿
＿＿＿＿＿＿＿＿＿＿＿＿＿＿＿＿＿＿＿＿＿＿＿＿＿＿＿＿＿＿＿＿＿＿＿＿＿＿＿。

(2)开工通知。

因发包人原因造成监理人未能在计划开工日期之日起＿＿＿＿天内发出开工通知的,承包人有权提出价格调整要求,或者解除合同。

4)测量放线

发包人通过监理人向承包人提供测量基准点、基准线和水准点及其书面资料的期限:
＿＿＿＿＿＿＿＿＿＿＿＿＿＿＿＿＿＿＿＿＿＿＿＿＿＿＿＿＿＿＿＿＿＿＿＿＿＿＿。

5)工期延误

(1)因发包人原因导致工期延误。

因发包人原因导致工期延误的其他情形:＿＿＿＿＿＿＿＿＿＿＿＿＿＿＿＿＿＿＿
＿＿＿＿＿＿＿＿＿＿＿＿＿＿＿＿＿＿＿＿＿＿＿＿＿＿＿＿＿＿＿＿＿＿＿＿＿＿＿。

(2)因承包人原因导致工期延误

因承包人原因造成工期延误,逾期竣工违约金的计算方法为:＿＿＿＿＿＿＿＿＿＿
＿＿＿＿＿＿＿＿＿＿＿＿＿＿＿＿＿＿＿＿＿＿＿＿＿＿＿＿＿＿＿＿＿＿＿＿＿＿＿。

因承包人原因造成工期延误,逾期竣工违约金的上限:＿＿＿＿＿＿＿＿＿＿＿＿＿

_____。

6）不利物质条件

不利物质条件的其他情形和有关约定：_____

_____。

7）异常恶劣的气候条件

发包人和承包人同意以下情形视为异常恶劣的气候条件：

（1）_____；

（2）_____；

（3）_____。

8）提前竣工的奖励

提前竣工的奖励：_____。

10.3.8　材料与设备

1. 通用条款

1）发包人供应材料与工程设备

发包人自行供应材料、工程设备的，应在签订合同时在专用合同条款的附件《发包人供应材料设备一览表》中明确材料、工程设备的品种、规格、型号、数量、单价、质量等级和送达地点。

承包人应提前 30 天通过监理人以书面形式通知发包人供应材料与工程设备进场。承包人按照通用条款 10.3.7 第 2）款第（2）项（施工进度计划的修订）的约定修订施工进度计划时，需同时提交经修订后的发包人供应材料与工程设备的进场计划。

2）承包人采购材料与工程设备

承包人负责采购材料、工程设备的，应按照设计和有关标准要求采购，并提供产品合格证明及出厂证明，对材料、工程设备质量负责。合同约定由承包人采购的材料、工程设备，发包人不得指定生产厂家或供应商，发包人违反本款约定指定生产厂家或供应商的，承包人有权拒绝，并由发包人承担相应责任。

3）材料与工程设备的接收与拒收

（1）发包人应按《发包人供应材料设备一览表》约定的内容提供材料和工程设备，并向承包人提供产品合格证明及出厂证明，对其质量负责。发包人应提前 24 小时以书面形式通知承包人、监理人材料和工程设备到货时间，承包人负责材料和工程设备的清点、检验和接收。

发包人提供的材料和工程设备的规格、数量或质量不符合合同约定的，或因发包人原因导致交货日期延误或交货地点变更等情况的，按照通用条款 10.3.16 第 1）款（发包人违约）的约定办理。

（2）承包人采购的材料和工程设备，应保证产品质量合格，承包人应在材料和工程设备到货前 24 小时通知监理人检验。承包人进行永久设备、材料的制造和生产的，应符合相关质量标准，并向监理人提交材料的样本以及有关资料，且应在使用该材料或工程设备之前获得监理人同意。

承包人采购的材料和工程设备不符合设计或有关标准要求时，承包人应在监理人要求的合理期限内将不符合设计或有关标准要求的材料、工程设备运出施工现场，并重新采购符合要求的材料、工程设备，由此增加的费用和（或）延误的工期，由承包人承担。

4）材料与工程设备的保管与使用

（1）发包人供应材料与工程设备的保管与使用。

发包人供应的材料和工程设备,承包人清点后由承包人妥善保管,保管费用由发包人承担,但已标价工程量清单或预算书已经列支或专用合同条款另有约定除外。因承包人原因发生丢失毁损的,由承包人负责赔偿;监理人未通知承包人清点的,承包人不负责材料和工程设备的保管,由此导致丢失毁损的由发包人负责。

发包人供应的材料和工程设备使用前,由承包人负责检验,检验费用由发包人承担,不合格的不得使用。

(2)承包人采购材料与工程设备的保管与使用。

承包人采购的材料和工程设备由承包人妥善保管,保管费用由承包人承担。法律规定材料和工程设备使用前必须进行检验或试验的,承包人应按监理人的要求进行检验或试验,检验或试验费用由承包人承担,不合格的不得使用。

发包人或监理人发现承包人使用不符合设计或有关标准要求的材料和工程设备时,有权要求承包人进行修复、拆除或重新采购,由此增加的费用和(或)延误的工期,由承包人承担。

5)禁止使用不合格的材料和工程设备

(1)监理人有权拒绝承包人提供的不合格材料或工程设备,并要求承包人立即进行更换。监理人应在更换后再次进行检查和检验,由此增加的费用和(或)延误的工期由承包人承担。

(2)监理人发现承包人使用了不合格的材料和工程设备,承包人应按照监理人的指示立即改正,并禁止在工程中继续使用不合格的材料和工程设备。

(3)发包人提供的材料或工程设备不符合合同要求的,承包人有权拒绝,并可要求发包人更换,由此增加的费用和(或)延误的工期由发包人承担,并支付承包人合理的利润。

6)样品

(1)样品的报送与封存。

需要承包人报送样品的材料或工程设备,样品的种类、名称、规格和数量等要求均应在专用合同条款中约定。样品的报送程序如下:

① 承包人应在计划采购前 28 天向监理人报送样品。承包人报送的样品均应来自供应材料的实际生产地,且提供的样品的规格、数量足以表明材料或工程设备的质量、型号、颜色、表面处理、质地、误差和其他要求的特征。

② 承包人每次报送样品时应随附申报单,申报单应载明报送样品的相关数据和资料,并标明每件样品对应的图纸号,预留监理人批复意见栏。监理人应在收到承包人报送的样品后7 天向承包人回复经发包人签认的样品审批意见。

③ 经发包人和监理人审批确认的样品应按约定的方法封样,封存的样品作为检验工程相关部分的标准之一。承包人在施工过程中不得使用与样品不符的材料或工程设备。

④ 发包人和监理人对样品的审批确认仅为确认相关材料或工程设备的特征或用途,不得被理解为对合同的修改或改变,也并不减轻或免除承包人任何的责任和义务。如果封存的样品修改或改变了合同约定,合同当事人应当以书面协议予以确认。

(2)样品的保管。

经批准的样品应由监理人负责封存于现场,承包人应在现场为保存样品提供适当和固定的场所并保持适当和良好的存储环境条件。

7)材料与工程设备的替代

(1)出现下列情况需要使用替代材料和工程设备的,承包人应按照通用条款10.3.8第7)

款第(2)项约定的程序执行：

　　① 基准日期后生效的法律规定禁止使用的；

　　② 发包人要求使用替代品的；

　　③ 因其他原因必须使用替代品的。

　　(2) 承包人应在使用替代材料和工程设备28天前书面通知监理人，并附下列文件：

　　① 被替代的材料和工程设备的名称、数量、规格、型号、品牌、性能、价格及其他相关资料；

　　② 替代品的名称、数量、规格、型号、品牌、性能、价格及其他相关资料；

　　③ 替代品与被替代产品之间的差异以及使用替代品可能对工程产生的影响；

　　④ 替代品与被替代产品的价格差异；

　　⑤ 使用替代品的理由和原因说明；

　　⑥ 监理人要求的其他文件。

　　监理人应在收到通知后14天内向承包人发出经发包人签认的书面指示；监理人逾期发出书面指示的，视为发包人和监理人同意使用替代品。

　　(3) 发包人认可使用替代材料和工程设备的，替代材料和工程设备的价格，按照已标价工程量清单或预算书相同项目的价格认定；无相同项目的，参考相似项目价格认定；既无相同项目也无相似项目的，按照合理的成本与利润构成的原则，由合同当事人按照通用条款10.3.4第4)款(商定或确定)确定价格。

　　8) 施工设备和临时设施

　　(1) 承包人提供的施工设备和临时设施。

　　承包人应按合同进度计划的要求，及时配置施工设备和修建临时设施。进入施工场地的承包人设备需经监理人核查后才能投入使用。承包人更换合同约定的承包人设备的，应报监理人批准。

　　除专用合同条款另有约定外，承包人应自行承担修建临时设施的费用，需要临时占地的，应由发包人办理申请手续并承担相应费用。

　　(2) 发包人提供的施工设备和临时设施。

　　发包人提供的施工设备或临时设施在专用合同条款中约定。

　　(3) 要求承包人增加或更换施工设备。

　　承包人使用的施工设备不能满足合同进度计划和(或)质量要求时，监理人有权要求承包人增加或更换施工设备，承包人应及时增加或更换，由此增加的费用和(或)延误的工期由承包人承担。

　　9) 材料与设备专用要求

　　承包人运入施工现场的材料、工程设备、施工设备以及在施工场地建设的临时设施，包括备品备件、安装工具与资料，必须专用于工程。未经发包人批准，承包人不得运出施工现场或挪作他用；经发包人批准，承包人可以根据施工进度计划撤走闲置的施工设备和其他物品。

2. 专用条款

　　1) 材料与工程设备的保管与使用

　　发包人供应的材料设备的保管费用的承担：＿＿＿＿＿＿＿＿＿＿＿＿＿＿＿＿＿＿＿＿＿＿＿＿＿＿＿

＿＿＿。

2）样品

样品的报送与封存。

需要承包人报送样品的材料或工程设备,样品的种类、名称、规格、数量要求:

_____。

3）施工设备和临时设施

承包人提供的施工设备和临时设施。

关于修建临时设施费用承担的约定:_____

_____。

10.3.9　试验与检验

1.通用条款

1）试验设备与试验人员

（1）承包人根据合同约定或监理人指示进行的现场材料试验,应由承包人提供试验场所、试验人员、试验设备以及其他必要的试验条件。监理人在必要时可以使用承包人提供的试验场所、试验设备以及其他试验条件,进行以工程质量检查为目的的材料复核试验,承包人应予以协助。

（2）承包人应按专用合同条款的约定提供试验设备、取样装置、试验场所和试验条件,并向监理人提交相应进场计划表。

承包人配置的试验设备要符合相应试验规程的要求并经过具有资质的检测单位检测,且在正式使用该试验设备前,需要经过监理人与承包人共同校定。

（3）承包人应向监理人提交试验人员的名单及其岗位、资格等证明资料,试验人员必须能够熟练进行相应的检测试验,承包人对试验人员的试验程序和试验结果的正确性负责。

2）取样

试验属于自检性质的,承包人可以单独取样。试验属于监理人抽检性质的,可由监理人取样,也可由承包人的试验人员在监理人的监督下取样。

3）材料、工程设备和工程的试验和检验

（1）承包人应按合同约定进行材料、工程设备和工程的试验和检验,并为监理人对上述材料、工程设备和工程的质量检查提供必要的试验资料和原始记录。按合同约定应由监理人与承包人共同进行试验和检验的,由承包人负责提供必要的试验资料和原始记录。

（2）试验属于自检性质的,承包人可以单独进行试验。试验属于监理人抽检性质的,监理人可以单独进行试验,也可由承包人与监理人共同进行。承包人对由监理人单独进行的试验结果有异议的,可以申请重新共同进行试验。约定共同进行试验的,监理人未按照约定参加试验的,承包人可自行试验,并将试验结果报送监理人,监理人应承认该试验结果。

（3）监理人对承包人的试验和检验结果有异议的,或为查清承包人试验和检验成果的可靠性要求承包人重新试验和检验的,可由监理人与承包人共同进行。重新试验和检验的结果证明该项材料、工程设备或工程的质量不符合合同要求的,由此增加的费用和（或）延误的工期由承包人承担;重新试验和检验结果证明该项材料、工程设备和工程符合合同要求的,由此增加的费用和（或）延误的工期由发包人承担。

4）现场工艺试验

承包人应按合同约定或监理人指示进行现场工艺试验。对大型的现场工艺试验,监理人认为必要时,承包人应根据监理人提出的工艺试验要求,编制工艺试验措施计划,报送监理人审查。

2. 专用条款

1) 试验设备与试验人员

试验设备。

施工现场需要配置的试验场所:＿＿＿＿＿＿＿＿＿＿＿＿＿＿＿＿＿＿＿＿＿＿＿＿

＿＿＿＿＿＿＿＿＿＿＿＿＿＿＿＿＿＿＿＿＿＿＿＿＿＿＿＿＿＿＿＿＿＿＿＿＿＿。

施工现场需要配备的试验设备:＿＿＿＿＿＿＿＿＿＿＿＿＿＿＿＿＿＿＿＿＿＿＿＿

＿＿＿＿＿＿＿＿＿＿＿＿＿＿＿＿＿＿＿＿＿＿＿＿＿＿＿＿＿＿＿＿＿＿＿＿＿＿。

施工现场需要具备的其他试验条件:＿＿＿＿＿＿＿＿＿＿＿＿＿＿＿＿＿＿＿＿＿

＿＿＿＿＿＿＿＿＿＿＿＿＿＿＿＿＿＿＿＿＿＿＿＿＿＿＿＿＿＿＿＿＿＿＿＿＿＿。

2) 现场工艺试验

现场工艺试验的有关约定:＿＿＿＿＿＿＿＿＿＿＿＿＿＿＿＿＿＿＿＿＿＿＿＿＿＿

＿＿＿＿＿＿＿＿＿＿＿＿＿＿＿＿＿＿＿＿＿＿＿＿＿＿＿＿＿＿＿＿＿＿＿＿＿＿。

10.3.10 变更

1. 通用条款

1) 变更的范围

除专用合同条款另有约定外,合同履行过程中发生以下情形的,应按照本条约定进行变更:

(1) 增加或减少合同中任何工作,或追加额外的工作;

(2) 取消合同中任何工作,但转由他人实施的工作除外;

(3) 改变合同中任何工作的质量标准或其他特性;

(4) 改变工程的基线、标高、位置和尺寸;

(5) 改变工程的时间安排或实施顺序。

2) 变更权

发包人和监理人均可以提出变更。变更指示均通过监理人发出,监理人发出变更指示前应征得发包人同意。承包人收到经发包人签认的变更指示后,方可实施变更。未经许可,承包人不得擅自对工程的任何部分进行变更。

涉及设计变更的,应由设计人提供变更后的图纸和说明。如变更超过原设计标准或批准的建设规模时,发包人应及时办理规划、设计变更等审批手续。

3) 变更程序

(1) 发包人提出变更。

发包人提出变更的,应通过监理人向承包人发出变更指示,变更指示应说明计划变更的工程范围和变更的内容。

(2) 监理人提出变更建议。

监理人提出变更建议的,需要向发包人以书面形式提出变更计划,说明计划变更工程范围和变更的内容、理由,以及实施该变更对合同价格和工期的影响。发包人同意变更的,由监理人向承包人发出变更指示。发包人不同意变更的,监理人无权擅自发出变更指示。

(3) 变更执行。

承包人收到监理人下达的变更指示后,认为不能执行,应立即提出不能执行该变更指示的理由。承包人认为可以执行变更的,应当书面说明实施该变更指示对合同价格和工期的影响,且合同当事人应当按照通用条款10.3.10第4)款(变更估价)的约定确定变更估价。

4)变更估价

(1)变更估价原则。

除专用合同条款另有约定外,变更估价按照本款约定处理:

①已标价工程量清单或预算书有相同项目的,按照相同项目单价认定;

②已标价工程量清单或预算书中无相同项目,但有类似项目的,参照类似项目的单价认定;

③变更导致实际完成的变更工程量与已标价工程量清单或预算书中列明的该项目工程量的变化幅度超过15%的,或已标价工程量清单或预算书中无相同项目及类似项目单价的,按照合理的成本与利润构成的原则,由合同当事人按照通用条款10.3.4第4)款(商定或确定)确定变更工作的单价。

(2)变更估价程序。

承包人应在收到变更指示后14天内,向监理人提交变更估价申请。监理人应在收到承包人提交的变更估价申请后7天内审查完毕并报送发包人,监理人对变更估价申请有异议,通知承包人修改后重新提交。发包人应在承包人提交变更估价申请后14天内审批完毕。发包人逾期未完成审批或未提出异议的,视为认可承包人提交的变更估价申请。

因变更引起的价格调整应计入最近一期的进度款中支付。

5)承包人的合理化建议

承包人提出合理化建议的,应向监理人提交合理化建议说明,说明建议的内容和理由,以及实施该建议对合同价格和工期的影响。

除专用合同条款另有约定外,监理人应在收到承包人提交的合理化建议后7天内审查完毕并报送发包人,发现其中存在技术上的缺陷,应通知承包人修改。发包人应在收到监理人报送的合理化建议后7天内审批完毕。合理化建议经发包人批准的,监理人应及时发出变更指示,由此引起的合同价格调整按照通用条款10.3.10第4)款(变更估价)的约定执行。发包人不同意变更的,监理人应书面通知承包人。

合理化建议降低了合同价格或者提高了工程经济效益的,发包人可对承包人给予奖励,奖励的方法和金额在专用合同条款中约定。

6)变更引起的工期调整

因变更引起工期变化的,合同当事人均可要求调整合同工期,由合同当事人按照通用条款10.3.4第4)款(商定或确定)并参考工程所在地的工期定额标准确定增减工期天数。

7)暂估价

暂估价专业分包工程、服务、材料和工程设备的明细由合同当事人在专用合同条款中约定。

(1)依法必须招标的暂估价项目。

对于依法必须招标的暂估价项目,采取以下第1种方式确定。合同当事人也可以在专用合同条款中选择其他招标方式。

第1种方式:对于依法必须招标的暂估价项目,由承包人招标,对该暂估价项目的确认和批准按照以下约定执行。

① 承包人应当根据施工进度计划,在招标工作启动前 14 天将招标方案通过监理人报送发包人审查,发包人应当在收到承包人报送的招标方案后 7 天内批准或提出修改意见。承包人应当按照经过发包人批准的招标方案开展招标工作。

② 承包人应当根据施工进度计划,提前 14 天将招标文件通过监理人报送发包人审批,发包人应当在收到承包人报送的相关文件后 7 天内完成审批或提出修改意见;发包人有权确定招标控制价并按照法律规定参加评标。

③ 承包人与供应商、分包人在签订暂估价合同前,应当提前 7 天将确定的中标候选供应商或中标候选分包人的资料报送发包人,发包人应在收到资料后 3 天内与承包人共同确定中标人;承包人应当在签订合同后 7 天内,将暂估价合同副本报送发包人留存。

第 2 种方式:对于依法必须招标的暂估价项目,由发包人和承包人共同招标确定暂估价供应商或分包人的,承包人应按照施工进度计划,在招标工作启动前 14 天通知发包人,并提交暂估价招标方案和工作分工。发包人应在收到后 7 天内确认。确定中标人后,由发包人、承包人与中标人共同签订暂估价合同。

(2)不属于依法必须招标的暂估价项目。

除专用合同条款另有约定外,对于不属于依法必须招标的暂估价项目,采取以下第 1 种方式确定。

第 1 种方式:对于不属于依法必须招标的暂估价项目,按本项约定确认和批准。

① 承包人应根据施工进度计划,在签订暂估价项目的采购合同、分包合同前 28 天向监理人提出书面申请。监理人应当在收到申请后 3 天内报送发包人,发包人应当在收到申请后 14 天内给予批准或提出修改意见,发包人逾期未予批准或提出修改意见的,视为该书面申请已获得同意。

② 发包人认为承包人确定的供应商、分包人无法满足工程质量或合同要求的,发包人可以要求承包人重新确定暂估价项目的供应商、分包人。

③ 承包人应当在签订暂估价合同后 7 天内,将暂估价合同副本报送发包人留存。

第 2 种方式:承包人按照通用条款 10.3.10 第 7)款第(1)项(依法必须招标的暂估价项目)约定的第 1 种方式确定暂估价项目。

第 3 种方式:承包人直接实施的暂估价项目。

承包人具备实施暂估价项目的资格和条件的,经发包人和承包人协商一致后,可由承包人自行实施暂估价项目,合同当事人可以在专用合同条款约定具体事项。

(3)因发包人原因导致暂估价合同订立和履行迟延的,由此增加的费用和(或)延误的工期由发包人承担,并支付承包人合理的利润。因承包人原因导致暂估价合同订立和履行迟延的,由此增加的费用和(或)延误的工期由承包人承担。

8)暂列金额

暂列金额应按照发包人的要求使用,发包人的要求应通过监理人发出。合同当事人可以在专用合同条款中协商确定有关事项。

9)计日工

需要采用计日工方式的,经发包人同意后,由监理人通知承包人以计日工计价方式实施相应的工作,其价款按列入已标价工程量清单或预算书中的计日工计价项目及其单价进行计算;已标价工程量清单或预算书中无相应的计日工单价的,按照合理的成本与利润构成的原则,由合同当事人按照通用条款 10.3.4 第 4)款(商定或确定)确定计日工的单价。

采用计日工计价的任何一项工作,承包人应在该项工作实施过程中,每天提交以下报表和有关凭证报送监理人审查:

(1) 工作名称、内容和数量;

(2) 投入该工作的所有人员的姓名、专业、工种、级别和耗用工时;

(3) 投入该工作的材料类别和数量;

(4) 投入该工作的施工设备型号、台数和耗用台时;

(5) 其他有关资料和凭证。

计日工由承包人汇总后,列入最近一期进度付款申请单,由监理人审查并经发包人批准后列入进度付款。

2. 专用条款

1) 变更的范围

关于变更的范围的约定:_____

_____。

2) 变更估价

变更估价原则。

关于变更估价的约定:_____

_____。

3) 承包人的合理化建议

监理人审查承包人合理化建议的期限:_____。

发包人审批承包人合理化建议的期限:_____。

承包人提出的合理化建议降低了合同价格或者提高了工程经济效益的奖励的方法和金额为:

_____。

4) 暂估价

暂估价材料和工程设备的明细详见附件 11:《暂估价一览表》。

(1) 依法必须招标的暂估价项目。

对于依法必须招标的暂估价项目的确认和批准采取第 _____ 种方式确定。

(2) 不属于依法必须招标的暂估价项目。

对于不属于依法必须招标的暂估价项目的确认和批准采取第 _____ 种方式确定。

第 3 种方式:承包人直接实施的暂估价项目。

承包人直接实施的暂估价项目的约定:_____

_____。

5) 暂列金额

合同当事人关于暂列金额使用的约定:_____

_____。

10.3.11 价格调整

1. 通用条款

1) 市场价格波动引起的调整

除专用合同条款另有约定外,市场价格波动超过合同当事人约定的范围,合同价格应当调整。合同当事人可以在专用合同条款中约定选择以下一种方式对合同价格进行调整:

第1种方式:采用价格指数进行价格调整。

(1) 价格调整公式。

因人工、材料和设备等价格波动影响合同价格时,根据专用合同条款中约定的数据,按以下公式计算差额并调整合同价格:

$$\Delta P = P_0 \left[A + \left(B_1 \times \frac{F_{t1}}{F_{01}} + B_2 \times \frac{F_{t2}}{F_{02}} + B_3 \times \frac{F_{t3}}{F_{03}} + \cdots + B_n \times \frac{F_{tn}}{F_{0n}} \right) - 1 \right]。$$

式中 ΔP——需调整的价格差额;

P_0——约定的付款证书中承包人应得到的已完成工程量的金额。此项金额应不包括价格调整、不计质量保证金的扣留和支付、预付款的支付和扣回。约定的变更及其他金额已按现行价格计价的,也不计在内;

A——定值权重(即不调部分的权重);

$B_1, B_2, B_3, \cdots, B_n$——各可调因子的变值权重(即可调部分的权重),为各可调因子在签约合同价中所占的比例;

$F_{t1}, F_{t2}, F_{t3}, \cdots, F_{tn}$——各可调因子的现行价格指数,指约定的付款证书相关周期最后一天的前42天的各可调因子的价格指数;

$F_{01}, F_{02}, F_{03}, \cdots, F_{0n}$——各可调因子的基本价格指数,指基准日期的各可调因子的价格指数。

以上价格调整公式中的各可调因子、定值和变值权重,以及基本价格指数及其来源在投标函附录价格指数和权重表中约定,非招标订立的合同,由合同当事人在专用合同条款中约定。价格指数应首先采用工程造价管理机构发布的价格指数,无前述价格指数时,可采用工程造价管理机构发布的价格代替。

(2) 暂时确定调整差额。

在计算调整差额时无现行价格指数的,合同当事人同意暂用前次价格指数计算。实际价格指数有调整的,由合同当事人进行相应调整。

(3) 权重的调整。

因变更导致合同约定的权重不合理时,按照通用条款10.3.4第4)款(商定或确定)执行。

(4) 因承包人原因工期延误后的价格调整。

因承包人原因未按期竣工的,对合同约定的竣工日期后继续施工的工程,在使用价格调整公式时,应采用计划竣工日期与实际竣工日期的两个价格指数中较低的一个作为现行价格指数。

第2种方式:采用造价信息进行价格调整。

合同履行期间,因人工、材料、工程设备和机械台班价格波动影响合同价格时,人工、机械使用费按照国家或省、自治区、直辖市建设行政管理部门和行业建设管理部门或其授权的工程造价管理机构发布的人工、机械使用费系数进行调整;需要进行价格调整的材料,其单价和采购数量应由发包人审批,发包人确认需调整的材料单价及数量,作为调整合同价格的依据。

（1）人工单价发生变化且符合省级或行业建设主管部门发布的人工费调整规定,合同当事人应按省级或行业建设主管部门或其授权的工程造价管理机构发布的人工费等文件调整合同价格,但承包人对人工费或人工单价的报价高于发布价格的除外。

（2）材料、工程设备价格变化的价款调整按照发包人提供的基准价格,按以下风险范围规定执行。

① 承包人在已标价工程量清单或预算书中载明材料单价低于基准价格的:除专用合同条款另有约定外,合同履行期间材料单价涨幅以基准价格为基础超过 5％时,或材料单价跌幅以在已标价工程量清单或预算书中载明材料单价为基础超过 5％时,其超过部分据实调整。

② 承包人在已标价工程量清单或预算书中载明材料单价高于基准价格的:除专用合同条款另有约定外,合同履行期间材料单价跌幅以基准价格为基础超过 5％时,材料单价涨幅以在已标价工程量清单或预算书中载明材料单价为基础超过 5％时,其超过部分据实调整。

③ 承包人在已标价工程量清单或预算书中载明材料单价等于基准价格的:除专用合同条款另有约定外,合同履行期间材料单价涨跌幅以基准价格为基础超过 ±5％时,其超过部分据实调整。

④ 承包人应在采购材料前将采购数量和新的材料单价报发包人核对,发包人确认用于工程时,发包人应确认采购材料的数量和单价。发包人在收到承包人报送的确认资料后 5 天内不予答复的视为认可,作为调整合同价格的依据。未经发包人事先核对,承包人自行采购材料的,发包人有权不予调整合同价格。发包人同意的,可以调整合同价格。

前述基准价格是指由发包人在招标文件或专用合同条款中给定的材料、工程设备的价格,该价格原则上应当按照省级或行业建设主管部门或其授权的工程造价管理机构发布的信息价编制。

（3）施工机械台班单价或施工机械使用费发生变化超过省级或行业建设主管部门或其授权的工程造价管理机构规定的范围时,按规定调整合同价格。

第 3 种方式:专用合同条款约定的其他方式。

2）法律变化引起的调整

基准日期后,法律变化导致承包人在合同履行过程中所需要的费用发生除通用条款 10.3.11第 1）款（市场价格波动引起的调整）的约定以外的增加时,由发包人承担由此增加的费用;减少时,应从合同价格中予以扣减。基准日期后,因法律变化造成工期延误时,工期应予以顺延。

因法律变化引起的合同价格和工期调整,合同当事人无法达成一致的,由总监理工程师按通用条款 10.3.4 第 4）款（商定或确定）的约定处理。

因承包人原因造成工期延误,在工期延误期间出现法律变化的,由此增加的费用和（或）延误的工期由承包人承担。

2. 专用条款

市场价格波动引起的调整

市场价格波动是否调整合同价格的约定:＿＿＿＿＿＿＿＿＿＿＿＿＿＿＿＿＿＿＿＿＿＿。

因市场价格波动调整合同价格,采用以下第 ＿＿＿＿＿ 种方式对合同价格进行调整。

第 1 种方式:采用价格指数进行价格调整。

关于各可调因子、定值和变值权重,以及基本价格指数及其来源的约定:

第 2 种方式:采用造价信息进行价格调整。

关于基准价格的约定:_____。

专用合同条款①承包人在已标价工程量清单或预算书中载明的材料单价低于基准价格的:专用合同条款合同履行期间材料单价涨幅以基准价格为基础超过____%时,或材料单价跌幅以已标价工程量清单或预算书中载明材料单价为基础超过____%时,其超过部分据实调整。

②承包人在已标价工程量清单或预算书中载明的材料单价高于基准价格的:专用合同条款合同履行期间材料单价跌幅以基准价格为基础超过____%时,材料单价涨幅以已标价工程量清单或预算书中载明材料单价为基础超过____%时,其超过部分据实调整。

③承包人在已标价工程量清单或预算书中载明的材料单价等于基准单价的:专用合同条款合同履行期间材料单价涨跌幅以基准单价为基础超过±____%时,其超过部分据实调整。

第 3 种方式:其他价格调整方式:

_____。

10.3.12 合同价格、计量与支付

1. 通用条款

1) 合同价格形式

发包人和承包人应在合同协议书中选择下列一种合同价格形式:

(1) 单价合同。

单价合同是指合同当事人约定以工程量清单及其综合单价进行合同价格计算、调整和确认的建设工程施工合同,在约定的范围内合同单价不作调整。合同当事人应在专用合同条款中约定综合单价包含的风险范围和风险费用的计算方法,并约定风险范围以外的合同价格的调整方法,其中因市场价格波动引起的调整按通用条款 10.3.11 第 1)款(市场价格波动引起的调整)的约定执行。

(2) 总价合同。

总价合同是指合同当事人约定以施工图、已标价工程量清单或预算书及有关条件进行合同价格计算、调整和确认的建设工程施工合同,在约定的范围内合同总价不作调整。合同当事人应在专用合同条款中约定总价包含的风险范围和风险费用的计算方法,并约定风险范围以外的合同价格的调整方法,其中因市场价格波动引起的调整按通用条款 10.3.11 第 1)款(市场价格波动引起的调整)、因法律变化引起的调整按通用条款 10.3.11 第 2)款(法律变化引起的调整)的约定执行。

(3) 其他价格形式。

合同当事人可在专用合同条款中约定其他合同价格形式。

2) 预付款

(1) 预付款的支付。

预付款的支付按照专用合同条款约定执行,但至迟应在开工通知载明的开工日期 7 天前支付。预付款应当用于材料、工程设备、施工设备的采购及修建临时工程和组织施工队伍进场等。

除专用合同条款另有约定外,预付款在进度付款中同比例扣回。在颁发工程接收证书前,提前解除合同的,尚未扣完的预付款应与合同价款一并结算。

发包人逾期支付预付款超过 7 天的,承包人有权向发包人发出要求预付的催告通知,发包

人收到通知后 7 天内仍未支付的,承包人有权暂停施工,并按通用条款 10.3.16 第 1)款第(1)项(发包人违约的情形)执行。

(2)预付款担保。

发包人要求承包人提供预付款担保的,承包人应在发包人支付预付款 7 天前提供预付款担保,专用合同条款另有约定除外。预付款担保可采用银行保函、担保公司担保等形式,具体由合同当事人在专用合同条款中约定。在预付款完全扣回之前,承包人应保证预付款担保持续有效。

发包人在工程款中逐期扣回预付款后,预付款担保额度应相应减少,但剩余的预付款担保金额不得低于未被扣回预付款金额。

3)计量

(1)计量原则。

工程量计量按照合同约定的工程量计算规则、图纸及变更指示等进行计量。工程量计算规则应以相关的国家标准、行业标准等为依据,由合同当事人在专用合同条款中约定。

(2)计量周期。

除专用合同条款另有约定外,工程量的计量按月进行。

(3)单价合同的计量。

除专用合同条款另有约定外,单价合同的计量按照本项约定执行:

① 承包人应于每月 25 日向监理人报送上月 20 日至当月 19 日已完成的工程量报告,并附具进度付款申请单、已完成工程量报表和有关资料。

② 监理人应在收到承包人提交的工程量报告后 7 天内完成对承包人提交的工程量报表的审核并报送发包人,以确定当月实际完成的工程量。监理人对工程量有异议的,有权要求承包人进行共同复核或抽样复测。承包人应协助监理人进行复核或抽样复测,并按监理人要求提供补充计量资料。承包人未按监理人要求参加复核或抽样复测的,监理人复核或修正的工程量视为承包人实际完成的工程量。

③ 监理人未在收到承包人提交的工程量报表后的 7 天内完成审核的,承包人报送的工程量报告中的工程量视为承包人实际完成的工程量,据此计算工程价款。

(4)总价合同的计量。

除专用合同条款另有约定外,按月计量支付的总价合同,按照本项约定执行:

① 承包人应于每月 25 日向监理人报送上月 20 日至当月 19 日已完成的工程量报告,并附具进度付款申请单、已完成工程量报表和有关资料。

② 监理人应在收到承包人提交的工程量报告后 7 天内完成对承包人提交的工程量报表的审核并报送发包人,以确定当月实际完成的工程量。监理人对工程量有异议的,有权要求承包人进行共同复核或抽样复测。承包人应协助监理人进行复核或抽样复测并按监理人要求提供补充计量资料。承包人未按监理人要求参加复核或抽样复测的,监理人审核或修正的工程量视为承包人实际完成的工程量。

③ 监理人未在收到承包人提交的工程量报表后的 7 天内完成复核的,承包人提交的工程量报告中的工程量视为承包人实际完成的工程量。

(5)总价合同采用支付分解表计量支付的,可以按照通用条款 10.3.12 第 3)款第(4)项(总价合同的计量)的约定进行计量,但合同价款按照支付分解表进行支付。

(6)其他价格形式合同的计量。

合同当事人可在专用合同条款中约定其他价格形式合同的计量方式和程序。

4) 工程进度款支付

（1）付款周期。

除专用合同条款另有约定外，付款周期应按照通用条款10.3.12第3)款第(2)项(计量周期)的约定与计量周期保持一致。

（2）进度付款申请单的编制。

除专用合同条款另有约定外，进度付款申请单应包括下列内容：

① 截至本次付款周期已完成工作对应的金额；

② 根据通用条款10.3.10条(变更)应增加和扣减的变更金额；

③ 根据通用条款10.3.12第2)款(预付款)约定应支付的预付款和扣减的返还预付款；

④ 根据通用条款10.3.15第3)款(质量保证金)的约定应扣减的质量保证金；

⑤ 根据通用条款10.3.19条(索赔)应增加和扣减的索赔金额；

⑥ 对已签发的进度款支付证书中出现错误的修正，应在本次进度付款中支付或扣除的金额；

⑦ 根据合同约定应增加或扣减的其他金额。

（3）进度付款申请单的提交。

① 单价合同进度付款申请单的提交。单价合同的进度付款申请单，按照通用条款10.3.12第3)款第(3)项(单价合同的计量)约定的时间按月向监理人提交，并附上已完成工程量报表和有关资料。单价合同中的总价项目按月进行支付分解，并汇总列入当期进度付款申请单。

② 总价合同进度付款申请单的提交。总价合同按月计量支付的，承包人按照通用条款10.3.12第3)款第(4)项(总价合同的计量)约定的时间按月向监理人提交进度付款申请单，并附上已完成工程量报表和有关资料。

总价合同按支付分解表支付的，承包人应按照通用条款10.3.12第4)款第(6)项(支付分解表)及通用条款10.3.12第4)款第(2)项(进度付款申请单的编制)的约定向监理人提交进度付款申请单。

③ 其他价格形式合同的进度付款申请单的提交。合同当事人可在专用合同条款中约定其他价格形式合同的进度付款申请单的编制和提交程序。

（4）进度款审核和支付。

① 除专用合同条款另有约定外，监理人应在收到承包人进度付款申请单以及相关资料后7天内完成审查并报送发包人，发包人应在收到后7天内完成审批并签发进度款支付证书。发包人逾期未完成审批且未提出异议的，视为已签发进度款支付证书。

发包人和监理人对承包人的进度付款申请单有异议的，有权要求承包人修正和提供补充资料，承包人应提交修正后的进度付款申请单。监理人应在收到承包人修正后的进度付款申请单及相关资料后7天内完成审查并报送发包人，发包人应在收到监理人报送的进度付款申请单及相关资料后7天内，向承包人签发无异议部分的临时进度款支付证书。存在争议的部分，按照通用条款10.3.20条(争议解决)的约定处理。

② 除专用合同条款另有约定外，发包人应在进度款支付证书或临时进度款支付证书签发后14天内完成支付，发包人逾期支付进度款的，应按照中国人民银行发布的同期同类贷款基准利率支付违约金。

③ 发包人签发进度款支付证书或临时进度款支付证书，不表明发包人已同意、批准或接

受了承包人完成的相应部分的工作。

（5）进度付款的修正。

在对已签发的进度款支付证书进行阶段汇总和复核中发现错误、遗漏或重复的,发包人和承包人均有权提出修正申请。经发包人和承包人同意的修正,应在下期进度付款中支付或扣除。

（6）支付分解表。

① 支付分解表的编制要求:

A. 支付分解表中所列的每期付款金额,应为通用条款 10.3.12 第 4)款第（2）项（进度付款申请单的编制）第①目的估算金额;

B. 实际进度与施工进度计划不一致的,合同当事人可按照通用条款 10.3.4 第 4)款（商定或确定）修改支付分解表;

C. 不采用支付分解表的,承包人应向发包人和监理人提交按季度编制的支付估算分解表,用于支付参考。

② 总价合同支付分解表的编制与审批:

A. 除专用合同条款另有约定外,承包人应根据通用条款 10.3.7 第 2)款（施工进度计划）约定的施工进度计划、签约合同价和工程量等因素对总价合同按月进行分解,编制支付分解表。承包人应当在收到监理人和发包人批准的施工进度计划后 7 天内,将支付分解表及编制支付分解表的支持性资料报送监理人。

B. 监理人应在收到支付分解表后 7 天内完成审核并报送发包人。发包人应在收到经监理人审核的支付分解表后 7 天内完成审批,经发包人批准的支付分解表为有约束力的支付分解表。

C. 发包人逾期未完成支付分解表审批的,也未及时要求承包人进行修正和提供补充资料的,则承包人提交的支付分解表视为已经获得发包人批准。

③ 单价合同的总价项目支付分解表的编制与审批。除专用合同条款另有约定外,单价合同的总价项目,由承包人根据施工进度计划和总价项目的总价构成、费用性质、计划发生时间和相应工程量等因素按月进行分解,形成支付分解表,其编制与审批参照总价合同支付分解表的编制与审批执行。

5）支付账户

发包人应将合同价款支付至合同协议书中约定的承包人账户。

2. 专用条款

1) 合同价格形式

（1）单价合同。

综合单价包含的风险范围:_____

_____。

风险费用的计算方法:_____

_____。

风险范围以外合同价格的调整方法:_____

_____。

（2）总价合同。

总价包含的风险范围:_____

_____。

风险费用的计算方法：_____

_____。

风险范围以外合同价格的调整方法：_____

_____。

（3）其他价格方式：_____

_____。

2）预付款

（1）预付款的支付。

预付款支付比例或金额：_____。

预付款支付期限：_____。

预付款扣回的方式：_____。

（2）预付款担保。

承包人提交预付款担保的期限：_____。

预付款担保的形式为：_____。

3）计量

（1）计量原则。

工程量计算规则：_____。

（2）计量周期。

关于计量周期的约定：_____。

（3）单价合同的计量。

关于单价合同计量的约定：_____。

（4）总价合同的计量。

关于总价合同计量的约定：_____。

（5）总价合同采用支付分解表计量支付的，是否适用"总价合同的计量"项的约定进行计量：

_____。

（6）其他价格形式合同的计量。

其他价格形式的计量方式和程序：_____

_____。

4）工程进度款支付

（1）付款周期。

关于付款周期的约定：_____。

（2）进度付款申请单的编制。

关于进度付款申请单编制的约定：_____

_____。

（3）进度付款申请单的提交。

①单价合同进度付款申请单提交的约定：_____。

②总价合同进度付款申请单提交的约定：_____。

③其他价格形式合同进度付款申请单提交的约定：_____

（4）进度款审核和支付

① 监理人审查并报送发包人的期限：＿＿＿＿＿＿＿＿＿＿＿＿＿＿＿。

发包人完成审批并签发进度款支付证书的期限：＿＿＿＿＿＿＿＿＿＿＿

＿＿＿＿＿＿＿＿＿＿＿＿＿＿＿＿＿＿＿＿＿＿＿＿＿＿＿＿＿＿＿＿＿。

② 发包人支付进度款的期限：＿＿＿＿＿＿＿＿＿＿＿＿＿＿＿。

发包人逾期支付进度款的违约金的计算方式：＿＿＿＿＿＿＿＿＿＿＿＿

＿＿＿＿＿＿＿＿＿＿＿＿＿＿＿＿＿＿＿＿＿＿＿＿＿＿＿＿＿＿＿＿＿。

（5）支付分解表的编制。

① 总价合同支付分解表的编制与审批：＿＿＿＿＿＿＿＿＿＿＿＿＿＿＿＿

＿＿＿＿＿＿＿＿＿＿＿＿＿＿＿＿＿＿＿＿＿＿＿＿＿＿＿＿＿＿＿＿＿。

② 单价合同的总价项目支付分解表的编制与审批：＿＿＿＿＿＿＿＿＿＿＿

＿＿＿＿＿＿＿＿＿＿＿＿＿＿＿＿＿＿＿＿＿＿＿＿＿＿＿＿＿＿＿＿＿。

10.3.13　验收和工程试车

1. 通用条款

1）分部分项工程验收

（1）分部分项工程质量应符合国家有关工程施工验收规范、标准及合同约定,承包人应按照施工组织设计的要求完成分部分项工程施工。

（2）除专用合同条款另有约定外,分部分项工程经承包人自检合格并具备验收条件的,承包人应提前48小时通知监理人进行验收。监理人不能按时进行验收的,应在验收前24小时向承包人提交书面延期要求,但延期不能超过48小时。监理人未按时进行验收,也未提出延期要求的,承包人有权自行验收,监理人应认可验收结果。分部分项工程未经验收的,不得进入下一道工序施工。

分部分项工程的验收资料应当作为竣工资料的组成部分。

2）竣工验收

（1）竣工验收条件。

工程具备以下条件的,承包人可以申请竣工验收：

① 除发包人同意的甩项工作和缺陷修补工作外,合同范围内的全部工程以及有关工作,包括合同要求的试验、试运行以及检验均已完成,并符合合同要求;

② 已按合同约定编制了甩项工作和缺陷修补工作清单以及相应的施工计划;

③ 已按合同约定的内容和份数备齐竣工资料。

（2）竣工验收程序。

除专用合同条款另有约定外,承包人申请竣工验收的,应当按照以下程序进行：

① 承包人向监理人报送竣工验收申请报告,监理人应在收到竣工验收申请报告后14天内完成审查并报送发包人。监理人审查后认为尚不具备验收条件的,应通知承包人在竣工验收前承包人还需完成的工作内容,承包人应在完成监理人通知的全部工作内容后,再次提交竣工验收申请报告。

② 监理人审查后认为已具备竣工验收条件的,应将竣工验收申请报告提交发包人,发包人应在收到经监理人审核的竣工验收申请报告后28天内审批完毕并组织监理人、承包人、设

计人等相关单位完成竣工验收。

③ 竣工验收合格的,发包人应在验收合格后 14 天内向承包人签发工程接收证书。发包人无正当理由逾期不颁发工程接收证书的,自验收合格后第 15 天起视为已颁发工程接收证书。

④ 竣工验收不合格的,监理人应按照验收意见发出指示,要求承包人对不合格工程返工、修复或采取其他补救措施,由此增加的费用和(或)延误的工期由承包人承担。承包人在完成不合格工程的返工、修复或采取其他补救措施后,应重新提交竣工验收申请报告,并按本项约定的程序重新进行验收。

⑤ 工程未经验收或验收不合格,发包人擅自使用的,应在转移占有工程后 7 天内向承包人颁发工程接收证书;发包人无正当理由逾期不颁发工程接收证书的,自转移占有后第 15 天起视为已颁发工程接收证书。

除专用合同条款另有约定外,发包人不按照本项约定组织竣工验收、颁发工程接收证书的,每逾期一天,应以签约合同价为基数,按照中国人民银行发布的同期同类贷款基准利率支付违约金。

(3)竣工日期。

工程经竣工验收合格的,以承包人提交竣工验收申请报告之日为实际竣工日期,并在工程接收证书中载明;因发包人原因,未在监理人收到承包人提交的竣工验收申请报告 42 天内完成竣工验收,或完成竣工验收不予签发工程接收证书的,以提交竣工验收申请报告的日期为实际竣工日期;工程未经竣工验收,发包人擅自使用的,以转移占有工程之日为实际竣工日期。

(4)拒绝接收全部或部分工程

对于竣工验收不合格的工程,承包人完成整改后,应当重新进行竣工验收,经重新组织验收仍不合格的且无法采取措施补救的,则发包人可以拒绝接收不合格工程,因不合格工程导致其他工程不能正常使用的,承包人应采取措施确保相关工程的正常使用,由此增加的费用和(或)延误的工期由承包人承担。

(5)移交、接收全部与部分工程

除专用合同条款另有约定外,合同当事人应当在颁发工程接收证书后 7 天内完成工程的移交。

发包人无正当理由不接收工程的,发包人自应当接收工程之日起,承担工程照管、成品保护、保管等与工程有关的各项费用,合同当事人可以在专用合同条款中另行约定发包人逾期接收工程的违约责任。

承包人无正当理由不移交工程的,承包人应承担工程照管、成品保护、保管等与工程有关的各项费用,合同当事人可以在专用合同条款中另行约定承包人无正当理由不移交工程的违约责任。

3)工程试车

(1)试车程序。

工程需要试车的,除专用合同条款另有约定外,试车内容应与承包人承包范围相一致,试车费用由承包人承担。工程试车应按如下程序进行:

① 具备单机无负荷试车条件,承包人组织试车,并在试车前 48 小时书面通知监理人,通知中应载明试车内容、时间、地点。承包人准备试车记录,发包人根据承包人要求为试车提供

必要条件。试车合格的,监理人在试车记录上签字。监理人在试车合格后不在试车记录上签字,自试车结束满 24 小时后视为监理人已经认可试车记录,承包人可继续施工或办理竣工验收手续。

监理人不能按时参加试车,应在试车前 24 小时以书面形式向承包人提出延期要求,但延期不能超过 48 小时,由此导致工期延误的,工期应予以顺延。监理人未能在前述期限内提出延期要求,又不参加试车的,视为认可试车记录。

② 具备无负荷联动试车条件,发包人组织试车,并在试车前 48 小时以书面形式通知承包人。通知中应载明试车内容、时间、地点和对承包人的要求,承包人按要求做好准备工作。试车合格,合同当事人在试车记录上签字。承包人无正当理由不参加试车的,视为认可试车记录。

（2）试车中的责任。

因设计原因导致试车达不到验收要求,发包人应要求设计人修改设计,承包人按修改后的设计重新安装。发包人承担修改设计、拆除及重新安装的全部费用,工期相应顺延。因承包人原因导致试车达不到验收要求,承包人按监理人要求重新安装和试车,并承担重新安装和试车的费用,工期不予顺延。

因工程设备制造原因导致试车达不到验收要求的,由采购该工程设备的合同当事人负责重新购置或修理,承包人负责拆除和重新安装,由此增加的修理、重新购置、拆除和重新安装的费用及延误的工期由采购该工程设备的合同当事人承担。

（3）投料试车。

如需进行投料试车的,发包人应在工程竣工验收后组织投料试车。发包人要求在工程竣工验收前进行或需要承包人配合时,应征得承包人同意,并在专用合同条款中约定有关事项。

投料试车合格的,费用由发包人承担;因承包人原因造成投料试车不合格的,承包人应按照发包人要求进行整改,由此产生的整改费用由承包人承担;非因承包人原因导致投料试车不合格的,如发包人要求承包人进行整改的,由此产生的费用由发包人承担。

4）提前交付单位工程的验收

（1）发包人需要在工程竣工前使用单位工程的,或承包人提出提前交付已经竣工的单位工程且经发包人同意的,可进行单位工程验收,验收的程序按照通用条款 10.3.13 第 2）款（竣工验收）的约定进行。

验收合格后,由监理人向承包人出具经发包人签认的单位工程接收证书。已签发单位工程接收证书的单位工程由发包人负责照管。单位工程的验收成果和结论作为整体工程竣工验收申请报告的附件。

（2）发包人要求在工程竣工前交付单位工程,由此导致承包人费用增加和（或）工期延误的,由发包人承担由此增加的费用和（或）延误的工期,并支付承包人合理的利润。

5）施工期运行

（1）施工期运行是指合同工程尚未全部竣工,其中某项或某几项单位工程或工程设备安装已竣工,根据专用合同条款约定,需要投入施工期运行的,经发包人按通用条款 10.3.13 第 4）款（提前交付单位工程的验收）的约定验收合格,证明能确保安全后,才能在施工期投入运行。

（2）在施工期运行中发现工程或工程设备损坏或存在缺陷的,由承包人按通用条款 10.3.15 第 2）款（缺陷责任期）的约定进行修复。

6）竣工退场

（1）竣工退场。

颁发工程接收证书后，承包人应按以下要求对施工现场进行清理：

① 施工现场内残留的垃圾已全部清除出场；

② 临时工程已拆除，场地已进行清理、平整或复原；

③ 按合同约定应撤离的人员、承包人施工设备和剩余的材料，包括废弃的施工设备和材料，已按计划撤离施工现场；

④ 施工现场周边及其附近道路、河道的施工堆积物，已全部清理；

⑤ 施工现场其他场地清理工作已全部完成。

施工现场的竣工退场费用由承包人承担。承包人应在专用合同条款约定的期限内完成竣工退场，逾期未完成的，发包人有权出售或另行处理承包人遗留的物品，由此支出的费用由承包人承担，发包人出售承包人遗留物品所得款项在扣除必要费用后应返还承包人。

（2）地表还原

承包人应按发包人要求恢复临时占地及清理场地，承包人未按发包人的要求恢复临时占地，或者场地清理未达到合同约定要求的，发包人有权委托其他人恢复或清理，所发生的费用由承包人承担。

2．专用条款

1）分部分项工程验收

监理人不能按时进行验收时，应提前_____小时提交书面延期要求。

关于延期最长不得超过：_____小时。

2）竣工验收

（1）竣工验收程序。

关于竣工验收程序的约定：_____

_____。

发包人不按照本项约定组织竣工验收、颁发工程接收证书的违约金的计算方法：

_____。

（2）移交、接收全部与部分工程。

承包人向发包人移交工程的期限：_____ 。

发包人未按本合同约定接收全部或部分工程的，违约金的计算方法为：

_____。

承包人未按时移交工程的，违约金的计算方法为：_____

_____。

3）工程试车

（1）试车程序。

工程试车内容：_____

_____。

① 单机无负荷试车费用由_____承担；

② 无负荷联动试车费用由_____承担。

（2）投料试车。

关于投料试车相关事项的约定：_____
_____。

　　4）竣工退场

　　竣工退场。

　　承包人完成竣工退场的期限：_____。

10.3.14　竣工结算

1. 通用条款

1）竣工结算申请

除专用合同条款另有约定外，承包人应在工程竣工验收合格后28天内向发包人和监理人提交竣工结算申请单，并提交完整的结算资料，有关竣工结算申请单的资料清单和份数等要求由合同当事人在专用合同条款中约定。

除专用合同条款另有约定外，竣工结算申请单应包括以下内容：

（1）竣工结算合同价格；

（2）发包人已支付承包人的款项；

（3）应扣留的质量保证金，已缴纳履约保证金的或提供其他工程质量担保方式的除外；

（4）发包人应支付承包人的合同价款。

2）竣工结算审核

（1）除专用合同条款另有约定外，监理人应在收到竣工结算申请单后14天内完成核查并报送发包人。发包人应在收到监理人提交的经审核的竣工结算申请单后14天内完成审批，并由监理人向承包人签发经发包人签认的竣工付款证书。监理人或发包人对竣工结算申请单有异议的，有权要求承包人进行修正和提供补充资料，承包人应提交修正后的竣工结算申请单。

发包人在收到承包人提交竣工结算申请书后28天内未完成审批且未提出异议的，视为发包人认可承包人提交的竣工结算申请单，并自发包人收到承包人提交的竣工结算申请单后第29天起视为已签发竣工付款证书。

（2）除专用合同条款另有约定外，发包人应在签发竣工付款证书后的14天内，完成对承包人的竣工付款。发包人逾期支付的，按照中国人民银行发布的同期同类贷款基准利率支付违约金；逾期支付超过56天的，按照中国人民银行发布的同期同类贷款基准利率的两倍支付违约金。

（3）承包人对发包人签认的竣工付款证书有异议的，对于有异议部分应在收到发包人签认的竣工付款证书后7天内提出异议，并由合同当事人按照专用合同条款约定的方式和程序进行复核，或按照第10.3.20条（争议解决）的约定处理。对于无异议部分，发包人应签发临时竣工付款证书，并按本款第（2）项完成付款。承包人逾期未提出异议的，视为认可发包人的审批结果。

3）甩项竣工协议

发包人要求甩项竣工的，合同当事人应签订甩项竣工协议。在甩项竣工协议中应明确，合同当事人按照通用条款10.3.14第1）款（竣工结算申请）及第2）款（竣工结算审核）的约定，对已完合格工程进行结算，并支付相应合同价款。

4）最终结清

（1）最终结清申请单。

① 除专用合同条款另有约定外，承包人应在缺陷责任期终止证书颁发后7天内，按专用

合同条款约定的份数向发包人提交最终结清申请单,并提供相关证明材料。

除专用合同条款另有约定外,最终结清申请单应列明质量保证金、应扣除的质量保证金、缺陷责任期内发生的增减费用。

② 发包人对最终结清申请单内容有异议的,有权要求承包人进行修正和提供补充资料,承包人应向发包人提交修正后的最终结清申请单。

(2) 最终结清证书和支付。

① 除专用合同条款另有约定外,发包人应在收到承包人提交的最终结清申请单后 14 天内完成审批并向承包人颁发最终结清证书。发包人逾期未完成审批,又未提出修改意见的,视为发包人同意承包人提交的最终结清申请单,且自发包人收到承包人提交的最终结清申请单后 15 天起视为已颁发最终结清证书。

② 除专用合同条款另有约定外,发包人应在颁发最终结清证书后 7 天内完成支付。发包人逾期支付的,按照中国人民银行发布的同期同类贷款基准利率支付违约金;逾期支付超过 56 天的,按照中国人民银行发布的同期同类贷款基准利率的两倍支付违约金。

③ 承包人对发包人颁发的最终结清证书有异议的,按通用条款 10.3.20 条(争议解决)的约定办理。

2. 专用条款

1) 竣工付款申请

承包人提交竣工付款申请单的期限:_____。

竣工付款申请单应包括的内容:_____
_____。

2) 竣工结算审核

发包人审批竣工付款申请单的期限:_____。

发包人完成竣工付款的期限:_____。

关于竣工付款证书异议部分复核的方式和程序:_____
_____。

3) 最终结清

(1) 最终结清申请单。

承包人提交最终结清申请单的份数:_____。

承包人提交最终结算申请单的期限:_____。

(2) 最终结清证书和支付。

① 发包人完成最终结清申请单的审批并颁发最终结清证书的期限:
_____。

② 发包人完成支付的期限:_____。

10.3.15 缺陷责任与保修

1. 通用条款

1) 工程保修的原则

在工程移交发包人后,因承包人原因产生的质量缺陷,承包人应承担质量缺陷责任和保修义务。缺陷责任期届满,承包人仍应按合同约定的工程各部位保修年限承担保修义务。

2）缺陷责任期

（1）缺陷责任期自实际竣工日期起计算，合同当事人应在专用合同条款约定缺陷责任期的具体期限，但该期限最长不超过 24 个月。

单位工程先于全部工程进行验收，经验收合格并交付使用的，该单位工程缺陷责任期自单位工程验收合格之日起算。因承包人原因导致工程无法按合同约定期限进行竣工验收的，缺陷责任期从实际通过竣工验收之日起计算。因发包人原因导致工程无法按合同约定期限进行竣工验收的，在承包人提交竣工验收报告 90 天后，工程自动进入缺陷责任期；发包人未经竣工验收擅自使用工程的，缺陷责任期自工程转移占有之日起开始计算。

（2）缺陷责任期内，由承包人原因造成的缺陷，承包人应负责维修，并承担鉴定及维修费用。如承包人不维修也不承担费用，发包人可按合同约定从保证金或银行保函中扣除，费用超出保证金额的，发包人可按合同约定向承包人进行索赔。承包人维修并承担相应费用后，不免除对工程的损失赔偿责任。发包人有权要求承包人延长缺陷责任期，并应在原缺陷责任期届满前发出延长通知。但缺陷责任期（含延长部分）最长不能超过 24 个月。

（3）任何一项缺陷或损坏修复后，经检查证明其影响了工程或工程设备的使用性能，承包人应重新进行合同约定的试验和试运行，试验和试运行的全部费用应由责任方承担。

（4）除专用合同条款另有约定外，承包人应于缺陷责任期届满后 7 天内向发包人发出缺陷责任期届满通知，发包人应在收到缺陷责任期满通知后 14 天内核实承包人是否履行缺陷修复义务，承包人未能履行缺陷修复义务的，发包人有权扣除相应金额的维修费用。发包人应在收到缺陷责任期届满通知后 14 天内，向承包人颁发缺陷责任期终止证书。

3）质量保证金

经合同当事人协商一致扣留质量保证金的，应在专用合同条款中予以明确。

在工程项目竣工前，承包人已经提供履约担保的，发包人不得同时预留工程质量保证金。

（1）承包人提供质量保证金的方式。

承包人提供质量保证金有以下三种方式：

① 质量保证金保函；

② 相应比例的工程款；

③ 双方约定的其他方式。

除专用合同条款另有约定外，质量保证金原则上采用上述第①种方式。

（2）质量保证金的扣留。

质量保证金的扣留有以下三种方式：

① 在支付工程进度款时逐次扣留，在此情形下，质量保证金的计算基数不包括预付款的支付、扣回以及价格调整的金额；

② 工程竣工结算时一次性扣留质量保证金；

③ 双方约定的其他扣留方式。

除专用合同条款另有约定外，质量保证金的扣留原则上采用上述第①种方式。

发包人累计扣留的质量保证金不得超过工程价款结算总额的 3%。如承包人在发包人签发竣工付款证书后 28 天内提交质量保证金保函，发包人应同时退还扣留的作为质量保证金的工程价款；保函金额不得超过工程价款结算总额的 3%。

发包人在退还质量保证金的同时按照中国人民银行发布的同期同类贷款基准利率支付利息。

（3）质量保证金的退还。

缺陷责任期内，承包人认真履行合同约定的责任，到期后，承包人可向发包人申请返还保证金。

发包人在接到承包人返还保证金申请后，应于14天内会同承包人按照合同约定的内容进行核实。如无异议，发包人应当按照约定将保证金返还给承包人。对返还期限没有约定或者约定不明确的，发包人应当在核实后14天内将保证金返还承包人，逾期未返还的，依法承担违约责任。发包人在接到承包人返还保证金申请后14天内不予答复，经催告后14天内仍不予答复，视同认可承包人的返还保证金申请。

发包人和承包人对保证金预留、返还以及工程维修质量、费用有争议的，按本合同第10.3.20条约定的争议和纠纷解决程序处理。

4）保修

（1）保修责任。

工程保修期从工程竣工验收合格之日起算，具体分部分项工程的保修期由合同当事人在专用合同条款中约定，但不得低于法定最低保修年限。在工程保修期内，承包人应当根据有关法律规定以及合同约定承担保修责任。

发包人未经竣工验收擅自使用工程的，保修期自转移占有之日起算。

（2）修复费用。

保修期内，修复的费用按照以下约定处理：

① 保修期内，因承包人原因造成工程的缺陷、损坏，承包人应负责修复，并承担修复的费用以及因工程的缺陷、损坏造成的人身伤害和财产损失；

② 保修期内，因发包人使用不当造成工程的缺陷、损坏，可以委托承包人修复，但发包人应承担修复的费用，并支付承包人合理利润；

③ 因其他原因造成工程的缺陷、损坏，可以委托承包人修复，发包人应承担修复的费用，并支付承包人合理的利润，因工程的缺陷、损坏造成的人身伤害和财产损失由责任方承担。

（3）修复通知。

在保修期内，发包人在使用过程中，发现已接收的工程存在缺陷或损坏的，应书面通知承包人予以修复，但情况紧急必须立即修复缺陷或损坏的，发包人可以口头通知承包人并在口头通知后48小时内书面确认，承包人应在专用合同条款约定的合理期限内到达工程现场并修复缺陷或损坏。

（4）未能修复。

因承包人原因造成工程的缺陷或损坏，承包人拒绝维修或未能在合理期限内修复缺陷或损坏，且经发包人书面催告后仍未修复的，发包人有权自行修复或委托第三方修复，所需费用由承包人承担。但修复范围超出缺陷或损坏范围的，超出范围部分的修复费用由发包人承担。

（5）承包人出入权。

在保修期内，为了修复缺陷或损坏，承包人有权出入工程现场，除情况紧急必须立即修复缺陷或损坏外，承包人应提前24小时通知发包人进场修复的时间。承包人进入工程现场前应获得发包人同意，且不应影响发包人正常的生产经营，并应遵守发包人有关保安和保密等规定。

2．专用条款

1）缺陷责任期

缺陷责任期的具体期限：_____

_____

_____。

2）质量保证金

关于是否扣留质量保证金的约定：_____。

在工程项目竣工前，承包人按专用合同条款 10.3.3 第 7)款提供履约担保的，发包人不得同时预留工程质量保证金。

（1）承包人提供质量保证金的方式。

质量保证金采用以下第 _____ 种方式：

① 质量保证金保函，保证金额为：_____；

② _____％的工程款；

③ 其他方式：_____。

（2）质量保证金的扣留。

质量保证金的扣留采取以下第 _____ 种方式：

① 在支付工程进度款时逐次扣留，在此情形下，质量保证金的计算基数不包括预付款的支付、扣回以及价格调整的金额；

② 工程竣工结算时一次性扣留质量保证金；

③ 其他扣留方式：_____。

关于质量保证金的补充约定：_____

_____。

4）保修

（1）保修责任。

工程保修期为：_____

_____。

（3）修复通知。

承包人收到保修通知并到达工程现场的合理时间：_____

_____。

10.3.16　违约

1．通用条款

1）发包人违约

（1）发包人违约的情形。

在合同履行过程中发生的下列情形，属于发包人违约：

① 因发包人原因未能在计划开工日期前 7 天内下达开工通知的；

② 因发包人原因未能按合同约定支付合同价款的；

③ 发包人违反通用条款 10.3.10 第 1)款（变更的范围）的第（2）项约定，自行实施被取消的工作或转由他人实施的；

④ 发包人提供的材料、工程设备的规格、数量或质量不符合合同约定，或因发包人原因导致交货日期延误或交货地点变更等情况的；

⑤ 因发包人违反合同约定造成暂停施工的；

⑥ 发包人无正当理由没有在约定期限内发出复工指示，导致承包人无法复工的；

⑦ 发包人明确表示或者以其行为表明不履行合同主要义务的；

⑧ 发包人未能按照合同约定履行其他义务的。

发包人发生除本项第⑦目以外的违约情况时,承包人可向发包人发出通知,要求发包人采取有效措施纠正违约行为。发包人收到承包人通知后28天内仍不纠正违约行为的,承包人有权暂停相应部位工程施工,并通知监理人。

(2) 发包人违约的责任。

发包人应承担因其违约给承包人增加的费用和(或)延误的工期,并支付承包人合理的利润。此外,合同当事人可在专用合同条款中另行约定发包人违约责任的承担方式和计算方法。

(3) 因发包人违约解除合同。

除专用合同条款另有约定外,承包人按通用条款10.3.16第1)款(1)项(发包人违约的情形)约定暂停施工满28天后,发包人仍不纠正其违约行为并致使合同目的不能实现的,或出现通用条款10.3.16第1)款(1)项(发包人违约的情形)第⑦目约定的违约情况,承包人有权解除合同,发包人应承担由此增加的费用,并支付承包人合理的利润。

(4) 因发包人违约解除合同后的付款。

承包人按照本款约定解除合同的,发包人应在解除合同后28天内支付下列款项,并解除履约担保:

① 合同解除前所完成工作的价款;

② 承包人为工程施工订购并已付款的材料、工程设备和其他物品的价款;

③ 承包人撤离施工现场以及遣散承包人人员的款项;

④ 按照合同约定在合同解除前应支付的违约金;

⑤ 按照合同约定应当支付给承包人的其他款项;

⑥ 按照合同约定应退还的质量保证金;

⑦ 因解除合同给承包人造成的损失。

合同当事人未能就解除合同后的结清达成一致的,按照通用条款10.3.20条(争议解决)的约定处理。

承包人应妥善做好已完工程和与工程有关的已购材料、工程设备的保护和移交工作,并将施工设备和人员撤出施工现场,发包人应为承包人撤出提供必要条件。

2) 承包人违约

(1) 承包人违约的情形。

在合同履行过程中发生的下列情形,属于承包人违约:

① 承包人违反合同约定进行转包或违法分包的;

② 承包人违反合同约定采购和使用不合格的材料和工程设备的;

③ 因承包人原因导致工程质量不符合合同要求的;

④ 承包人违反通用条款10.3.8条第9)款(材料与设备专用要求)的约定,未经批准,私自将已按照合同约定进入施工现场的材料或设备撤离施工现场的;

⑤ 承包人未能按施工进度计划及时完成合同约定的工作,造成工期延误的;

⑥ 承包人在缺陷责任期及保修期内,未能在合理期限对工程缺陷进行修复,或拒绝按发包人要求进行修复的;

⑦ 承包人明确表示或者以其行为表明不履行合同主要义务的;

⑧ 承包人未能按照合同约定履行其他义务的。

承包人发生除本项第⑦目约定以外的其他违约情况时,监理人可向承包人发出整改通知,要求其在指定的期限内改正。

(2) 承包人违约的责任。

承包人应承担因其违约行为而增加的费用和(或)延误的工期。此外,合同当事人可在专用合同条款中另行约定承包人违约责任的承担方式和计算方法。

(3) 因承包人违约解除合同

除专用合同条款另有约定外,出现通用条款 10.3.16 条第 2)款第(1)项(承包人违约的情形)第⑦目约定的违约情况时,或监理人发出整改通知后,承包人在指定的合理期限内仍不纠正违约行为并致使合同目的不能实现的,发包人有权解除合同。合同解除后,因继续完成工程的需要,发包人有权使用承包人在施工现场的材料、设备、临时工程及承包人文件和由承包人或以其名义编制的其他文件,合同当事人应在专用合同条款约定相应费用的承担方式。发包人继续使用的行为不能免除或减轻承包人应承担的违约责任。

(4) 因承包人违约解除合同后的处理。

因承包人原因导致合同解除的,则合同当事人应在合同解除后 28 天内完成估价、付款和清算,并按以下约定执行:

① 合同解除后,按通用条款 10.3.4 条第 4)款(商定或确定)商定或确定承包人实际完成工作对应的合同价款,以及承包人已提供的材料、工程设备、施工设备和临时工程等的价值;

② 合同解除后,承包人应支付的违约金;

③ 合同解除后,因解除合同给发包人造成的损失;

④ 合同解除后,承包人应按照发包人要求和监理人的指示完成现场的清理和撤离;

⑤ 发包人和承包人应在合同解除后进行清算,出具最终结清付款证书,结清全部款项。

因承包人违约解除合同的,发包人有权暂停对承包人的付款,查清各项付款和已扣款项。发包人和承包人未能就合同解除后的清算和款项支付达成一致的,按照通用条款 10.3.20 条(争议解决)的约定处理。

(5) 采购合同权益转让。

因承包人违约解除合同的,发包人有权要求承包人将其为实施合同而签订的材料和设备的采购合同的权益转让给发包人,承包人应在收到解除合同通知后 14 天内,协助发包人与采购合同的供应商达成相关的转让协议。

3) 第三人造成的违约

在履行合同过程中,一方当事人因第三人的原因造成违约的,应当向对方当事人承担违约责任。一方当事人和第三人之间的纠纷,依照法律规定或者按照约定解决。

2. 专用条款

1) 发包人违约

(1) 发包人违约的情形。

发包人违约的其他情形:＿＿＿＿＿＿＿＿＿＿＿＿＿＿＿＿＿＿＿＿＿＿＿＿＿＿＿

＿＿＿＿＿＿＿＿＿＿＿＿＿＿＿＿＿＿＿＿＿＿＿＿＿＿＿＿＿＿＿＿＿＿＿＿。

(2) 发包人违约的责任。

发包人违约责任的承担方式和计算方法:

① 因发包人原因未能在计划开工日期前 7 天内下达开工通知的违约责任:

　　　　　　　　　　　　　　　　　　　　　　　　　　　　　　。

　　② 因发包人原因未能按合同约定支付合同价款的违约责任：＿＿＿＿＿＿＿＿＿＿
　　　　　　　　　　　　　　　　　　　　　　　　　　　　　　。

　　③ 发包人违反通用条款 10.3.10 第 1)款(变更的范围)项中第(2)项约定,自行实施被取消的工作或转由他人实施的违约责任：
＿＿＿＿＿＿＿＿＿＿＿＿＿＿＿＿＿＿＿＿＿＿＿＿＿＿＿＿＿＿＿＿＿＿＿。

　　④ 发包人提供的材料、工程设备的规格、数量或质量不符合合同约定,或因发包人原因导致交货日期延误或交货地点变更等情况的违约责任：
＿＿＿＿＿＿＿＿＿＿＿＿＿＿＿＿＿＿＿＿＿＿＿＿＿＿＿＿＿＿＿＿＿。

　　⑤ 因发包人违反合同约定造成暂停施工的违约责任：＿＿＿＿＿＿＿＿＿＿＿
＿＿＿＿＿＿＿＿＿＿＿＿＿＿＿＿＿＿＿＿＿＿＿＿＿＿＿＿＿＿＿＿。

　　⑥ 发包人无正当理由没有在约定期限内发出复工指示,导致承包人无法复工的违约责任：
＿＿＿＿＿＿＿＿＿＿＿＿＿＿＿＿＿＿＿＿＿＿＿＿＿＿＿＿＿＿＿＿。

　　⑦其他：＿＿＿＿＿＿＿＿＿＿＿＿＿＿＿＿＿＿＿＿＿＿＿＿＿＿。
　　(3) 因发包人违约解除合同。
　　承包人按通用条款 10.3.16 第 1)款第(1)项(发包人违约的情形)项的约定暂停施工满＿＿＿天后发包人仍不纠正其违约行为并致使合同目的不能实现的,承包人有权解除合同。
　　2) 承包人违约
　　(1) 承包人违约的情形。
　　承包人违约的其他情形：＿＿＿＿＿＿＿＿＿＿＿＿＿＿＿＿＿＿＿＿＿＿
＿＿＿＿＿＿＿＿＿＿＿＿＿＿＿＿＿＿＿＿＿＿＿＿＿＿＿＿＿＿＿。

　　(2) 承包人违约的责任。
　　承包人违约责任的承担方式和计算方法：＿＿＿＿＿＿＿＿＿＿＿＿＿＿＿＿
＿＿＿＿＿＿＿＿＿＿＿＿＿＿＿＿＿＿＿＿＿＿＿＿＿＿＿＿＿＿＿。

　　(3) 因承包人违约解除合同。
　　关于承包人违约解除合同的特别约定：＿＿＿＿＿＿＿＿＿＿＿＿＿＿＿＿＿
＿＿＿＿＿＿＿＿＿＿＿＿＿＿＿＿＿＿＿＿＿＿＿＿＿＿＿＿＿＿＿。

　　发包人继续使用承包人在施工现场的材料、设备、临时工程及承包人文件和由承包人或以其名义编制的其他文件的费用承担方式：
＿＿＿＿＿＿＿＿＿＿＿＿＿＿＿＿＿＿＿＿＿＿＿＿＿＿＿＿＿＿＿。

10.3.17　不可抗力

1. 通用条款

1) 不可抗力的确认

不可抗力是指合同当事人在签订合同时不可预见,在合同履行过程中不可避免且不能克服的自然灾害和社会性突发事件,如地震、海啸、瘟疫、骚乱、戒严、暴动及战争和专用合同条款中约定的其他情形。

不可抗力发生后,发包人和承包人应收集证明不可抗力发生及不可抗力造成损失的证据,并及时认真统计所造成的损失。合同当事人对是否属于不可抗力或其损失的意见不一致的,由监理人按通用条款 10.3.4 第 4)款(商定或确定)的约定处理。发生争议时,按通用条款 10.3.20条(争议解决)的约定处理。

2)不可抗力的通知

合同一方当事人遇到不可抗力事件,使其履行合同义务受到阻碍时,应立即通知合同另一方当事人和监理人,书面说明不可抗力和受阻碍的详细情况,并提供必要的证明。

不可抗力持续发生的,合同一方当事人应及时向合同另一方当事人和监理人提交中间报告,说明不可抗力和履行合同受阻的情况,并于不可抗力事件结束后 28 天内提交最终报告及有关资料。

3)不可抗力后果的承担

(1)不可抗力引起的后果及造成的损失由合同当事人按照法律规定及合同约定各自承担。不可抗力发生前已完成的工程应当按照合同约定进行计量支付。

(2)不可抗力导致的人员伤亡、财产损失、费用增加和(或)工期延误等后果,由合同当事人按以下原则承担:

① 永久工程、已运至施工现场的材料和工程设备的损坏,以及因工程损坏造成的第三人人员伤亡和财产损失由发包人承担;

② 承包人施工设备的损坏由承包人承担;

③ 发包人和承包人承担各自人员伤亡和财产的损失;

④ 因不可抗力影响承包人履行合同约定的义务,已经引起或将引起工期延误的,应当顺延工期,由此导致承包人停工的费用损失由发包人和承包人合理分担,停工期间必须支付的工人工资由发包人承担;

⑤ 因不可抗力引起或将引起工期延误,发包人要求赶工的,由此增加的赶工费用由发包人承担;

⑥ 承包人在停工期间按照发包人要求照管、清理和修复工程的费用由发包人承担。

不可抗力发生后,合同当事人均应采取措施尽量避免和减少损失的扩大,任何一方当事人没有采取有效措施导致损失扩大的,应对扩大的损失承担责任。

因合同一方迟延履行合同义务,在迟延履行期间遭遇不可抗力的,不能免除其违约责任。

4)因不可抗力解除合同

因不可抗力导致合同无法履行连续超过84 天或累计超过140 天的,发包人和承包人均有权解除合同。合同解除后,由双方当事人按照通用条款 10.3.4 第 4)款(商定或确定)商定或确定发包人应支付的款项,该款项包括:

(1)合同解除前承包人已完成工作的价款;

(2)承包人为工程订购的并已交付给承包人,或承包人有责任接受交付的材料、工程设备和其他物品的价款;

(3)发包人要求承包人退货或解除订货合同而产生的费用,或因不能退货或解除合同而产生的损失;

(4)承包人撤离施工现场以及遣散承包人人员的费用;

(5)按照合同约定在合同解除前应支付给承包人的其他款项;

(6)扣减承包人按照合同约定应向发包人支付的款项;

(7)双方商定或确定的其他款项。

除专用合同条款另有约定外,合同解除后,发包人应在商定或确定上述款项后 28 天内完成上述款项的支付。

2. 专用条款

1) 不可抗力的确认

除通用合同条款约定的不可抗力事件之外,视为不可抗力的其他情形:

_____。

2) 因不可抗力解除合同

合同解除后,发包人应在商定或确定发包人应支付款项后____天内完成款项的支付。

10.3.18 保险

1. 通用条款

1) 工程保险

除专用合同条款另有约定外,发包人应投保建筑工程一切险或安装工程一切险;发包人委托承包人投保的,因投保产生的保险费和其他相关费用由发包人承担。

2) 工伤保险

(1) 发包人应依照法律规定参加工伤保险,并为在施工现场的全部员工办理工伤保险,缴纳工伤保险费,并要求监理人及由发包人为履行合同聘请的第三方依法参加工伤保险。

(2) 承包人应依照法律规定参加工伤保险,并为其履行合同的全部员工办理工伤保险,缴纳工伤保险费,并要求分包人及由承包人为履行合同聘请的第三方依法参加工伤保险。

3) 其他保险

发包人和承包人可以为其施工现场的全部人员办理意外伤害保险并支付保险费,包括其员工及为履行合同聘请的第三方的人员,具体事项由合同当事人在专用合同条款约定。

除专用合同条款另有约定外,承包人应为其施工设备等办理财产保险。

4) 持续保险

合同当事人应与保险人保持联系,使保险人能够随时了解工程实施中的变动,并确保按保险合同条款要求持续保险。

5) 保险凭证

合同当事人应及时向另一方当事人提交其已投保的各项保险的凭证和保险单复印件。

6) 未按约定投保的补救

(1) 发包人未按合同约定办理保险,或未能使保险持续有效的,则承包人可代为办理,所需费用由发包人承担。发包人未按合同约定办理保险,导致未能得到足额赔偿的,由发包人负责补足。

(2) 承包人未按合同约定办理保险,或未能使保险持续有效的,则发包人可代为办理,所需费用由承包人承担。承包人未按合同约定办理保险,导致未能得到足额赔偿的,由承包人负责补足。

7) 通知义务

除专用合同条款另有约定外,发包人变更除工伤保险之外的保险合同时,应事先征得承包人同意,并通知监理人;承包人变更除工伤保险之外的保险合同时,应事先征得发包人同意,并通知监理人。

保险事故发生时,投保人应按照保险合同规定的条件和期限及时向保险人报告。发包人和承包人应当在知道保险事故发生后及时通知对方。

2. 专用条款

1) 工程保险

关于工程保险的特别约定：_____。

2) 其他保险

关于其他保险的约定：_____。

承包人是否应为其施工设备等办理财产保险：

_____。

3) 通知义务

关于变更保险合同时的通知义务的约定：_____

_____。

10.3.19　索赔

通用条款

1) 承包人的索赔

根据合同约定,承包人认为有权得到追加付款和(或)延长工期的,应按以下程序向发包人提出索赔:

(1) 承包人应在知道或应当知道索赔事件发生后 28 天内,向监理人递交索赔意向通知书,并说明发生索赔事件的事由;承包人未在前述 28 天内发出索赔意向通知书的,丧失要求追加付款和(或)延长工期的权利。

(2) 承包人应在发出索赔意向通知书后 28 天内,向监理人正式递交索赔报告;索赔报告应详细说明索赔理由以及要求追加的付款金额和(或)延长的工期,并附必要的记录和证明材料。

(3) 索赔事件具有持续影响的,承包人应按合理时间间隔继续递交延续索赔通知,说明持续影响的实际情况和记录,列出累计的追加付款金额和(或)工期延长天数。

(4) 在索赔事件影响结束后 28 天内,承包人应向监理人递交最终索赔报告,说明最终要求索赔的追加付款金额和(或)延长的工期,并附必要的记录和证明材料。

2) 对承包人索赔的处理

对承包人索赔的处理如下:

(1) 监理人应在收到索赔报告后 14 天内完成审查并报送发包人。监理人对索赔报告存在异议的,有权要求承包人提交全部原始记录副本。

(2) 发包人应在监理人收到索赔报告或有关索赔的进一步证明材料后的 28 天内,由监理人向承包人出具经发包人签认的索赔处理结果。发包人逾期答复的,则视为认可承包人的索赔要求。

(3) 承包人接受索赔处理结果的,索赔款项在当期进度款中进行支付;承包人不接受索赔处理结果的,按照 10.3.20 条(争议解决)的约定处理。

3) 发包人的索赔

根据合同约定,发包人认为有权得到赔付金额和(或)延长缺陷责任期的,监理人应向承包人发出通知并附有详细的证明。

发包人应在知道或应当知道索赔事件发生后 28 天内通过监理人向承包人提出索赔意向

通知书,发包人未在前述 28 天内发出索赔意向通知书的,丧失要求赔付金额和(或)延长缺陷责任期的权利。发包人应在发出索赔意向通知书后 28 天内,通过监理人向承包人正式递交索赔报告。

4)对发包人索赔的处理

对发包人索赔的处理如下:

(1)承包人收到发包人提交的索赔报告后,应及时审查索赔报告的内容、查验发包人证明材料。

(2)承包人应在收到索赔报告或有关索赔的进一步证明材料后 28 天内,将索赔处理结果答复发包人。如果承包人未在上述期限内作出答复的,则视为对发包人索赔要求的认可。

(3)承包人接受索赔处理结果的,发包人可从应支付给承包人的合同价款中扣除赔付的金额或延长缺陷责任期;发包人不接受索赔处理结果的,按第 10.3.20 条(争议解决)的约定处理。

5)提出索赔的期限

(1)承包人按通用条款 10.3.14 第 2)款(竣工结算审核)的约定接收竣工付款证书后,应被视为已无权再提出在工程接收证书颁发前所发生的任何索赔。

(2)承包人按通用条款 10.3.14 第 4)款(最终结清)提交的最终结清申请单中,只限于提出工程接收证书颁发后发生的索赔。提出索赔的期限自接受最终结清证书时终止。

10.3.20　争议解决

1. 通用条款

1)和解

合同当事人可以就争议自行和解,自行和解达成协议的经双方签字并盖章后作为合同补充文件,双方均应遵照执行。

2)调解

合同当事人可以就争议请求建设行政主管部门、行业协会或其他第三方进行调解,调解达成协议的,经双方签字并盖章后作为合同补充文件,双方均应遵照执行。

3)争议评审

合同当事人在专用合同条款中约定采取争议评审方式解决争议以及评审规则,并按下列约定执行:

(1)争议评审小组的确定。

合同当事人可以共同选择一名或三名争议评审员,组成争议评审小组。除专用合同条款另有约定外,合同当事人应当自合同签订后 28 天内,或者争议发生后 14 天内,选定争议评审员。

选择一名争议评审员的,由合同当事人共同确定;选择三名争议评审员的,各自选定一名,第三名成员为首席争议评审员,由合同当事人共同确定或由合同当事人委托已选定的争议评审员共同确定,或由专用合同条款约定的评审机构指定第三名首席争议评审员。

除专用合同条款另有约定外,评审员报酬由发包人和承包人各承担一半。

(2)争议评审小组的决定。

合同当事人可在任何时间将与合同有关的任何争议共同提请争议评审小组进行评审。争议评审小组应秉持客观、公正原则,充分听取合同当事人的意见,依据相关法律、规范、标准、案例经验及商业惯例等,自收到争议评审申请报告后 14 天内作出书面决定,并说明理由。合同当事人可以在专用合同条款中对本项事项另行约定。

(3)争议评审小组决定的效力。

争议评审小组作出的书面决定经合同当事人签字确认后,对双方具有约束力,双方应遵照执行。

任何一方当事人不接受争议评审小组决定或不履行争议评审小组决定的,双方可选择采用其他争议解决方式。

4)仲裁或诉讼

因合同及合同有关事项产生的争议,合同当事人可以在专用合同条款中约定以下一种方式解决争议:

(1)向约定的仲裁委员会申请仲裁;

(2)向有管辖权的人民法院起诉。

5)争议解决条款效力

合同有关争议解决的条款独立存在,合同的变更、解除、终止和无效或者被撤销均不影响其效力。

2.专用条款

1)争议评审

合同当事人是否同意将工程争议提交争议评审小组决定:＿＿＿＿＿＿＿＿＿＿＿＿＿＿

＿＿。

(1)争议评审小组的确定。

争议评审小组成员的确定:＿＿＿＿＿＿＿＿＿＿＿＿＿＿＿＿＿＿＿＿。

选定争议评审员的期限:＿＿＿＿＿＿＿＿＿＿＿＿＿＿＿＿＿＿＿＿。

争议评审小组成员的报酬承担方式:＿＿＿＿＿＿＿＿＿＿＿＿＿＿。

其他事项的约定:＿＿＿＿＿＿＿＿＿＿＿＿＿＿＿＿＿＿＿＿。

(2)争议评审小组的决定。

合同当事人关于本项的约定:＿＿＿＿＿＿＿＿＿＿＿＿＿＿。

2)仲裁或诉讼

因合同及合同有关事项发生的争议,按下列第＿＿＿＿种方式解决:

(1)向＿＿＿＿＿＿＿＿＿＿仲裁委员会申请仲裁;

(2)向＿＿＿＿＿＿＿＿＿＿人民法院起诉。

10.4　合同附件

1.协议书附件

建设工程施工合同示范文本(GF-2017-0201)协议书附件:

附件 1:承包人承揽工程项目一览表。

2.专用合同条款附件

建设工程施工合同示范文本(GF-2017-0201)专用合同条款附件:

附件 2:发包人供应材料设备一览表。

附件 3:工程质量保修书。

附件 4：主要建设工程文件目录。

附件 5：承包人用于本工程施工的机械设备表。

附件 6：承包人主要施工管理人员表。

附件 7：分包人主要施工管理人员表。

附件 8：履约担保。

附件 9：预付款担保。

附件 10：支付担保。

附件 11：暂估价一览表。

3. 合同附件的内容和格式

附件内容和格式分别参见如下附件 1～附件 11。

附件1：

承包人承揽工程项目一览表

单位工程名称	建设规模	建筑面积（平方米）	结构形式	层数	生产能力	设备安装内容	合同价格（元）	开工日期	竣工日期

附件2：

发包人供应材料设备一览表

序号	材料、设备品种	规格型号	单位	数量	单价(元)	质量等级	供应时间	送达地点	备注

附件 **3**：

工程质量保修书

发包人(全称)：＿＿＿＿＿＿＿＿＿＿＿＿＿＿＿＿

承包人(全称)：＿＿＿＿＿＿＿＿＿＿＿＿＿＿＿＿

发包人和承包人根据《中华人民共和国建筑法》和《建设工程质量管理条例》，经协商一致就＿＿＿＿＿＿＿＿(工程全称)签订工程质量保修书。

一、工程质量保修范围和内容

承包人在质量保修期内，按照有关法律规定和合同约定，承担工程质量保修责任。

质量保修范围包括地基基础工程、主体结构工程，屋面防水工程、有防水要求的卫生间、房间和外墙面的防渗漏，供热与供冷系统，电气管线、给排水管道、设备安装和装修工程，以及双方约定的其他项目。具体保修的内容，双方约定如下：＿＿＿。

二、质量保修期

根据《建设工程质量管理条例》及有关规定，工程的质量保修期如下：

1. 地基基础工程和主体结构工程为设计文件规定的工程合理使用年限；

2. 屋面防水工程、有防水要求的卫生间、房间和外墙面的防渗为＿＿＿＿＿年；

3. 装修工程为＿＿＿＿＿年；

4. 电气管线、给排水管道、设备安装工程为＿＿＿＿＿年；

5. 供热与供冷系统为＿＿＿＿＿个采暖期、供冷期；

6. 住宅小区内的给排水设施、道路等配套工程为＿＿＿＿＿年；

7. 其他项目保修期限约定如下：＿＿＿。

质量保修期自工程竣工验收合格之日起计算。

三、缺陷责任期

工程缺陷责任期为＿＿＿＿＿个月，缺陷责任期自工程竣工验收合格之日起计算。单位工程先于全部工程进行验收，单位工程缺陷责任期自单位工程验收合格之日起算。

缺陷责任期终止后，发包人应退还剩余的质量保证金。

四、质量保修责任

1. 属于保修范围、内容的项目，承包人应当在接到保修通知之日起 7 天内派人保修。承包人不在约定期限内派人保修的，发包人可以委托他人修理。

2. 发生紧急事故需抢修的，承包人在接到事故通知后，应当立即到达事故现场抢修。

3. 对于涉及结构安全的质量问题，应当按照《建设工程质量管理条例》的规定，立即向当地建设行政主管部门和有关部门报告，采取安全防范措施，并由原设计人或者具有相应资质等级的设计人提出保修方案，承包人实施保修。

4. 质量保修完成后，由发包人组织验收。

五、保修费用

保修费用由造成质量缺陷的责任方承担。

六、双方约定的其他工程质量保修事项：_____

_____。

工程质量保修书由发包人、承包人在工程竣工验收前共同签署，作为施工合同附件，其有效期限至保修期满。

发包人（公章）：_____　　承包人（公章）：_____

地　　址：_____　　地　　址：_____

法定代表人（签字）：_____　　法定代表人（签字）：_____

委托代理人（签字）：_____　　委托代理人（签字）：_____

电　　话：_____　　电　　话：_____

传　　真：_____　　传　　真：_____

开户银行：_____　　开户银行：_____

账　　号：_____　　账　　号：_____

邮政编码：_____　　邮政编码：_____

附件 4：

主要建设工程文件目录

文件名称	套数	费用(元)	质量	移交时间	责任人

附件 5：

承包人用于本工程施工的机械设备表

序号	机械或设备名称	规格型号	数量	产地	制造年份	额定功率(kW)	生产能力	备注

附件 6：

承包人主要施工管理人员表

名　　称	姓名	职务	职称	主要资历、经验及承担过的项目
一、总部人员				
项目主管				
其他人员				
二、现场人员				
项目经理				
项目副经理				
技术负责人				
造价管理				
质量管理				
材料管理				
计划管理				
安全管理				
其他人员				

附件 7：

分包人主要施工管理人员表

名　　称	姓名	职务	职称	主要资历、经验及承担过的项目
一、总部人员				
项目主管				
其他人员				
二、现场人员				
项目经理				
项目副经理				
技术负责人				
造价管理				
质量管理				
材料管理				
计划管理				
安全管理				
其他人员				

附件 8：

履约担保

（发包人名称）：＿＿＿＿＿＿＿＿＿＿＿＿＿＿＿＿＿＿＿＿＿＿＿＿

　　鉴于＿＿＿＿＿＿＿＿＿（发包人名称，以下简称"发包人"）与＿＿＿＿＿＿＿＿＿（承包人名称）（以下称"承包人"）于＿＿＿年＿＿＿月＿＿＿日就＿＿＿＿＿＿＿＿＿＿＿＿＿＿＿（工程名称）施工及有关事项协商一致共同签订《建设工程施工合同》。我方愿意无条件地、不可撤销地就承包人履行与你方签订的合同，向你方提供连带责任担保。

　　1. 担保金额人民币（大写）＿＿＿＿＿＿＿＿＿元（¥＿＿＿＿＿＿＿）。

　　2. 担保有效期自你方与承包人签订的合同生效之日起至你方签发或应签发工程接收证书之日止。

　　3. 在本担保有效期内，因承包人违反合同约定的义务给你方造成经济损失时，我方在收到你方以书面形式提出的在担保金额内的赔偿要求后，在 7 天内无条件支付。

　　4. 你方和承包人按合同约定变更合同时，我方承担本担保规定的义务不变。

　　5. 因本保函发生的纠纷，可由双方协商解决；协商不成的，任何一方均可提请＿＿＿＿＿＿＿仲裁委员会仲裁。

　　6. 本保函自我方法定代表人（或其授权代理人）签字并加盖公章之日起生效。

　　担保人：＿＿＿＿＿＿＿＿＿＿＿＿＿＿＿＿＿＿＿（盖单位章）
　　法定代表人或其委托代理人：＿＿＿＿＿＿＿＿＿＿＿＿＿＿＿＿＿（签字）
　　地　　　址：＿＿＿＿＿＿＿＿＿＿＿＿＿＿＿＿＿
　　邮政编码：＿＿＿＿＿＿＿＿＿＿＿＿＿＿＿＿＿
　　电　　话：＿＿＿＿＿＿＿＿＿＿＿＿＿＿＿＿＿
　　传　　真：＿＿＿＿＿＿＿＿＿＿＿＿＿＿＿＿＿

　　年＿＿＿＿＿＿月＿＿＿＿＿＿日

附件 9：

预付款担保

＿＿＿＿＿＿＿＿＿＿＿＿＿（发包人名称）：

　　根据＿＿＿＿＿＿＿＿＿（承包人名称）（以下称"承包人"）与＿＿＿＿＿＿＿＿＿（发包人名称）（以下简称"发包人"）于＿＿＿＿年＿＿＿月＿＿＿日签订的＿＿＿＿＿＿＿＿＿（工程名称）《建设工程施工合同》，承包人按约定的金额向你方提交一份预付款担保，即有权得到你方支付相等金额的预付款。我方愿意就你方提供给承包人的预付款为承包人提供连带责任担保。

　　1. 担保金额人民币（大写）＿＿＿＿＿＿＿＿＿元（¥＿＿＿＿＿＿＿）。

2. 担保有效期自预付款支付给承包人起生效,至你方签发的进度款支付证书说明已完全扣清止。

3. 在本保函有效期内,因承包人违反合同约定的义务而要求收回预付款时,我方在收到你方的书面通知后,在 7 天内无条件支付。但本保函的担保金额,在任何时候不应超过预付款金额减去你方按合同约定在向承包人签发的进度款支付证书中扣除的金额。

4. 你方和承包人按合同约定变更合同时,我方承担本保函规定的义务不变。

5. 因本保函发生的纠纷,可由双方协商解决;协商不成的,任何一方均可提请_____仲裁委员会仲裁。

6. 本保函自我方法定代表人(或其授权代理人)签字并加盖公章之日起生效。

担保人:_____(盖单位章)
法定代表人或其委托代理人:_____(签字)
地　　　址:_____
邮政编码:_____
电　　　话:_____
传　　　真:_____

年_____月_____日

附件 10:

支付担保

_____(承包人):

鉴于你方作为承包人已经与_____(发包人名称)(以下称"发包人")于____年____月____日签订了_____(工程名称)《建设工程施工合同》(以下称"主合同"),应发包人的申请,我方愿就发包人履行主合同约定的工程款支付义务以保证的方式向你方提供如下担保:

一、保证的范围及保证金额

1. 我方的保证范围是主合同约定的工程款。

2. 本保函所称主合同约定的工程款是指主合同约定的除工程质量保证金以外的合同价款。

3. 我方保证的金额是主合同约定的工程款的_____%,数额最高不超过人民币_____元(大写:_____)。

二、保证的方式及保证期间

1. 我方保证的方式为:连带责任保证。

2. 我方保证的期间为:自本合同生效之日起至主合同约定的工程款支付完毕之日后____日内。

3. 你方与发包人协议变更工程款支付日期的,经我方书面同意后,保证期间按照变更后的支付日期做相应调整。

三、承担保证责任的形式

我方承担保证责任的形式是代为支付。发包人未按主合同约定向你方支付工程款的,由我方在保证金额内代为支付。

四、代偿的安排

1. 你方要求我方承担保证责任的,应向我方发出书面索赔通知及发包人未支付主合同约定工程款的证明材料。索赔通知应写明要求索赔的金额,支付款项应到达的账号。

2. 在出现你方与发包人因工程质量发生争议,发包人拒绝向你方支付工程款的情形时,你方要求我方履行保证责任代为支付的,需提供符合相应条件要求的工程质量检测机构出具的质量说明材料。

3. 我方收到你方的书面索赔通知及相应的证明材料后 7 天内无条件支付。

五、保证责任的解除

1. 在本保函承诺的保证期间内,你方未书面向我方主张保证责任的,自保证期间届满次日起,我方保证责任解除。

2. 发包人按主合同约定履行了工程款的全部支付义务的,自本保函承诺的保证期间届满次日起,我方保证责任解除。

3. 我方按照本保函向你方履行保证责任所支付金额达到本保函保证金额时,自我方向你方支付(支付款项从我方账户划出)之日起,保证责任即解除。

4. 按照法律法规的规定或出现应解除我方保证责任的其他情形的,我方在本保函项下的保证责任亦解除。

5. 我方解除保证责任后,你方应自我方保证责任解除之日起 _____ 个工作日内,将本保函原件返还我方。

六、免责条款

1. 因你方违约致使发包人不能履行义务的,我方不承担保证责任。

2. 依照法律法规的规定或你方与发包人的另行约定,免除发包人部分或全部义务的,我方亦免除其相应的保证责任。

3. 你方与发包人协议变更主合同的,如加重发包人责任致使我方保证责任加重的,需征得我方书面同意,否则我方不再承担因此而加重部分的保证责任,但主合同"变更"项约定的变更不受本款限制。

4. 因不可抗力造成发包人不能履行义务的,我方不承担保证责任。

七、争议解决

因本保函或本保函相关事项发生的纠纷,可由双方协商解决,协商不成的,按下列第_____种方式解决:

(1) 向_____仲裁委员会申请仲裁;

(2) 向_____人民法院起诉。

八、保函的生效

本保函自我方法定代表人(或其授权代理人)签字并加盖公章之日起生效。

担保人：_____（盖章）

法定代表人或委托代理人：_____（签字）

地　　址：_____

邮政编码：_____

传　　真：_____

年_____月_____日

附件 11：　　　　　　　　　　**暂估价一览表**

1. 材料暂估价表

序号	名称	单位	数量	单价(元)	合价(元)	备注

2. 工程设备暂估价表

序号	名称	单位	数量	单价(元)	合价(元)	备注

3. 专业工程暂估价表

序号	专业工程名称	工程内容	金额

11　标准施工招标文件合同条款

本章以《房屋建筑和市政工程标准施工招标文件(2010年版)》为主介绍其合同条款的内容和格式。

11.1　合同条款格式

11.1.1　一般约定

1. 通用条款

1) 词语定义

通用合同条款、专用合同条款中的下列词语应具有本款所赋予的含义。

(1) 合同。

① 合同文件(或称合同):指合同协议书、中标通知书、投标函及投标函附录、专用合同条款、通用合同条款、技术标准和要求、图纸和已标价工程量清单,以及其他合同文件。

② 合同协议书:指第5)款所指的合同协议书。

③ 中标通知书:指发包人通知承包人中标的函件。

④ 投标函:指构成合同文件组成部分的由承包人填写并签署的投标函。

⑤ 投标函附录:指附在投标函后构成合同文件的投标函附录。

⑥ 技术标准和要求:指构成合同文件组成部分的名为技术标准和要求的文件,包括合同双方当事人约定对其所作的修改或补充。

⑦ 图纸:指包含在合同中的工程图纸,以及由发包人按合同约定提供的任何补充和修改的图纸,包括配套的说明。

⑧ 已标价工程量清单:指构成合同文件组成部分的由承包人按照规定的格式和要求填写并标明价格的工程量清单。

⑨ 其他合同文件:指经合同双方当事人确认构成合同文件的其他文件。

(2) 合同当事人和人员。

① 合同当事人:指发包人和(或)承包人。

② 发包人:指专用合同条款中指明并与承包人在合同协议书中签字的当事人。

③ 承包人:指与发包人签订合同协议书的当事人。

④ 承包人项目经理:指承包人派驻施工场地的全权负责人。

⑤ 分包人:指从承包人处分包合同中某一部分工程,并与其签订分包合同的分包人。

⑥ 监理人:指在专用合同条款中指明的,受发包人委托对合同履行实施管理的法人或其他组织。

⑦ 总监理工程师(总监):指由监理人委派常驻施工场地对合同履行实施管理的全权负责人。

(3) 工程和设备。

① 工程:指永久工程和(或)临时工程。

② 永久工程：指按合同约定建造并移交给发包人的工程，包括工程设备。

③ 临时工程：指为完成合同约定的永久工程所修建的各类临时性工程，不包括施工设备。

④ 单位工程：指专用合同条款中指明特定范围的永久工程。

⑤ 工程设备：指构成或计划构成永久工程一部分的机电设备、金属结构设备、仪器装置及其他类似的设备和装置。

⑥ 施工设备：指为完成合同约定的各项工作所需的设备、器具和其他物品，不包括临时工程和材料。

⑦ 临时设施：指为完成合同约定的各项工作所服务的临时性生产和生活设施。

⑧ 承包人设备：指承包人自带的施工设备。

⑨ 施工场地（或称工地、现场）：指用于合同工程施工的场所，以及在合同中指定作为施工场地组成部分的其他场所，包括永久占地和临时占地。

⑩ 永久占地：指专用合同条款中指明为实施合同工程需永久占用的土地。

⑪ 临时占地：指专用合同条款中指明为实施合同工程需临时占用的土地。

（4）日期。

① 开工通知：指监理人按第11.1款通知承包人开工的函件。

② 开工日期：指监理人按11.1.11中通用条款内的第1)款发出的开工通知中写明的开工日期。

③ 工期：指承包人在投标函中承诺的完成合同工程所需的期限，包括按11.1.11中通用条款内的第3)款、第4)款和第6)款约定所作的变更。

④ 竣工日期：指以上第③目约定工期届满时的日期。实际竣工日期以工程接收证书中写明的日期为准。

⑤ 缺陷责任期：指履行11.1.19中通用条款内的第2)款约定的缺陷责任的期限，具体期限由专用合同条款约定，包括根据11.1.19中通用条款内的第3)款约定所作的延长。

⑥ 基准日期：指投标截止时间前28天的日期。

⑦ 天：除特别指明外，指日历天。合同中按天计算时间的，开始当天不计入，从次日开始计算。期限最后一天的截止时间为当天24：00。

（5）合同价格和费用。

① 签约合同价：指签定合同时合同协议书中写明的，包括了暂列金额、暂估价的合同总金额。

② 合同价格：指承包人按合同约定完成了包括缺陷责任期内的全部承包工作后，发包人应付给承包人的金额，包括在履行合同过程中按合同约定进行的变更和调整。

③ 费用：指为履行合同所发生的或将要发生的所有合理开支，包括管理费和应分摊的其他费用，但不包括利润。

④ 暂列金额：指已标价工程量清单中所列的暂列金额，用于在签订协议书时尚未确定或不可预见变更的施工及其所需材料、工程设备、服务等的金额，包括以计日工方式支付的金额。

⑤ 暂估价：指发包人在工程量清单中给定的用于支付必然发生但暂时不能确定价格的材料、设备以及专业工程的金额。

⑥ 计日工：指对零星工作采取的一种计价方式，按合同中的计日工子目及其单价计价付款。

⑦ 质量保证金（或称保留金）：指按 11.1.17 中专用条款内的第 4）款第（1）项约定用于保证在缺陷责任期内履行缺陷修复义务的金额。

（6）其他

书面形式：指合同文件、信函、电报及传真等可以有形地表现所载内容的形式。

2）语言文字

除专用术语外，合同使用的语言文字为中文。必要时专用术语应附有中文注释。

3）法律

适用于合同的法律包括中华人民共和国法律、行政法规、部门规章，以及工程所在地的地方法规、自治条例、单行条例和地方政府规章。

4）合同文件的优先顺序

组成合同的各项文件应互相解释，互为说明。除专用合同条款另有约定外，解释合同文件的优先顺序如下：

（1）合同协议书；

（2）中标通知书；

（3）投标函及投标函附录；

（4）专用合同条款；

（5）通用合同条款；

（6）技术标准和要求；

（7）图纸；

（8）已标价工程量清单；

（9）其他合同文件。

5）合同协议书

承包人按中标通知书规定的时间与发包人签订合同协议书。除法律另有规定或合同另有约定外，发包人和承包人的法定代表人或其委托代理人在合同协议书上签字并盖单位章后，合同生效。

6）图纸和承包人文件

（1）图纸的提供。

除专用合同条款另有约定外，图纸应在合理的期限内按照合同约定的数量提供给承包人。由于发包人未按时提供图纸造成工期延误的，按 11.1.11 中通用条款内的第 3）款的约定办理。

（2）承包人提供的文件。

按专用合同条款约定由承包人提供的文件，包括部分工程的大样图、加工图等，承包人应按约定的数量和期限报送监理人。监理人应在专用合同条款约定的期限内批复。

（3）图纸的修改。

图纸需要修改和补充的，应由监理人取得发包人同意后，在该工程或工程相应部位施工前的合理期限内签发图纸修改图给承包人，具体签发期限在专用合同条款中约定。承包人应按修改后的图纸施工。

（4）图纸的错误。

承包人发现发包人提供的图纸存在明显错误或疏忽，应及时通知监理人。

（5）图纸和承包人文件的保管

监理人和承包人均应在施工场地各保存一套完整的包含上述第（1）项、第（2）项、第（3）项约定内容的图纸和承包人文件。

7）联络

（1）与合同有关的通知、批准、证明、证书、指示、要求、请求、同意、意见、确定和决定等，均应采用书面形式。

（2）上述第（1）项中的通知、批准、证明、证书、指示、要求、请求、同意、意见、确定和决定等来往函件，均应在合同约定的期限内送达指定地点和接收人，并办理签收手续。

8）转让

除合同另有约定外，未经对方当事人同意，一方当事人不得将合同权利全部或部分转让给第三人，也不得全部或部分转移合同义务。

9）严禁贿赂

合同双方当事人不得以贿赂或变相贿赂的方式，谋取不当利益或损害对方权益。因贿赂造成对方损失的，行为人应赔偿损失，并承担相应的法律责任。

10）化石、文物

（1）在施工场地发掘的所有文物、古迹以及具有地质研究或考古价值的其他遗迹、化石、钱币或物品属于国家所有。一旦发现上述文物，承包人应采取有效合理的保护措施，防止任何人员移动或损坏上述物品，并立即报告当地文物行政部门，同时通知监理人。发包人、监理人和承包人应按文物行政部门要求采取妥善保护措施，由此导致费用增加和（或）工期延误由发包人承担。

（2）承包人发现文物后不及时报告或隐瞒不报，致使文物丢失或损坏的，应赔偿损失，并承担相应的法律责任。

11）专利技术

（1）承包人在使用任何材料、承包人设备、工程设备或采用施工工艺时，因侵犯专利权或其他知识产权所引起的责任，由承包人承担，但由于遵照发包人提供的设计或技术标准和要求引起的除外。

（2）承包人在投标文件中采用专利技术的，专利技术的使用费包含在投标报价内。

（3）承包人的技术秘密和声明需要保密的资料和信息，发包人和监理人不得为合同以外的目的泄露给他人。

12）图纸和文件的保密

（1）发包人提供的图纸和文件，未经发包人同意，承包人不得为合同以外的目的泄露给他人或公开发表与引用。

（2）承包人提供的文件，未经承包人同意，发包人和监理人不得为合同以外的目的泄露给他人或公开发表与引用。

2．专用条款

1）词语定义

（1）合同当事人和人员。

① 发包人：_____。

② 监理人：_____。

③ 发包人代表:指发包人指定的派驻施工场地(现场)的全权代表。

姓　　名:_____。

职　　称:_____。

联系电话:_____。

电子信箱:_____。

通信地址:_____。

④ 专业分包人:指根据合同条款 11.1.15 中专用条款内的第(8)款第(1)项的约定,由发包人和承包人以招标方式选择的分包人。

⑤ 专项供应商:指根据合同条款 11.1.15 中专用条款内的第(8)款第(1)项的约定,由发包人和承包人以招标方式选择的供应商。

⑥ 独立承包人:指与发包人直接订立工程承包合同,负责实施与工程有关的其他工作的当事人。

(2)工程和设备。

① 永久工程:_____。

② 临时工程:_____。

③ 单位工程:指具有相对独立的设计文件,能够独立组织施工并能形成独立使用功能的永久工程的组成部分。

④ 永久占地:_____。

⑤ 临时占地:_____。

(3)日期。

① 缺陷责任期期限:_____月。

② 保修期:是根据现行有关法律规定,在合同条款 11.1.19 中专用条款内的第(1)款中约定的由承包人负责对合同约定的保修范围内发生的质量问题履行保修义务并对造成的损失承担赔偿责任的期限。

(4)其他。

① 材料:指构成或将构成永久工程组成部分的各类物品(工程设备除外),包括合同中可能约定的承包人仅负责供应的材料。

② 争议评审组:是由发包人和承包人共同聘请的人员组成的独立、公正的第三方临时性组织,一般由一名或者三名合同管理和(或)工程管理专家组成。争议评审组负责对发包人和(或)承包人提请进行评审的本合同项下的争议进行评审并在规定的期限内给出评审意见,合同双方在规定的期限内均未对评审意见提出异议时,评审意见对合同双方有最终约束力。发包人和承包人应当分别与接受聘请的争议评审专家签订聘用协议,就评审的争议范围、评审意见效力等必要事项做出约定。

③ 除另有特别指明外,专用合同条款中使用的措辞"合同条款"指通用合同条款和(或)专用合同条款。

2)合同文件的优先顺序

合同文件的优先解释顺序如下:

(1)合同协议书;

(2)中标通知书;

（3）投标函及投标函附录；

（4）专用合同条款；

（5）通用合同条款；

（6）＿＿＿＿＿＿＿＿＿＿＿＿＿＿＿＿＿＿＿＿＿＿＿＿＿＿＿＿＿＿；

（7）＿＿＿＿＿＿＿＿＿＿＿＿＿＿＿＿＿＿＿＿＿＿＿＿＿＿＿＿＿＿；

（8）＿＿＿＿＿＿＿＿＿＿＿＿＿＿＿＿＿＿＿＿＿＿＿＿＿＿＿＿＿＿；

（9）＿＿＿＿＿＿＿＿＿＿＿＿＿＿＿＿＿＿＿＿＿＿＿＿＿＿＿＿＿＿。

（说明：（6）、（7）、（8）填空内容分别限于技术标准和要求、图纸、已标价工程量清单三者之一。）

合同协议书中约定采用总价合同形式的，已标价工程量清单中的各项工程量对合同双方不具合同约束力。

图纸与技术标准和要求之间有矛盾或者不一致的，以其中要求较严格的标准为准。

合同双方在合同履行过程中签订的补充协议亦构成合同文件的组成部分，其解释顺序视其内容与其他合同文件的相互关系而定。

3）合同协议书

合同生效的条件：＿＿＿＿＿＿＿＿＿＿＿＿＿＿＿＿＿＿＿＿＿＿＿＿。

4）图纸和承包人文件

（1）图纸的提供。

① 发包人按照合同条款本项的约定向承包人提供图纸。承包人需要增加图纸套数的，发包人应代为复制，复制费用由承包人承担。

② 在监理人批准合同条款 11.1.10 中专用条款内的第 1)款约定的合同进度计划或者合同条款 11.1.10 中专用条款内的第 2)款约定的合同进度计划修改后 7 天内，承包人应当根据合同进度计划和本项约定的图纸提供期限和数量，编制或者修改图纸供应计划并报送监理人，其中应当载明承包人对各区段最新版本图纸（包括合同条款下述第（3）项约定的图纸修改图）的最迟需求时间，监理人应当在收到图纸供应计划后 7 天内批复或提出修改意见，否则该图纸供应计划视为得到批准。经监理人批准的最新的图纸供应计划对合同双方有合同约束力，作为发包人或者监理人向承包人提供图纸的主要依据。发包人或者监理人不按照图纸供应计划提供图纸而导致承包人费用增加和（或）工期延误的，由发包人承担赔偿责任。承包人未按照本目约定的时间向监理人提交图纸供应计划，致使发包人或者监理人未能在合理的时间内提供相应图纸或者承包人未按照图纸供应计划组织施工所造成的费用增加和（或）工期延误由承包人承担。

③ 发包人提供图纸的期限：＿＿＿＿＿＿＿＿＿。

④ 发包人提供图纸的数量：＿＿＿＿＿＿＿＿＿。

（2）承包人提供的文件。

① 除专用合同条款中约定的由承包人提供的设计文件外，本项约定的其他应由承包人提供的文件，包括必要的加工图和大样图，均不是合同计量与支付的依据文件。由承包人提供的文件范围：＿＿＿＿＿＿＿＿＿＿＿＿＿＿＿＿＿＿＿。

② 承包人提供文件的期限：＿＿＿＿＿＿＿＿＿＿＿＿＿＿。

③ 承包人提供文件的数量：＿＿＿＿＿＿＿＿＿＿＿＿＿＿。

④监理人批复承包人提供文件的期限：＿＿＿＿＿＿＿＿＿＿。

⑤ 其他约定：＿＿＿＿＿＿＿＿＿＿＿＿＿＿＿＿＿＿＿＿＿＿＿＿。

（3）图纸的修改。

监理人应当按照本款上述第（1）项中第②目约定的有合同约束力的图纸供应计划，签发图纸修改图给承包人。

5）联络

（1）联络来往函件的送达和接收。

① 联络来往信函的送达期限：合同约定了发出期限的，送达期限为合同约定的发出期限后的 24 小时内；合同约定了通知、提供或者报送期限的，通知、提供或者报送期限即为送达期限。

② 发包人指定的接收地点为：＿＿＿＿＿＿＿＿＿＿＿＿＿。

③ 发包人指定的接收人为：＿＿＿＿＿＿＿＿＿＿＿＿＿。

④ 监理人指定的接收地点：＿＿＿＿＿＿＿＿＿＿＿＿＿。

⑤ 监理人指定的接收人为：＿＿＿＿＿＿＿＿＿＿＿＿＿。

⑥ 承包人指定的接收人为合同协议书中载明的承包人项目经理本人或者项目经理的授权代表。承包人应在收到开工通知后 7 天内，按照合同条款 11.1.4 中通用条款内的第 5）款第（4）项的约定，将授权代表其接收来往信函的项目经理的授权代表姓名和授权范围通知监理人。除合同另有约定外，承包人施工场地管理机构的办公地点即为承包人指定的接收地点。

⑦ 发包人（包括监理人）和承包人中任何一方指定的接收人或者接收地点发生变动，应当在实际变动前提前至少一个工作日以书面方式通知另一方。发包人（包括监理人）和承包人应当确保其各自指定的接收人在法定的和（或）符合合同约定的工作时间内始终工作在指定的接收地点，指定接收人离开工作岗位而无法及时签收来往信函构成拒不签收。

⑧ 发包人（包括监理人）和承包人中任何一方均应当及时签收另一方送达其指定接收地点的来往信函，拒不签收的，送达信函的一方可以采用挂号或者公证方式送达，由此所造成的直接的和间接的费用增加（包括被迫采用特殊送达方式所发生的费用）和（或）延误的工期由拒绝签收一方承担。

11.1.2 发包人义务

1. 通用条款

1）遵守法律

发包人在履行合同过程中应遵守法律，并保证承包人免于承担因发包人违反法律而引起的任何责任。

2）发出开工通知

发包人应委托监理人按 11.1.11 中通用条款内的第 1）款的约定向承包人发出开工通知。

3）提供施工场地

发包人应按专用合同条款约定向承包人提供施工场地，以及施工场地内地下管线和地下设施等有关资料，并保证资料的真实、准确、完整。

4）协助承包人办理证件和批件

发包人应协助承包人办理法律规定的有关施工证件和批件。

5）组织设计交底

发包人应根据合同进度计划,组织设计单位向承包人进行设计交底。

6）支付合同价款

发包人应按合同约定向承包人及时支付合同价款。

7）组织竣工验收

发包人应按合同约定及时组织竣工验收。

8）其他义务

发包人应履行合同约定的其他义务。

2. 专用条款

1）提供施工场地

施工场地应当在监理人发出的开工通知中载明的开工日期前 7 天具备施工条件并移交给承包人,具体施工条件在《标准施工招标文件》第七章"技术标准和要求"第一节"一般要求"中约定。发包人最迟应当在移交施工场地的同时向承包人提供施工场地内地下管线和地下设施等有关资料,并保证资料的真实、准确和完整。

2）组织设计交底

发包人应当在合同条款 11.1.11 中通用条款内的第 1）款第（1）项约定的开工日期前组织设计人向承包人进行合同工程总体设计交底（包括图纸会审）。发包人还应按照合同进度计划中载明的阶段性设计交底时间组织和安排阶段工程设计交底（包括图纸会审）。承包人可以书面方式通过监理人向发包人申请增加紧急的设计交底,发包人在认为确有必要且条件许可时,应当尽快组织这类设计交底。

3）其他义务

（1）向承包人提交对等的支付担保。在承包人按合同条款 11.1.4 中通用条款内的第 2）款向发包人递交符合合同约定的履约担保的同时,发包人应当按照金额和条件对等的原则和招标文件中规定的格式或者其他经过承包人事先认可的格式向承包人递交一份支付担保。支付担保的有效期应当自本合同生效之日起至发包人实际支付竣工付款之日止。如果发包人无法获得一份不带具体截止日期的担保,支付担保中应当有"变更工程竣工付款支付日期的,保证期间按照变更后的竣工付款支付日期做相应调整"或类似约定的条款。支付担保应在发包人付清竣工付款之日后 28 天内退还给发包人。承包人不承担发包人与支付担保有关的任何利息或其他类似的费用或者收益。支付担保是本合同的附件。

（2）按有关规定及时办理工程质量监督手续。

（3）根据建设行政主管部门和（或）城市建设档案管理机构的规定,收集、整理、立卷及归档工程资料,并按规定时间向建设行政主管部门或者城市建设档案管理机构移交规定的工程档案。

（4）批准和确认:按合同约定应当由监理人或者发包人回复、批复、批准、确认或提出修改意见的承包人的要求、请求、申请和报批等,自监理人或者发包人指定的接收人收到承包人发出的相应要求、请求、申请和报批之日起,如果监理人或者发包人在合同约定的期限内未予回复、批复、批准、确认或提出修改意见的,视为监理人和发包人已经同意、确认或者批准。

（4）发包人应当履行合同约定的其他义务以及下述义务:

11.1.3 监理人

1. 通用条款

1) 监理人的职责和权力

(1) 监理人受发包人委托,享有合同约定的权力。监理人在行使某项权力前需要经发包人事先批准而通用合同条款没有指明的,应在专用合同条款中指明。

(2) 监理人发出的任何指示应视为已得到发包人的批准,但监理人无权免除或变更合同约定的发包人和承包人的权利、义务和责任。

(3) 合同约定应由承包人承担的义务和责任,不因监理人对承包人提交文件的审查或批准,对工程、材料和设备的检查和检验,以及为实施监理作出的指示等职务行为而减轻或解除。

2) 总监理工程师

发包人应在发出开工通知前将总监理工程师的任命通知承包人。总监理工程师更换时,应在调离 14 天前通知承包人。总监理工程师短期离开施工场地的,应委派代表代行其职责,并通知承包人。

3) 监理人员

(1) 总监理工程师可以授权其他监理人员负责执行其指派的一项或多项监理工作。总监理工程师应将被授权监理人员的姓名及其授权范围通知承包人。被授权的监理人员在授权范围内发出的指示视为已得到总监理工程师的同意,与总监理工程师发出的指示具有同等效力。总监理工程师撤销某项授权时,应将撤销授权的决定及时通知承包人。

(2) 监理人员对承包人的任何工作、工程或其采用的材料和工程设备未在约定的或合理的期限内提出否定意见的,视为已获批准,但不影响监理人在以后拒绝该项工作、工程、材料或工程设备的权利。

(3) 承包人对总监理工程师授权的监理人员发出的指示有疑问的,可向总监理工程师提出书面异议,总监理工程师应在 48 小时内对该指示予以确认、更改或撤销。

(4) 除专用合同条款另有约定外,总监理工程师不应将本款中下述的第 5) 款约定应由总监理工程师作出确定的权力授权或委托给其他监理人员。

4) 监理人的指示

(1) 监理人应按本款中上述的第 1) 款的约定向承包人发出指示,监理人的指示应盖有监理人授权的施工场地机构章,并由总监理工程师或总监理工程师按本款中上述的第 3) 款第(1)项约定授权的监理人员签字。

(2) 承包人收到监理人按上述第 3) 款第(1)项作出的指示后应遵照执行。指示构成变更的,应按下述 11.1.15 中变更的约定条款处理。

(3) 在紧急情况下,总监理工程师或被授权的监理人员可以当场签发临时书面指示,承包人应遵照执行。承包人应在收到上述临时书面指示后 24 小时内,向监理人发出书面确认函。监理人在收到书面确认函后 24 小时内未予答复的,该书面确认函应被视为监理人的正式指示。

(4) 除合同另有约定外,承包人只从总监理工程师或按上述第 3) 款第(1)项被授权的监理人员处取得指示。

(5) 由于监理人未能按合同约定发出指示、指示延误或指示错误而导致承包人费用增加和(或)工期延误的,由发包人承担赔偿责任。

5）商定或确定

（1）合同约定总监理工程师应按照本款对任何事项进行商定或确定时，总监理工程师应与合同当事人协商，尽量达成一致。不能达成一致的，总监理工程师应认真研究后审慎确定。

（2）总监理工程师应将商定或确定的事项通知合同当事人，并附详细依据。对总监理工程师的确定有异议的，构成争议，按照 11.1.24 条款的约定处理。在争议解决前，双方应暂按总监理工程师的确定执行，按照 11.1.24 条款的约定对总监理工程师的确定作出修改的，按修改后的结果执行。

2. 专用条款

1）监理人的职责和权力

须经发包人批准行使的权力：＿＿＿＿＿＿＿＿＿＿＿＿＿＿＿＿＿＿＿＿＿。

不管 11.1.3 中通用合同条款内第 1）款第（1）项如何约定，监理人履行须经发包人批准行使的权力时，应当向承包人出示其行使该权力已经取得发包人批准的文件或者其他合法有效的证明。

2）监理人员

总监理工程师不应将 11.1.3 中通用条款内第 5）款约定应由总监理工程师作出确定的权力授权或者委托给其他监理人员。

3）监理人的指示

除通用合同条款已有的专门约定外，承包人只能从总监理工程师或按 11.1.3 中通用条款内第 3）款第（1）项授权的监理人员处取得指示，发包人应当通过监理人向承包人发出指示。

4）监理人的宽恕

监理人或者发包人就承包人对合同约定的任何责任和义务的某种违约行为的宽恕，不影响监理人和发包人在此后的任何时间严格按合同约定处理承包人的其他违约行为，也不意味发包人放弃合同约定的发包人与上述违约有关的任何权利和赔偿要求。

11.1.4 承包人

1. 通用条款

1）承包人的一般义务

（1）遵守法律。

承包人在履行合同过程中应遵守法律，并保证发包人免于承担因承包人违反法律而引起的任何责任。

（2）依法纳税。

承包人应按有关法律规定纳税，应缴纳的税金包括在合同价格内。

（3）完成各项承包工作。

承包人应按合同约定以及监理人根据 11.1.3 中通用条款内第 4）款作出的指示，实施、完成全部工程，并修补工程中的任何缺陷。除专用合同条款另有约定外，承包人应提供为完成合同工作所需的劳务、材料、施工设备、工程设备和其他物品，并按合同约定负责临时设施的设计、建造、运行、维护、管理和拆除。

（4）对施工作业和施工方法的完备性负责。

承包人应按合同约定的工作内容和施工进度要求，编制施工组织设计和施工措施计划，并对所有施工作业和施工方法的完备性和安全可靠性负责。

（5）保证工程施工和人员的安全。

承包人应按 11.1.9 中通用条款内第 2)款约定采取施工安全措施,确保工程及其人员、材料、设备和设施的安全,防止因工程施工造成的人身伤害和财产损失。

（6）负责施工场地及其周边环境与生态的保护工作。

承包人应按照 11.1.9 中通用条款内第 4)款约定负责施工场地及其周边环境与生态的保护工作。

（7）避免施工对公众与他人的利益造成损害。

承包人在进行合同约定的各项工作时,不得侵害发包人与他人使用公用道路、水源、市政管网等公共设施的权利,避免对邻近的公共设施产生干扰。承包人占用或使用他人的施工场地,影响他人作业或生活的,应承担相应责任。

（8）为他人提供方便。

承包人应按监理人的指示为他人在施工场地或附近实施与工程有关的其他各项工作提供可能的条件。除合同另有约定外,提供有关条件的内容和可能发生的费用,由监理人按 11.1.3 中通用条款内第 5)款商定或确定。

（9）工程的维护和照管。

工程接收证书颁发前,承包人应负责照管和维护工程。工程接收证书颁发时尚有部分未竣工工程的,承包人还应负责该未竣工工程的照管和维护工作,直至竣工后移交给发包人为止。

（10）其他义务。

承包人应履行合同约定的其他义务。

2) 履约担保

承包人应保证其履约担保在发包人颁发工程接收证书前一直有效。发包人应在工程接收证书颁发后 28 天内把履约担保退还给承包人。

3) 分包

（1）承包人不得将其承包的全部工程转包给第三人,或将其承包的全部工程肢解后以分包的名义转包给第三人。

（2）承包人不得将工程主体、关键性工作分包给第三人。除专用合同条款另有约定外,未经发包人同意,承包人不得将工程的其他部分或工作分包给第三人。

（3）分包人的资格能力应与其分包工程的标准和规模相适应。

（4）按投标函附录约定分包工程的,承包人应向发包人和监理人提交分包合同副本。

（5）承包人应与分包人就分包工程向发包人承担连带责任。

4) 联合体

（1）联合体各方应共同与发包人签订合同协议书。联合体各方应为履行合同承担连带责任。

（2）联合体协议经发包人确认后作为合同附件。在履行合同过程中,未经发包人同意,不得修改联合体协议。

（3）联合体牵头人负责与发包人和监理人联系,并接受指示,负责组织联合体各成员全面履行合同。

5）承包人项目经理

（1）承包人应按合同约定指派项目经理，并在约定的期限内到职。承包人更换项目经理应事先征得发包人同意，并应在更换 14 天前通知发包人和监理人。承包人项目经理短期离开施工场地，应事先征得监理人同意，并委派代表代行其职责。

（2）承包人项目经理应按合同约定以及监理人按 11.1.3 中通用条款内第 4）款作出的指示，负责组织合同工程的实施。在情况紧急且无法与监理人取得联系时，可采取保证工程和人员生命财产安令的紧急措施，并在采取措施后 24 小时内向监理人提交书面报告。

（3）承包人为履行合同发出的一切函件均应盖有承包人授权的施工场地管理机构章，并由承包人项目经理或其授权代表签字。

（4）承包人项目经理可以授权其下属人员履行其某项职责，但事先应将这些人员的姓名和授权范围通知监理人。

6）承包人人员的管理

（1）承包人应在接到开工通知后 28 天内，向监理人提交承包人在施工场地的管理机构以及人员安排的报告，其内容应包括管理机构的设置、各主要岗位的技术和管理人员名单及其资格，以及各工种技术工人的安排状况。承包人应向监理人提交施工场地人员变动情况的报告。

（2）为完成合同约定的各项工作，承包人应向施工场地派遣或雇佣足够数量的下列人员：

① 具有相应资格的专业技工和合格的普工；

② 具有相应施工经验的技术人员；

③ 具有相应岗位资格的各级管理人员。

（3）承包人安排在施工场地的主要管理人员和技术骨干应相对稳定。承包人更换主要管理人员和技术骨干时，应取得监理人的同意。

（4）特殊岗位的工作人员均应持有相应的资格证明，监理人有权随时检查。监理人认为有必要时，可进行现场考核。

7）撤换承包人项目经理和其他人员

承包人应对其项目经理和其他人员进行有效管理。监理人要求撤换不能胜任本职工作、行为不端或玩忽职守的承包人项目经理和其他人员的，承包人应予以撤换。

8）保障承包人人员的合法权益

（1）承包人应与其雇佣的人员签订劳动合同，并按时发放工资。

（2）承包人应按劳动法的规定安排工作时间，保证其雇佣人员享有休息和休假的权利。因工程施工的特殊需要占用休假日或延长工作时间的，应不超过法律规定的限度，并按法律规定给予补休或付酬。

（3）承包人应为其雇佣人员提供必要的食宿条件，以及符合环境保护和卫生要求的生活环境，在远离城镇的施工场地，还应配备必要的伤病防治和急救的医务人员与医疗设施。

（4）承包人应按国家有关劳动保护的规定，采取有效的防止粉尘、降低噪声、控制有害气体和保障高温、高寒、高空作业安全等劳动保护措施。其雇佣人员在施工中受到伤害的，承包人应立即采取有效措施进行抢救和治疗。

（5）承包人应按有关法律规定和合同约定，为其雇佣人员办理保险。

（6）承包人应负责处理其雇佣人员因工伤亡事故的善后事宜。

9）工程价款应专款专用

发包人按合同约定支付给承包人的各项价款应专用于合同工程。

10）承包人现场查勘

（1）发包人应将其持有的现场地质勘探资料、水文气象资料提供给承包人，并对其准确胜负责。但承包人应对其阅读上述有关资料后所作出的解释和推断负责。

（2）承包人应对施工场地和周围环境进行查勘，并收集有关地质、水文、气象条件、交通条件和风俗习惯以及其他为完成合同工作有关的当地资料。在全部合同工作中，应视为承包人已充分估计了应承担的责任和风险。

11）不利物质条件

（1）不利物质条件，除专用合同条款另有约定外，是指承包人在施工场地遇到的不可预见的自然物质条件、非自然的物质障碍和污染物，包括地下和水文条件，但不包括气候条件。

（2）承包人遇到不利物质条件时，应采取适应不利物质条件的合理措施继续施工，并及时通知监理人。监理人应当及时发出指示，指示构成变更的，按下述11.1.15变更的约定条约定办理。监理人没有发出指示的，承包人因采取合理措施而增加的费用和（或）工期延误，由发包人承担。

2. 专用条款

1）承包人的一般义务

（1）除11.1.5中专用合同条款内第2）款约定由发包人提供的材料和工程设备和11.1.3中通用条款内第2）款约定由发包人提供的施工设备和临时设施外，承包人应负责提供为完成合同工作所需的劳务、材料、施工设备、工程设备和其他物品，并按合同约定负责临时设施的设计、建造、运行、维护、管理和拆除。

（2）为他人提供方便。

① 承包人应当对在施工场地或者附近实施与合同工程有关的其他工作的独立承包人履行管理、协调、配合、照管和服务义务，由此发生的费用被认为已经包括在承包人的签约合同价（投标总报价）中，具体工作内容和要求包括：

② 承包人还应按监理人指示为独立承包人以外的他人在施工场地或者附近实施与合同工程有关的其他工作提供可能的条件，可能发生费用由监理人按11.1.3中通用条款内第5）款商定或者确定。

（3）其他义务。

① 根据发包人委托，在其设计资质等级和业务允许的范围内，完成施工图设计或与工程配套的设计，经监理人确认后使用，发包人承担由此发生的费用和合理利润。由承包人负责完成的设计文件属于合同条款11.1.1中通用条款内第6）款第（2）项约定的承包人提供的文件，承包人应按照11.1.1中专用合同条款第4）款第（2）项约定的期限和数量提交，由此发生的费用被认为已经包括在承包人的签约合同价（投标总报价）中。由承包人承担的施工图设计或与工程配套的设计工作内容：＿＿＿＿＿＿＿＿＿＿＿＿。

② 承包人应履行合同约定的其他义务以及下述义务：＿＿＿＿＿＿＿＿＿＿。

2）履约担保

（1）履约担保的格式和金额。

承包人应在签订合同前，按照发包人在招标文件中规定的格式或者其他经过发包人认可的格式向发包人递交一份履约担保。经过发包人事先书面认可的其他格式的履约担保，其担保条款的实质性内容应当与发包人在招标文件中规定的格式内容保持一致。履约担保的金额为_____。履约担保是本合同的附件。

（2）履约担保的有效期。

履约担保的有效期应当自本合同生效之日起至发包人签认并由监理人向承包人出具工程接收证书之日止。如果承包人无法获得一份不带具体截止日期的担保，履约担保中应当有"变更工程竣工日期的，保证期间按照变更后的竣工日期做相应调整"或类似约定的条款。

（3）履约担保的退还。

履约担保应在监理人向承包人颁发（出具）工程接收证书之日后 28 天内退还给承包人。

发包人不承担承包人与履约担保有关的任何利息或其他类似的费用或者收益。

（4）通知义务。

不管履约担保条款中如何约定，发包人根据担保条款提出索赔或兑现要求 28 天前，应通知承包人并说明导致此类索赔或兑现的违约性质或原因。与之相应，不管 11.1.2 专用合同条款中第 3）款第（1）项约定的支付担保条款中如何约定，承包人根据担保条款提出索赔或兑现要求 28 天前，也应通知发包人并说明导致此类索赔或兑现的违约性质或原因。但是，本项约定的通知不应理解为是在任何意义上寻求承包人或者发包人的同意。

3）分包

发包人同意承包人分包的非主体、非关键性工作见投标函附录。除 11.1.4 通用合同条款中第 3）款的约定外，分包还应遵循以下约定：

（1）除投标函附录中约定的分包内容外，经过发包人和监理人同意，承包人可以将其他非主体、非关键性工作分包给第三人，但分包人应当经过发包人和监理人审批。发包人和监理人有权拒绝承包人的分包请求和承包人选择的分包人。

（2）发包人在工程量清单中给定暂估价的专业工程，包括从暂列金额开支的专业工程，达到依法应当招标的规模标准的，以及虽未达到规定的规模标准但合同中约定采用分包方式或者招标方式实施的，应当按 11.1.15 专用合同条款中第 5）款第（1）项的约定，由发包人和承包人以招标方式确定专业分包人。除项目审批部门有特别核准外，暂估价的专业工程的招标应当采用与施工总承包同样的招标方式。

（3）在相关分包合同签订并报送有关建设行政主管部门备案后 7 天内，承包人应当将一份副本提交给监理人，承包人应保障分包工作不得再次分包。

（4）分包工程价款由承包人与分包人（包括专业分包人）结算。发包人未经承包人同意不得以任何形式向分包人（包括专业分包人）支付相关分包合同项下的任何工程款项。因发包人未经承包人同意直接向分包人（包括专业分包人）支付相关分包合同项下的任何工程款项而影响承包人工作的，所造成的承包人费用增加和（或）延误的工期由发包人承担。

（5）未经发包人和监理人审批同意的分包工程和分包人，发包人有权拒绝验收分包工程和支付相应款项，由此引起的发包人费用增加和（或）延误的工期由发包人承担。

4）承包人项目经理

承包人项目经理必须与承包人投标时所承诺的人员一致，并在根据 11.1.11 通用合同条款中第 1）款第（1）项确定的开工日期前到任。在监理人向承包人颁发（出具）工程接收证书前，项目经理不得同时兼任其他任何项目的项目经理。未经发包人书面许可，承包人不得更换项目经理。承包人项目经理的姓名、职称、身份证号、执业资格证书号、注册证书号、执业印章号及安全生产考核合格证书号等细节资料应当在合同协议书中载明。

5）不利物质条件

不利物质条件的范围：＿＿＿＿＿＿＿＿＿＿＿＿＿＿＿＿＿＿＿＿＿＿＿＿。

11.1.5 材料和工程设备

1. 通用条款

1）承包人提供的材料和工程设备

（1）除专用合同条款另有约定外，承包人提供的材料和工程设备均由承包人负责采购、运输和保管。承包人应对其采购的材料和工程设备负责。

（2）承包人应按专用合同条款的约定，将各项材料和工程设备的供货人及品种、规格、数量和供货时间等报送监理人审批。承包人应向监理人提交其负责提供的材料和工程设备的质量证明文件，并满足合同约定的质量标准。

（3）对承包人提供的材料和工程设备，承包人应会同监理人进行检验和交货验收，查验材料合格证明和产品合格证书，并按合同约定和监理人指示，进行材料的抽样检验和工程设备的检验测试，检验和测试结果应提交监理人，所需费用由承包人承担。

2）发包人提供的材料和工程设备

（1）发包人提供的材料和工程设备，应在专用合同条款中写明材料和工程设备的名称、规格、数量、价格、交货方式、交货地点和计划交货日期等。

（2）承包人应根据合同进度计划的安排，向监理人报送要求发包人交货的日期计划。发包人应按照监理人与合同双方当事人商定的交货日期，向承包人提交材料和工程设备。

（3）发包人应在材料和工程设备到货 7 天前通知承包人，承包人应会同监理人在约定的时间内，赴交货地点共同进行验收。除专用合同条款另有约定外，发包人提供的材料和工程设备验收后，由承包人负责接收、运输和保管。

（4）发包人要求向承包人提前交货的，承包人不得拒绝，但发包人应承担承包人由此增加的费用。

（5）承包人要求更改交货日期或地点的，应事先报请监理人批准。由于承包人要求更改交货时间或地点所增加的费用和（或）工期延误由承包人承担。

（6）发包人提供的材料和工程设备的规格、数量或质量不符合合同要求，或由于发包人原因发生交货日期延误及交货地点变更等情况的，发包人应承担由此增加的费用和（或）工期延误，并向承包人支付合理利润。

3）材料和工程设备专用于合同工程

（1）运入施工场地的材料、工程设备，包括备品备件、安装专用工器具与随机资料，必须专用于合同工程，未经监理人同意，承包人不得运出施工场地或挪作他用。

（2）随同工程设备运入施工场地的备品备件、专用工器具与随机资料，应由承包人会同监理人按供货人的装箱单清点后共同封存，未经监理人同意不得启用。承包人因合同工作需要使用上述物品时，应向监理人提出申请。

4）禁止使用不合格的材料和工程设备

（1）监理人有权拒绝承包人提供的不合格材料或工程设备，并要求承包人立即进行更换。监理人应在更换后再次进行检查和检验，由此增加的费用和（或）工期延误由承包人承担。

（2）监理人发现承包人使用了不合格的材料和工程设备，应即时发出指示要求承包人立即改正,并禁止在工程中继续使用不合格的材料和工程设备。

(3) 发包人提供的材料或工程设备不符合合同要求的,承包人有权拒绝,并可要求发包人更换,由此增加的费用和(或)工期延误由发包人承担。

2. 专用条款

1) 承包人提供的材料和工程设备

(1) 除下述专用合同条款第 2)款内约定由发包人提供的材料和工程设备外,由承包人提供的材料和工程设备均由承包人负责采购、运输和保管。但是,发包人在工程量清单中给定暂估价的材料和工程设备,包括从暂列金额开支的材料和工程设备,其中属于依法必须招标的范围并达到规定的规模标准的,以及虽不属于依法必须招标的范围但合同中约定采用招标方式采购的,应当按 11.1.15 专用合同条款中第 5)款第(1)项的约定,由发包人和承包人以招标方式确定专项供应商。承包人负责提供的主要材料和工程设备清单见合同附件二"承包人提供的材料和工程设备一览表"。

(2) 承包人将由其提供的材料和工程设备的供货人及品种、规格、数量和供货时间等报送监理人审批的期限:_____。

2) 发包人提供的材料和工程设备

(1) 发包人负责提供的材料和工程设备的名称、规格、数量、价格、交货方式、交货地点和计划交货日期等见合同附件三"发包人提供的材料和工程设备一览表"。

(2) 由发包人提供的材料和工程设备验收后,由承包人负责接收、运输和保管。

11.1.6 施工设备和临时设施

1. 通用条款

1) 承包人提供的施工设备和临时设施

(1) 承包人应按合同进度计划的要求,及时配置施工设备和修建临时设施。进入施工场地的承包人设备需经监理人核查后才能投入使用。承包人更换合同约定的承包人设备的,应报监理人批准。

(2) 除专用合同条款另有约定外,承包人应自行承担修建临时设施的费用,需要临时占地的,应由发包人办理申请手续并承担相应费用。

2) 发包人提供的施工设备和临时设施

发包人提供的施工设备或临时设施在专用合同条款中约定。

3) 要求承包人增加或更换施工设备

承包人使用的施工设备不能满足合同进度计划和(或)质量要求时,监理人有权要求承包人增加或更换施工设备,承包人应及时增加或更换,由此增加的费用和(或)工期延误由承包人承担。

4) 施工设备和临时设施专用于合同工程

(1) 除合同另有约定外,运入施工场地的所有施工设备以及在施工场地建设的临时设施应专用于合同工程。未经监理人同意,不得将上述施工设备和临时设施中的任何部分运出施工场地或挪作他用。

(2) 经监理人同意,承包人可根据合同进度计划撤走闲置的施工设备。

2．专用条款

1）承包人提供的施工设备和临时设施

发包人承担修建临时设施的费用的范围：＿＿＿＿＿＿＿＿＿＿＿＿＿＿＿＿＿＿＿。

需要发包人办理申请手续和承担相关费用的临时占地：＿＿＿＿＿＿＿＿＿＿＿＿＿。

2）发包人提供的施工设备和临时设施

发包人提供的施工设备和临时设施：＿＿＿＿＿＿＿＿＿＿＿＿＿＿＿＿。

发包人提供的施工设备和临时设施的运行、维护、拆除和清运费用的承担人：。

3）施工设备和临时设施专用于合同工程

除为 11.1.4 专用合同条款中第 1）款第（2）项约定的其他独立承包人和监理人指示的他人提供条件外，承包人运入施工场地的所有施工设备以及在施工场地建设的临时设施仅限于用于合同工程。

11.1.7　交通运输

1．通用条款

1）道路通行权和场外设施

除专用合同条款另有约定外，发包人应根据合同工程的施工需要，负责办理取得出入施工场地的专用和临时道路的通行权，以及取得为工程建设所需修建场外设施的权利，并承担有关费用。承包人应协助发包人办理上述手续。

2）场内施工道路

（1）除专用合同条款另有约定外，承包人应负责修建、维修、养护和管理施工所需的临时道路和交通设施，包括维修、养护和管理发包人提供的道路和交通设施，并承担相应费用。

（2）除专用合同条款另有约定外，承包人修建的临时道路和交通设施应免费提供发包人和监理人使用。

3）场外交通

（1）承包人车辆外出行驶所需的场外公共道路的通行费、养路费和税款等由承包人承担。

（2）承包人应遵守有关交通法规，严格按照道路和桥梁的限制荷重安全行驶，并服从交通管理部门的检查和监督。

4）超大件和超重件的运输

由承包人负责运输的超大件或超重件，应由承包人负责向交通管理部门办理申请手续，发包人给予协助。运输超大件或超重件所需的道路和桥梁临时加固改造费用和其他有关费用，由承包人承担，但专用合同条款另有约定除外。

5）道路和桥梁的损坏责任

因承包人运输造成施工场地内外公共道路和桥梁损坏的，由承包人承担修复损坏的全部费用和可能引起的赔偿。

6）水路和航空运输

本条上述各款的内容适用于水路运输和航空运输，其中"道路"一词的含义包括河道、航线、船闸、机场、码头和堤防以及水路或航空运输中其他相似结构物；"车辆"一词的含义包括船舶和飞机等。

2．专用条款

1）道路通行权和场外设施

取得道路通行权、场外设施修建权的办理人：_____，其相关费用由发包人承担。

2）场内施工道路

（1）施工所需的场内临时道路和交通设施的修建、维护、养护和管理人：_____，相关费用由_____承担。

（2）发包人和监理人有权无偿使用承包人修建的临时道路和交通设施，不需要交纳任何费用。

3）超大件和超重件的运输

运输超大件或超重件所需的道路和桥梁临时加固改造等费用的承担人：_____。

11.1.8　测量放线

1．通用条款

1）施工控制网

（1）发包人应在专用合同条款约定的期限内，通过监理人向承包人提供测量基准点、基准线和水准点及其书面资料。除专用合同条款另有约定外，承包人应根据国家测绘基准、测绘系统和工程测量技术规范，按上述基准点（线）以及合同工程精度要求，测设施工控制网，并在专用合同条款约定的期限内，将施工控制网资料报送监理人审批。

（2）承包人应负责管理施工控制网点。施工控制网点丢失或损坏的，承包人应及时修复。承包人应承担施工控制网点的管理与修复费用，并在工程竣工后将施工控制网点移交发包人。

2）施工测量

（1）承包人应负责施工过程中的全部施工测量放线工作，并配置合格的人员、仪器、设备和其他物品。

（2）监理人可以指示承包人进行抽样复测，当复测中发现错误或出现超过合同约定的误差时，承包人应按监理人指示进行修正或补测，并承担相应的复测费用。

3）基准资料错误的责任

发包人应对其提供的测量基准点、基准线和水准点及其书面资料的真实性、准确性和完整性负责。发包人提供上述基准资料错误导致承包人测量放线工作的返工或造成工程损失的，发包人应当承担由此增加的费用和（或）工期延误，并向承包人支付合理利润。承包人发现发包人提供的上述基准资料存在明显错误或疏忽的，应及时通知监理人。

4）监理人使用施工控制网

监理人需要使用施工控制网的，承包人应提供必要的协助，发包人不再为此支付费用。

2．专用条款

施工控制网

发包人通过监理人提供测量基准点、基准线和水准点及其书面资料的期限：_____。

承包人测设施工控制网的要求：_____。

承包人将施工控制网资料报送监理人审批的期限：_____。

11.1.9 施工安全、治安保卫和环境保护

1. 通用条款

1）发包人的施工安全责任

（1）发包人应按合同约定履行安全职责，授权监理人按合同约定的安全工作内容监督、检查承包人安全工作的实施，组织承包人和有关单位进行安全检查。

（2）发包人应对其现场机构雇佣的全部人员的工伤事故承担责任，但由于承包人原因造成发包人人员工伤的，应由承包人承担责任。

（3）发包人应负责赔偿以下各种情况造成的第三者人身伤亡和财产损失：

① 工程或工程的任何部分对土地的占用所造成的第三者财产损失；

② 由于发包人原因在施工场地及其毗邻地带造成的第三者人身伤亡和财产损失。

2）承包人的施工安全责任

（1）承包人应按合同约定履行安全职责，执行监理人有关安全工作的指示，并在专用合同条款约定的期限内，按合同约定的安全工作内容，编制施工安全措施计划报送监理人审批。

（2）承包人应加强施工作业安全管理，特别应加强易燃、易爆材料、火工器材、有毒与腐蚀性材料和其他危险品的管理，以及对爆破作业和地下工程施工等危险作业的管理。

（3）承包人应严格按照国家安全标准制定施工安全操作规程，配备必要的安全生产和劳动保护设施，加强对承包人人员的安全教育，并发放安全工作手册和劳动保护用具。

（4）承包人应按监理人的指示制定应对灾害的紧急预案，报送监理人审批。承包人还应按预案做好安全检查，配置必要的救助物资和器材，切实保护好有关人员的人身和财产安全。

（5）合同约定的安全作业环境及安全施工措施所需费用应遵守有关规定，并包括在相关工作的合同价格中。因采取合同未约定的安全作业环境及安全施工措施增加的费用，由监理人按 11.1.3 中通用条款内第 5）款商定或确定。

（6）承包人应对其履行合同所雇佣的全部人员，包括分包人人员的工伤事故承担责任，但由于发包人原因造成承包人人员工伤事故的，应由发包人承担责任。

（7）由于承包人原因在施工场地内及其毗邻地带造成的第三者人员伤亡和财产损失，由承包人负责赔偿。

3）治安保卫

（1）除合同另有约定外，发包人应与当地公安部门协商，在现场建立治安管理机构或联防组织，统一管理施工场地的治安保卫事项，履行合同工程的治安保卫职责。

（2）发包人和承包人除应协助现场治安管理机构或联防组织维护施工场地的社会治安外，还应做好包括生活区在内的各自管辖区的治安保卫工作。

（3）除合同另有约定外，发包人和承包人应在工程开工后，共同编制施工场地治安管理计划，并制定应对突发治安事件的紧急预案。在工程施工过程中，发生暴乱、爆炸等恐怖事件，以及群殴、械斗等群体性突发治安事件的，发包人和承包人应立即向当地政府报告。发包人和承包人应积极协助当地有关部门采取措施平息事态，防止事态扩大，尽量减少财产损失和避免人员伤亡。

4）环境保护

（1）承包人在施工过程中，应遵守有关环境保护的法律，履行合同约定的环境保护义务，并对违反法律和合同约定义务所造成的环境破坏、人身伤害和财产损失负责。

（2）承包人应按合同约定的环保工作内容,编制施工环保措施计划,报送监理人审批。

（3）承包人应按照批准的施工环保措施计划有序地堆放和处理施工废弃物,避免对环境造成破坏。因承包人任意堆放或弃置施工废弃物造成妨碍公共交通、影响城镇居民生活、降低河流行洪能力、危及居民安全及破坏周边环境,或者影响其他承包人施工等后果的,承包人应承担责任。

（4）承包人应按合同约定采取有效措施,对施工开挖的边坡及时进行支护,维护排水设施,并进行水土保护,避免因施工造成的地质灾害。

（5）承包人应按国家饮用水管理标准定期对饮用水源进行监测,防止施工活动污染饮用水源。

（6）承包人应按合同约定,加强对噪声、粉尘、废气、废水和废油的控制,努力降低噪声,控制粉尘和废气浓度,做好废水和废油的治理和排放。

5）事故处理

工程施工过程中发生事故的,承包人应立即通知监理人,监理人应立即通知发包人。发包人和承包人应立即组织人员和设备进行紧急抢救和抢修,减少人员伤亡和财产损失,防止事故扩大,并保护事故现场。需要移动现场物品时,应做出标记和书面记录,妥善保管有关证据。发包人和承包人应按国家有关规定,及时如实地向有关部门报告事故发生的情况,以及正在采取的紧急措施等。

2．专用条款

1）承包人的施工安全责任

承包人向监理人报送施工安全措施计划的期限：_____。

监理人收到承包人报送的施工安全措施计划后应当在天内给予批复。

2）治安保卫

（1）承包人应当负责统一管理施工场地的治安保卫事项,履行合同工程的治安保卫职责。

（2）施工场地治安管理计划和突发治安事件紧急预案的编制责任人：_____。

3）环境保护

施工环保措施计划报送监理人审批的时间：_____。

监理人收到承包人报送的施工环保措施计划后应当在天内给予批复。

11.1.10　进度计划

1．通用条款

1）合同进度计划

承包人应按专用合同条款约定的内容和期限,编制详细的施工进度计划和施工方案说明报送监理人。监理人应在专用合同条款约定的期限内批复或提出修改意见,否则该进度计划视为已得到批准。经监理人批准的施工进度计划称合同进度计划,是控制合同工程进度的依据。承包人还应根据合同进度计划,编制更为详细的分阶段或分项进度计划,报监理人审批。

2）合同进度计划的修订

不论何种原因造成工程的实际进度与上述第1）款的合同进度计划不符时,承包人可以在专用合同条款约定的期限内向监理人提交修订合同进度计划的申请报告,并附有关措施和相关资料,报监理人审批;监理人也可以直接向承包人作出修订合同进度计划的指示,承包人应按该指示修订合同进度计划,报监理人审批。监理人应在专用合同条款约定的期限内批复。

监理人在批复前应获得发包人同意。

2. 专用条款

1) 合同进度计划

(1) 承包人应当在收到监理人按照 11.1.11 通用合同条款中第 1)款第(1)项发出的开工通知后 7 天内,编制详细的施工进度计划和施工方案说明并报送监理人。承包人编制施工进度计划和施工方案说明的内容:＿＿＿＿＿＿＿＿＿＿＿＿＿＿＿＿＿＿＿＿＿,施工进度计划中还应载明要求发包人组织设计人进行阶段性工程设计交底的时间。

(2) 监理人批复或对施工进度计划和施工方案说明提出修改意见的期限:自监理人收到承包人报送的相关进度计划和施工方案说明后 14 天内。

(3) 承包人编制分阶段或分项施工进度计划和施工方案说明的内容:＿＿＿＿＿＿＿＿＿＿＿＿＿＿＿＿＿＿＿＿＿＿＿＿＿＿＿＿＿＿＿＿＿＿。
承包人报送分阶段或分项施工进度计划和施工方案说明的期限＿＿＿＿＿＿＿＿＿。

(4) 群体工程中单位工程分期进行施工的,承包人应按照发包人提供图纸及有关资料的时间,按单位工程编制进度计划和施工方案说明。群体工程中有关进度计划和施工方案说明的要求:＿＿＿＿＿＿＿＿＿＿＿＿＿＿＿＿＿＿＿＿＿＿。

2) 合同进度计划的修订

(1) 承包人报送修订合同进度计划申请报告和相关资料的期限:＿＿＿＿＿。

(2) 监理人批复修订合同进度计划申请报告的期限:＿＿＿＿。

(3) 监理人批复修订合同进度计划的期限:＿＿＿＿。

11.1.11　开工和竣工

1. 通用条款

1) 开工

(1) 监理人应在开工日期 7 天前向承包人发出开工通知。监理人在发出开工通知前应获得发包人同意。工期自监理人发出的开工通知中载明的开工日期起计算。承包人应在开工日期后尽快施工。

(2) 承包人应按 11.1.10 通用条款中第 1)款约定的合同进度计划,向监理人提交工程开工报审表,经监理人审批后执行。开工报审表应详细说明按合同进度计划正常施工所需的施工道路、临时设施、材料设备和施工人员等施工组织措施的落实情况以及工程的进度安排。

2) 竣工

承包人应在 11.1.1 中通用条款内第 1)款第(4)项第③目约定的期限内完成合同工程。实际竣工日期在接收证书中写明。

3) 发包人的工期延误

在履行合同过程中,由于发包人的下列原因造成工期延误的,承包人有权要求发包人延长工期和(或)增加费用,并支付合理利润。需要修订合同进度计划的,按照 11.1.10 中通用条款内第 2)款的约定办理。

(1) 增加合同工作内容;

(2) 改变合同中任何一项工作的质量要求或其他特性;

(3) 发包人迟延提供材料、工程设备或变更交货地点的;

(4) 因发包人原因导致的暂停施工;

（5）提供图纸延误；

（6）未按合同约定及时支付预付款、进度款；

（7）发包人造成工期延误的其他原因。

4）异常恶劣的气候条件

由于出现专用合同条款规定的异常恶劣气候的条件导致工期延误的，承包人有权要求发包人延长工期。

5）承包人的工期延误

由于承包人原因，未能按合同进度计划完成工作，或监理人认为承包人施工进度不能满足合同工期要求的，承包人应采取措施加快进度，并承担加快进度所增加的费用。由于承包人原因造成工期延误，承包人应支付逾期竣工违约金。逾期竣工违约金的计算方法在专用合同条款中约定。承包人支付逾期竣工违约金，不能免除承包人完成工程及修补缺陷的义务。

6）工期提前

发包人要求承包人提前竣工，或承包人提出提前竣工的建议能够给发包人带来效益的，应由监理人与承包人共同协商采取加快工程进度的措施和修订合同进度计划。发包人应承担承包人由此增加的费用，并向承包人支付专用合同条款约定的相应奖金。

2. 专用条款

1）发包人的工期延误

因发包人原因不能按照监理人发出的开工通知中载明的开工日期开工。除发包人原因延期开工外，发包人造成工期延误的其他原因还包括：＿＿＿＿＿＿＿＿＿＿＿＿＿＿＿等延误承包人关键线路工作的情况。

2）异常恶劣的气候条件

异常恶劣的气候条件的范围和标准：＿＿＿＿＿＿＿＿＿＿＿＿＿＿＿＿＿。

3）承包人的工期延误

由于承包人原因造成不能按期竣工的，在按合同约定确定的竣工日期（包括按合同延长的工期）后7天内，监理人应当按11.1.23通用合同条款中第4）款第（1）项的约定书面通知承包人，说明发包人有权得到按本款约定的下列标准和方法计算的逾期竣工违约金，但最终违约金的金额不应超过本款约定的逾期竣工违约金最高限额。监理人未在规定的期限内发出本款约定的书面通知的，发包人丧失主张逾期竣工违约金的权利。

逾期竣工违约金的计算标准：＿＿＿＿＿＿＿＿＿＿＿＿＿＿。

逾期竣工违约金的计算方法：＿＿＿＿＿＿＿＿＿＿＿＿＿＿。

逾期竣工违约金最高限额：＿＿＿＿＿＿＿＿＿＿＿＿＿＿。

4）工期提前

提前竣工的奖励办法：＿＿＿＿＿＿＿＿＿＿＿＿＿＿＿。

11.1.12 暂停施工

1. 通用条款

1）承包人暂停施工的责任

因下列暂停施工增加的费用和（或）工期延误由承包人承担：

（1）承包人违约引起的暂停施工；

（2）由于承包人原因为工程合理施工和安全保障所必须的暂停施工；

（3）承包人擅自暂停施工；

（4）承包人其他原因引起的暂停施工；

（5）专用合同条款约定由承包人承担的其他暂停施工。

2）发包人暂停施工的责任

由于发包人原因引起的暂停施工造成工期延误的，承包人有权要求发包人延长工期和（或）增加费用，并支付合理利润。

3）监理人暂停施工指示

（1）监理人认为有必要时，可向承包人作出暂停施工的指示，承包人应按监理人指示暂停施工。不论由于何种原因引起的暂停施工，暂停施工期间承包人应负责妥善保护工程并提供安全保障。

（2）由于发包人的原因发生暂停施工的紧急情况，且监理人未及时下达暂停施工指示的，承包人可先暂停施工，并及时向监理人提出暂停施工的书面请求。监理人应在接到书面请求后的 24 小时内予以答复，逾期未答复的，视为同意承包人的暂停施工请求。

4）暂停施工后的复工

（1）暂停施工后，监理人应与发包人和承包人协商，采取有效措施积极消除暂停施工的影响。当工程具备复工条件时，监理人应立即向承包人发出复工通知。承包人收到复工通知后，应在监理人指定的期限内复工。

（2）承包人无故拖延和拒绝复工的，由此增加的费用和工期延误由承包人承担；因发包人原因无法按时复工的，承包人有权要求发包人延长工期和（或）增加费用，并支付合理利润。

5）暂停施工持续 56 天以上

（1）监理人发出暂停施工指示后 56 天内未向承包人发出复工通知，除了该项停工属于本条款中上述第 1）款的情况外，承包人可向监理人提交书面通知，要求监理人在收到书面通知后 28 天内准许已暂停施工的工程或其中一部分工程继续施工。如监理人逾期不予批准，则承包人可以通知监理人，将工程受影响的部分视为按 11.1.15 中通用条款内第 1）款第（1）项的可取消工作。如暂停施工影响到整个工程，可视为发包人违约，应按 11.1.22 中通用条款内第 2）款的规定办理。

（2）由于承包人责任引起的暂停施工，如承包人在收到监理人暂停施工指示后 56 天内不认真采取有效的复工措施，造成工期延误，可视为承包人违约，应按 11.1.22 中通用条款内第 1）款的规定办理。

2. 专用条款

1）承包人暂停施工的责任

承包人承担暂停施工责任的其他情形：_____。

2）暂停施工后的复工

（1）根据本款中通用合同条款内第 4）款第（1）项的约定，监理人发出复工通知后，监理人应和承包人一起对受到暂停施工影响的工程、材料和工程设备进行检查。承包人负责修复在暂停施工期间发生在工程、材料和工程设备上的任何损蚀、缺陷或损失，修复费用由承担暂停施工责任的责任人承担。

（2）暂停施工持续 56 天以上，按合同约定由承包人提供的材料和工程设备，由于暂停施工原因导致承包人在暂停施工前已经订购但被暂停运至施工现场的，发包人应按照承包人订购合同的约定支付相应的订购款项。

11.1.13 工程质量

1. 通用条款

1）工程质量要求

（1）工程质量验收按合同约定验收标准执行。

（2）因承包人原因造成工程质量达不到合同约定验收标准的,监理人有权要求承包人返工直至符合合同要求为止,由此造成的费用增加和(或)工期延误由承包人承担。

（3）因发包人原因造成工程质量达不到合同约定验收标准的,发包人应承担由于承包人返工造成的费用增加和(或)工期延误,并支付承包人合理利润。

2）承包人的质量管理

（1）承包人应在施工场地设置专门的质量检查机构,配备专职质量检查人员,建立完善的质量检查制度。承包人应在合同约定的期限内,提交工程质量保证措施文件,包括质量检查机构的组织和岗位责任、质检人员的组成、质量检查程序和实施细则等,报送监理人审批。

（2）承包人应加强对施工人员的质量教育和技术培训,定期考核施工人员的劳动技能,严格执行规范和操作规程。

3）承包人的质量检查

承包人应按合同约定对材料、工程设备以及工程的所有部位及其施工工艺进行全过程的质量检查和检验,并作详细记录,编制工程质量报表,报送监理人审查。

4）监理人的质量检查

监理人有权对工程的所有部位及其施工工艺、材料和工程设备进行检查和检验。承包人应为监理人的检查和检验提供方便,包括监理人到施工场地,或制造、加工地点,或合同约定的其他地方进行察看和查阅施工原始记录。承包人还应按监理人指示,进行施工场地取样试验、工程复核测量和设备性能检测,提供试验样品、提交试验报告和测量成果以及监理人要求进行的其他工作。监理人的检查和检验,不能免除承包人按合同约定应负的责任。

5）工程隐蔽部位覆盖前的检查

（1）通知监理人检查。

经承包人自检确认的工程隐蔽部位具备覆盖条件后,承包人应通知监理人在约定的期限内检查。承包人的通知应附有自检记录和必要的检查资料。监理人应按时到场检查。经监理人检查确认质量符合隐蔽要求,并在检查记录上签字后,承包人才能进行覆盖。监理人检查确认质量不合格的,承包人应在监理人指示的时间内修整返工后,由监理人重新检查。

（2）监理人未到场检查。

监理人未按本款中上述第(1)项约定的时间进行检查的,除监理人另有指示外,承包人可自行完成覆盖工作,并作相应记录报送监理人,监理人应签字确认。监理人事后对检查记录有疑问的,可按本款中下述第(3)项的约定重新检查。

（3）监理人重新检查。

承包人按本款上述第(1)项或第(2)项覆盖工程隐蔽部位后,监理人对质量有疑问的,可要求承包人对已覆盖的部位进行钻孔探测或揭开重新检验,承包人应遵照执行,并在检验后重新覆盖恢复原状。经检验证明工程质量符合合同要求的,由发包人承担由此增加的费用和(或)工期延误,并支付承包人合理利润;经检验证明工程质量不符合合同要求的,由此增加的费用和（或）工期延误由承包人承担。

（4）承包人私自覆盖。

承包人未通知监理人到场检查，私自将工程隐蔽部位覆盖的，监理人有权指示承包人钻孔探测或揭开检查，由此增加的费用和（或）工期延误由承包人承担。

6）清除不合格工程

（1）承包人使用不合格材料、工程设备，或采用不适当的施工工艺，或施工不当，造成工程不合格的，监理人可以随时发出指示，要求承包人立即采取措施进行补救，直至达到合同要求的质量标准，由此增加的费用和（或）工期延误由承包人承担。

（2）由于发包人提供的材料或工程设备不合格造成的工程不合格，需要承包人采取措施补救的，发包人应承担由此增加的费用和（或）工期延误，并支付承包人合理利润。

2．专用条款

1）承包人的质量管理

承包人向监理人提交工程质量保证措施文件的期限：_____。

监理人审批工程质量保证措施文件的期限：_____。

2）承包人的质量检查

承包人向监理人报送工程质量报表的期限：_____。

承包人向监理人报送工程质量报表的要求：_____。

监理人审查工程质量报表的期限：_____。

3）监理人的质量检查

承包人应当为监理人的检查和检验提供方便，监理人可以进行察看和查阅施工原始记录的其他地方包括：_____。

4）工程隐蔽部位覆盖前的检查

监理人对工程隐蔽部位进行检查的期限：_____。

5）质量争议

发包人和承包人对工程质量有争议的，除可按 11.1.24 的合同条款办理外，监理人可提请合同双方委托有相应资质的工程质量检测机构进行鉴定，所需费用及因此造成的损失，由责任人承担；双方均有责任，由双方根据其责任分别承担。经检测，质量确有缺陷的，已竣工验收或已竣工未验收但实际投入使用的工程，其处理按工程保修书的约定执行；已竣工未验收且未实际投入使用的工程以及停工、停建的工程，根据检测结果确定解决方案，或按工程质量监督机构的处理决定执行。

11.1.14　试验和检验

1．通用条款

1）材料、工程设备和工程的试验和检验

（1）承包人应按合同约定进行材料、工程设备和工程的试验和检验，并为监理人对上述材料、工程设备和工程的质量检查提供必要的试验资料和原始记录。按合同约定应由监理人与承包人共同进行试验和检验的，由承包人负责提供必要的试验资料和原始记录。

（2）监理人未按合同约定派员参加试验和检验的，除监理人另有指示外，承包人可自行试验和检验，并应立即将试验和检验结果报送监理人，监理人应签字确认。

（3）监理人对承包人的试验和检验结果有疑问的，或为查清承包人试验和检验成果的可靠性要求承包人重新试验和检验的,可按合同约定由监理人与承包人共同进行。重新试验和检验的结果证明该项材料、工程设备或工程的质量不符合合同要求的,由此增加的费用和(或)工期延误由承包人承担;重新试验和检验结果证明该项材料、工程设备和工程符合合同要求,由发包人承担由此增加的费用和(或)工期延误,并支付承包人合理利润。

2) 现场材料试验

(1) 承包人根据合同约定或监理人指示进行的现场材料试验,应由承包人提供试验场所、试验人员、试验设备器材以及其他必要的试验条件。

(2) 监理人在必要时可以使用承包人的试验场所、试验设备器材以及其他试验条件,进行以工程质量检查为目的的复核性材料试验,承包人应予以协助。

3) 现场工艺试验

承包人应按合同约定或监理人指示进行现场工艺试验。对大型的现场工艺试验,监理人认为必要时,应由承包人根据监理人提出的工艺试验要求,编制工艺试验措施计划,报送监理人审批。

11.1.15 变更

1. 通用条款

1) 变更的范围和内容

除专用合同条款另有约定外,在履行合同中发生以下情形之一,应按照本条规定进行变更。

(1) 取消合同中任何一项工作,但被取消的工作不能转由发包人或其他人实施;

(2) 改变合同中任何一项工作的质量或其他特性;

(3) 改变合同工程的基线、标高、位置或尺寸;

(4) 改变合同中任何一项工作的施工时间或改变已批准的施工工艺或顺序;

(5) 为完成工程需要追加的额外工作。

2) 变更权

在履行合同过程中,经发包人同意,监理人可按本款中下述第3)款约定的变更程序向承包人作出变更指示,承包人应遵照执行。没有监理人的变更指示,承包人不得擅自变更。

3) 变更程序

(1) 变更的提出。

① 在合同履行过程中,可能发生本款上述第1)款约定情形的,监理人可向承包人发出变更意向书。变更意向书应说明变更的具体内容和发包人对变更的时间要求,并附必要的图纸和相关资料。变更意向书应要求承包人提交包括拟实施变更工作的计划、措施和竣工时间等内容的实施方案。发包人同意承包人根据变更意向书要求提交的变更实施方案的,由监理人按本款中下述第(3)项约定发出变更指示。

② 在合同履行过程中,发生本款上述第1)款约定情形的,监理人应按照本款中下述第(3)项约定向承包人发出变更指示。

③ 承包人收到监理人按合同约定发出的图纸和文件,经检查认为其中存在本款上述第1)款约定情形的,可向监理人提出书面变更建议。变更建议应阐明要求变更的依据,并附必要的图纸和说明。监理人收到承包人书面建议后,应与发包人共同研究,确认存在变更的,应在收到承包人书面建议后的14天内作出变更指示。经研究后不同意作为变更的,应由监理人书面

答复承包人。

④ 若承包人收到监理人的变更意向书后认为难以实施此项变更,应立即通知监理人,说明原因并附详细依据。监理人与承包人和发包人协商后确定撤销、改变或不改变原变更意向书。

(2)变更估价

① 除专用合同条款对期限另有约定外,承包人应在收到变更指示或变更意向书后的 14 天内,向监理人提交变更报价书,报价内容应根据本款中下述第 4)款约定的估价原则,详细开列变更工作的价格组成及其依据,并附必要的施工方法说明和有关图纸。

② 变更工作影响工期的,承包人应提出调整工期的具体细节。监理人认为有必要时,可要求承包人提交要求提前或延长工期的施工进度计划及相应施工措施等详细资料。

③ 除专用合同条款对期限另有约定外,监理人收到承包人变更报价书后的 14 天内,根据本款上述第 4)款约定的估价原则,按照 11.1.3 中通用条款内第 5)款商定或确定变更价格。

(3)变更指示。

① 变更指示只能由监理人发出。

② 变更指示应说明变更的目的、范围、变更内容以及变更的工程量及其进度和技术要求,并附有关图纸和文件。承包人收到变更指示后,应按变更指示进行变更工作。

4)变更的估价原则

(1)除专用合同条款另有约定外,因变更引起的价格调整按照本款约定处理。本款已标价工程量清单中有适用于变更工作的子目的,采用该子目的单价。

(2)已标价工程量清单中无适用于变更工作的子目,但有类似子目的,可在合理范围内参照类似子目的单价,由监理人按第 3.5 款商定或确定变更工作的单价。

(3)已标价工程量清单中无适用或类似子目的单价,可按照成本加利润的原则,由监理人按 11.1.3 中通用条款内第 5)款商定或确定变更工作的单价。

5)承包人的合理化建议

(1)在履行合同过程中,承包人对发包人提供的图纸、技术要求以及其他方面提出的合理化建议,均应以书面形式提交监理人。合理化建议书的内容应包括建议工作的详细说明、进度计划和效益以及与其他工作的协调等,并附必要的设计文件。监理人应与发包人协商是否采纳建议。建议被采纳并构成变更的,应按本款第 3)款第(3)项约定向承包人发出变更指示。

(2)承包人提出的合理化建议降低了合同价格、缩短了工期或者提高了工程经济效益的,发包人可按国家有关规定在专用合同条款中约定给予奖励。

6)暂列金额

暂列金额只能按照监理人的指示使用,并对合同价格进行相应调整。

7)计日工

(1)发包人认为有必要时,由监理人通知承包人以计日工方式实施变更的零星工作。其价款按列入已标价工程量清单中的计日工计价子目及其单价进行计算。

(2)采用计日工计价的任何一项变更工作,应从暂列金额中支付,承包人应在该项变更的实施过程中,每天提交以下报表和有关凭证报送监理人审批:

① 工作名称、内容和数量;

② 投入该工作所有人员的姓名、工种、级别和耗用工时;

③ 投入该工作的材料类别和数量;

④ 投入该工作的施工设备型号、台数和耗用台时;

⑤ 监理人要求提交的其他资料和凭证。

(3) 计日工由承包人汇总后,按 11.1.17 中通用条款内第 3)款第(2)项的约定列入进度付款申请单,由监理人复核并经发包人同意后列入进度付款。

8) 暂估价

(1) 发包人在工程量清单中给定暂估价的材料、工程设备和专业工程属于依法必须招标的范围并达到规定的规模标准的,由发包人和承包人以招标的方式选择供应商或分包人。发包人和承包人的权利义务关系在专用合同条款中约定。中标金额与工程量清单中所列的暂估价的金额差以及相应的税金等其他费用列入合同价格。

(2) 发包人在工程量清单中给定暂估价的材料和工程设备不属于依法必须招标的范围或未达到规定的规模标准的,应由承包人按 11.1.5 中通用条款内第 1)款的约定提供。经监理人确认的材料、工程设备的价格与工程量清单中所列的暂估价的金额差以及相应的税金等其他费用列入合同价格。

(3) 发包人在工程量清单中给定暂估价的专业工程不属于依法必须招标的范围或未达到规定的规模标准的,由监理人按照 11.1.5 中通用条款内第 4)款进行估价,但专用合同条款另有约定的除外。经估价的专业工程与工程量清单中所列的暂估价的金额差以及相应的税金等其他费用列入合同价格。

2. 专用条款

1) 变更的范围和内容

应当进行变更的其他情形:＿＿＿＿＿＿＿＿＿＿＿＿＿＿＿＿＿＿＿＿＿＿＿＿＿＿＿。

发包人违背本款上述通用合同条款内第 1)款第(1)项的约定,将被取消的合同中的工作转由发包人或其他人实施的,承包人可向监理人发出通知,要求发包人采取有效措施纠正违约行为,发包人在监理人收到承包人通知后 28 天内仍不纠正违约行为的,应当赔偿承包人损失(包括合理的利润)并承担由此引起的其他责任。承包人应当按 11.1.23 中通用条款内第 1)款第(1)项的约定,在上述 28 天期限到期后的 28 天内,向监理人递交索赔意向通知书,并按11.1.23 中通用条款内第 1)款第(2)项的约定,及时向监理人递交正式索赔通知书,说明有权得到的损失赔偿金额并附必要的记录和证明材料。发包人支付给承包人的损失赔偿金额应当包括被取消工作的合同价值中所包含的承包人管理费、利润以及相应的税金和规费。

2) 变更程序

变更估价。

(1) 承包人提交变更报价书的期限:＿＿＿＿＿＿＿＿＿＿＿＿。

(2) 监理人商定或确定变更价格的期限:＿＿＿＿＿＿＿＿＿。

(3) 收到变更指示后,如承包人未在规定的期限内提交变更报价书的,监理人可自行决定是否调整合同价款以及如果监理人决定调整合同价款时,相应调整的具体金额。

3) 变更的估价原则

(1) 因工程量清单漏项(仅适用于合同协议书约定采用单价合同形式时)或变更引起措施项目发生变化,原措施项目费中已有的措施项目,采用原措施项目费的组价方法变更;原措施项目费中没有的措施项目,由承包人根据措施项目变更情况,提出适当的措施项目费变更,由监理人按 11.1.5 中通用条款内第第 5)款商定或确定变更措施项目的费用。

（2）合同协议书约定采用单价合同形式时，因非承包人原因引起已标价工程量清单中列明的工程量发生增减，且单个子目工程量变化幅度在_____%以内（含）时，应执行已标价工程量清单中列明的该子目的单价；单个子目工程量变化幅度在_____%以外（不含），且导致分部分项工程费总额变化幅度超过_____%时，由承包人提出并由监理人按 11.1.5 中通用条款内第 5)款商定或确定新的单价，该子目按修正后的新的单价计价。

（3）因变更引起价格调整的其他处理方式：_____。

4）承包人的合理化建议

对承包人提出合理化建议的奖励方法：_____。

5）暂估价

（1）按合同约定应当由发包人和承包人采用招标方式选择专项供应商或专业分包人的，应当由承包人作为招标人，依法组织招标工作并接受有管辖权的建设工程招标投标行政监督部门的监督。与组织招标工作有关的费用应当被认为已经包括在承包人的签约合同价（投标总报价）中：

① 在任何招标工作启动前，承包人应当提前至少天编制招标工作计划并通过监理人报请发包人审批，招标工作计划应当包括招标工作的时间安排、拟采用的招标方式、拟采用的资格审查方法、主要招标过程文件的编制内容、对投标人的资格条件要求、评标标准和方法、评标委员会组成及是否编制招标控制价和（或）标底以及招标控制价和（或）标底编制原则，发包人应当在监理人收到承包人报送的招标工作计划后天内给予批准或者提出修改意见。承包人应当严格按照经过发包人批准的招标工作计划开展招标工作。

② 承包人应当在发出招标公告（或者资格预审公告或者投标邀请书）、资格预审文件和招标文件前至少天，分别将相关文件通过监理人报请发包人审批，发包人应当在监理人收到承包人报送的相关文件后天内给予批准或者提出修改意见，经发包人批准的相关文件，由承包人负责誉清整理并准备出开展实际招标工作所需要的份数，通过监理人报发包人核查并加盖发包人印章，发包人在相关文件上加盖印章只表明相关文件经过发包人审核批准。最终发出的文件应当分别报送一份给发包人和监理人备查。

③ 如果发、承包任何一方委派评标代表，评标委员会应当由七人以上单数构成。除发包人或者承包人自愿放弃委派评标代表的权利外，招标人评标代表应当分别由发包人和承包人等额委派。

④ 设有标底的，承包人应当在开标前提前 48 小时将标底报发包人审核认可，发包人应当在收到承包人报送的标底后 24 小时内给予批准或者提出修改意见。承包人和发包人应当共同制定标底保密措施，不得提前泄露标底。标底的最终审核和决定权属于发包人。

⑤ 设有招标控制价的，承包人应当在招标文件发出前提前 7 天将招标控制价报发包人审核认可，发包人应当在收到承包人报送的招标控制价后 72 小时内给予认可或者提出修改意见。招标控制价的最终审核和决定权属于发包人，未经发包人认可，承包人不得发出招标文件。

⑥ 承包人在收到相关招标项目评标委员会提交的评标报告后，应当在 24 小时内通过监理人转报发包人核查，发包人应当在监理人收到承包人报送的评标报告后 48 小时内核查完毕，评标报告经过发包人核查认可后，承包人才可以开始后续程序，依法确定中标人并发出中

标通知书。

⑦ 承包人与专业分包人或者专项供应商订立合同前天,应当将准备用于正式签订的合同文件通过监理人报发包人审核,发包人应当在监理人收到相关文件后天内给予批准或者提出修改意见,承包人应当按照发包人批准的合同文件签订相关合同,合同订立后天内,承包人应当将其中的两份副本报送监理人,其中一份由监理人报发包人留存。

⑧ 发包人对承包人报送文件进行审批或提出的修改意见应当合理,并符合现行有关法律法规的规定。

⑨ 承包人违背本项上述约定的程序或者未履行本项上述约定的报批手续的,发包人有权拒绝对相关专业工程或者涉及相关专项供应的材料和工程设备的工程进行验收和拨付相应工程款项,所造成的费用增加和(或)工期延误由承包人承担。发包人未按本项上述约定履行审批手续的,所造成的费用增加和(或)工期延误由发包人承担。

(2) 发包人在工程量清单中给定暂估价的专业工程不属于依法必须招标的范围或者未达到依法必须招标的规模标准的,其最终价格的估价人为:或者按照下列约定:_____。

11.1.16 价格调整

1. 通用条款

1) 物价波动引起的价格调整

除专用合同条款另有约定外,因物价波动引起的价格调整按照本款约定处理。

(1) 采用价格指数调整价格差额。

① 价格调整公式。

因人工、材料和设备等价格波动影响合同价格时,根据投标函附录中的价格指数和权重表约定的数据,按以下公式计算差额并调整合同价格。

$$\Delta P = P_0 \left[A + \left(B_1 \times \frac{F_{t1}}{F_{01}} + B_2 \times \frac{F_{t2}}{F_{02}} + B_3 \times \frac{F_{t3}}{F_{03}} + \cdots + B_n \times \frac{F_{tn}}{F_{0n}} \right) - 1 \right]。$$

式中 ΔP——需调整的价格差额;

P_0——11.1.17 中通用条款内第 3)款第(3)项、第 5)款第(2)项和第 6)款第(2)项约定的付款证书中承包人应得到的已完成工程量的金额。此项金额应不包括价格调整、不计质量保证金的扣留和支付、预付款的支付和扣回。11.1.15 中约定的变更及其他金额已按现行价格计价的,也不计在内;

A——定值权重(即不调部分的权重);

$B_1, B_2, B_3, \cdots, B_n$——各可调因子的变值权重(即可调部分的权重)为各可调因子在投标函投标总报价中所占的比例;

$F_{t1}, F_{t2}, F_{t3}, \cdots, F_{tn}$——各可调因子的现行价格指数,指 11.1.17 中通用条款内第 3)款第(3)项、第 5)款第(2)项和第 6)款第(2)项约定的付款证书相关周期最后一天的前 42 天的各可调因子的价格指数;

$F_{01}, F_{02}, F_{03}, \cdots, F_{0n}$——各可调因子的基本价格指数,指基准日期的各可调因子的价格指数。

以上价格调整公式中的各可调因子、定值和变值权重,以及基本价格指数及其来源在投标函附录价格指数和权重表中约定。价格指数应首先采用有关部门提供的价格指数,缺乏上述价格指数时,可采用有关部门提供的价格代替。

② 暂时确定调整差额。

在计算调整差额时得不到现行价格指数的,可暂用上一次价格指数计算,并在以后的付款中再按实际价格指数进行调整。

③ 权重的调整。

按 11.1.15 中通用条款内第 1)款约定的变更导致原定合同中的权重不合理时,由监理人与承包人和发包人协商后进行调整。

④ 承包人工期延误后的价格调整。

由于承包人原因未在约定的工期内竣工的,则对原约定竣工日期后继续施工的工程,在使用本款中上述第①目价格调整公式时,应采用原约定竣工日期与实际竣工日期的两个价格指数中较低的一个作为现行价格指数。

(2) 采用造价信息调整价格差额。

施工期内,因人工、材料、设备和机械台班价格波动影响合同价格时,人工、机械使用费按照国家或省、自治区、直辖市建设行政管理部门、行业建设管理部门或其授权的工程造价管理机构发布的人工成本信息、机械台班单价或机械使用费系数进行调整;需要进行价格调整的材料,其单价和采购数应由监理人复核,监理人确认需调整的材料单价及数量,作为调整工程合同价格差额的依据。

2) 法律变化引起的价格调整

在基准日后,因法律变化导致承包人在合同履行中所需要的工程费用发生除本款上述第 1)款约定以外的增减时,监理人应根据法律、国家或省、自治区、直辖市有关部门的规定,按 11.1.5 中通用条款内第 5)款商定或确定需调整的合同价款。

2. 专用条款

物价波动引起的价格调整

物价波动引起的价格调整方法:_____。

其他约定_____。

11.1.17　计量与支付

1. 通用条款

1) 计量

(1) 计量单位。

计量采用国家法定的计量单位。

(2) 计量方法。

工程量清单中的工程量计算规则应按有关国家标准、行业标准的规定,并在合同中约定执行。

(3) 计量周期。

除专用合同条款另有约定外,单价子目已完成工程量按月计量,总价子目的计量周期按批准的支付分解报告确定。

(4) 单价子目的计量。

① 已标价工程量清单中的单价子目工程量为估算工程量。结算工程量是承包人实际完成的,并按合同约定的计量方法进行计量的工程量。

② 承包人对已完成的工程进行计量,向监理人提交进度付款申请单、已完成工程量报表

和有关计量资料。

③ 监理人对承包人提交的工程量报表进行复核，以确定实际完成的工程量。对数量有异议的，可要求承包人按 11.1.8 中通用条款内第 2)款约定进行共同复核和抽样复测。承包人应协助监理人进行复核并按监理人要求提供补充计量资料。承包人未按监理人要求参加复核，监理人复核或修正的工程量视为承包人实际完成的工程量。

④ 监理人认为有必要时，可通知承包人共同进行联合测量、计量，承包人应遵照执行。

⑤ 承包人完成工程量清单中每个子目的工程量后，监理人应要求承包人派员共同对每个子目的历次计量报表进行汇总，以核实最终结算工程量。监理人可要求承包人提供补充计量资料，以确定最后一次进度付款的准确工程量。承包人未按监理人要求派员参加的，监理人最终核实的工程量视为承包人完成该子目的准确工程量。

⑥ 监理人应在收到承包人提交的工程量报表后的 7 天内进行复核，监理人未在约定时间内复核的，承包人提交的工程量报表中的工程量视为承包人实际完成的工程量，据此计算工程价款。

（5）总价子目的计量。

除专用合同条款另有约定外，总价子目的分解和计量按照下述约定进行。

① 总价子目的计量和支付应以总价为基础，不因 11.1.16 中通用条款内第 1)款中的因素而进行调整。承包人实际完成的工程量，是进行工程目标管理和控制进度支付的依据。

② 承包人在合同约定的每个计量周期内，对已完成的工程进行计量，并向监理人提交进度付款申请单、专用合同条款约定的合同总价支付分解表所表示的阶段性或分项计量的支持性资料，以及所达到工程形象目标或分阶段需完成的工程量和有关计量资料。

③ 监理人对承包人提交的上述资料进行复核，以确定分阶段实际完成的工程量和工程形象目标。对其有异议的，可要求承包人按 11.1.8 中通用条款内第 2)款约定进行共同复核和抽样复测。

④ 除按照第巧条约定的变更外，总价子目的工程量是承包人用于结算的最终工程里。

2）预付款

（1）预付款。

预付款用于承包人为合同工程施工购置材料、工程设备、施工设备、修建临时设施以及组织施工队伍进场等。预付款的额度和预付办法在专用合同条款中约定。预付款必须专用于合同工程。

（2）预付款保函。

除专用合同条款另有约定外，承包人应在收到预付款的同时向发包人提交预付款保函，预付款保函的担保金额应与预付款金额相同。保函的担保金额可根据预付款扣回的金额相应递减。

（3）预付款的扣回与还清。

预付款在进度付款中扣回，扣回办法在专用合同条款中约定。在颁发工程接收证书前，由于不可抗力或其他原因解除合同时，预付款尚未扣清的，尚未扣清的预付款余额应作为承包人的到期应付款。

3）工程进度付款

（1）付款周期。

付款周期同计量周期。

（2）进度付款申请单。

承包人应在每个付款周期末，按监理人批准的格式和专用合同条款约定的份数，向监理人提交进度付款中请单，并附相应的支持性证明文件。除专用合同条款另有约定外，进度付款申请单应包括下列内容：

① 截至本次付款周期末已实施工程的价款；

② 根据第巧条应增加和扣减的变更金额；

③ 根据 11.1.23 中条款应增加和扣减的索赔金额；

④ 根据 11.1.17 中通用条款内第 2)款约定应支付的预付款和扣减的返还预付款；

⑤ 根据 11.1.5 中通用条款内第 4)款第（1）项约定应扣减的质量保证金；

⑥ 根据合同应增加和扣减的其他金额。

（3）进度付款证书和支付时间

① 监理人在收到承包人进度付款申请单以及相应的支持性证明文件后的 14 天内完成核查，提出发包人到期应支付给承包人的金额以及相应的支持性材料，经发包人审查同意后，由监理人向承包人出具经发包人签认的进度付款证书。监理人有权扣发承包人未能按照合同要求履行任何工作或义务的相应金额。

② 发包人应在监理人收到进度付款中请单后的 28 天内，将进度应付款支付给承包人。发包人不按期支付的，按专用合同条款的约定支付逾期付款违约金。

③ 监理人出具进度付款证书，不应视为监理人已同意、批准或接受了承包人完成的该部分工作。

④ 进度付款涉及政府投资资金的，按照国库集中支付等国家相关规定和专用合同条款的约定办理。

（4）工程进度付款的修正。

在对以往历次已签发的进度付款证书进行汇总和复核中发现错、漏或重复的，监理人有权予以修正，承包人也有权提出修正申请。经双方复核同意的修正，应在本次进度付款中支付或扣除。

4）质量保证金

（1）监理人应从第一个付款周期开始，在发包人的进度付款中，按专用合同条款的约定扣留质量保证金，直至扣留的质量保证金总额达到专用合同条款约定的金额或比例为止。质量保证金的计算额度不包括预付款的支付、扣回以及价格调整的金额。

（2）在 11.1.1 中通用条款内第 1 款第（4）项第⑤目约定的缺陷责任期满时，承包人向发包人申请到期应返还承包人剩余的质量保证金金额，发包人应在 14 天内会同承包人按照合同约定的内容核实承包人是否完成缺陷责任。如无异议，发包人应当在核实后将剩余保证金返还承包人。

（3）在 11.1.1 中通用条款内第 1 款第（4）项第⑤目约定的缺陷责任期满时，承包人没有完成缺陷责任的，发包人有权扣留与未履行责任剩余工作所需金额相应的质量保证金余额，并有权根据 11.1.19 中通用条款内第 3)款约定要求延长缺陷责任期，直至完成剩余工作为止。

5）竣工结算

（1）竣工付款申请单。

① 工程接收证书颁发后，承包人应按专用合同条款约定的份数和期限向监理人提交竣工

付款申请单,并提供相关证明材料。除专用合同条款另有约定外,竣工付款申请单应包括下列内容:竣工结算合同总价、发包人已支付承包人的工程价款、应扣留的质量保证金和应支付的竣工付款金额。

② 监理人对竣工付款申请单有异议的,有权要求承包人进行修正和提供补充资料。经监理人和承包人协商后,由承包人向监理人提交修正后的竣工付款申请单。

(2) 竣工付款证书及支付时间。

① 监理人在收到承包人提交的竣工付款申请单后的 14 天内完成核查,提出发包人到期应支付给承包人的价款送发包人审核并抄送承包人。发包人应在收到后 14 天内审核完毕,由监理人向承包人出具经发包人签认的竣工付款证书。监理人未在约定时间内核查,又未提出具体意见的,视为承包人提交的竣工付款申请单已经监理人核查同意;发包人未在约定时间内审核又未提出具体意见的,监理人提出发包人到期应支付给承包人的价款视为已经发包人同意。

② 发包人应在监理人出具竣工付款证书后的 14 天内,将应支付款支付给承包人。发包人不按期支付的,按 11.1.17 中通用条款内第 3 款第(3)项目第②目的约定,将逾期付款违约金支付给承包人。

③ 承包人对发包人签认的竣工付款证书有异议的,发包人可出具竣工付款申请单中承包人已同意部分的临时付款证书。存在争议的部分,按 11.1.24 中条款的约定办理。

④ 竣工付款涉及政府投资资金的,按 11.1.17 中通用条款内第 3)款第(3)第④目的约定办理。

6) 最终结清

(1) 最终结清申请单。

① 缺陷责任期终止证书签发后,承包人可按专用合同条款约定的份数和期限向监理人提交最终结清申请单,并提供相关证明材料。

② 发包人对最终结清申请单内容有异议的,有权要求承包人进行修正和提供补充资料,由承包人向监理人提交修正后的最终结清申请单。

(2) 最终结清证书和支付时间。

① 监理人收到承包人提交的最终结清申请单后的 14 天内,提出发包人应支付给承包人的价款送发包人审核并抄送承包人。发包人应在收到后 14 天内审核完毕,由监理人向承包人出具经发包人签认的最终结清证书。监理人未在约定时间内核查,又未提出具体意见的,视为承包人提交的最终结清申请已经监理人核查同意;发包人未在约定时间内审核又未提出具体意见的,监理人提出应支付给承包人的价款视为已经发包人同意。

② 发包人应在监理人出具最终结清证书后的 14 天内,将应支付款支付给承包人。发包人不按期支付的,按第 17.3.3(2)目的约定,将逾期付款违约金支付给承包人。

(3) 承包人对发包人签认的最终结清证书有异议的,按 11.1.24 条款的约定办理。

(4) 最终结清付款涉及政府投资资金的,按 11.1.17 中通用条款内第 3)款第(3)第④目的约定办理。

2. 专用条款

1) 计量

(1) 计量方法。

　　工程量计算规则执行《建设工程工程量清单计价规范》(GB50500—2008)或其适用的修订版本。除合同另有约定外,承包人实际完成的工程量按约定的工程量计算规则和有合同约束力的图纸进行计量。

　　(2) 计量周期。

　　① 本合同的计量周期为月,每月日为当月计量截止日期(不含当日)和下月计量起始日期(含当日)。

　　② 本合同(执行(采用单价合同形式时)/不执行(采用总价合同形式时))通用合同条款本项约定的单价子目计量。总价子目计量方法按本专用合同条款下述第③、④项总价子目的计量(支付分解报告/按实际完成工程量计量)。

　　③ 总价子目的计量——支付分解报告。

　　总价子目按照有合同约束力的支付分解表支付。承包人应根据11.1.10合同条款约定的合同进度计划和总价子目的总价构成、费用性质、计划发生时间和相应工作量等因素对各个总价子目的总价按月进行分解,形成支付分解报告。承包人应当在收到经过监理人批复的合同进度计划后7天内,将支付分解报告以及形成支付分解报告的分项计量和总价分解等支持性资料报监理人审批,监理人应当在收到承包人报送的支付分解报告后7天内给予批复或提出修改意见,经监理人批准的支付分解报告为有合同约束力的支付分解表。支付分解表应根据合同条款11.1.10中通用条款内第2)款约定的修订合同进度计划进行修正,修正的程序和期限应当依照本项上述约定,经修正的支付分解表为有合同约束力的支付分解表。

　　A. 总价子目的价格调整方法:＿＿＿＿＿＿＿＿＿＿＿＿＿＿＿＿＿＿＿。

　　B. 列入每月进度付款申请单中各总价子目的价值为有合同约束力的支付分解表中对应月份的总价子目总价值。

　　C. 监理人根据有合同约束力的支付分解表复核列入每月进度付款申请单中的总价子目的总价值。

　　D. 除按照11.1.15条款中约定的变更外,在竣工结算时总价子目的工程量不应当重新计量,签约合同价所基于的工程量即是用于竣工结算的最终工程量。

　　④ 总价子目的计量一按实际完成工程量计量。

　　A. 总价子目的价格调整方法:＿＿＿＿＿＿＿＿＿＿＿＿＿＿＿＿＿＿＿。

　　总价子目的计量和支付应以总价为基础,对承包人实际完成的工程量进行计量,是进行工程目标管理和控制进度款支付的依据。

　　B. 承包人在本专用合同条款中第1)款第(2)第①目约定的每月计量截止日期后,对已完成的分部分项工程的子目(包括在工程量清单中给出具体工程量的措施项目的相关子目),按照本专用合同条款第1)款第(2)项约定的计量方法进行计量,对已完成的工程量清单中没有给出具体工程量的措施项目的相关子目,按其总价构成、费用性质和实际发生比例进行计量,向监理人提交进度付款申请单、已完成工程量报表和有关计量资料。

　　C. 监理人对承包人提交的工程量报表进行复核,以确定实际完成的工程量。对数量有异议的,可要求承包人进行共同复核。承包人应协助监理人进行复核并按监理人要求提供补充计量资料。承包人未按监理人要求参加复核,监理人复核或修正的工程量视为承包人实际完成的工程量。

　　D. 监理人应在收到承包人提交的工程量报表后的7天内进行复核,监理人未在约定时间内复核的,承包人提交的工程量报表中的工程量视为承包人实际完成的工程量,据此计算工程价款。

E. 除按照1.1.15中条款约定的变更外,在竣工结算时总价子目的工程量不应当重新计量,签约合同价所基于的工程量即是用于竣工结算的最终工程量。

2)预付款

(1)预付款。

① 预付款额度。

分部分项工程部分的预付款额度:＿＿＿＿＿＿＿＿＿＿＿＿＿＿＿。

措施项目部分预付款额度:＿＿＿＿＿＿＿＿＿＿＿＿＿＿＿。

其中:安全文明施工费用预付额度:＿＿＿＿＿＿＿＿＿＿＿＿。

② 预付办法。

预付款预付办法:＿＿＿＿＿＿＿＿＿＿＿＿＿＿＿＿＿＿＿。

预付款的支付时间:＿＿＿＿＿＿＿＿＿＿＿＿＿＿＿＿＿＿＿。

安全文明施工费用的预付不受上述预付办法和支付时间约定的制约,发包人应当在不迟于11.1.1中通用合同条款内第1)款第(1)项约定的开工日期前的7天内将安全文明施工费用的预付款一次性拨付给承包人。

发包人逾期支付合同约定的预付款,除承担11.1.22中通用合同条款第2)款约定的违约责任外,还应向承包人支付按本专用合同条款内下述第3)款第(2)项约定的标准和方法计算的逾期付款违约金。

(2)预付款保函。

预付款保函的金额与预付款金额相同。预付款保函的提交时间:＿＿＿＿＿＿＿＿。

预付款保函的担保金额应当根据预付款扣回的金额递减,保函条款中可以设立担保金额递减的条款。发包人在签认每一期进度付款证书后14天内,应当以书面方式通知出具预付款保函的担保人并附上一份经其签认的进度付款证书副本,担保人根据发包人的通知和经发包人签认的进度付款证书中累计扣回的预付款金额等额调减预付款保函的担保金额。自担保人收到发包人通知之日起,该经过递减的担保金额为预付款保函担保金额。

(3)预付款的扣回与还清。

预付款的扣回办法:＿＿＿＿＿＿＿＿＿＿＿＿＿＿＿＿＿＿。

(4)预付款保函的格式。

承包人应当按照本专用合同条款中第2款第(2)项约定的金额和时间以及发包人在本工程招标文件中规定的或者其他经过发包人事先认可的格式向发包人递交一份无条件兑付的和不可撤销的预付款保函。

(5)预付款保函的有效期。

预付款保函的有效期应当自预付款支付给承包人之日起至发包人签认的进度付款证书说明预付款已完全扣清之日止。

(6)发包人的通知义务。

不管保函条款中如何约定,发包人根据担保提出索赔或兑现要求之前,均应通知承包人并说明导致此类索赔或兑现的原因,但此类通知不应理解为是在任何意义上寻求承包人的同意。

(7)预付款保函的退还。

预付款保函应在发包人签认的进度付款证书说明预付款已完全扣清之日后14天内退还给承包人。发包人不承担承包人与预付款保函有关的任何利息或其他类似的费用或者收益。

3）工程进度付款

（1）进度付款申请单。

进度付款申请单的份数：＿＿＿＿＿＿＿＿＿＿＿＿＿＿＿＿＿＿＿＿＿＿＿。

进度付款申请单的内容：＿＿＿＿＿＿＿＿＿＿＿＿＿＿＿＿＿＿＿＿＿＿＿。

（2）进度付款证书和支付时间。

发包人未按本专用合同条款内第2款第（1）项第②目、本通用合同条款内第3）款第（3）项第②目、第5）款第（2）项第②目和第6）款第（2）第②目约定的期限支付承包人依合同约定应当得到的款项，应当从应付之日起向承包人支付逾期付款违约金。承包人应当按11.1.23中通用合同条款内第1）款第（1）项的约定，在最终付款期限到期后28天内，向监理人递交索赔意向通知书，说明有权得到按本款约定的下列标准和方法计算的逾期付款违约金。承包人要求发包人支付逾期付款违约金不影响承包人要求发包人承担11.1.22中通用合同条款内第2）款约定的其他违约责任的权利。

逾期付款违约金的计算标准为＿＿＿＿＿＿＿＿＿＿＿＿＿＿＿＿＿＿＿。

逾期付款违约金的计算方法为＿＿＿＿＿＿＿＿＿＿＿＿＿＿＿＿＿＿＿。

进度付款涉及政府性资金的支付方法：＿＿＿＿＿＿＿＿＿＿＿＿＿＿＿＿＿。

（3）临时付款证书。

在合同约定的期限内，承包人和监理人无法对当期已完工程量和按合同约定应当支付的其他款项达成一致的，监理人应当在收到承包人报送的进度付款申请单等文件后14天内，就承包人没有异议的金额准备一个临时付款证书，报送发包人审查。临时付款证书中应当说明承包人有异议部分的金额及其原因，经发包人签认后，由监理人向承包人出具临时付款证书。发包人应当在监理人收到进度付款申请单后28天内，将临时付款证书中确定的应付金额支付给承包人。发包人和监理人均不得以任何理由延期支付工程进度付款。

对临时付款证书中列明的承包人有异议部分的金额，承包人应当按照监理人要求，提交进一步的支持性文件和（或）与监理人做进一步共同复核工作，经监理人进一步审核并认可的应付金额，应当按11.1.17中通用合同条款内第3）款第（4）项的约定纳入到下一期进度付款证书中。经过进一步努力，承包人仍有异议的，按合同条款11.1.24条款的约定办理。

有异议款项中经监理人进一步审核后认可的或者经过合同条款11.1.24条款约定的争议解决方式确定的应付金额，其应付之日为引发异议的进度付款证书的应付之日，承包人有权得到按11.1.17中专用合同条款内第3）款第（2）项约定计算的逾期付款违约金。

4）质量保证金

（1）质量保证金由监理人从第一个付款周期开始按进度付款证书确认的已实施工程的价款、根据合同条款11.1.15内增加和扣减的变更金额、根据合同条款11.1.23内增加和扣减的索赔金额以及根据合同应增加和扣减的其他金额（不包括预付款的支付、返还、合同条款11.1.16内约定的价格调整金额、此前已经按合同约定支付给承包人的进度款以及已经扣留的质量保证金）的总额的百分之五（5％）扣留，直至质量保证金累计扣留金额达到签约合同价的百分之五（5％）为止。

5）竣工结算

（1）竣工付款申请单。

承包人提交竣工付款申请单的份数：_____。

承包人提交竣工付款申请单的期限：_____。

竣工付款申请单的内容：_____。

承包人未按本项约定的期限和内容提交竣工付款申请单或者未按 11.1.17 中通用合同条款内第 5）款第（1）项第②目约定提交修正后的竣工付款申请单，经监理人催促后 14 天内仍未提交或者没有明确答复的，监理人和发包人有权根据已有资料进行审查，审查确定的竣工结算合同总价和竣工付款金额视同是经承包人认可的工程竣工结算合同总价和竣工付款金额。

不管 11.1.17 中通用合同条款内第 5）款第（2）项如何约定，发包人和承包人应当在监理人颁发（出具）工程接收证书后 56 天内办清竣工结算和竣工付款。

6）最终结清

最终结清申请单。

承包人提交最终结清申请单的份数：_____。

承包人提交最终结清申请单的期限：_____。

11.1.18 竣工验收

1. 通用条款

1）竣工验收的含义

（1）竣工验收指承包人完成了全部合同工作后，发包人按合同要求进行的验收。

（2）国家验收是政府有关部门根据法律、规范、规程和政策要求，针对发包人全面组织实施的整个工程正式交付投运前的验收。

（3）需要进行国家验收的，竣工验收是国家验收的一部分。竣工验收所采用的各项验收和评定标准应符合国家验收标准。发包人和承包人为竣工验收提供的各项竣工验收资料应符合国家验收的要求。

2）竣工验收申请报告

当工程具备以下条件时，承包人即可向监理人报送竣工验收申请报告：

（1）除监理人同意列入缺陷责任期内完成的尾工（甩项）工程和缺陷修补工作外，合同范围内的全部单位工程以及有关工作，包括合同要求的试验、试运行以及检验和验收均已完成，并符合合同要求；

（2）已按合同约定的内容和份数备齐了符合要求的竣工资料；

（3）已按监理人的要求编制了在缺陷责任期内完成的尾工（甩项）工程和缺陷修补工作清单以及相应施工计划；

（4）监理人要求在竣工验收前应完成的其他工作；

（5）监理人要求提交的竣工验收资料清单。

3）验收

监理人收到承包人按 11.1.18 中第 2）款约定提交的竣工验收申请报告后，应审查申请报告的各项内容，并按以下不同情况进行处理。

（1）监理人审查后认为尚不具备竣工验收条件的，应在收到竣工验收申请报告后的 28 天内通知承包人，指出在颁发接收证书前承包人还需进行的工作内容。承包人完成监理人通知的全部工作内容后，应再次提交竣工验收申请报告，直至监理人同意为止。

（2）监理人审查后认为已具备竣工验收条件的，应在收到竣工验收申请报告后的 28 天内提请发包人进行工程验收。

（3）发包人经过验收后同意接受工程的，应在监理人收到竣工验收申请报告后的 56 天内，由监理人向承包人出具经发包人签认的工程接收证书。发包人验收后同意接收工程但提出整修和完善要求的，限期修好，并缓发工程接收证书。整修和完善工作完成后，监理人复查达到要求的，经发包人同意后，再向承包人出具工程接收证书。

（4）发包人验收后不同意接收工程的，监理人应按照发包人的验收意见发出指示，要求承包人对不合格工程认真返工重作或进行补救处理，并承担由此产生的费用。承包人在完成不合格工程的返工重作或补救工作后，应重新提交竣工验收申请报告，按 11.1.18 中第 3）款第（1）项、第（2）项和第（3）项的约定进行。

（5）除专用合同条款另有约定外，经验收合格工程的实际竣工日期，以提交竣工验收申请报告的日期为准，并在工程接收证书中写明。

（6）发包人在收到承包人竣工验收申请报告 56 天后未进行验收的，视为验收合格，实际竣工日期以提交竣工验收申请报告的日期为准，但发包人由于不可抗力不能进行验收的除外。

4）单位工程验收

（1）发包人根据合同进度计划安排，在全部工程竣工前需要使用已经竣工的单位工程时，或承包人提出经发包人同意时，可进行单位工程验收。验收的程序可参照 11.1.18 中第 2）款与第 3）款的约定进行。验收合格后，由监理人向承包人出具经发包人签认的单位工程验收证书。已签发单位工程接收证书的单位工程由发包人负责照管。单位工程的验收成果和结论作为全部工程竣工验收申请报告的附件。

（2）发包人在全部工程竣工前，使用已接收的单位工程导致承包人费用增加的，发包人应承担由此增加的费用和（或）工期延误，并支付承包人合理利润。

5）施工期运行

（1）施工期运行是指合同工程尚未全部竣工，其中某项或某几项单位工程或工程设备安装已竣工，根据专用合同条款约定，需要投入施工期运行的，经发包人按 11.1.18 中第 4）款的约定验收合格，证明能确保安全后，才能在施工期投入运行。

（2）在施工期运行中发现工程或工程设备损坏或存在缺陷的，由承包人按 11.1.19 中第 2）款约定进行修复。

6）试运行

（1）除专用合同条款另有约定外，承包人应按专用合同条款约定进行工程及工程设备试运行，负责提供试运行所需的人员、器材和必要的条件，并承担全部试运行费用。

（2）由于承包人的原因导致试运行失败的，承包人应采取措施保证试运行合格，并承担相应费用。由于发包人的原因导致试运行失败的，承包人应当采取措施保证试运行合格，发包人应承担由此产生的费用，并支付承包人合理利润。

7）竣工清场

（1）除合同另有约定外，工程接收证书颁发后，承包人应按以下要求对施工场地进行清理，直至监理人检验合格为止。竣工清场费用由承包人承担。

① 施工场地内残留的垃圾已全部清除出场；

② 临时工程已拆除,场地已按合同要求进行清理、平整或复原;

③ 按合同约定应撤离的承包人设备和剩余的材料,包括废弃的施工设备和材料,已按计划撤离施工场地;

④ 工程建筑物周边及其附近道路、河道的施工堆积物,已按监理人指示全部清理;

⑤ 监理人指示的其他场地清理工作已全部完成。

(2) 承包人未按监理人的要求恢复临时占地,或者场地清理未达到合同约定的,发包人有权委托其他人恢复或清理,所发生的金额从拟支付给承包人的款项中扣除。

8) 施工队伍的撤离

工程接收证书颁发后的 56 天内,除了经监理人同意需在缺陷责任期内继续工作和使用的人员、施工设备和临时工程外,其余的人员、施工设备和临时工程均应撤离施工场地或拆除。除合同另有约定外,缺陷责任期满时,承包人的人员和施工设备应全部撤离施工场地。

2. 专用条款

1) 竣工验收申请报告

承包人负责整理和提交的竣工验收资料应当符合工程所在地建设行政主管部门和(或)城市建设档案管理机构有关施工资料的要求,具体内容包括:＿＿＿＿＿＿＿＿＿＿＿＿＿。

竣工验收资料的份数:＿＿＿＿＿＿＿＿＿＿＿＿＿＿。

竣工验收资料的费用支付方式:＿＿＿＿＿＿＿＿＿＿＿＿＿＿＿＿。

2) 验收

经验收合格的工程,实际竣工日期为承包人按照 11.1.18 中第 2)款提交竣工验收申请报告或按照本款重新提交竣工验收申请报告的日期(以两者中时间在后者为准)。

3) 施工期运行

需要施工期运行的单位工程或设备安装工程:＿＿＿＿＿＿＿＿＿＿＿＿＿。

4) 试运行

工程及工程设备试运行的组织与费用承担:

(1) 工程设备安装具备单机无负荷试运行条件,由承包人组织试运行,费用由承包人承担。

(2) 工程设备安装具备无负荷联动试运行条件,由发包人组织试运行,费用由发包人承担。

(3) 投料试运行应在工程竣工验收后由发包人负责,如发包人要求在工程竣工验收前进行或需要承包人配合时,应征得承包人同意,另行签订补充协议。

5) 竣工清场

监理人颁发(出具)工程接收证书后,承包人负责按照通用合同条款本项约定的要求对施工场地进行清理并承担相关费用,直至监理人检验合格为止。

6) 施工队伍的撤离

承包人按照 11.1.18 中通用合同条款内第 8)款约定撤离施工场地(现场)时,监理人和承包人应当办理永久工程和施工场地移交手续,移交手续以书面方式出具,并分别经过发包人、监理人和承包人的签认。但是,监理人和发包人未按 11.1.17 中专用合同条款内第 5)款第(1)项约定的期限办清竣工结算和竣工付款的,本工程不得交付使用,发包人和监理人也无权要求承包人按合同约定的期限撤离施工场地(现场)和办理工程移交手续。

缺陷责任期满时,承包人可以继续在施工场地保留的人员和施工设备以及最终撤离的期限:＿＿＿＿＿＿＿＿＿＿＿＿。

7) 中间验收

本工程需要进行中间验收的部位如下:＿＿＿＿＿＿＿＿＿＿＿＿＿＿＿＿＿。

当工程进度达到本款约定的中间验收部位时,承包人应当进行自检,并在中间验收前48小时以书面形式通知监理人验收。书面通知应包括中间验收的内容、验收时间和地点。承包人应当准备验收记录。只有监理人验收合格并在验收记录上签字后,承包人方可继续施工。验收不合格的,承包人在期限内进行修改后重新验收。

监理人不能按时进行验收的,应在验收前24小时以书面形式向承包人提出延期要求,延期不能超过48小时。监理人未能按本款约定的时限提出延期要求,又未按期进行验收的,承包人可自行组织验收,监理人必须认同验收记录。

经监理人验收后工程质量符合约定的验收标准,但验收24小时后监理人仍不在验收记录上签字的,视为监理人已经认可验收记录,承包人可继续施工。

11.1.19　缺陷责任与保修责任

1. 通用条款

1) 缺陷责任期的起算时间

缺陷责任期自实际竣工日期起计算。在全部工程竣工验收前,已经发包人提前验收的单位工程,其缺陷责任期的起算日期相应提前。

2) 缺陷责任

(1) 承包人应在缺陷责任期内对已交付使用的工程承担缺陷责任。

(2) 缺陷责任期内,发包人对已接收使用的工程负责日常维护工作。发包人在使用过程中,发现已接收的工程存在新的缺陷或已修复的缺陷部位或部件又遭损坏的,承包人应负责修复,直至检验合格为止。

(3) 监理人和承包人应共同查清缺陷和(或)损坏的原因。经查明属承包人原因造成的,应由承包人承担修复和查验的费用。经查验属发包人原因造成的,发包人应承担修复和查验的费用,并支付承包人合理利润。

(4) 承包人不能在合理时间内修复缺陷的,发包人可自行修复或委托其他人修复,所需费用和利润的承担,按11.1.19中第2)款第(3)项约定办理。

3) 缺陷责任期的延长

由于承包人原因造成某项缺陷或损坏使某项工程或工程设备不能按原定目标使用而需要再次检查、检验和修复的,发包人有权要求承包人相应延长缺陷责任期,但缺陷责任期最长不超过2年。

4) 进一步试验和试运行

任何一项缺陷或损坏修复后,经检查证明其影响了工程或工程设备的使用性能,承包人应重新进行合同约定的试验和试运行,试验和试运行的全部费用应由责任方承担。

5) 承包人的进入权

缺陷责任期内承包人为缺陷修复工作需要,有权进入工程现场,但应遵守发包人的保安和保密规定。

6) 缺陷责任期终止证书

在 11.1.1 中通用条款内第 1) 款第（4）项第⑤目约定的缺陷责任期，包括根据 11.1.19 中第 3) 款延长的期限终止后 14 天内，由监理人向承包人出具经发包人签认的缺陷责任期终止证书，并退还剩余的质量保证金。

7) 保修责任

合同当事人根据有关法律规定，在专用合同条款中约定工程质量保修范围、期限和责任。保修期自实际竣工日期起计算。在全部工程竣工验收前，已经发包人提前验收的单位工程，其保修期的起算日期相应提前。

2. 专用条款

保修责任

（1）工程质量保修范围：_____。

（2）工程质量保修期限：_____。

（3）工程质量保修责任：_____。

质量保修书是竣工验收申请报告的组成内容。承包人应当按照有关法律法规规定和合同所附的格式出具质量保修书，质量保修书的主要内容应当与本款上述约定内容一致。承包人在递交 11.1.18 中合同条款第 2) 款约定的竣工验收报告的同时，将质量保修书一并报送监理人。

11.1.20　保险

1. 通用条款

1) 工程保险

除专用合同条款另有约定外，承包人应以发包人和承包人的共同名义向双方同意的保险人投保建筑工程一切险、安装工程一切险。其具体的投保内容、保险金额、保险费率和保险期限等有关内容在专用合同条款中约定。

2) 人员工伤事故的保险

（1）承包人员工伤事故的保险。

承包人应依照有关法律规定参加工伤保险，为其履行合同所雇佣的全部人员，缴纳工伤保险费，并要求其分包人也进行此项保险。

（2）发包人员工伤事故的保险

发包人应依照有关法律规定参加工伤保险，为其现场机构雇佣的全部人员，缴纳工伤保险费，并要求其监理人也进行此项保险。

3) 人身意外伤害险

（1）发包人应在整个施工期间为其现场机构雇用的全部人员，投保人身意外伤害险，缴纳保险费，并要求其监理人也进行此项保险。

（2）承包人应在整个施工期间为其现场机构雇用的全部人员，投保人身意外伤害险，缴纳保险费，并要求其分包人也进行此项保险。

4) 第三者责任险

（1）第三者责任系指在保险期内，对因工程意外事故造成的、依法应由被保险人负责的工地上及毗邻地区的第三者人身伤亡、疾病或财产损失（本工程除外），以及被保险人因此而支付的诉讼费用和事先经保险人书面同意支付的其他费用等赔偿责任。

（2）在缺陷责任期终止证书颁发前，承包人应以承包人和发包人的共同名义，投保上述第（1）项约定的第三者责任险，其保险费率、保险金额等有关内容在专用合同条款中约定。

5）其他保险

除专用合同条款另有约定外，承包人应为其施工设备、进场的材料和工程设备等办理保险。

6）对各项保险的一般要求

（1）保险凭证。

承包人应在专用合同条款约定的期限内向发包人提交各项保险生效的证据和保险单副本，保险单必须与专用合同条款约定的条件保持一致。

（2）保险合同条款的变动。

承包人需要变动保险合同条款时，应事先征得发包人同意，并通知监理人。保险人作出变动的，承包人应在收到保险人通知后立即通知发包人和监理人。

（3）持续保险。

承包人应与保险人保持联系，使保险人能够随时了解工程实施中的变动，并确保按保险合同条款要求持续保险。

（4）保险金不足的补偿。

保险金不足以补偿损失的，应由承包人和（或）发包人按合同约定负责补偿。

（5）未按约定投保的补救

① 由于负有投保义务的一方当事人未按合同约定办理保险，或未能使保险持续有效的，另一方当事人可代为办理，所需费用由对方当事人承担。

② 由于负有投保义务的一方当事人未按合同约定办理某项保险，导致受益人未能得到保险人的赔偿，原应从该项保险得到的保险金应由负有投保义务的一方当事人支付。

（6）报告义务。

当保险事故发生时，投保人应按照保险单规定的条件和期限及时向保险人报告。

2. 专用条款

1）工程保险

本工程（投保/不投保）工程保险。投保工程保险时，险种为：＿＿＿＿＿＿＿＿＿，并符合以下约定。

（1）投保人：＿＿＿＿＿＿＿＿＿。

（2）投保内容：＿＿＿＿＿＿＿＿＿＿＿＿＿＿＿＿＿＿＿＿＿＿。

（3）保险费率：由投保人与合同双方同意的保险人商定。

（4）保险金额：＿＿＿＿＿＿＿＿＿。

（5）保险期限：＿＿＿＿＿＿＿＿＿。

2）第三者责任险

保险金额：＿＿＿＿＿＿＿＿＿＿＿，保险费率由承包人与发包人同意的保险人商定，相关保险费由＿＿＿＿＿＿＿＿＿承担。

3）其他保险

承包人应为其施工设备、进场材料和工程设备等办理的保险：＿＿＿＿＿＿＿＿＿＿＿。

4）对各项保险的一般要求

（1）保险凭证。

承包人向发包人提交各项保险生效的证据和保险单副本的期限：＿＿＿＿＿＿＿＿＿＿。

（2）保险金不足的补偿。

保险金不足以补偿损失时，承包人和发包人负责补偿的责任分摊：＿＿＿＿＿＿＿＿＿＿＿＿。

11.1.21　不可抗力

1. 通用条款

1）不可抗力的确认

（1）不可抗力是指承包人和发包人在订立合同时不可预见，在工程施工过程中不可避免发生并不能克服的自然灾害和社会性突发事件，如地震、海啸、瘟疫、水灾、骚乱、暴动及战争和专用合同条款约定的其他情形。

（2）不可抗力发生后，发包人和承包人应及时认真统计所造成的损失，收集不可抗力造成损失的证据。合同双方对是否属于不可抗力或其损失的意见不一致的，由监理人按 11.1.3 中第 5）款商定或确定。发生争议时，按 11.1.24 条款的约定办理。

2）不可抗力的通知

（1）合同一方当事人遇到不可抗力事件，使其履行合同义务受到阻碍时，应立即通知合同另一方当事人和监理人，书面说明不可抗力和受阻碍的详细情况，并提供必要的证明。

（2）如不可抗力持续发生，合同一方当事人应及时向合同另一方当事人和监理人提交中间报告，说明不可抗力和履行合同受阻的情况，并于不可抗力事件结束后 28 天内提交最终报告及有关资料。

3）不可抗力后果及其处理

（1）不可抗力造成损害的责任。

除专用合同条款另有约定外，不可抗力导致的人员伤亡、财产损失、费用增加和（或）工期延误等后果，由合同双方按以下原则承担：

① 永久工程，包括已运至施工场地的材料和工程设备的损害，以及因工程损害造成的第三者人员伤亡和财产损失由发包人承担；

② 承包人设备的损坏由承包人承担；

③ 发包人和承包人各自承担其人员伤亡和其他财产损失及其相关费用；

④ 承包人的停工损失由承包人承担，但停工期间应监理人要求照管工程和清理、修复工程的金额由发包人承担；

⑤ 不能按期竣工的，应合理延长工期，承包人不需支付逾期竣工违约金，发包人要求赶工的，承包人应采取赶工措施，赶工费用由发包人承担。

（2）延迟履行期间发生的不可抗力。

合同一方当事人延迟履行，在延迟履行期间发生不可抗力的，不免除其责任。

（3）避免和减少不可抗力损失

不可抗力发生后，发包人和承包人均应采取措施尽量避免和减少损失的扩大，任何一方没有采取有效措施导致损失扩大的，应对扩大的损失承担责任。

（4）因不可抗力解除合同

合同一方当事人因不可抗力不能履行合同的，应当及时通知对方解除合同。合同解除后，承包人应按照 11.1.22 中第 2)款第(5)项的约定撤离施工场地。已经订货的材料、设备由订货方负责退货或解除订货合同,不能退还的货款和因退货、解除订货合同发生的费用,由发包人承担,因未及时退货造成的损失由责任方承担。合同解除后的付款,参照 11.1.22 中第 2)款第(4)项的约定,由监理人按 11.1.3 中通用条款内第 5)款商定或确定。

2．专用条款

1) 不可抗力的确认

本款通用合同条款内第 1)款第(1)项约定的不可抗力以外的其他情形:_____。

不可抗力的等级范围约定:_____。

2) 不可抗力后果及其处理

不可抗力造成损害的责任。

不可抗力导致的人员伤亡、财产损失、费用增加和(或)工期延误等后果,由合同双方按 11.1.21 中通用合同条款内第 3)款第(1)项约定的原则承担。

11.1.22　违约

1．通用条款

1) 承包人违约

(1) 承包人违约的情形。

在履行合同过程中发生的下列情况属承包人违约:

① 承包人违反 11.1.1 中通用条款内第 8)款或 11.1.4 中通用条款内第 3)款的约定,私自将合同的全部或部分权利转让给其他人,或私自将合同的全部或部分义务转移给其他人;

② 承包人违反 11.1.5 中通用条款内第 3)款或 11.1.6 中通用条款内第 4)款的约定,未经监理人批准,私自将已按合同约定进入施工场地的施工设备、临时设施或材料撤离施工场地;

③ 承包人违反第 5.4 款的约定使用了不合格材料或工程设备,工程质量达不到标准要求,又拒绝清除不合格工程;

④ 承包人未能按合同进度计划及时完成合同约定的工作,已造成或预期造成工期延误;

⑤ 承包人在缺陷责任期内,未能对工程接收证书所列的缺陷清单的内容或缺陷责任期内发生的缺陷进行修复,而又拒绝按监理人指示再进行修补;

⑥ 承包人无法继续履行或明确表示不履行或实质上已停止履行合同;

⑦ 承包人不按合同约定履行义务的其他情况。

(2) 对承包人违约的处理。

① 承包人发生 11.1.22 中第 1)款第(1)项第⑥目约定的违约情况时,发包人可通知承包人立即解除合同,并按有关法律处理。

② 承包人发生除 11.1.22 中第 1)款第(1)项第⑥目约定以外的其他违约情况时,监理人可向承包人发出整改通知,要求其在指定的期限内改正。承包人应承担其违约所引起的费用增加和(或)工期延误。

③ 经检查证明承包人已采取了有效措施纠正违约行为,具备复工条件的,可由监理人签发复工通知复工。

(3) 承包人违约解除合同。

监理人发出整改通知 28 天后,承包人仍不纠正违约行为的,发包人可向承包人发出解除合同通知。合同解除后,发包人可派员进驻施工场地,另行组织人员或委托其他承包人施工。发包人因继续完成该工程的需要,有权扣留使用承包人在现场的材料、设备和临时设施。但发包人的这一行动不免除承包人应承担的违约责任,也不影响发包人根据合同约定享有的索赔权利。

(4) 合同解除后的估价、付款和结清。

① 合同解除后,监理人按 11.1.3 中通用条款内第 5)款商定或确定承包人实际完成工作的价值,以及承包人已提供的材料、施工设备、工程设备和临时工程等的价值。

② 合同解除后,发包人应暂停对承包人的一切付款,查清各项付款和已扣款金额,包括承包人应支付的违约金。

③ 合同解除后,发包人应按 11.1.23 中第 4)款的约定向承包人索赔由于解除合同给发包人造成的损失。

④ 合同双方确认上述往来款项后,出具最终结清付款证书,结清全部合同款项。

⑤ 发包人和承包人未能就解除合同后的结清达成一致而形成争议的,按 11.1.24 条款的约定办理。

(5) 协议利益的转让。

因承包人违约解除合同的,发包人有权要求承包人将其为实施合同而签订的材料和设备的订货协议或任何服务协议利益转让给发包人,并在解除合同后的 14 天内,依法办理转让手续。

(6) 紧急情况下无能力或不愿进行抢救。

在工程实施期间或缺陷责任期内发生危及工程安全的事件,监理人通知承包人进行抢救,承包人声明无能力或不愿立即执行的,发包人有权雇佣其他人员进行抢救。此类抢救按合同约定属于承包人义务的,由此发生的金额和(或)工期延误由承包人承担。

2) 发包人违约

(1) 发包人违约的情形。

在履行合同过程中发生的下列情形,属发包人违约:

① 发包人未能按合同约定支付预付款或合同价款,或拖延、拒绝批准付款申请和支付凭证,导致付款延误的;

② 发包人原因造成停工的;

③ 监理人无正当理由没有在约定期限内发出复工指示,导致承包人无法复工的;

④ 发包人无法继续履行或明确表示不履行或实质上已停止履行合同的;

⑤ 发包人不履行合同约定其他义务的。

(2) 承包人有权暂停施工。

发包人发生除 11.1.22 中第 2)款第(1)项第①目以外的违约情况时,承包人可向发包人发出通知,要求发包人采取有效措施纠正违约行为。发包人收到承包人通知后的 28 天内仍不履行合同义务,承包人有权暂停施工,并通知监理人,发包人应承担由此增加的费用和(或)工期延误,并支付承包人合理利润。

(3) 发包人违约解除合同。

① 发生 11.1.22 中第 2)款第(1)项第④目的违约情况时,承包人可书面通知发包人解除合同。

② 承包人按 11.1.22 中第 2)款第(2)项暂停施工 28 天后,发包人仍不纠正违约行为的,承包人可向发包人发出解除合同通知。但承包人的这一行动不能免除发包人承担的违约责任,也不影响承包人根据合同约定享有的索赔权利。

(4) 解除合同后的付款。

因发包人违约解除合同的,发包人应在解除合同后 28 天内向承包人支付下列金额,承包人应在此期限内及时向发包人提交要求支付下列金额的有关资料和凭证:

① 合同解除日以前所完成工作的价款;

② 承包人为该工程施工订购并已付款的材料、工程设备和其他物品的金额,发包人付还后,该材料、工程设备和其他物品归发包人所有;

③ 承包人为完成工程所发生的,而发包人未支付的金额;

④ 承包人撤离施工场地以及遣散承包人人员的金额;

⑤ 由于解除合同应赔偿的承包人损失;

⑥ 按合同约定在合同解除日前应支付给承包人的其他金额。

发包人应按本项约定支付上述金额并退还质量保证金和履约担保,但有权要求承包人支付应偿还给发包人的各项金额。

(5) 解除合同后的承包人撤离。

因发包人违约而解除合同后,承包人应妥善做好已竣工工程和已购材料、设备的保护和移交工作,按发包人要求将承包人设备和人员撤出施工场地。承包人撤出施工场地应遵守 11.1.18 中通用条款内第 7)款第(1)项的约定,发包人应为承包人撤出提供必要条件。

3) 第三人造成的违约

在履行合同过程中,一方当事人因第三人的原因造成违约的,应当向对方当事人承担违约责任。一方当事人和第三人之间的纠纷,依照法律规定或者按照约定解决。

11.1.23　索赔

1. 通用条款

1) 承包人索赔的提出

根据合同约定,承包人认为有权得到追加付款和(或)延长工期的,应按以下程序向发包人提出索赔:

(1) 承包人应在知道或应当知道索赔事件发生后 28 天内,向监理人递交索赔意向通知书,并说明发生索赔事件的事由,承包人未在前述 28 天内发出索赔意向通知书的,丧失要求追加付款和(或)延长工期的权利;

(2) 承包人应在发出索赔意向通知书后 28 天内,向监理人正式递交索赔通知书。索赔通知书应详细说明索赔理由以及要求追加的付款金额和(或)延长的工期,并附必要的记录和证明材料;

(3) 索赔事件具有连续影响的,承包人应按合理时间间隔继续递交延续索赔通知,说明连续影响的实际情况和记录,列出累计的追加付款金额和(或)工期延长天数;

(4) 在索赔事件影响结束后的 28 天内,承包人应向监理人递交最终索赔通知书,说明最终要求索赔的追加付款金额和延长的工期,并附必要的记录和证明材料。

2) 承包人索赔处理程序

(1) 监理人收到承包人提交的索赔通知书后,应及时审查索赔通知书的内容、查验承包人的记录和证明材料,必要时监理人可要求承包人提交全部原始记录副本。

(2) 监理人应按 11.1.3 中通用条款内第 5)款商定或确定追加的付款和(或)延长的工期,并在收到上述索赔通知书或有关索赔的进一步证明材料后的 42 天内,将索赔处理结果答复承包人。

(3) 承包人接受索赔处理结果的,发包人应在作出索赔处理结果答复后 28 天内完成赔付。承包人不接受索赔处理结果的,按 11.1.24 条款的约定办理。

3) 承包人提出索赔的期限

(1) 承包人按 11.1.17 中通用条款内第 5)款的约定接受了竣工付款证书后,应被认为已无权再提出在合同工程接收证书颁发前所发生的任何索赔。

(2) 承包人按 11.1.17 中通用条款内第 6)的约定提交的最终结清申请单中,只限于提出工程接收证书颁发后发生的索赔。提出索赔的期限自接受最终结清证书时终止。

4) 发包人的索赔

(1) 发生索赔事件后,监理人应及时书面通知承包人,详细说明发包人有权得到的索赔金额和(或)延长缺陷责任期的细节和依据。发包人提出索赔的期限和要求与本款中上述第 3)款的约定相同,延长缺陷责任期的通知应在缺陷责任期届满前发出。

(2) 监理人按 11.1.3 中通用条款内第 5)款商定或确定发包人从承包人处得到赔付的金额和(或)缺陷责任期的延长期。承包人应付给发包人的金额可从拟支付给承包人的合同价款中扣除,或由承包人以其他方式支付给发包人。

11.1.24 争议的解决

1. 通用条款

1) 争议的解决方式

发包人和承包人在履行合同中发生争议的,可以友好协商解决或者提请争议评审组评审。合同当事人友好协商解决不成、不愿提请争议评审或者不接受争议评审组意见的,可在专用合同条款中约定下列一种方式解决。

(1) 向约定的仲裁委员会申请仲裁;

(2) 向有管辖权的人民法院提起诉讼。

2) 友好解决

在提请争议评审、仲裁或者诉讼前,以及在争议评审、仲裁或诉讼过程中,发包人和承包人均可共同努力友好协商解决争议。

3) 争议评审

(1) 采用争议评审的,发包人和承包人应在开工日后的 28 天内或在争议发生后,协商成立争议评审组。争议评审组由有合同管理和工程实践经验的专家组成。

(2) 合同双方的争议,应首先由申请人向争议评审组提交一份详细的评审申请报告,并附必要的文件、图纸和证明材料,申请人还应将上述报告的副本同时提交给被申请人和监理人。

(3) 被申请人在收到申请人评审申请报告副本后 28 天内,向争议评审组提交一份答辩报告,并附证明材料。被申请人应将答辩报告的副本同时提交给申请人和监理人。

(4) 除专用合同条款另有约定外,争议评审组在收到合同双方报告后的 14 天内,邀请双方代表和有关人员举行调查会,向双方调查争议细节;必要时争议评审组可要求双方进一步提供补充材料。

（5）除专用合同条款另有约定外，在调查会结束后的 14 天内，争议评审组应在不受任何干扰的情况下进行独立、公正的评审，作出书面评审意见，并说明理由。在争议评审期间，争议双方暂按总监理工程师的确定执行。

（6）发包人和承包人接受评审意见的，由监理人根据评审意见拟定执行协议，经争议双方签字后作为合同的补充文件，并遵照执行。

（7）发包人或承包人不接受评审意见，并要求提交仲裁或提起诉讼的，应在收到评审意见后的 14 天内将仲裁或起诉意向书面通知另一方，并抄送监理人，但在仲裁或诉讼结束前应暂按总监理工程师的确定执行。

2. 专用条款

1）争议的解决方式

因本合同引起的或与本合同有关的任何争议，合同双方友好协商不成、不愿提请争议组评审或者不愿接受争议评审组意见的，选择下列第种方式解决：

（1）提请仲裁委员会按照该会仲裁规则进行仲裁，仲裁裁决是终局的，对合同双方均有约束力。

（2）向有管辖权的人民法院提起诉讼。

2）争议评审

（1）争议评审组邀请合同双方代表人和有关人员举行调查会的期限：＿＿＿＿＿＿。

（2）争议评审组在调查会后作出争议评审意见的期限：＿＿＿＿＿＿。

11.2　合同附件格式

1. 附件一：合同协议书

合同协议书

编号：

发包人（全称）：

法定代表人：

法定注册地址：

承包人（全称）：

法定代表人：

法定注册地址：

发包人为建设＿＿＿＿＿＿（以下简称"本工程"），已接受承包人提出的承担本工程的施工、竣工、交付并维修其任何缺陷的投标。依照《中华人民共和国招标投标法》、《中华人民共和国合同法》、《中华人民共和国建筑法》、及其他有关法律、行政法规，遵循平等、自愿、公平和诚实信用的原则，双方共同达成并订立如下协议。

一、工程概况

工程名称：（项目名称）标段

工程地点：

工程内容：

群体工程应附"承包人承揽工程项目一览表"(附件1)

工程立项批准文号：

资金来源：

二、工程承包范围

承包范围：

三、合同工期

计划开工日期：＿＿＿年＿＿＿月＿＿＿日

计划竣工日期：＿＿＿年＿＿＿月＿＿＿日

工期总日历天数天，自监理人发出的开工通知中载明的开工日期起算。

四、质量标准

工程质量标准：＿＿＿＿＿＿＿＿＿＿＿＿。

五、合同形式

本合同采用合同形式。

六、签约合同价

金额(大写)：＿＿＿＿＿＿＿元(人民币)。

(小写)￥：＿＿＿＿＿＿元。

其中:安全文明施工费：＿＿＿＿＿元。

暂列金额：＿＿＿＿＿元(其中计日工金额元)。

材料和工程设备暂估价：＿＿＿＿＿元。

专业工程暂估价：＿＿＿＿＿元。

七、承包人项目经理

姓名：＿＿＿＿＿＿；　　职称：＿＿＿＿＿＿；

身份证号：＿＿＿＿＿＿＿＿；　　建造师执业资格证书号：＿＿＿＿＿＿＿＿；

建造师注册证书号：＿＿＿＿＿＿。

建造师执业印章号：＿＿＿＿＿＿。

安全生产考核合格证书号：＿＿＿＿＿＿。

八、合同文件的组成

下列文件共同构成合同文件：

1. 本协议书；

2. 中标通知书；

3. 投标函及投标函附录；

4. 专用合同条款；

5. 通用合同条款；

6. 技术标准和要求；

7. 图纸；

8. 已标价工程量清单；

9. 其他合同文件。

上述文件互相补充和解释，如有不明确或不一致之处，以合同约定次序在先者为准。

九、本协议书中有关词语定义与合同条款中的定义相同。

十、承包人承诺按照合同约定进行施工、竣工、交付并在缺陷责任期内对工程缺陷承担维修责任。

十一、发包人承诺按照合同约定的条件、期限和方式向承包人支付合同价款。

十二、本协议书连同其他合同文件正本一式两份,合同双方各执一份;副本一式两份,其中一份在合同报送建设行政主管部门备案时留存。

十三、合同未尽事宜,双方另行签订补充协议,但不得背离本协议第八条所约定的合同文件的实质性内容。补充协议是合同文件的组成部分。

发包人:(盖单位章)　　　　　　　　承包人:(盖单位章)
法定代表人或其　　　　　　　　　　法定代表人或其
委托代理人:(签字)　　　　　　　　委托代理人:(签字)

年月日＿＿＿年＿＿＿月＿＿＿日
签约地点:

2. 附件二:承包人提供的材料和工程设备一览表

表 11-1　　　　　　　　承包人提供的材料和工程设备一览表

序号	材料设备名称	规格型号	单位	数量	单价	交货方式	交货地点	计划交货时间	备注

3. 附件三:发包人提供的材料和工程设备一览表

表 11-2　　　　　　　　发包人提供的材料和工程设备一览表

序号	材料设备名称	规格型号	单位	数量	单价	交货方式	交货地点	计划交货时间	备注

备注:除合同另有约定外,本表所列发包人供应材料和工程设备的数量不考虑施工损耗,施工损耗被认为已经包括在承包人的投标价格中。

4. 附件四:预付款担保格式

预付款担保

保函编号:

(发包人名称):

鉴于你方作为发包人已经与＿＿＿＿＿＿＿＿＿(承包人名称)(以下称"承包人")于年月日签订了＿＿＿＿＿＿＿＿(工程名称)施工承包合同(以下称"主合同")。

鉴于该主合同规定,你方将支付承包人一笔金额为(大写:)＿＿＿＿＿＿＿＿的预付款(以下称"预付款"),而承包人须向你方提供与预付款等额的不可撤消和无条件兑现的预付款保函。

我方受承包人委托,为承包人履行主合同规定的义务作出如下不可撤销的保证:

我方将在收到你方提出要求收回上述预付款金额的部分或全部的索偿通知时,无须你方提出任何证明或证据,立即无条件地向你方支付不超过(大写:)_____或根据本保函约定递减后的其他金额的任何你方要求的金额,并放弃向你方追索的权力。

我方特此确认并同意:我方受本保函制约的责任是连续的,主合同的任何修改、变更、中止、终止或失效都不能削弱或影响我方受本保函制约的责任。

在收到你方的书面通知后,本保函的担保金额将根据你方依主合同签认的进度付款证书中累计扣回的预付款金额作等额调减。

本保函自预付款支付给承包人起生效,至你方签发的进度付款证书说明已抵扣完毕止。

除非你方提前终止或解除本保函。本保函失效后请将本保函退回我方注销。

本保函项下所有权利和义务均受中华人民共和国法律管辖和制约。

担保人:(盖单位章)

法定代表人或其委托代理人:(签字)

地　　址:

邮政编码:

电　　话:

传　　真:

年　　月　　日

备注:本预付款担保格式可采用经发包人认可的其他格式,但相关内容不得违背合同文件约定的实质性内容。

5. 附件五:履约担保格式

承包人履约保函

(发包人名称):

鉴于你方作为发包人已经与_____(承包人名称)(以下称"承包人")于年月日签订了_____(工程名称)施工承包合同(以下称"主合同"),应承包人申请,我方愿就承包人履行主合同约定的义务以保证的方式向你方提供如下担保:

一、保证的范围及保证金额

我方的保证范围是承包人未按照主合同的约定履行义务,给你方造成的实际损失。

我方保证的金额是主合同约定的合同总价款____%,数额最高不超过人民币元(大写)____。

二、保证的方式及保证期间

我方保证的方式为:连带责任保证。

我方保证的期间为:自本合同生效之日起至主合同约定的工程竣工日期后日内。

你方与承包人协议变更工程竣工日期的,经我书面同意后,保证期间按照变更后的竣工日期作相应调整。

三、承担保证责任的形式

我方按照你方的要求以下列方式之一承担保证责任:

(1)由我方提供资金及技术援助,使承包人继续履行主合同义务,支付金额不超过本保函

第一条规定的保证金额。

（2）由我方在本保函第一条规定的保证金额内赔偿你方的损失。

四、代偿的安排

你方要求我方承担保证责任的，应向我方发出书面索赔通知及承包人未履行主合同约定义务的证明材料。索赔通知应写明要求索赔的金额，支付款项应到达的账号，并附有说明承包人违反主合同造成你方损失情况的证明材料。

你方以工程质量不符合主合同约定标准为由，向我方提出违约索赔的，还需同时提供符合相应条件要求的工程质量检测部门出具的质量说明材料。

我方收到你方的书面索赔通知及相应证明材料后，在工作日内进行核定后按照本保函的承诺承担保证责任。

五、保证责任的解除

1. 在本保函承诺的保证期间内，你方未书面向我方主张保证责任的，自保证期间届满次日起，我方保证责任解除。

2. 承包人按主合同约定履行了义务的，自本保函承诺的保证期间届满次日起，我方保证责任解除。

3. 我方按照本保函向你方履行保证责任所支付的金额达到本保函保证金额时，自我方向你方支付（支付款项从我方账户划出）之日起，保证责任即解除。

4. 按照法律法规的规定或出现应解除我方保证责任的其他情形的，我方在本保函项下的保证责任亦解除。

我方解除保证责任后，你方应自我方保证责任解除之日起个工作日内，将本保函原件返还我方。

六、免责条款

1. 因你方违约致使承包人不能履行义务的，我方不承担保证责任。

2. 依照法律法规的规定或你方与承包人的另行约定，免除承包人部分或全部义务的，我方亦免除其相应的保证责任。

3. 你方与承包人协议变更主合同（符合主合同合同条款 11.1.15 中条款约定的变更除外），如加重承包人责任致使我方保证责任加重的，需征得我方书面同意，否则我方不再承担因此而加重部分的保证责任。

4. 因不可抗力造成承包人不能履行义务的，我方不承担保证责任。

七、争议的解决

因本保函发生的纠纷，由贵我双方协商解决，协商不成的，任何一方均可提请仲裁委员会仲裁。

八、保函的生效

本保函自我方法定代表人（或其授权代理人）签字或加盖公章并交付你方之日起生效。

本条所称交付是指：_____。

担保人：（盖单位章）

法定代表人或其委托代理人：（签字）

地　　址：

邮政编码：

电　话：

传　真：

年　月　日

备注:本履约担保格式可以采用经发包人同意的其他格式,但相关内容不得违背合同约定的实质性内容。

6. 附件六:支付担保格式

发包人支付保函

(承包人):

鉴于你方作为承包人已经与_____(发包人名称)(以下称"发包人")于年月日签订了_____(工程名称)施工承包合同(以下称"主合同"),应发包人的申请,我方愿就发包人履行主合同约定的工程款支付义务以保证的方式向你方提供如下担保:

一、保证的范围及保证金额

我方的保证范围是主合同约定的工程款。

本保函所称主合同约定的工程款是指主合同约定的除工程质量保证金以外的合同价款。

我方保证的金额是主合同约定的工程款的％,数额最高不超过人民币元(大写:_____)。

二、保证的方式及保证期间

我方保证的方式为:连带责任保证。

我方保证的期间为:自本合同生效之日起至主合同约定的工程款支付之日后日内。

你方与发包人协议变更工程款支付日期的,经我方书面同意后,保证期间按照变更后的支付日期作相应调整。

三、承担保证责任的形式

我方承担保证责任的形式是代为支付。发包人未按主合同约定向你方支付工程款的,由我方在保证金额内代为支付。

四、代偿的安排

你方要求我方承担保证责任的,应向我方发出书面索赔通知及发包人未支付主合同约定工程款的证明材料。索赔通知应写明要求索赔的金额,支付款项应到达的账号。

在出现你方与发包人因工程质量发生争议,发包人拒绝向你方支付工程款的情形时,你方要求我方履行保证责任代为支付的,还需提供项目总监理工程师、监理人或符合相应条件要求的工程质量检测机构出具的质量说明材料。

我方收到你方的书面索赔通知及相应证明材料后,在个工作日内进行核定后按照本保函的承诺承担保证责任。

五、保证责任的解除

1. 在本保函承诺的保证期间内,你方未书面向我方主张保证责任的,自保证期间届满次日起,我方保证责任解除。

2. 发包人按主合同约定履行了工程款的全部支付义务的,自本保函承诺的保证期间届满次日起,我方保证责任解除。

3. 我方按照本保函向你方履行保证责任所支付金额达到本保函保证金额时,自我方向你方支付(支付款项从我方帐户划出)之日起,保证责任即解除。

4. 按照法律法规的规定或出现应解除我方保证责任的其他情形的,我方在本保函项下的保证责任亦解除。

我方解除保证责任后,你方应自我方保证责任解除之日起个工作日内,将本保函原件返还我方。

六、免责条款

1. 因你方违约致使发包人不能履行义务的,我方不承担保证责任。

2. 依照法律法规的规定或你方与发包人的另行约定,免除发包人部分或全部义务的,我方亦免除其相应的保证责任。

3. 你方与发包人协议变更主合同的(符合主合同合同条款11.1.15中条款约定的变更除外),如加重发包人责任致使我方保证责任加重的,需征得我方书面同意,否则我方不再承担因此而加重部分的保证责任。

4. 因不可抗力造成发包人不能履行义务的,我方不承担保证责任。

七、争议的解决

因本保函发生的纠纷,由贵我双方协商解决,协商不成的,任何一方均可提请仲裁委员会仲裁。

八、保函的生效

本保函自我方法定代表人(或其授权代理人)签字或加盖公章并交付你方之日起生效。

本条所称交付是指:_____。

担保人:(盖单位章)

法定代表人或其委托代理人:(签字)

地　　址:

邮政编码:

电　　话:

传　　真:

年　　月　　日

备注:本支付担保格式可采用经承包人同意的其他格式,但相关约定应当与履约担保对等。

7. 附件七:质量保修书格式

房屋建筑工程质量保修书

发包人:

承包人:

发包人、承包人根据《中华人民共和国建筑法》、《建设工程质量管理条例》和《房屋建筑工程质量保修办法》,经协商一致,对_____(工程名称)签订保修书。

一、工程保修范围和内容

承包人在保修期内,按照有关法律、法规、规章的管理规定和双方约定,承担本工程保修责任。

保修责任范围包括地基基础工程、主体结构工程、屋面防水工程、有防水要求的卫生间、房间和外墙面的防渗漏,供热与供冷系统,电气管线、给排水管道、设备安装和装修工程,以及双方约定的其他项目。具体保修的内容,双方约定如下:

_____

_____。

二、保修期

双方根据《建设工程质量管理条例》及有关规定,约定本工程的保修期如下:

1. 地基基础工程和主体结构工程为设计文件规定的该工程合理使用年限;

2. 屋面防水工程、有防水要求的卫生间、房间和外墙面的防渗漏为____年;

3. 装修工程为____年;

4. 电气管线、给排水管道、设备安装工程为____年;

5. 供热与供冷系统为____个采暖期、供冷期;

6. 住宅小区内的给排水设施、道路等配套工程为____年;

7. 其他项目保修期限约定如下:

_____

_____。

三、保修责任

1. 属于责任范围、内容的项目,承包人应当在接到保修通知之日起 7 天内派人保修。承包人不在约定期限内派人保修的,发包人可以委托他人修理。

2. 发生紧急抢修事故的,承包人在接到事故通知后,应当立即到达事故现场抢修。

3. 对于涉及结构安全的质量问题,应当按照《房屋建筑工程质量保修办法》的规定,立即向当地建设行政主管部门报告,采取安全防范措施;由原设计人或者具有相应资质等级的设计人提出保修方案,承包人实施保修。

4. 质量保修完成后,由发包人组织验收。

四、保修费用

保修费用由造成质量缺陷的责任方承担。

五、其他

双方约定的其他工程保修责任事项:

_____

_____。

本工程保修书,由施工合同发包人、承包人双方在竣工验收前共同签署,作为施工合同附件,其有效期限至保修期满。

发包人:(公章)	承包人:(公章)
法定地址:	法定地址:
法定代表人或其	法定代表人或其
委托代理人:(签字)	委托代理人:(签字)
电话:	电话:
传真:	传真:
电子邮箱:	电子邮箱:
开户银行:	开户银行:

账号：   账号：

邮政编码：   邮政编码：

8. 附件八:廉政责任书格式

建设工程廉政责任书

发包人：

承包人：

为加强建设工程廉政建设,规范建设工程各项活动中发包人承包人双方的行为,防止谋取不正当利益的违法违纪现象的发生,保护国家、集体和当事人的合法权益,根据国家有关工程建设的法律法规和廉政建设的有关规定,订立本廉政责任书。

一、双方的责任

1.1 应严格遵守国家关于建设工程的有关法律、法规,相关政策,以及廉政建设的各项规定。

1.2 严格执行建设工程合同文件,自觉按合同办事。

1.3 各项活动必须坚持公开、公平、公正、诚信和透明的原则(除法律法规另有规定者外),不得为获取不正当的利益,损害国家、集体和对方利益,不得违反建设工程管理的规章制度。

1.4 发现对方在业务活动中有违规、违纪、违法行为的,应及时提醒对方;情节严重的,应向其上级主管部门或纪检监察、司法等有关机关举报。

二、发包人责任

发包人的领导和从事该建设工程项目的工作人员,在工程建设的事前、事中、事后应遵守以下规定:

2.1 不得向承包人和相关单位索要或接受回扣、礼金、有价证券和贵重物品及好处费、感谢费等。

2.2 不得在承包人和相关单位报销任何应由发包人或个人支付的费用。

2.3 不得要求、暗示或接受承包人和相关单位为个人装修住房、婚丧嫁娶、配偶子女的工作安排以及出国(境)、旅游等提供方便。

2.4 不得参加有可能影响公正执行公务的承包人和相关单位的宴请、健身、娱乐等活动。

2.5 不得向承包人和相关单位介绍或为配偶、子女、亲属参与同发包人工程建设管理合同有关的业务活动;不得以任何理由要求承包人和相关单位使用某种产品、材料和设备。

三、承包人责任

应与发包人保持正常的业务交往,按照有关法律法规和程序开展业务工作,严格执行工程建设的有关方针、政策,执行工程建设强制性标准,并遵守以下规定:

3.1 不得以任何理由向发包人及其工作人员索要、接受或赠送礼金、有价证券和贵重物品及回扣、好处费、感谢费等。

3.2 不得以任何理由为发包人和相关单位报销应由对方或个人支付的费用。

3.3 不得接受或暗示为发包人、相关单位或个人装修住房、婚丧嫁娶和配偶子女的工作安排以及出国(境)、旅游等提供方便。

3.4 不得以任何理由为发包人、相关单位或个人组织有可能影响公正执行公务的宴请、健身、娱乐等活动。

四、违约责任

4.1 发包人工作人员有违反本责任书第一、二条责任行为的,依据有关法律、法规给予处理;涉嫌犯罪的,移交司法机关追究刑事责任;给承包人单位造成经济损失的,应予以赔偿。

4.2 承包人工作人员有违反本责任书第一、三条责任行为的,依据有关法律法规处理;涉嫌犯罪的,移交司法机关追究刑事责任;给发包人单位造成经济损失的,应予以赔偿。

4.3 本责任书作为建设工程合同的组成部分,与建设工程合同具有同等法律效力。经双方签署后立即生效。

五、责任书有效期

本责任书的有效期为双方签署之日起至该工程项目竣工验收合格时止。

六、责任书份数

本责任书一式二份,发包人承包人各执一份,具有同等效力。

发包人:(公章)　　　　　　　　承包人:(公章)

法定地址:　　　　　　　　　　　法定地址:

法定代表人或其　　　　　　　　　法定代表人或其

委托代理人:(签字)　　　　　　　委托代理人:(签字)

电话:　　　　　　　　　　　　　电话:

传真:　　　　　　　　　　　　　传真:

电子邮箱:　　　　　　　　　　　电子邮箱:

开户银行:　　　　　　　　　　　开户银行:

账号:　　　　　　　　　　　　　账号:

邮政编码:　　　　　　　　　　　邮政编码:

12 建设项目工程总承包合同

12.1 文本说明

为指导建设项目工程总承包合同当事人的签约行为,维护合同当事人的合法权益,依据《中华人民共和国合同法》、《中华人民共和国建筑法》、《中华人民共和国招标投标法》以及相关法律、法规,住房和城乡建设部、国家工商行政管理总局制定了《建设项目工程总承包含同示范文本(试行)》(以下简称《示范文本》)。为了便于合同当事人使用《示范文本》,现就有关问题说明如下:

1.《示范文本》的组成

《示范文本》由合同协议书、通用条款和专用条款三部分组成。

1)合同协议书

根据《合同法》的规定,合同协议书是双方当事人对合同基本权利、义务的集中表述,主要包括:建设项目的功能、规模、标准和工期的要求、合同价格及支付方式等内容。合同协议书的其他内容,一般包括合同当事人要求提供的主要技术条件的附件及合同协议书生效的条件等。

2)通用条款

通用条款是合同双方当事人根据《建筑法》、《合同法》以及有关行政法规的规定,就工程建设的实施阶段及其相关事项,双方的权利、义务作出的原则性约定。通用条款共20条,其中包括:

(1)核心条款。这部分条款是确保建设项目功能、规模、标准和工期等要求得以实现的实施阶段的条款,共8款:12.3.1款(一般规定)、12.3.4款(进度计划、延误和暂停)、12.3.5款(技术与设计)、12.3.6款(工程物资)、12.3.7款(施工)、12.3.8款(竣工试验)、12.3.9款(工程接收)和12.3.10款(竣工后试验)。

(2)保障条款。这部分条款是保障核心条款顺利实施的条款,共4款:12.3.11款(质量保修责任)、23.3.13款(变更和合同价格调整)、12.3.14款(合同总价和付款)及12.3.15款(保险)。其中,在第12.3.13款中,相关约定在合同谈判阶段仅指合同条件的约定,中标价格并未包括;在12.3.14款中,合同总价中包括中标价格,还包括执行合同过程中被发包人确认的变更、调整和索赔的款顷。

(3)合同执行阶段的干系人条款。这部分条款是根据建设项目实施阶段的具体情况,依法约定了发包人、承包人的权利和义务,共3款:12.3.2款(发包人)、12.3.3款(承包人)和12.3.12款(工程竣工验收)。合同双方当事人在实施阶段已对工程设备材料、施工、竣工试验和竣工资料等进行了检查、检验、检测、试验及确认,并经接收后进行竣工后试验考核确认了设计质量;而工程竣工验收是发包人针对其上级主管部门或投资部门的验收,故将工程竣工验收列入干系人条款。

(4)违约、索赔和争议条款。这部分条款是约定若合同当事人发生违约行为,或合同履行过程中出现工程物资、施工、竣工试验等质盐问题及出现工期延误、索赔等争议,如何通过友好协商、调解、仲裁或诉讼程序解决争议的条款。即12.3.16(违约、索赔和争议)。

（5）不可抗力条款。12.3.17 款（不可抗力）约定了不可抗力发生时的双方当事人的义务和不可抗力的后果。

（6）合同解除条款。12.3.18 款（合同解除）分别对由发包人解除合同、由承包人解除合同的情形作出了约定。

（7）合同生效与合同终止条款。12.3.19 款（合同生效与合同终止）对合同生效的日期、合同的份数以及合同义务完成后合同终止等内容作出了约定。

（8）补充条款。合同双方当事人销对通用条款细化、完普、补充和修改或另行约定的，可将具体约定写在专用条款内，即 12.3.20 款（补充条款）。

3）专用条款

专用条款是合同双方当事人根据不同建设项目合同执行过程中可能出现的具体情况，通过谈判、协商对相应通用条款的原则性约定细化、完善、补充和修改或另行约定的条款。在编写专用条款时，应注意以下事项：

（1）专用条款的编号应与相应的通用条款的编号相一致。

（2）在《示范文本》专用条款中有横道线的地方，合同双方当事人可针对相应的通用条款进行细化、完善、补充和修改或另行约定，如果不需进行细化、完善、补充和修改或另行约定，可划"/"或写"无"。

（3）对于在《示范文本》专用条款中未列出的通用条款，合同双方当事人根据建设项目的具体情况认为简要进行细化、完善、补充和修改或另行约定的，可增加相关专用条款，新增专用条款的编号须与相应的通用条款的编号相一致。

2. 《示范文本》的适用范围

《示范文本》适用于建设项目工程总承包承发包方式。"工程总承包"是指承包人受发包人委托，按照合同约定对工程建设项目的设计、采购、施工（含竣工试验）及试运行等实施阶段，实行全过程或若干阶段的工程承包。为此，在《示范文本》的条款设置中，将"技术与设计、工程物资、施工、竣工试验、工程接收和竣工后试验"等工程建设实施阶段相关工作内容皆分别作为一条独立条款，发包人可根据发包建设项目实施阶段的具体内容和要求，确定对相关建设实施阶段和工作内容的取舍。

3. 《示范文本》的性质

《示范文本》为非强制性使用文本。合同双方当事人可依照《示范文本》订立合同，并按法律规定和合同约定承担相应的法律责任。

12.2 合同协议书

合同协议书的内容及格式如下：

发包人（全称）＿＿＿＿＿＿＿＿＿＿＿＿＿＿＿＿＿＿＿

承包人（全称）＿＿＿＿＿＿＿＿＿＿＿＿＿＿＿＿＿＿＿

依照《中华人民共和国合同法》《中华人民共和国建筑法》《中华人民共和国招标投标法》及相关法律、行政法规，遵循平等、自愿、公平和诚信原则，合同双方就＿＿＿＿＿＿＿＿＿＿项目工程总承包事宜经协商一致，订立本合同。

一、工程概况

工程名称：＿＿＿＿＿＿＿＿＿＿＿＿＿＿＿＿＿＿＿

工程批准、核准或备案文号：_____

工程内容及规模：_____

工程所在省市详细地址：_____

工程承包范围：_____

二、工程主要生产技术（或建筑设计方案）来源

_____

三、主要日期

设计开工日期（绝对日期或相对日期）：_____

施工开工日期（绝对日期或相对日期）：_____

工程竣工日期（绝对日期或相对日期）：_____

四、工程质量标准

工程设计质量标准：_____

工程施工质量标准：_____

五、合同价格和付款货币

合同价格为人民币（大写）：_____元（小写金额：_____元）。

详见合同价格清单分项表。除根据合同约定的在工程实施过程中需进行增减的款项外，合同价格不作调整。

六、定义与解释

本协议书中有关词语的含义与通用条款中赋予的定义与解释相同。

七、合同生效

本合同在以下条件全部满足之后生效：_____

发包人：   承包人：

（公章或合同专用章）   （公章或合同专用章）

法定代表人或其授权代表：   法定代表人或其授权代表：

　（签字）   （签字）

工商注册住所：   工商注册住所：

企业组织机构代码：   企业组织机构代码：

邮政编码：   邮政编码：

法定代表人：   法定代表人：

授权代表：   授权代表：

电　话：   电　话：

传　真：   传　真：

电子邮箱：   电子邮箱：

开户银行：   开户银行：

账　号：   账　号：

合同订立时间：_____年___月___日

合同订立地点：_____

12.3　合同条款

12.3.1　一般规定

1. 通用条款

1）定义与解释

（1）合同，指由本通用条款中第2）款第（1）项所述的各项文件所构成的整体。

（2）通用条款，指合同当事人在履行工程总承包合同过程中所遵守的一般性条款，由本文件12.3.1款至第12.3.20款组成。

（3）专用条款，指合同当事人根据工程总承包项目的具体情况，对通用条款进行细化、完善、补充和修改或另行约定，并同意共同遵守的条款。

（4）工程总承包，指承包人受发包人委托，按照合同约定对工程建设项目的设计、采购、施工（含竣工试验）及试运行等阶段实行全过程或若干阶段的工程承包。

（5）发包人，指在合同协议书中约定的，具有项目发包主体资格和支付工程价款能力的当事人或取得该当事人资格的合法继承人。

（6）承包人，指在合同协议书中约定的，被发包人接受的具有工程总承包主体资格的当事人，包括其合法继承人。

（7）联合体，指经发包人同意由两个或两个以上法人或者其他组织组成的，作为工程承包人的临时机构，联合体各方向发包人承担连带责任。联合体各方应指定其中一方作为牵头人。

（8）分包人，指接受承包人根据合同约定对外分包的部分工程或服务的，具有相应资格的法人或其他组织。

（9）发包人代表，指发包人指定的履行本合同的代表。

（10）监理人，指发包人委托的具有相应资质的工程监理单位。

（11）工程总监，指由监理人授权、负责履行监理合同的总监理工程师。

（12）项目经理，指承包人按照合同约定任命的负责履行合同的代表。

（13）工程，指永久性工程和（或）临时性工程。

（14）永久性工程，指承包人根据合同约定，进行设计、施工、竣工试验、竣工后试验和试运行考核并交付发包人进行生产操作或使用的工程。

（15）单项工程，指专用条件中列明的具有某项独立功能的工程单元，是永久性工程的组成部分。

（16）临时性工程，指为实施、完成永久性工程及修补任何质量缺陷，在现场所需搭建的临时建筑物、构筑物，以及不构成永久性工程实体的其他临时设施。

（17）现场或场地，指合同约定的由发包人提供的用于承包人现场办公、工程物资、机具设施存放和工程实施的任何地点。

（18）项目基础资料，指发包人提供给承包人的经有关部门对项目批准或核准的文件、报告（如选厂报告、资源报告、勘察报告等）、资料（如气象、水文、地质等）、协议（如原料、燃料、水、电、气及运输等）和有关数据等，以及设计所需的其他基础资料。

（19）现场障碍资料，指发包人需向承包人提供的进行工程设计、现场施工所需的地上和地下已有的建筑物、构筑物、线缆、管道、受保护的古建筑、古树木等坐标方位、数据和其他相关资料。

（20）设计阶段，指规划设计、总体设计、初步设计、技术设计和施工图设计等阶段。设计阶段的组成，视项目情况而定。

（21）工程物资，指设计文件规定的将构成永久性工程实体的设备、材料和部件，以及进行竣工试验和竣工后试验所需的材料等。

（22）施工，指承包人把设计文件转化为永久性工程的过程，包括土建、安装和竣工试验等作业。

（23）竣工试验，指工程和（或）单项工程被发包人接收前，应由承包人负责进行的机械、设备、部件、线缆和管道能性能试验。

（24）变更，指在不改变工程功能和规模的情况下，发包人书面通知或书面批准的，对工程所作的任何更改。

（25）施工竣工，指工程已按合同约定和设计要求完成土建、安装，并通过竣工试验。

（26）工程接收，指工程和（或）单项工程通过竣工试验后，为使发包人的操作人员、使用人员进入岗位进行竣工后试验、试运行准备，由承包人与发包人进行工程交接，并由发包人颁发接收证书的过程。

（27）竣工后试验，指工程被发包人接收后，按合同约定由发包人自行或在发包人组织领导下由承包人指导进行的工程的生产和（或）使用功能试验。

（28）试运行考核，指根据合同约定，在工程完成竣工试验后，由发包人自行或在发包人的组织领导下由承包人指导下进行的包括合同目标考核验收在内的全部试验。

（29）考核验收证书，指试运行考核的全部试验完成并通过验收后，由发包人签发的验收证书。

（30）工程竣工验收，指承包人接到考核验收证书、完成扫尾工程和缺陷修复，并按合同约定提交竣工验收报告、竣工资料、竣工结算资料，由发包人组织的工程结算与验收。

（31）合同期限，指从合同生效之日起，至双方在合同下的义务履行完毕之日止的期间。

（32）基准日期，指递交投标文件截止日期之前30日的日期。

（33）项目进度计划，指自合同生效之日起，按合同约定的工程全部实施阶段（包括设计、采购、施工、竣工试验、工程接收及竣工后试验至试运行考核等阶段）或若干实施阶段的时间计划安排。

（34）施工开工日期，指合同协议书中约定的，承包人开始现场施工的绝对日期或相对日期。

（35）竣工日期，指合同协议书中约定的，由承包人完成工程施工（含竣工试验）的绝对日期或相对日期，包括按合同约定的任何延长日期。

（36）绝对日期，指以公历年、月、日所表明的具体期限。

（37）相对日期，指以公历天数表明的具体期限。

（38）关键路径，指项目进度计划中直接影响到竣工日期的时间计划线路。该关键路径由合同双方在讨论项目进度计划时商定。

（39）日、月、年，指公历的日、月、年。本合同中所使用的任何期间的起点均指相应事件发生之日的下一日。如果任何时间的起算是以某一期间届满为条件，则起算点为该期间届满之日的下一日。任何期间的到期日均为该期间届满之日的当日。

（40）工作日，指除中国法定节假日之外的其他公历日。

(41) 合同价格,指合同协议书中约定的、承包人进行设计、采购、施工、竣工试验、竣工后试验及试运行考核和服务等工作的价款。

(42) 合同价格调整,指依据法律及合同约定需要增减的费用而对合同价格进行的相应调整。

(43) 合同总价,指根据合同约定,经调整后的合同结算价格。

(44) 预付款,是指根据合同约定,由发包人预先支付给承包人的款项。

(45) 工程进度款,指发包人根据合同约定的支付内容、支付条件,分期向承包人支付的设计、采购、施工和竣工试验的进度款,及竣工后试验和试运行考核的服务费以及工程总承包管理费等款项。

(46) 工程质量保修责任书,指依据有关质量保修的法律规定,发包人与承包人就工程质量保修相关事宜所签订的协议。

(47) 缺陷责任保修金,指按合同约定发包人从工程进度款中暂时扣除的,作为承包人在施工过程及缺陷责任期内履行缺陷责任担保的金额。

(48) 缺陷责任期,指承包人按合同约定承担缺陷保修责任的期间,一般应为 12 个月。因缺陷责任的延长,最长不超过 24 个月。具体期限在专用条款约定。

(49) 书面形式,指合同书、信件和数据电文等可以有形地表现所载内容的形式。数据电文包括:电传、传真、电子数据交换和电子邮件。

(50) 违约责任,指合同一方不履行合同义务或履行合同义务不符合合同约定所须承担的责任。

(51) 不可抗力,指不能预见、不能避免并不能克服的客观情况,具体情形由双方在专用条款中约定。

(52) 根据本合同工程的特点,需补充约定的其他定义。在专用条款中约定。

2) 合同文件

(1) 合同文件的组成。合同文件相互解释,互为说明。除专用条款另有约定外,组成本合同的文件及优先解释顺序如下:

① 本合同协议书;

② 本合同专用条款;

③ 中标通知书;

④ 招投标文件及其附件;

⑤ 本合同通用条款;

⑥ 合同附件;

⑦ 标准、规范及有关技术文件;

⑧ 设计文件、资料和图纸;

⑨ 双方约定构成合同组成部分的其他文件。

双方在履行合同过程中形成的双方授权代表签署的会议纪要、备忘录、补充文件及变更和洽商等书面形式的文件构成本合同的组成部分。

(2) 当合同文件的条款内容含糊不清或不相一致,并且不能依据合同约定的解释顺序阐述清楚时,在不影响工程正常进行的情况下,由当事人协商解决,当事人经协商未能达成一致,根据 12.3.16 中通用条款内第 3) 款关于争议和裁决的约定解决。

（3）合同中的条款标题仅为阅读方便，不作为对合同条款进行解释的依据。

3）语言文字

合同文件以中国的汉语简体语言文字编写、解释和说明。合同当事人在专用条款约定使用两种及以上语言时，汉语为优先解释和说明本合同的主导语言。

在少数民族地区，当事人可以约定使用少数民族语言编写、解释和说明本合同文件。

4）适用法律

本合同遵循中华人民共和国法律，指中华人民共和国法律、行政法规、部门规章以及工程所在地的地方法规、自治条例、单行条例和地方政府规章。需要明示的国家和地方的具体适用法律的名称在专用条款中约定。

在基准日期之后，因法律变化导致承包人的费用增加的，发包人应合理增加合同价格；如果因法律变化导致关键路径工期延误的，应合理延长工期。

5）标准、规范

（1）适用于本工程的国家标准规范、和（或）行业标准规范、和（或）工程所在地方的标准规范、和（或）企业标准规范的名称（或编号），在专用条款中约定。

（2）发包人使用国外标准、规范的，负责提供原文版本和中文译本，并在专用条款中约定提供的标准、规范的名称、份数和时间。

（3）没有相应成文规定的标准、规范时，由发包人在专用条款中约定的时间向承包人列明技术要求，承包人按约定的时间和技术要求提出实施方法，经发包人认可后执行。承包人需要对实施方法进行研发试验的，或须对施工人员进行特殊培训的，除合同价格已包含此项费用外，双方应另行签订协议作为本合同附件，其费用由发包人承担。

（4）在基准日期之后，因国家颁布新的强制性规范、标准导致承包人的费用增加的，发包人应合理增加合同价格；导致关键路径工期延误的，发包人应合理延长工期。

6）保密事项

当事人一方对在订立和履行合同过程中知悉的另一方的商业秘密、技术秘密，以及任何一方明确要求保密的其他信息，负有保密责任，未经同意，不得对外泄露或用于本合同以外的目的。一方泄露或者在本合同以外使用该商业秘密、技术秘密等保密信息给另一方造成损失的，应承担损害赔偿责任。当事人为履行合同所需要的信息，另一方应予以提供。当事人认为必要时，可签订保密协议作为合同附件。

2．专用条款

1）定义与解释

（1）双方约定的视为不可抗力时间处理的其他情形如下：＿＿＿＿＿＿＿＿＿＿。

（2）双方根据本合同工程的特点，补充约定的其他定义：＿＿＿＿＿＿＿＿＿＿。

3）语言文字

本合同除使用汉语外，还使用＿＿＿＿＿＿语言。

4）适用法律

合同双方需要明示的法律、行政法规、地方性法规：＿＿＿＿＿＿＿＿＿＿＿。

5）标准、规范

（1）本合同适用的标准、规范（名称）：＿＿＿＿＿＿＿＿＿＿。

（2）发包人提供的国外标准、规范的名称、份数和时间：＿＿＿＿＿＿＿＿＿＿。

（3）没有成文规范、标准规定的约定：_____。

发包人的技术要求及提交时间：_____。

承包人提交实施方法的时间：_____。

6）保密事项

双方签订的商业保密协议（名称）：_____，作为本合同附件。

双方签订的技术保密协议（名称）：_____，作为本合同附件。

12.3.2 发包人

1. 通用条款

1）发包人的主要权利和义务

（1）负责办理项目的审批、核准或备案手续，取得项目用地的使用权，完成拆迁补偿工作，使项目具备法律规定的及合同约定的开工条件，并提供立项文件。

（2）履行合同中约定的合同价格调整、付款、竣工结算义务。

（3）有权按照合同约定和适用法律关于安全、质量、环境保护和职业健康等强制性标准、规范的规定，对承包人的设计、采购、施工及竣工试验等实施工作提议、修改和变更，但不得违反国家强制性标准、规范的规定。

（4）有权根据合同约定，对因承包人原因给发包人带来的任何损失和损害，提出赔偿。

（5）发包人认为必要时，有权以书面形式发出暂停通知。其中，因发包人原因造成的暂停，给承包人造成的费用增加由发包人承担，造成关键路径延误的，竣工日期相应顺延。

2）发包人代表

发包人委派代表，行使发包人委托的权利，履行发包人的义务，但发包人代表无权修改合同。发包人代表依据本合同并在其授权范回内履行其职责。发包人代表根据合同约定的范围和事项，向承包人发出的书面通知，由其本人签字后送交项目经理。发包人代表的姓名、职务和职责在专用条款约定。发包人决定替换其代表时，应将新任代表的姓名、职务、职权和任命时间在其到任的 15 日前，以书面形式通知承包人。

3）监理人

（1）发包人对工程实行监理的，监理人的名称、工程总监、监理范围及内容和权限在专用条款中写明。

监理人按发包人委托监理的范围、内容、职权利权限，代表发包人对承包人实施监督。监理人向承包人发出的通知，以书面形式由工程总监签字后送交承包人实施，并抄送发包人。

（2）工程总监的职权与发包人代表的职权相重叠或不明确时，由发包人予以协调和明确，并以书面形式通知承包人。

（3）除专用条款另有约定外，工程总监无权改变本合同当事人的任何权利和义务。

（4）发包人更换工程总监时，应提前 5 日以书面形式通知承包人，并在通知中写明替换者的姓名、职务、职权、权限和任命时间。

4）安全保证

（1）除专用条款另有约定外，发包人应负责协调处理施工现场周围的地下、地上已有设施和邻近建筑物、构筑物、古树名本、文物及坟墓等的安全保护工作，维护现场周围的正常秩序，并承担相关费用。

（2）除专用条款另有约定外，发包人应负货对工程现场临近发包人正在使用、运行、或由发包人用于生产的建筑物、构筑物、生产装置、设施及设备等,设置隔离设施,竖立禁止入内、禁止动火的明显标志,判以书面形式通知承包人须遵守的安全规定和位置范围。因发包人的原因给承包人造成的损失和伤害,由发包人负责。

(3) 本合同未作约定,而在工程主体结构或工程主要装置完成后,发包人要求进行涉及建筑主体及承重结构变动、或涉及重大工艺变化的装修工程时,双方可另行签订委托合同,作为本合同附件。

发包人自行决定此类装修或发包人与第三方签订委托合同,由发包人或发包人另行委托的第三方提出设计方案及施工的,由此造成的损失、损害由发包人负责。

(4) 发包人负责对其代表、雇员、监理人及其委托的其他人员进行安全教育,并遵守承包人工程现场的安全规定。承包人应在工程现场以标牌明示相关安全规定,或将安全规定发送给发包人。因发包人的代表、雇员、监理人及其委托的其他人员未能遵守承包人工程现场的安全规定所发生的人身伤害、安全事故,由发包人负责。

(5) 发包人、发包人代表、雇员和监理人及其委托的其他人员应遵守12.3.7中通用条款内第8)款健康、安全和环境保护的相关约定。

5) 保安责任

(1) 现场保安工作的责任主体由专用条款约定。承担现场保安工作的方负责与当地有关治安部门的联系、沟通和协调,并承担所发生的相关费用。

(2) 发包人与承包人商定工程实施阶段及区域的保安责任划分,并编制各自的相关保安制度、责任制度和报告制度,作为合同附件。

(3) 发包人按合同约定占用的区域、接收的单项工程和工程,由发包人承担相关保安工作,及因此产生的费用、损害和责任。

2. 专用条款

1) 发包人代表

发包人代表的姓名:＿＿＿＿＿＿＿＿＿＿＿＿;

发包人代表的职务:＿＿＿＿＿＿＿＿＿＿＿＿;

发包人代表的职责:＿＿＿＿＿＿＿＿＿＿＿＿。

2) 监理人

监理单位名称:＿＿＿＿＿＿＿＿＿＿＿＿＿。

工程总监理姓名:＿＿＿＿＿＿＿＿＿＿＿。

监理的范围:＿＿＿＿＿＿＿＿＿＿＿＿＿。

监理的内容:＿＿＿＿＿＿＿＿＿＿＿＿＿。

监理的权限:＿＿＿＿＿＿＿＿＿＿＿＿＿。

3) 保安责任

(1) 现场保安责任的约定。在以下两者中选择其一,作为合同双方对现场保安责任的约定。

发包人负责保安的归口管理。

委托承包人负责保安管理。

(2) 保安区域责任划分及双方相关保安制度、责任制度和报告制度的约定:

＿＿＿＿＿＿＿＿＿＿＿＿＿＿＿＿＿＿＿＿＿＿＿＿＿＿＿。

12.3.3 承包人

1. 通用条款

1) 承包人的主要权利和义务

（1）承包人应按照合同约定的标准、规范、工程的功能、规模、考核目标和竣工日期，完成设计、采购、施工、竣工试验和（或）指导竣工后试验等工作，不得违反国家强制性标准、规范的规定。

本工程的具体承包范围，应依据合同协议书第一项"工程概况"中有关"工程承包范围"的约定。

（2）承包人应按合同约定，自费修复因承包人原因引起的设计、文件、设备、材料、部件、施工中存在的缺陷、或在竣工试验和竣工后试验中发现的缺陷。

（3）承包人应按合同约定和发包人的要求，提交相关报表。报表的类别、名称、内容、报告期、提交时间和份数，在专用条款中约定。

（4）承包人有权根据12.3.4中通用条款内第6)款第（4）项承包人的复工要求、12.3.14中通用条款内第9款付款时间延误和12.3.17中条款不可抗力的约定，以书面形式向发包人发出暂停通知。除此之外，凡因承包人原因的暂停，造成承包人的费用增加由其自负，造成关键路径延误的应自费赶上。

（5）对因发包人原因给承包人带来任何损失、损失或造成工程关键路径延误的，承包人有权要求赔偿和（或）延长竣工日期。

2) 项目经理

（1）项目经理，应是当事人双方所确认的人选。项目经理经授权并代表承包人负责履行本合同。项目经理的姓名、职责和权限在专用条款中约定。

项目经理应是承包人的员工，承包人应在合同生效后10日内向发包人提交项目经理与承包人之间的劳动合同，以及承包人为项目经理缴纳社会保险的有效证明。承包人不提交上述文件的，项目经理无权履行职责，由此影响工程进度或发生其他问题的，由承包人承担责任。

项目经理应常驻项目现场，且每月在现场时间不得少于专用条款约定的天数。项目经理不得同时担任其他项目的项目经理。项目经理确需离开项目现场时应事先取得发包人同意，并指定一名有经验的人员临时代行其职责。

承包人违反上述约定的，按照专用条款的约定，承担违约责任。

（2）项目经理按合同约定的项目进度计划，并按发包人代表和（或）工程总监依据合同发出的指令组织项目实施。在紧急情况下，且无法与发包人代表和（或）工程总监取得联系时，项目经理有权采取必要的措施保证人身、工程和财产的安全，但须在事后48小时内向发包人代表和（或）工程总监送交书面报告。

（3）承包人部更换项目经理时，提前15日以书面形式通知发包人，并征得发包人的同意，继任的项目经理须继续履行12.3.3中通用条款内第2)款第（1）项约定的职责和权限。未经发包人同意，承包人不得擅自更换项目经理。承包人擅自更换项目经理的，按专用条款的约定，承担违约责任。

（4）发包人有权以书面形式通知更换其认为不称职的项目经理，应说明更换因由，承包人应在接到更换通知后15日内向发包人提出书面的改进报告。发包人收到改进报告后仍以书面形式通知更换的，承包人应在接到第二次更换通知后的30日内进行更换，并将新任命的项目经理的姓名、简历以书面形式通知发包人。新任项目经理继续履行12.3.1中通用条款内第2)款第(1)项约定的职责和权限。

3) 工程质量保证

承包人应按合同约定的质量标准规范,确保设计、采购、加工制造、施工及竣工试验等各项工作的质量,建立有效的质量保证体系,并按照国家有关规定,通过质量保修责任书的形式约定保修范围、保修期限和保修责任。

4) 安全保证

(1) 工程安全性能。

承包人应按照合同约定和国家有关安全生产的法律规定,进行设计、采购、施工及竣工试验,保证工程的安全性能。

(2) 安全施工。

承包人应遵守12.3.7中通用条款内第8)款职业健康、安全和环境保护的约定。

(3) 因承包人未遵守发包人按12.3.2中通用条款内第4)款第(2)项通知的安全规定和位置范围限定所造成的损失和伤害,由承包人负责。

(4) 承包人全面负责其施工场地的安全管理,保障所有进入施工场地的人员的安全。因承包人原因所发生的人身伤害、安全事故,由承包人负责。

5) 职业健康和环境保护保证

(1) 工程设计。

承包人应按照合同约定,并遵照《建设工程勘察设计管理条例》、《建设工程环境保护条例》及其他相关法律规定进行工程的环境保护设计及职业健康防护设计,保证工程符合环境保护和职业健康相关法律和标准规定。

(2) 职业健康和环境保护。

承包人应遵守12.3.7中通用条款内第8)款职业健康、安全和环境保护的约定。

6) 进度保证

承包人按12.3.4中通用条款内第1)款约定的项目进度计划,合理有序地组织设计、采购、施工及竣工试验所需要的各类资源,以及派出有经验的竣工后试验的指导人员,采用有效的实施方法和组织措施,保证项目进度计划的实现。

7) 现场保安

承包人承担其进入现场、施工开工至发包人接收单项工程和(或)工程之前的现场保安责任(含承包人的预制加工场地、办公及生活营区)。并负责编制相关的保安制度、责任制度和报告制度,提交给发包人。

8) 分包

(1) 分包约定。

承包人只能对专用条款约定列出的工作事项(含设计、采购、施工、劳务服务及竣工试验等)进行分包。

专用条款未列出的分包事项,承包人可在工程实施阶段分批分期就分包事项向发包人提交申请,发包人在接到分包事项申请后的15日内,予以批准或提出意见。发包人未能在15日批准亦未提出意见的,承包人有权在提交该分包事项后的第16日开始,将提出的拟分包事项对外分包。

（2）分包人资质。

分包人应符合国家法律规定的企业资质等级，否则不能作为分包人。承包人有义务对分包人的资质进行审查。

（3）承包人不得将承包的工程对外转包，也不得得以肢解方式将承包的全部工程对外分包。

（4）设计、施工和工程物资等分包人，应严格执行国家有关分包事项的管理规定。

（5）对分包人的付款。

承包人应按分包合同约定，按时向分包人支付合同价款。除非专用条款另有约定外，未经承包人同意，发包人不得以任何形式向分包人支付任何款项。

（6）承包人对分包人负责。

承包人对分包人的行为向发包人负责，承包人和分包人就分包工作向发包人承担连带责任。

2. 专用条款

1）承包人的一般义务和权利

经合同双方商定，承包人应提交的报表类别、名称、要求、报告期、提交的时间和份数：_____。

2）项目经理

项目经理姓名：_____。

项目经理职责：_____。

项目经理权限：_____。

因擅自更换项目经理或项目经理兼职其他项目经理的违约约定：_____。

项目经理每月在现场时间未达到合同约定天数的，每少一天应向发包人支付违约金_____元。

3）分包

分包约定。

约定的分包工作事项：_____。

12.3.4 进度计划、延误和暂停

1. 通用条款

1）项目进度计划

（1）项目进度计划。

承包人负责编制项目进度计划，项目进度计划中的施工期限（含竣工试验），应符合合同协议书的约定。关键路径及关键路径变化的确定原则、承包人提交项目进度计划的份数和时间，在专用条款约定。

项目进度计划经发包人批准后实施，但发包人的批准并不能减轻或免除承包人的合同责任。

（2）自费赶上项目进度计划。

承包人原因使工程实际进度明显落后于项目进度计划时，承包人有义务、发包人也有权利要求承包人自费采取措施，赶上项目进度计划。

（3）项目进度计划的调整。

出现下列情况，竣工日期相应顺延，并对项目进度计划进行调整：

① 发包人根据 12.3.5 中通用条款内第 2)款第(1)项提供的项目基础资料和现场障碍资料不真实、不准确、不齐全和不及时,或未能按 12.3.14 中通用条款内第 3)款第(1)项约定的预付款金额和第(2)项约定的付款时间付款,导致 12.3.4 中通用条款内第 3)款第(2)项约定的设计开工日期延误,或 12.3.4 中通用条款内第 4)款第(2)项约定的采购开始日期延误,或造成施工开工日期延误的。

② 根据 12.3.4 中通用条款内第 2)款第(4)项第②目的约定,因发包人原因,导致某个设计阶段审核会议时间的延误。

③ 根据 12.3.4 中通用条款内第 2)款第(4)项第③目的约定,相关设计审查部门批准时间较合同约定的时间延长的。

④ 根据合同约定的其他延长竣工日期的情况。

(4) 发包人的赶工要求。

合同实施过程中发包人书面提出加快设计、采购、施工及竣工试验的赶工要求,被承包人接受时,承包人应提交赶工方案,采取赶工措施。因赶工引起的费用增加,按 12.3.13 中通用条款内第 2)款第(4)项的变更约定执行。

2) 设计进度计划

(1) 设计进度计划。

承包人根据批准的项目进度计划和 12.3.5 中通用条款内第 3)款第(1)项约定的设计审查阶段及发包人组织的设计阶段审查会议的时间安排,编制设计进度计划。设计进度计划经发包人认可后执行。发包人的认可并不能解除承包人的合同责任。

(2) 设计开工日期。

承包人收到发包人按 12.3.5 中通用条款内第 2)款第(1)项提供的项目基础资料、现场障碍资料,及 12.3.14 中通用条款内第 3)款第(2)项的预付款收到后的第 5 日,作为设计开工日期。

(3) 设计开工日期延误

因发包人未能按 12.3.5 中通用条款内第 2)款第(1)项的约定提供设计基础资料、现场障碍资料等相关资料,或未按 12.3.14 中通用条款内第 3)款第(1)项和第(2)项约定的预付款金额和支付时间支付预付款,造成设计开工日期延误的,设计开工日期和工程竣工日期相应顺延;因承包人原因造成设计开工日期延误的,按本通用条款内第 1)款第(2)项的约定,自费赶上。因发包人原因给承包人造成经济损失的,应支付相应费用。

(4) 设计阶段审查日期的延误。

① 因承包人原因,未能按照合同约定的设计审查阶段及其审查会议的时间安排提交相关阶段的设计文件,或提交的相关设计文件不符合相关审核阶段的设计深度要求时,造成设计审查会议延误的,由承包人依据本通用条款内第 1)款第(2)项的约定,自费采取措施赶上;造成关键路径延误,或给发包人造成损失(审核会议准备费用)的,由承包人承担。

② 因发包人原因,未能按照合同约定的设计阶段审查会议的时间安排,造成某个设计阶段审查会议延误的,竣工日期相应顺延。因此给承包人带来的窝工损失,由发包人承担。

③ 政府相关设计审查部门批准时间较合同约定时间延长的,竣工日期相应顺延。因此给双方带来的费用增加,由双方各自承担。

3）采购进度计划

（1）采购进度计划。

承包人的采购进度计划符合项目进度计划的时间安排，并与设计、施工、和（或）竣工试验及竣工后试验的进度计划相衔接。采购进度计划的提交份数和日期，在专用条款约定。

（2）采购开始日期。

采购开始日期在专用条款约定。

（3）采购进度延误。

因承包人的原因导致采购延误，造成的停工、窝工损失和竣工日期延误，由承包人负责。因发包人原因导致采购延误，给承包人造成的停工、窝工损失，由发包人承担。若造成关键路径延误的，竣工日期相应顺延。

4）施工进度计划

（1）施工进度计划。

承包人应在现场施工开工 15 日前向发包人提交份包括施工进度计划在内的总体施工组织设计。施工进度计划的开竣工时间，应符合合同协议书对施工开工和工程竣工日期的约定，并与项目进度计划的安排协调一致。发包人需承包人提交关键单项工程和（或）关键分部分项工程施工进度计划的，在专用条款中约定提交的份数和时间。

（2）施工开工日期延误。

施工开工日期延误的，根据下列约定确定延长竣工日期：

① 因发包人原因造成承包人不能按时开工的，开竣工日期相应顺延。给承包人造成经济损失的应支付相应费用。

② 因承包人原因不能按时开工的，需说明正当理由，自费采取措施及早开工，竣工日期不予延长。

③ 因不可抗力造成施工开工日期延误的，竣工日期相应顺延。

（3）竣工日期。

① 承包项目的试试阶段含竣工试验阶段时，按以下方式确定计划竣工日期和实际竣工日期：

A．根据专用条款（12.3.9 中第 1）款工程接收）约定单项工程竣工日期，为单项工程的计划竣工日期；工程中最后一个单项工程的计划竣工日期，为工程的计划竣工日期；

B．单项工程中最后一项竣工试验通过的日期，为该单项工程的实际竣工日期；

C．工程中最后一个单项工程通过竣工试验的日期，为工程的实际竣工日期。

② 承包项目的实施阶段不含竣工试验阶段时，按以下方式确定计划竣工日期和实际竣工日期：

A．根据专用条款（12.3.9 中第 1）款工程接收）中所约定的单项工程竣工日期，为单项工程的计划竣工日期，工程中最后一个单项工程的计划竣工日期，为工程的计划竣工日期；

B．承包人按合同约定，完成施工图纸规定的单项工程中的全部施工作业，并符合约定的质量标准的日期，为单项工程的实际竣工日期；

C．承包人按合同约定，完成施工图纸规定的工程中最后一个单项工程的全部施工作业，且符合合同约定的质量标准的日期，为工程的实际竣工日期。

③ 承包人为竣工试验，或竣工后试验预留的施工部位，或发包人要求预留的施工部位，不

影响发包人实质操作使用的零星扫尾工程和缺陷修复，不影响竣工日期的确定。

5）误期赔偿

因承包人原因，造成工程竣工日期延误的，由承包人承担误期误害赔偿责任。每日延误的赔偿金额，及累计的最高赔偿金额在专用条款中约定。发包人有权从工程进度款、竣工结算款或约定提交的履约保函中扣除赔偿金额。

6）暂停

（1）因发包人原因的暂停。

因发包人原因通知的暂停，应列明暂停的日期及预计暂停的期限。双方应遵守12.3.2中通用条款内第1）款第（5）项和12.3.3中通用条款内第1）款第（4）项的相关约定。

（2）因不可抗力造成的暂停。

因不可抗力造成工程暂停时，双方根据12.3.17中第1）款不可抗力发生时的义务和第2）款不可抗力的后果的条款的约定，安排各自的工作。

（3）暂停时承包人的工作。

当发生本款上述（1）项发包人的暂停和（2）项因不可抗力约定的暂停时，承包人应立即停止现场的实施工作，并根据合同约定负责在暂停期间，对工程、工程物资及承包人文件等进行照管和保护。因承包人未能尽到照管、保护的责任，造成损坏、丢失等，使发包人的费用增加，和（或）竣工日期延误的，由承包人负责。

（4）承包人的复工要求。

根据发包人通知暂停的，承包人有权在暂停45日后向发包人发出要求复工的通知。不能复工时，承包人有权根据12.3.13中通用条款内第2）款第（5）项调减部分工程的约定，以变更方式调减受暂停影响的部分工程。

发包人的暂停超过45日且暂停影响到整个工程，或发包人的暂停超过180日，或因不可抗力的暂停致使合同无法履行，承包人有权根据12.3.18中第2）款由承包人解除合同的约定，发出解除合同的通知。

（5）发包人的复工。

发包人发出复工通知后，有权组织承包人对受暂停影响的工程、工程物资进行检查。承包人应将检查结果及需要恢复、修复的内容和估算通知发包人，经发包人确认后，所发生的恢复、修复费用由发包人承担。因恢复、修复造成工程关键路径延误的，竣工日期相应延长。

（6）因承包人原因的暂停。

因承包人原因所造成部分工程或工程的暂停，所发生的损失、损害及竣工日期延误，由承包人负责。

（7）工程暂停时的付款。

因发包人原因暂停的复工后，未影响到整个工程实施时，双方应依据12.3.2中通用条款内第1）款第（5）项的约定商定因该暂停给承包人所增加的合理费用，承包人应将其款项纳入当期的付款申请，由发包人审查支付。

因发包人原因暂停的复工后，影响到部分工程实施时，且承包人根据本款上述第（4）项要求调减部分工程并经发包人批准，发包人应从合同价格中调减该部分款项。双方还应依据12.3.2中通用条款内第1）款第（5）项的约定商定承包人因该暂停所增加的合理费用，承包人应将其增减的款项纳入当期付款申请，由发包人审查支付。

因发包人原因的暂停,致使合同无法履行时,且承包人根据本款上述第(4)项第二段的约定发出解除合同的通知后,双方应根据 12.3.18 中第 2)款由承包人解除合同的相关约定,办理结算和付款。

2. 专用条款

1) 项目进度计划

项目进度计划中的关键路径及关键路径变化的确定原则:_____。

承包人提交项目进度计划的份数和时间:_____。

2) 采购进度计划

(1) 采购进度计划提交的份数和日期:_____。

(2) 采购开始日期:_____。

2) 施工进度计划

施工进度计划(以表格或文字表述)。

提交关键单项工程施工计划的名称、份数和时间:_____。

提交关键分部分项工程施工计划的名称、份数和时间:_____。

3) 误期赔偿

因承包人原因使竣工日期延误,每延误 1 日的误期赔偿金额为合同协议书的合同价格的_____%或人民币金额为:_____、累计最高赔偿金额为合同协议书的合同价格的:_____%或人民币金额为:_____。

12.3.5 技术与设计

1. 通用条款

1) 生产工艺技术、建筑设计方案

(1) 承包人提供的工艺技术和(或)建筑设计方案。

承包人负责提供生产工艺技术(含专利技术、专有技术、工艺包)和(或)建筑设计方案(含总体布局、功能分区、建筑造型和主体结构等)时,应对所提供的工艺流程、工艺技术数据、工艺条件、软件、分析手册、操作指导书、设备制造指导书和其他资料要求,和(或)总体布局、功能分区、建筑造型及其结构设计等负责。

承包人应对专用条款约定的试运行考核保证值、和(或)使用功能保证的说明负责。该试运行考核保证值、和(或)使用功能保证的说明,作为发包人根据 12.3.10 中通用条款内第 3)款第(3)项进行试运行考核的评价依据。

(2) 发包人提供的工艺技术和(或)建筑设计方案。

发包人负责提供的生产工艺技术(含专利技术、专有技术、工艺包)和(或)建筑设计方案(含总体布局、功能分区、建筑造型和主体结构,或发包人委托第三方设计单位提供的建筑设计方案)时,应对所提供的工艺流程、工艺技术数据、工艺条件、软件、分析手册、操作指导书、设备制造指导书和其他承包人的文件资料、发包人的要求,和(或)总体布局、功能分区、建筑造型和主体结构等,或第三方设计单位提供的建筑设计方案负责。

发包人有义务指导、审查由承包人根据发包人提供的上述资料所进行的生产工艺设计和(或)建筑设计,并予以确认。工程和(或)单项工程试运行考核的各项保证值、或使用功能保证说明及双方各自应承担的考核责任,在专用条款中约定,并作为发包人根据 12.3.10 中通用条款内第 3)款第(3)项进行试运行考核和考核责任的评价依据。

2）设计

（1）发包人的义务。

① 提供项目基础资料。发包人应按合同约定、法律或行业规定，向承包人提供设计需要的项目基础资料，并对其真实性、准确性、齐全性和及时性负责。上述项目基础资料不真实、不准确或不齐全时，发包人有义务按约定的时间向承包人提供进一步补充资料。提供项目基础资料的类别、内容、份数和时间在专用条款中约定。其中，工程场地的基准坐标资料（包括基准控制点、基准控制标高和基准坐标控制线），发包人应按约定的时间，有义务配合承包人在现场的实测复验。承包人因纠正坐标资料中的错误，造成费用增加和（或）工期延误，由发包人负责其相关费用增加，竣工日期给予合理延长。

发包人提供的项目基础资料中有专利商提供的技术或工艺包，或是第三方设计单位提供的建筑造型等，发包人应组织专利商或第三方设计单位与承包人进行数据、条件和资料的交换、协调和交接。

发包人未能按约定时间提供项目基础资料及其补充资料、或提供的资料不真实、不准确、不齐全、或发包人计划变更，造成承包人设计停工、返工或修改的，发包人应按承包人额外增加的设计工作量赔偿其损失。造成工程关键路径延误的，竣工日期相应顺延。

② 提供现场障碍资料。除专用条款另有约定外，发包人应按合同约定和适用法律规定，在设计开始前，提供与设计、施工有关的地上、地下已有的建筑物、构筑物等现场障碍资料，并对其真实性、准确性、齐全性和及时性负责。因提供的资料不真实、不准确、不齐全和不及时，造成承包人的设计停工、返工和修改的，发包人应按承包人额外增加的设计工作量赔偿其损失。造成工程关键路径延误的，竣工日期相应顺延。提供项目障碍资料的类别、内容、份数和时间安排，在专用条款中约定。

③ 承包人无法核实发包人所提供的项目基础资料中的数据、条件和资料的，发包人有义务给予进一步确认。

（2）承包人的义务。

① 承包人与发包人（及其专利商、第三方设计单位）应以书面形式交接发包人按12.3.5中通用条款内第2）款第（1）项提供与设计有关的项目基础资料、第（2）项提供的与设计有关的现场障碍资料。对这些资料中的短缺、遗漏、错误及疑问，承包人应在收到发包人提供的上述资料后15日内向发包人提出进一步的要求。因承包人未能在上述时间内提出要求而发生的损失由承包人自行承担；由此造成工程关键路径延误的，竣工日期不予顺延。其中，对工程场地的基准坐标资料（包括基准控制点、基准控制标高和基准坐标控制线），承包人有义务约定实测复验的时间并纠正其错误（如果有），因承包人对此项工作的延误，导致的费用增加和关键路线延误，由承包人承担。

② 承包人有义务按照发包人提供的项目基础资料、现场障碍资料和国家有关部门、行业工程建设标准规范规定的设计深度开展工程设计，并对其设计的工艺技术和（或）建筑功能，及工程的安全、环境保护、职业健康的标准，设备材料的质量、工程质量和完成时间负责。因承包人设计的原因，造成的费用增加、竣工日期延误，由承包人承担。

（3）遵守标准、规范。

① 12.3.1中通用条款内第5）款约定的标准、规范，适用于发包人按单项工程接收和（或）整个工程接收。

② 在合同实施过程中国家颁布了新的标准或规范时,承包人应向发包人提交有关新标准、新规范的建议书。对其中的强制性标准、规范,承包人应严格遵守,发包人作为变更处理;对于非强制性的标准、规范,发包人可决定采用或不采用,决定采用时,作为变更处理。

③ 依据适用法律和合同约定的标准、规范所完成的设计图纸、设计文件中的技术数据和技术条件,是工程物资采购质量、施工质量及竣工试验质量的依据。

(4) 操作维修手册。

由承包人指导竣工后试验和试运行考核试验,并编制操作维修手册的,发包人应按12.3.5中通用条款内第2)款第(1)项第二段的约定,责令其专利商或发包人的其他承包人向承包人提供其操作指南及分析手册,并对其资料的真实性、准确性、齐全性和及时性负责,专用条款另有约定时除外。发包人提交操作指南、分析手册,以及承包人提交操作维修手册的份数、提交期限,在专用条款中约定。

(5) 设计文件的份数和提交时间。

相关设计阶段的设计文件、资料和图纸的提交份数和时间在专用条款中约定。

(6) 设计缺陷的自费修复,自费赶上。

因承包人原因,造成设计文件存在遗漏、错误、缺陷和不足的,承包人应自费修复、弥补、纠正和完善。造成设计进度延误时,应自费采取措施赶上。

3) 设计阶段审查

(1) 本工程的设计阶段、设计阶段审查会议的组织和时间安排,在专用条款约定。发包人负责组织设计阶段审查会议,并承担会议费用及发包人的上级单位、政府有关部门参加审查会议的费用。

(2) 承包人应根据上述(1)项中的约定,向发包人提交相关设计审查阶段的设计文件,设计文件应符合国家有关部门、行业工程建设标准规范对相关设计阶段的设计文件、图纸和资料的深度规定。承包人有义务自费参加发包人组织的设计审查会议,向审查者介绍、解答、解释其设计文件,并自费提供审查过程中需提供的补充资料。

(3) 发包人有义务向承包人提供设计审查会议的批准文件和纪要。承包人有义务按相关设计审查阶段批准的文件和纪要,并依据合同约定及相关设计规定,对相关设计进行修改、补充和完善。

(4) 因承包人原因,未能按本款中第2)款第(5)项约定的时间向发包人提交相关设计审查阶段的完整设计文件、图纸和资料,致使相关设计审查阶段的会议无法进行或无法按期进行,造成的竣工日期延误、窝工损失,以及发包人增加的组织会议费用,由承包人承担。

(5) 发包人有权在上述第(1)项约定的各设计审查阶段之前,对相关设计阶段的设计文件、图纸和资料提出建议、进行预审和确认。发包人的任何建议、预审和确认,并不能减轻或免除承包人的合同责任和义务。

4) 操作维修人员的培训

发包人委托承包人对发包人的操作维修人员进行培训的,另行签订培训委托合同,作为本合同的附件。

5) 知识产权

双方可就本合同涉及的合同一方、或合同双方(含一方或双方相关的专利商、第三方设计单位或设计人)的技术专利、建筑设计方案、专有技术及设计文件著作权等知识产权,签订知识产权及保密协议,作为本合同的组成部分。

2. 专用条款

1）生产工艺技术、建筑艺术造型

（1）承包人提供的生产工艺技术和（或）建筑设计方案。

根据工程考核特点,在以下类型中选择其一,作为双方的约定。

按工程量考核,工程考核保证值和（或）使用功能说明:

_____。

按单项工程考核,各单项工程考核保证值和（或）使用功能说明:

_____。

（2）发包人提供生产工艺技术和（或）建筑设计方案。

其中,发包人应承担的工程和（或）单项工程试运行考核保证值和（或）使用功能说明如下:

_____。

承包人应承担的工程和（或）单项工程试运行考核保证值和（或）使用功能说明如下:

_____。

2）设计

（1）发包人的义务。

（1）提供项目基础资料。发包人提供的项目基础资料的类别、内容、份数和时间:

_____。

（2）提供现场障碍资料。发包人提供的现场障碍资料的类别、内容、份数和时间:

_____。

（2）承包人的义务。

经合同双方商定,发包人提供的项目基础资料、现场障碍资料的如下部分,可按本款中约定的如下时间期限,提出进一步要求_____。

（3）操作维修手册。

发包人提交的操作指南、分析手册的份数和提交期限:_____。

承包人提交的操作维修手册的份数和最终提交期限:_____。

（4）设计文件的份数和提交时间。

规划设计阶段设计文件、资料和图纸的份数和提交时间:_____;

初步设计阶段设计文件、资料和图纸的份数和提交时间:_____;

技术设计阶段设计文件、资料和图纸的份数和提交时间:_____;

施工图设计阶段设计文件、资料和图纸的份数和提交时间:_____。

3）设计阶段审查

设计审查阶段及审查会议时间。

本工程的设计阶段（名称）:_____。

设计审查阶段及其审查会议的时间安排:_____。

12.3.6　工程物资

1. 通用条款

1）工程物资的提供

（1）发包人提供的工程物资。

① 发包人依据 12.3.5 中通用条款内第 2)款第(3)项第③目设计文件规定的技术参数、技术条件、性能要求、使用要求和数量,负责组织工程物资(包括其备品备件、专用工具及厂商提交的技术文件)的采购,负责运抵现场,并对其需用量、质量检查结果和性能负责。

由发包人负责提供的工程物资的类别、数量,在专用条款中列出。

② 因发包人采购提供的工程物资(包括建筑构件等)不符合国家强制性标准、规范的规定,存在质量缺陷、延误抵达现场,给承包人造成窝工、停工或导致关键路径延误的,按12.3.13款变更和合同价调整的约定执行。

在履行合同过程中,由于国家新颁布的强制性标准、规范,造成发包人负责提供的工程物资(包括建筑构件等)不符合新颁布的强制性标准时,由发包人负资修复或重新订货。如委托承包人修复,作为变更处理。

③ 发包人请承包人参加境外采购工作时,所发生的费用由发包人承担。

(2)承包人提供的工程物资。

① 承包人应依据 12.3.5 中通用条款内第 2)款第(3)项第③目设计文件规定的技术参数、技术条件、性能要求、使用要求和数量,负责组织工程物资采购(包括备品备件、专用工具及厂商提供的技术文件),负责运抵现场,并对其需用量、质量检查结果和性能负责。

由承包人负责提供的工程物资的类别、数量,在专用条款中列出。

② 因承包人提供的工程物资(包括建筑构件等)不符合国家强制性标准、规范的规定或合同约定的标准、规范所造成的质量缺陷,由承包人自费修复,竣工日期不予延长。

在履行合同过程中,由于国家新颁布的强制性标准、规范,造成承包人负责提供的工程物资(包括建筑构件等)虽符合合同约定的标准,但不符合新颁布的强制性标准时,由承包人负责修复或重新订货,并作为变更处理。

③ 由承包人提供的竣工后试验的生产性材料,在专用条款中列出类别和(或)清单。

(3)承包人对供应商的选择。

承包人应通过招标等竞争性方式选择相关工程物资的供货商或制造厂。对于依法必须进行招标的工程建设项目,应按国家相关规定进行招标。

承包人不得在设计文件中或以口头暗示方式指定供应商和制造厂,只有唯一厂家的除外。发包人不得以任何方式指定供应商和制造厂。

(4)工程物资所有权。

承包人根据本款上述第(2)项约定提供的工程物资,在运抵现场的交货地点并支付了采购进度款,其所有权转为发包人所有。在发包人接收工程前,承包人有义务对工程物资进行保管、维护和保养,未经发包人批准不得运出现场。

2)检验

(1)工厂检验与报告。

① 承包人遵守相关法律规定,负责本款上述第 1)款第(2)项约定的永久性工程设备、材料、部件和备品备件,及竣工后试验物资的强制性检查、检验、监测和试验,并向发包人提供相关报告。报告内容、报告期和提交份数,在专用条款中约定。

② 承包人邀请发包人参检时,在进行相关加工制造阶段的检查、检验、监测和试验之前,以书面形式通知发包人参检的内容、地点和时间。发包人在接到邀请后的 5 日内,以书面形式通知承包人参检或不参检。

③ 发包人承担其参检人员在参检期间的工资、补贴、差旅费和住宿费等,承包人负责办理进入相关厂家的许可,并提供方便。

④ 发包人委托有资格、有经验的第三方代表发包人自费参检的,应在接到承包人邀请函后5日内,以书面形式通知承包人,并写明受托单位及受托人员的名称、姓名及授予的职权。

⑤ 发包人及其委托人的参检,并不能解除承包人对其采购的工程物资的质量责任。

(2) 覆盖和包装的后果。

发包人已在本款上述第(1)项约定的日期内以书面形式通知承包人参检,并依据约定日期提前或按时到达指定地点,但加工制造的工程物资未经发包人现场检验已经被覆盖、包装或已运抵启运地点时,发包人有权责令承包人将其运回原地,拆除覆盖、包装,重新进行检查或检验或检测或试验及复原,承包人应承担因此发生的费用。造成工程关键路径延误的,竣工日期不予延长。

(3) 未能按时参检。

发包人未能按本款上述第(1)项的约定时间参检,承包人可自行组织检查、检验、检测和试验,质检结果视为是真实的。发包人有权在此后,以变更指令通知承包人重新检查、检验、检测和试验,或增加试验细节或改变试验地点。工程物资经质检合格的,所发生的费用由发包人承担,造成工程关键路径延误的,竣工日期相应顺延;工程物资经质检不合格时,所发生的费用由承包人承担,竣工日期不予延长。

(4) 现场清点与检查。

① 发包人应在其根据本款上述第1)款第(1)项约定负责提供的工程物资运抵现场前5日通知承包人。发包人(或包括为发包人提供工程物资的供应商)与承包人(或包括其分包人)按每批货物的提货单据清点箱件数量及进行外观检查,并根据装箱单清点箱内数量、出厂合格证、图纸及文件资料等,并进行外观检查。经检查清点后双方人员签署交接清单。

经现场检查清点发现箱件短缺,箱件内的物资数量、图纸、资料短缺,或有外观缺陷的,发包人应负责补齐或自费修复,工程物资在缺陷未能修复之前不得用于工程。当发包人委托承包人修复缺陷时,另行签订追加合同。因上述情况造成工程关键路径延误的,竣工日期相应顺延。

② 承包人应在其根据本款上述第1)款第(2)项约定负责提供的工程物资运抵现场前5日通知发包人。承包人(或包括为承包人提供工程物资的供应商或分包人)与发包人(包括代表或其监理人)按每批货物的提货单据清点箱件数量及进行外观检查,并根据装箱单清点箱内数量、出场合格证、图纸及文件资料等,并进行外观检查。经检查清点后,双方人员签署开箱检验证明。

经现场检查清点发现箱件短缺,箱件内的数量、图纸、资料短缺,或有外观缺陷的,承包人应负责补齐或自费修复,工程物资在缺陷未能修复之前不得用于工程。因此造成的费用增加、竣工日期延误,由承包人负责。

(5) 质量监督部门及消防、环保等部门的参检。

发包人、承包人随时接受质量监督部门、消防部门、环保部门和行业等专业检查人员对制造、安装及试验过程的现场检查,其费用由发包人承担。承包人为此提供方便。造成工程关键路径延误的,竣工日期相应顺延。

因上述部门在参检中提出的修改、更换等意见所增加的相关费用,应根据本款上述第1)

款第(1)项或第(2)项约定的提供工程物资的责任方来承担;因此造成工程关键路径延误的,责任方为承包人时,竣工日期不予延长;责任方为发包人时,竣工日期相应顺延。

3)进口工程物资的采购、报关、清关和商检

(1)工程物资的进口采购责任方及采购方式,在专用条款中约定。采购责任方负责报关、清关和商检,另一方有义务协助。

(2)因工程物资报关、清关和商检的延误,造成工程关键路径延误时,承包人负责进口采购的,竣工日期不予延长,增加的费用由承包人承担;发包人负责进口采购的,竣工日期给予相应延长,承包人由此增加的费用由发包人承担。

4)运输与超限物资运输

承包人负责采购的超限工程物资(超重、超长、超宽和超高)的运输,由承包人负责,该超限物资的运输费用及其运输途中的特殊措施、拆迁、赔偿等全部费用,包含在合同价格内。运输过程中的费用增加,由承包人承担。造成工程关键路径延误时,竣工日期不予延长。专用条款另有约定除外。

5)重新订货及后果

(1)依据本款上述第1)款第(1)项及本款上述第3)款第(1)项的约定,由发包人负责提供的工程物资存在缺陷时,经发包人组织修复仍不合格的,由发包人负责重新订货并运抵现场。因此造成承包人停工、窝工的,由发包人承担所发生的实际费用;导致关键路径延误时,竣工日期相应顺延。

(2)依据本款上述第1)款第(2)项及本款上述第3)款第(1)项的约定,由承包人负责提供的永久性工程设备、材料和部件存在缺陷时,经承包人修复仍不合格的,由承包人负责重新订货并运抵现场。因此造成的费用增加、竣工日期延误,由承包人负责。

6)工程物资保管与剩余

(1)工程物资保管。

根据本款上述第1)款第(1)项由发包人负责提供的工程物资、第(2)项由承包人负责提供的工程物资的约定并委托承包人保管的,工程物资的类别和数量在专用条款中约定。

承包人应按说明书的相关规定对工程物资进行保管、维护、保养,防止变形、变质、污染和对人身造成伤害。承包人提交保管维护方案的时间在专用条款中约定,保管维护方案应包括:工程物资分类和保管、保养、保安和领用制度,以及库房、特殊保管库房、堆场、道路、照明、消防、设施和器具等规划。保管所需的一切费用,包含在合同价格内。由发包人提供的库房、堆场、设施和设备,在专用条款中约定。

(2)剩余工程物资的移交。

承包人保管的工程物资(含承包人负责采购提供的工程物资并受到了采购进度款,及发包人委托保管的工程物资),在竣工试验完成后,剩余部分由承包人无偿移交给发包人,专用条款另有约定时除外。

2.专用条款

1)工程物资的提供

(1)发包人提供的工程物资。

工程物资的类别、估算数量:＿＿＿＿＿＿＿＿＿＿＿＿＿＿＿。

(2)承包人提供的工程物资。

① 工程物资的类别、估算数量：_____。

② 竣工后试验的生产性材料的类别或（和）清单：_____。

2）检验

工程检验与报告。

报告提交日记、报告内容和提交份数：_____。

3）进口工程物资的采购

采购责任方及采购方式：_____。

4）工程物资保管与剩余

工程物资保管。

委托承包人保管的工程物资的类别和估算数量：_____。

承包人提交保管、维护方案的时间：_____。

由发包人提供的库房、堆场、设施及设备：_____。

12.3.7　施工

1．通用条款

1）发包人的义务

（1）基准坐标资料。

承包人因放线需请发包人与相关单位联系的事项，发包人有义务协助。

（2）审查总体施工组织设计。

发包人有权对承包人根据本款下述第 2）款第（2）项约定提交的总体施工组织设计进行审查，并在接到总体施工组织设计后 20 日内提出建议和要求。发包人的建议和要求，并不能减轻或免除承包人的任何合同责任。发包人未能在 20 日内提出任何建议和要求的，承包人有权按提交的总体施工组织设计实施。

（3）进场条件和进场日期。

除专用条款另有约定外，发包人应根据批准的初步设计和本款下述第 2）款第（3）项约定由承包人提交的临时占地资料，与承包人约定进场条件，确定进场日期。发包人应提供施工场地、完成进场道路、用地许可和拆迁及补偿等工作，保证承包人能够按时进入现场开始准备工作。进场条件和进场日期在专用条款约定。

因发包人原因造成承包人的进场时间延误，竣工日期相应顺延。发包人承担承包人因此发生的相关窝工费用。

（4）提供临时用水、用电等和节点铺设。

除专用条款另有约定外，发包人应按本款下述第 2）款第（4）项的约定，在承包人进场前将施工临时用水、用电等接至约定的节点位置，并保证其需要。上述临时使用的水、电等的类别、取费单价在专用条款中约定，发包人按实际计量结果收费。发包人无法提供的水、电等在专用条款中约定，相关费用由承包人纳入报价并承担相关责任。

发包人未能按约定的类别和时间完成节点铺设，使开工时间延误，竣工日期相应顺延。未能按约定的品质、数量和时间提供水、电等，给承包人造成的损失由发包人承担，导致工程关键路径延误的，竣工日期相应顺延。

（5）办理开工等批准手续。

发包人在开工日期前，办妥须要由发包人办理的开工批准或施工许可证、工程质量监督手续及其他所需的许可、证件和批文等。

(6) 施工过程中须由发包人办理的批准

承包人在施工过程中根据本款下述第 2)款第(6)项的约定,通知须由发包人办理的各项批准手续,由发包人申请办理。

因发包人未能按时办妥上述批准手续,给承包人造成的窝工损失,由发包人承担。导致工程关键路径延误的,竣工日期相相应顺延。

(7) 提供施工障碍资料。

发包人按合同约定的内容和时间提供与施工场地相关的地下和地上的建筑物、构筑物和其他设施的坐标位置。发包人根据 12.3.5 中通用条款内第 2)款第(1)项第①目、第②目的约定,已经提供的可不再提供。承包人对发包人在合同约定时间之后提供的障碍资料,可依据 12.3.13 中通用条款内第 2)款第(3)项施工变更的约定提交变更申请,对于承包人的合理请求发包人应予以批准。因发包人未能提供上述施工障碍资料或提供的资料不真实、不准确、不齐全,给承包人造成损失或损害的,由发包人承担赔偿责任。导致工程关键路径延误的,竣工日期相应顺延。

(8) 承包人新发现的施工障碍。

发包人根据承包人按照本款通用条款内下述第 2)款第(8)项的约定发出的通知,与有关单位进行联系、协调、处理施工场地周围及临近的影响工程实施的建筑物、构筑物、文物建筑、古树、名木、地下管线、线缆和设施以及地下文物、化石和坟墓等的保护工作,并承担相关费用。

对于新发现的施工障碍,承包人可依据 12.3.13 中通用条款内第 2)款第(3)项施工变更范围第③目的约定提交变更申请,对于承包人的合理请求发包人应予以批准。施工障碍导致工程关键路径延误的,竣工日期相应顺延。

(9) 职业健康、安全、环境保护管理计划确认。

发包人在收到承包人根据 12.3.7 中通用条款内第 8)款约定提交的"职业健康、安全、环境保护"管理计划后 20 日内对之进行确认。发包人有权检查其实施情况并对检查中发现的问题提出整改建议,承包人应按照发包人合理建议自费整改。

(10) 其他义务。

发包人应履行专用条款中约定的由发包人履行的其他义务。

2)承包人的义务

(1) 放线。

承包人负责对工程、单项工程、施工部位放线,并对放线的准确性负责。

(2) 施工组织设计。

承包人应在施工开工 15 日前或双方约定的其他时间内,向发包人提交总体施工组织设计。随着施工进展向发包人提交主要单项工程和主要分部分项工程的施工组织设计。对发包人提出的合理建议和要求,承包人应自费修改完善。

总体施工组织设计提交的份数和时间,及需提交施工组织设计的主要单项工程和主要分部分项工程的名称、份数和时间,在专用条款中约定。

(3) 提交临时占地资料。

承包人应按专用条款约定的时间向发包人提交以下临时占用资料:

① 根据 12.3.6 中通用条款内第 6)款第(1)项保管工程物资所需的库房、堆场、道路用地

的坐标位置、面积、占用时间及用途说明,并须单列需要由发包人租地的坐标位置、面积、占用时间和用途说明;

②施工用地的坐标位置、面积、占用时间及用途说明,并须单列要求发包人租地的坐标位置、面积、占用时间和用途说明;

③进入施工现场道路的入口坐标位置,并须指明要求发包人铺设与城乡公共道路相连接的道路走向、长度、路宽、等级、桥涵承重、转弯半径和时间要求。

因承包人未能按时提交上述资料,导致本款上述通用条款内第1)款第(3)项约定的进场日期延误的,由此增加的费用和(或)竣工日期延误,由承包人负责。

(4)临时用水、用电等。

承包人应在施工开工日期30日前或双方约定的其他时间,按本专用条款中约定的发包人能够提供的临时用水、用电等类别,向发包人提交施工(含工程物资保管)所需的临时用水、用电等的品质、正常用量、高峰用量、使用时间和节点位置等资料。承包人自费负责计量仪器的购买、安装和维护,并依据本款中专用条款内第1)款第(2)项中约定的单价向发包人交费,双方另有约定时除外。

因承包人未能按合约约定提交上述资料,造成发包人费用增加和竣工日期延误时,由承包人负责。

(5)协助发包人办理开工等批准手续。

承包人应在工程开工20日前,通知发包人向有关部门办理须由发包人办理的开工批准或施工许可证、工程质量监督手续及其他许可、证件、批件等。发包人需要时,承包人有义务提供协助。发包人委托承包人代办并被承包人接受时,双方可另行签订协议,作为本合同的附件。

(6)施工过程中需通知办理的批准。

承包人在施工过程中因增加场外临时用地,临时要求停水、停电、中断道路交通,爆破作业,或可能损坏道路、管线、电力、邮电及通讯等公共设施的,应提前10日通知发包人办理相关申请批准手续。并按发包人的要求,提供需要承包人提供的相关文件、资料、证件等。

因承包人未能在10日前通知发包人或未能按时提供由发包人办理申请所需的承包人的相关文件、资料和证件等,造成承包人窝工、停工和竣工日期延误的,由承包人负责。

(7)提供施工障碍资料。

承包人应按合同约定,在每项地下或地上施工部位开工20日前,向发包人提交施工场地的具体范围及其坐标位置,发包人须对上述范围内提供相关的地下和地下的建筑物、构筑物和其他设施的坐标位置(不包括发包人根据12.3.5中通用条款内第2)款第(1)项第①目、第②目中已提供的现场障碍资料)。发包人在合同约定时间之后提出的现场障碍资料,按照12.3.13中通用条款内第2)款第(3)项的施工变更的约定办理。

发包人已提供上述相关资料,因承包人未能履行保护义务,造成的损失、损害和责任,由承包人负责。因此造成工程关键路径延误的,承包人按12.3.4中通用条款内第1)款第(2)项的约定,自费赶上。

(8)新发现的施工障碍。

承包人对在施工过程中新发现的场地周围及临近影响施工的建筑物、构筑物、文物建筑、古树和名木,以及地下管线、线缆、构筑物、文物、化石和坟墓等,立即采取保护措施,并及时通知发包人。新发现的施工障碍,按照12.3.13中通用条款内第2)款第(3)项的施工变更约定办理。

（9）施工资源。

承包人应保证其人力、机具、设备、设施、措施材料、消耗材料和周转材料及其他施工资源，满足实施工程的需求。

（10）设计文件的说明和解释。

承包人应在施工开工前向施工分包人和监理人说明设计文件的意图，解释设计文件，及时解决施工过程中出现的有关问题。

（11）工程的保护与维护。

承包人应在开工之日起至发包人接收工程或单项工程之日止，负责工程或单项工程的照管、保护、维护和保安责任，保证工程或单项工程除不可抗力外，不受到任何损失、损害。

（12）清理现场。

承包人负责在施工过程中及完工后对现场进行清理、分类堆放，将残余物、废弃物、垃圾等运往发包人或当地有关部门指定的地点。清理现场的费用在专用条款中写明。承包人应将不再使用的机具、设备、设施和临时工程等撤离现场，或运到发包人指定的场地。

（13）其他义务。

承包人应履行专用条款中约定的应由承包人履行的其他相关义务。

3）施工技术方法

承包人的施工技术方法符合有关操作规程、安全规程及质量标准。

发包人应在收到承包人提交的该方法后的 5 日内予以确认或提出建议，发包人的任何此类确认和建议，并不能减轻或免除承包人的合同责任。

4）人力和机具资源

（1）承包人应按专用条款约定的格式、内容、份数和提交时间，向发包人提交施工人力资源计划一览表。施工人力资源计划应符合施工进度计划的需要；并按专用条款约定的报表格式、内容、份数和报告期，向发包人提供实际进场的人力资源信息。

承包人未能按施工人力资源计划一览表投入足够工种和人力，导致实际施工进度明显落后于施工进度计划时，发包人有权通知承包人按计划一览表列出的工种和人数，在合理时间内调派人员进入现场，并自费赶上进度。否则，发包人有权责令承包人将某些单项工程、分部分项工程的施工另行分包，因此发生的费用及延误的时间由承包人承担。

（2）承包人应按专用条款约定的格式、内容、份数和提交时间，向发包人提交主要施工机具资源计划一览表。施工机具资源计划符合施工进度计划的需要，并按专用条款约定的报表格式、内容、份数和报告期，向发包人提供实际进场的主要施工机具信息。

承包人未能按施工机具资源计划一览表投入足够的机具，导致实际施工进度落后于施工进度计划时，发包人有权通知承包人按该一览表列出的机具数量，在合理时间内调派机具进入现场。否则，发包人有权向承包人提供相关机具，因此所发生的费用及延误的时间由承包人承担。

5）质量与检验

（1）质量与检验。

① 承包人及其分包人随时接受发包人、监理人所进行的安全、质量的监督和检查。承包人应为此类监督、检查提供方便。

② 发包人委托第三方对施工质量进行检查、检验、检测和试验时,应以书面形式通知承包人。第三方的验收结果视为发包人的验收结果。

③ 承包人应遵守施工质量管理的有关规定,负有对其操作人员进行培训、考核、图纸交底、技术交底、操作规程交底、安全程序交底和质量标准交底,以及消除事故隐患的责任。

④ 承包人应按照设计文件、施工标准和合同约定,负责编写施工试验和检测方案,对工程物资(包括建筑构配件)进行检查、检验、检测和试验,不合格的不得使用。并有义务自费修复和(或)更换不合格的工程物资,因此造成竣工日期延误的,由承包人负责;发包人提供的工程物资经承包人检查、检验、检测和试验不合格的,发包人应自费修复和(或)更换,因此造成关键路径延误的,竣工日期相应顺延。承包人因此增加的费用,由发包人承担。

⑤ 承包人的施工应符合合同约定的质量标准。施工质量评定以合同中约定的质量检验评定标准为依据。对不符合质量标准的施工部位,承包人应自费修复、返工、更换等。因此造成竣工日期延误的,由承包人负责。

(2) 质检部位与参检方。质检部位分为:发包人、监理人与承包人三方参检的部位;监理人与承包人两方参检的部位;第三方和(或)承包人一方参检的部位。对施工质量进行检查的部位、检查标准及验收的表格格式在专用条款中约定。

承包人应将按上述约定,经其一方检查合格的部位报发包人或监理人备案。发包人和工程总监有权随时对备案的部位进行抽查或全面检查。

(3) 通知参检方的参检。承包人自行检查、检验、检测和试验合格的,按本款中专用条款内第4)款约定的质检部位和参检方,通知相关参检单位在24小时内参加检查。参检方未能按时参加的,承包人应将自检合格的结果于其后的24小时内送交发包人和(或)监理人签字。24小时后未能签字,视为质检结果已被发包人认可。此后3日内,承包人可发出视为发包人和(或)觉理人已确认该质检结果的通知。

(4) 质量检查的权利。发包人及其授权的监理人或第三方,在不妨碍承包人正常作业的情况下,具有对任何施工区域进行质量监督、检查、检验、检测和试验的权利。承包人应为此类质量检查活动提供便利。经质检发现因承包人原因引起的质量缺陷时,发包人有权下达修复、暂停、拆除、返工、重新施工及更换等指令。由此增加的费用由承包人承担,竣工日期不予延期。

(5) 重新进行质量检查。按本款中通用条款内第5)款第(3)项的约定,经质量检查合格的工程部位,发包人有权在不影响工程正常施工的条件下,重新进行质量检查。检查、检验、检测及试验结果不合格时,因此发生的费用由承包人承担,造成工程关键路径延误的,竣工日期不予延长;检查、检验、检测及试验的结果合格时,承包人增加的费用由发包人承担;工程关键路径延误的,竣工日期相应顺延。

(6) 因发包人代表和(或)监理人的指令失误,或其他非承包人原因发生的追加施工费用,由发包人承担。造成工程关键路径延误,竣工日期相应顺延。

6) 隐蔽工程和中间验收

(1) 隐蔽工程和中间验收。需要质检的隐蔽工程和中间验收部位的分类、部位、质检内容、质检标准、质检表格和参检方在专用条款中约定。

(2) 验收通知和验收。承包人对自检合格的隐蔽工程或中间验收部位,应在隐蔽工程或中间验收前的48小时以书面形式通知发包人和(或)监理人验收。通知应包括隐蔽和中间验收的内容、验收时间和地点。验收合格,双方在验收记录上签字后,方可覆盖、进行紧后作业,编制并提交隐蔽工程竣工资料,以及发包人或监理人要求提供的相关资料。

发包人和(或)监理人在验收合格 24 小时后不在验收记录上签字的,视为发包人和(或)监理人已经认可验收记录,承包人可隐蔽或进行紧后作业。经发包人和(或)监理人验收不合格的,承包人需在发包人和(或)监理人限定的时间内修正,重新通知发包人和(或)监理人验收。

(3)未能按时参加验收。发包人和(或)监理人不能按时参加隐蔽工程或中间验收部位验收的,应在收到验收通知 24 小时内以书面形式向承包人提出延期要求,延期不能超过 48 小时。发包人未能按以上时间提出延期验收,又未能参加验收的,承包人可自行组织验收,其验收记录视为已被发包人、监理人认可。

因应发包人和(或)监理人要求所进行延期验收造成关键路径延误的,竣工日期相应顺延;给承包人造成的停工、窝工损失,由发包人承担。

(4)再检验。发包人和(或)监理人在任何时间内,均有权要求对已经验收的隐蔽工程重新检验,承包人应按要求拆除覆盖、剥离或开孔,并在检验后重新覆盖或修复。隐蔽工程经重新检验不合格时,由此发生的费用由承包人承担,竣工日期不予延长;经检验合格时,承包人因此增加的费用由发包人承担;工程关键路径的延误,竣工日期相应顺延。

7)对施工质量结果的争议

(1)双方对施工质量结果有争议时,应首先协商解决。经协商未达成一致意见的,委托双方一致同意的具有相应资格的工程质量检测机构进行检测。

根据检测机构的鉴定结果,责任方为承包人时,因此造成的费用增加或竣工日期延误,由承包人负责;责任方为发包人时,因此造成的费用增加由发包人承担,工程关键路径因争议受到延误的,竣工日期相应顺延。

(2)根据检测机构的鉴定结果,合同双方均有责任时,根据各方的责任大小,协商分担发生的费用;因此造成工程关键路径延误时,商定对竣工日期的延长时间。双方对分担的费用、竣工日期延长不能达成一致时,按 12.3.16 中通用条款内第 3)款争议和裁决的约定程序解决。

8)职业健康、安全、环境保护

(1)职业健康、安全、环境保护管理。

① 遵守有关健康、安全、环境保护的各项法律规定,是双方的义务。

② 职业健康、安全、环境保护管理实施计划。承包人应在现场开工前或约定的其他时间内,将职业健康、安全、环境保护管理实施计划提交给发包人。该计划的管理、实施费用包括在合同价格中。发包人应在收到该计划后 15 日内提出建议,并于以确认。承包人应根据发包人的建议自费修正。职业健康、安全、环境保护管理实施计划的提交份数和提交时间,在专用条款中约定。

③ 在承包人实施职业健康、安全、环境保护管理实施计划的过程中,发包人需要在该计划之外采取特殊措施的,按 12.3.13 款变更和合同价格调整的约定,作为变更处理。

④ 承包人应确保其在现场的所有雇员及其分包人的雇员都经过了足够的培训并具有经验,能够胜任职业健康、安全、环境保护管理工作。

⑤ 承包人应遵守所有与实施本工程和使用施工设备相关的现场职业健康、安全和环境保护的法律规定,并按规定各自办理相关手续。

⑥ 承包人应为现场开工部分的工程建立职业健康保障条件、搭设安全设施并采取环保措施等，为发包人办理施工许可证提供条件。因承包人原因导致施工许可的批准推迟，造成费用增加或工程关键路径延误时，由承包人负责。

⑦ 承包人应配备专职工程师或管理人员，负责管理、监督、指导职工职业健康、安全保护和环境保护工作。承包人应对其分包人的行为负责。

⑧ 承包人应随时接受政府有关行政部门、行业机构、发包人和监理人的职业健康、安全、环境保护检查人员的监督和检查，并为此提供方便。

（2）现场职业健康管理。

① 承包人应遵守适用的职业健康的法律和合同约定（包括对雇用、职业健康、安全和福利等方面的规定），负责现场实施过程中其人员的职业健康和保护。

② 承包人应遵守适用的劳动法规，保护其雇员的合法休假权等合法权益，并为其现场人员提供劳动保护用品、防护器具、防暑降温用品、必要的现场食宿条件和安全生产设施。

③ 承包人应对其施工人员进行相关作业的职业健康知识培训、危险及危害因素交底、安全操作规程交底，采取有效措施，按有关规定提供防止人身伤害的保护用具。

④ 承包人应在有毒有害作业区域设置警示标志和说明。发包人及其委托人员未经承包人允许、未配备相关保护器具，进入该作业区域所造成的伤害，由发包人承担责任和费用。

⑤ 承包人应对有毒有害岗位进行防治检查，对不合格的防护设施、器具、搭设等及时整改，消除危害职业健康的隐患。

⑥ 承包人应采取卫生防疫措施，配备医务人员、急救设施，保持食堂的饮食卫生，保持住地及其周围的环境卫生，维护施工人员的健康。

（3）现场安全管理。

① 发包人、监理人应对其在现场的人员进行安全教育，提供必要的个人安全用品，并对他们所造成的安全事故负责。发包人、监理人不得强令承包人违反安全施工、安全操作及竣工试验和（或）竣工后试验的有关安全规定。因发包人、监理人及其现场工作人员的原因，导致的人身伤害和财产损失，由发包人承担相关责任及所发生的费用。工程关键路径延误时，竣工日期给予顺延。

因承包人原因，违反安全施工、安全操作、竣工试验和（或）竣工后试验的有关安全规定，导致的人身伤害和财产损失，工程关键路径延误时，由承包人承担。

② 双方人员应遵守有关禁止通行的须知，包括禁止进入工作场地以及临近工作场地的特定区域。未能遵守此约定，造成伤害、损坏和损失的，由未能遵守此项约定的一方负责。

③ 承包人应按合同约定负责现场的安全工作，包括其分包人的现场。对有条件的现场实行封闭管理。应根据工程特点，在施工组织设计文件中制定相应的安全技术措施，并对专业性较强的工程部分编制专项安全施工组织设计，包括维护安全、防范危险和预防火灾等措施。

④ 承包人（包括承包人的分包人、供应商及其运输单位）应对其现场内及进出现场途中的道路、桥梁、地下设施等，采取防范措施使其免遭损坏，专用条款另有约定除外。因未按约定采取防范措施所造成的损坏和（或）竣工日期延误，由承包人负责。

⑤ 承包人应对其施工人员进行安全操作培训，安全操作规程交底，采取安全防护措施，设置安全警示标志和说明，进行安全检查，消除事故隐患。

⑥ 承包人在动力设备、输电线路、地下管道、密封防震车间、高温高压和易燃易爆区域和

地段,以及临街交通要道附近作业时,应对施工现场及毗邻的建筑物、构筑物和特殊作业环境可能造成的损害采取安全防护措施。施工开始前承包人须向发包人和(或)监理人提交安全防护措施方案,经认可后实施。发包人和(或)监理人的认可,并不能减轻或免除承包人的责任。

⑦ 承包人实施爆破、放射性、带电和毒害性及使用易燃易爆、毒害性、腐蚀性物品作业(含运输、储存、保管)时,应在施工前 10 日以书面形式通知发包人和(或)监理人,并提交相应的安全防护措施方案,经认可后实施。发包人和(或)监理人的认可,并不能减轻或免除承包人的责任。

⑧ 安全防护检查。承包人应在作业开始前,通知发包人代表和(或)监理人对其提交的安全措施方案,及现场安全设施搭设、安全通道、安全器具和消防器具配置、对周围环境安全可能带来的隐患等进行检查,并根据发包人和(或)监理人提出的整改建议自费整改。发包人和(或)监理人的检查、建议,并不能减轻或免除承包人的合同责任。

(4)现场的环境保护管理。

① 承包人负责在现场施工过程中保护现场周围的建筑物、构筑物、文物建筑、古树和名木,及地下管线、线缆、构筑物、文物、化石和坟墓等进行保护。因承包人未能通知发包人,并在未能得到发包人进一步指示的情况下,所造成的损害、损失、赔偿等费用增加和(或)竣工日期延误,由承包人负责。

② 承包人应采取措施,并负责控制和(或)处理现场的粉尘、废气、废水、固体废物和噪声对环境的污染和危害。因此发生的伤害、赔偿、罚款等费用增加和(或)竣工日期延误,由承包人负责。

③ 承包人及时或定期将施工现场残留、废弃的垃圾运到发包人或当地有关行政部门指定的地点,防止对周围环境的污染及对作业的影响。因违反上述约定导致当地行政部门的罚款、赔偿等增加的费用,由承包人承担。

(5)事故处理。

① 承包人(包括其分包人)的人员,在现场作业过程中发生死亡、伤害事件时,承包人应立即采取救护措施,并立即报告发包人和(或)救援单位,发包人有义务为此项抢救提供必要条件。承包人应维护好现场并采取防止事故蔓延的相应措施。

② 对重大伤亡、重大财产、环境损害及其他安全事故,承包人应按有关规定立即上报有关部门,并立即通知发包人代表和监理人。同时,按政府有关部门的要求处理。

③ 合同双方对事故责任有争议时,依据 12.3.16 中通用条款内第 3)款争议和裁决的约定程序解决。

④ 因承包人的原因致使建筑工程在合理使用期限、设备保证期内造成人身和财产损害的,由承包人承担损害赔偿责任。

⑤ 因承包人原因发生员工食物中毒及职业健康事件的,承包人应承担相关责任。

2. 专用条款

1)发包人的义务

(1)进场条件和进场日期。

承包人的进场条件:＿＿＿＿＿＿＿＿＿＿＿＿＿＿＿＿＿＿＿＿＿＿。

承包人的进厂日期:＿＿＿＿＿＿＿＿＿＿＿＿＿＿＿＿＿＿＿＿＿＿。

(2)临时用水电等提供和节点铺设。

发包人提供的临时用水、用电等类别、取费单价：_____。

（3）由发包人履行的其他义务：_____。

2）对承包人的义务

（1）施工组织设计。

提交工程总体施工组织设计的份数和时间：_____。

需要提交的主要单项工程、主要分部分项工程施工组织设计的名称、份数和时间：

_____。

（2）提交临时占地资料。

提交临时占地资料的时间：_____。

（3）提供临时用水电等资料。

承包人需要水电等品质、正常用量、高峰量和使用时间：_____。

发包人能够满足施工临时用水、电等类别和数量：_____。

水电等节点位置资料的提交时间：_____。

（4）清理现场的费用：_____。

（5）由承包人履行的其他义务：_____。

3）人力和机具资源

（1）人力资源计划一览表的格式、内容、份数和提交时间：_____。

人力资源实际进场的报表格式、份数和报告期：_____。

（2）主要机具计划一览表的格式、内容、份数和提交时间：_____。

主要机具实际进场的报表格式、份数和报告期：_____。

4）质量与检验

质检部位与参检方。

三方参检的部位、标准及表格形式：_____。

两方参检的部位、标准及表格形式：_____。

第三方检查的部位、标准及表格形式：_____。

承包人自检的部位、标准及表格形式：_____。

5）隐蔽工程和中间验收

隐蔽工程和中间验收。

需要质检的隐蔽工程和中间验收部位的分类、部位、质检内容、标准、表格和参检方的约定：

_____。

6）职业健康、安全、环境保护

职业健康、安全、环境保护管理。

提交职业健康、安全、环境管理计划的份数和时间：

_____。

12.3.8 竣工试验

1. 通用条款

本合同工程包含竣工试验，遵守本条约定。

1）竣工试验的义务

（1）承包人的义务。

① 承包人应在单项工程和（或）工程的竣工试验开始前，完成相应单项工程和（或）工程的施工作业（不包括：为竣工试验、竣工后试验必须预留的施工部位、不影响竣工试验的缺陷修复和零星扫尾工程）；并在竣工试验开始前，按合同约定需完成对施工作业部位的检查、检验、检测和试验。

② 承包人应在竣工试验开始前，根据 12.3.6 款隐蔽工程和中间验收部位的约定，向发包人提交相关的质检资料及其竣工资料。

③ 根据 12.3.10 款竣工后试验的约定，由承包人指导发包人进行竣工后试验的，承包人须完成 12.3.5 中通用条款内第 4）款约定的操作维修人员培训，并在竣工试验前提交 12.3.5 中通用条款内第 2）款第（4）项约定的操作维修手册。

④ 承包人应在达到竣工试验条件 20 日前，将竣工试验方案提交给发包人。发包人应在 10 日内对方案提出建议和意见，承包人应根据发包人提出的合理建议和意见，自费对竣工试验方案进行修正。竣工试验方案经发包人确认后，作为合同附件，由承包人负责实施。发包人的确认并不能减轻或免除承包人的合同责任。竣工试验方案应包括以下内容：

A. 竣工试验方案编制的依据和原则；

B. 组织机构设置、责任分工；

C. 单项工程竣工试验的试验程序、试验条件；

D. 单件、单体、联动试验的试验程序、试验条件；

E. 竣工试验的设备、材料和部件的类别、性能标准、试验及验收格式；

F. 水、电、动力等条件的品质和用量要求；

G. 安全程序、安全措施及防护设施；

H. 竣工试验的进度计划、措施方案、人力及机具计划安排；

I. 其他。

竣工试验方案提交的份数和提交时间，在专用条款中约定。

⑤ 承包人的竣工试验包括根据 12.3.6 中通用条款内第 1）款第（2）项约定的由承包人提供的工程物资的竣工试验，以及根据本通用条款中下述第（2）项第③目发包人委托给承包人进行工程物资的竣工试验。

⑥ 承包人按照试验条件、试验程序，以及 12.3.5 中通用条款内第 2）款第（3）项第③目约定的标准、规范和数据，完成竣工试验。

（2）发包人的义务。

① 发包人应按经发包人确认后的竣工试验方案，提供电力、水、动力及由发包人提供的消耗材料等。提供的电力、水、动力及相关消耗材料等须满足竣工试验对其品质、用量及时间的要求。

② 当合同约定应由承包人提供的竣工试验的消耗材料和备品备件用完或不足时，发包人有义务提供其库存的竣工试验所需的相关消耗材料和备品备件。其中：因承包人原因造成损坏的或承包人提供不足的，发包人有权从合同价格中扣除相应款项；因合理耗损或发包人原因造成的，发包人应免费提供。

③ 发包人委托承包人对根据 12.3.6 中通用条款内第 1）款第（1）项约定由发包人提供的

工程物资进行竣工试验的服务费,已包含在合同价格中。发包人在合同实施过程中委托承包人进行竣工试验的,依据 12.3.13 款变更和合同价格调整的约定,作为变更处理。

④ 承包人应按发包人提供的试验条件、试验程序对发包人根据本款上述第③目委托给承包人工程物资进行竣工试验,其试验结果须符合 12.3.5 中通用条款内第 2)款第(3)项第③目约定的标准、规范和数据,发包人对该部分的试验结果负责。

(3)竣工试验领导机构。竣工试验领导机构负责竣工试验的领导、组织和协调。承包人提供竣工试验所需的人力、机具并负责完成试验。发包人负责组织、协调、提供竣工试验方案中约定的相关条件及竣工试验的验收。

2)竣工试验的检验和验收

(1)承包人应根据 12.3.5 中通用条款内第 2)款第(3)项第③目约定的标准、规范、数据,及本款上述通用条款内第 1)款第(1)项第④目竣工试验方案的第 E 子目的约定进行检验和验收。

(2)承包人应在竣工试验开始前,依据本款上述通用条款内第 1)款第(1)项的约定,对各方提供的试验条件进行检查落实,条件满足的,双方人员应签字确认。因发包人提供的竣工试验条件的延误,给承包人带来窝工损失,由发包人负责。导致竣工试验进度延误的,竣工日期相应顺延;因承包人原因未能按时落实竣工试验条件,使竣工试验进度延误时,承包人应按 12.3.4 中通用条款内第 1)款第(2)项的约定自费赶上。

(3)承包人应在某项竣工试验开始 36 小时前,向发包人和(或)监理人发出通知,通知应包括试验的项目、内容、地点和验收时间。发包人和(或)监理人应在接到通知后的 24 小时内,以书面形式作出回复,试验合格后,双方应在试验记录及验收表格上签字。

发包人和(或)监理人在验收合格的 24 小时后,不在试验记录和验收表格上签字,视为发包人和(或)监理人已经认可此项验收,承包人可进行隐蔽和(或)紧后作业。

验收不合格的,承包人应在发包人和(或)监理人指定的时间内修正,并通知发包人和(或)监理人重新验收。

(4)发包人和(或)监理人不能按时参加试验和验收时,应在接到通知后的 24 小时内以书面形式向承包人提出延期要求,延期不能超过 24 小时。未能按以上时间提出延期试验,又未能参加试验和验收的,承包人可按通知的试验项目内容自行组织试验,试验结果视为经发包人和(或)监理人认可。

(5)不论发包人和(或)监理人是否参加竣工试验和验收,发包人均有权责令重新试验。如因承包人的原因重新试验不合格,承包人应承担由此所增加的费用,造成竣工试验进度延误时,竣工日期不予延长;如重新试验合格,承包人增加的费用,和(或)竣工日期的延长,按照 12.3.13 款变更和合同价格调整的约定,作为变更处理。

(6)竣工试验验收日期的约定。

① 某项竣工试验的验收日期和时间:按该项竣工试验通过的日期和时间,作为该项竣工试验验收的日期和时间;

② 单项工程竣工试验的验收日期和时间:按其中最后一项竣工试验通过的日期和时间,作为该单项工程竣工试验验收的日期和时间;

③ 工程的竣工试验日期和时间。按最后一个单项工程通过竣工试验的日期和时间,作为整个工程竣工试验验收的日期和时间。

3）竣工试验的安全和检查

（1）承包人应按 12.3.7 中通用条款内第 8）款职业健康、安全和环境保护的约定，并结合竣工试验的通电、通水、通气、试压、试漏、吹扫及转动等特点，对触电危险、易燃易爆、高温高压、压力试验和机械设备运转等制定竣工试验的安全程序、安全制度、防火措施、事故报告制度及事故处理方案在内的安全操作方案，并将该方案提交给发包人确认。承包人应按照发包人提出的合理建议、意见和要求，自费对方案修正，并经发包人确认后实施。发包人的确认并不能减轻或免除承包人的合同责任。承包人为竣工试验提供安全防护措施和防护用品的费用已包含在合同价格中。

（2）承包人应对其人员进行竣工试验的安全培训，并对竣工试验的安全操作程序、场地环境、操作制度及应急处理措施等进行交底。

（3）发包人和（或）监理人有义务按照经确认的竣工试验安全方案中的安全规程、安全制度、安全措施等，对其管理人员和操作维修人员进行竣工试验的安全教育，自费提供参加监督、检查人员的防护设施。

（4）发包人和（或）监理人有权监督、检查承包人在竣工试验安全方案中列出的工作及落实情况，有权提出安全整改及发出整顿指令。承包人有义务按照指令进行整改、整顿，所增加的费用由承包人承担。因此造成工程竣工试验进度计划延误时，承包人应遵照 12.3.4 中通用条款内第 1）款第（2）项的约定自费赶上。

（5）按本款上述通用条款内第 1）款第（3）项竣工试验领导机构的决定，双方密切配合开展竣工试验的组织、协调和实施工作，防止人身伤害和事故发生。

因发包人的原因造成的事故，由发包人承担相应责任、费用和赔偿。造成工程竣工试验进度计划延误时，竣工日期相应顺延。

因承包人的原因造成的事故，由承包人承担相应责任、费用和赔偿。造成工程竣工试验进度计划延误时，承包人应按 12.3.4 中通用条款内第 1）款第（2）项的约定自费赶上。

4）延误的竣工试验

（1）因承包人的原因使某项、某单项工程落后于竣工试验进度计划的，承包人按 12.3.4 中通用条款内第 1）款第（2）项的约定自费采取措施，赶上竣工试验进度计划。

（2）因承包人的原因造成竣工试验延误，致使合同约定的工程竣工日期延误时，承包人应根据 12.3.4 中通用条款内第 4）款误期损害赔偿的约定，承包误期赔偿责任。

（3）承包人无正当理由，未能按竣工试验领导机构决定的竣工试验进度计划进行某项竣工试验，且在收到试验领导机构发出的通知后的 10 日内仍未进行该项竣工试验时，造成竣工日期延误时，由承包人承担误期赔偿责任。且发包人有权自行组织该项竣工试验，由此产生的费用由承包人承担。

（4）发包人未能根据本款上述通用条款内第 1）款第（2）项的约定履行其义务，导致承包人竣工试验延误，发包人应承担承包人因此发生的合理费用；竣工试验进度计划延误时，竣工日期相应顺延。

5）重新试验和验收

（1）承包人未能通过相关的竣工试验，可依据本款上述通用条款内第 1）款第（1）项第⑥目的约定重新进行此项试验，并按本款上述通用条款内第 2）款的约定进行检验和验收。

（2）不论发包人和（或）监理人是否参加竣工试验和验收，承包人未能通过的竣工试验，发包人均有权通知承包人再次按本款上述通用条款内第1)款第(1)项第⑥目的约定进行此项竣工试验,并按本款上述通用条款内第2)款的约定进行检验和验收。

6)未能通过竣工试验

(1)因发包人的下述原因导致竣工试验未能通过的,承包人进行竣工试验的费用由发包人承担,使竣工试验进度计划延误时,竣工日期相应延长:

① 发包人未能按确认的竣工试验方案中的技术参数、时间及数量提供电力、动力、水等试验条件,导致竣工试验未能通过;

② 发包人指令承包人按发包人的竣工试验条件、试验程序和试验方法进行试验和竣工试验,导致该项竣工试验未能通过;

③ 发包人对承包人竣工试验的干扰,导致竣工试验未能通过;

④ 因发包人的其他原因,导致竣工试验未能通过。

(2)因承包人原因未能通过竣工试验,该项竣工试验允许再进行,但再进行最多为两次。两次试验后仍不符合验收条件的,相关费用、竣工日期及相关事项,下述约定处理:

① 该项竣工试验未能通过,对该项操作或使用不存在实质影响,承包人自费修复。无法修复时,发包人有权扣减该部分的相应付款,视为通过。

② 该项竣工试验未能通过,对该单项工程未产生实质性操作和使用影响,发包人可相应扣减该单项工程的合同价款,可视为通过;若使竣工日期延误的,承包人承担误期损害赔偿责任。

③ 该项竣工试验未能通过,对操作或使用有实质性影响,发包人有权指令承包人更换相关部分,并进行竣工试验。发包人因此增加的费用,由承包人承担。使竣工日期延误时,承包人承担误期损害赔偿责任。

④ 未能通过竣工试验,使单项工程的任何主要部分丧失了生产、使用功能时,发包人有权指令承包人更换相关部分,承包人自行承担因此增加的费用;竣工日期延误,并应承担误期损害赔偿责任。发包人因此增加费用的,由承包人负责赔偿。

⑤ 未能通过的工试验,使整个工程丧失了生产和(或)使用功能时,发包人有权指令承包人重新设计、重置相关部分,承包人承担因此增加的费用(包括发包人的费用);竣工日期延误的,并应承担误期损害赔偿责任。发包人有权根据12.3.16中通用条款内第2)款第(1)项发包人的索赔约定,向承包人提出索赔,或根据12.3.18中通用条款内第1)款第(2)项第⑦目的约定,解除合同。

7)竣工试验结果的争议

(1)协商解决。双方对竣工试验结果有争议的,应首先通过协商解决。

(2)委托鉴定机构。双方经协商,对竣工试验结果仍有争议的,共同委托一个具有相应资格的检测机构进行鉴定。经检测鉴定后,按下述约定处理:

① 责任方为承包人时,所需的鉴定费用及因此造成发包人增加的合理费用由承包人承担,竣工日期不予延长。

② 责任方为发包人时,所需的鉴定费用及因此造成承包人增加的合理费用由发包人承担,竣工日期相应顺延。

③ 双方均有责任时,根据责任大小协商分担费用,并按竣工试验计划的延误情况协商竣工日期延长。

（3）当双方对检测机构的鉴定结果有争议，依据 12.3.16 中通用条款内第 3）款争议和裁决的约定解决。

2. 专用条款

本合同工程，包含竣工试验阶段/不包含竣工试验阶段。保留其一，作为双方约定。

竣工试验的义务

承包人的一般义务。

竣工试验方案：_____。

提交竣工试验方案的份数和时间：_____。

12.3.9 工程接收

1. 通用条款

1）工程接收

（1）按单项工程和（或）按工程接收。根据工程项目的具体情况和特点，在专用条款约定按单项工程和（或）按工程进行接收。

① 根据 12.3.10 款竣工后试验的约定，由承包人负责指导发包人进行单项工程和（或）工程竣工后试验，并承担试运行考核责任。在专用条款中约定接收单项工程的先后顺序及时间安排，或接收工程的时间安排。

由发包人负责单项工程和（或）工程竣工后试验及其试运行考核责任的，在专用条款中约定接收工程的日期或接收单项工程的先后顺序及时间安排。

② 对不存在竣工试验或竣工后试验的单项工程和（或）工程，承包人完成扫尾工程和缺陷修复，并符合合同约定的验收标准的，按合同约定办理工程接收和竣工验收。

（2）接收工程时承包人提交的资料。除按 12.3.8 中通用条款内第 1）款第（1）项至第（3）项约定已经提交的资料外，需提交竣工试验完成的验收资料的类别、内容、份数和提交时间，在专用条款中约定。

2）接收证书

（1）承包人应在工程和（或）单项工程具备接收条件后的 10 日内，向发包人提交接收证书申请，发包人应在接到申请后的 10 日内组织接收，并签发工程和（或）单项工程接收证书。

单项工程的接收以 12.3.8 中通用条款内第 2）款第（6）项第②目约定的日期，作为接收日期。

工程的接收以 12.3.8 中通用条款内第 2）款第（6）项第③目约定的日期，作为接收日期。

（2）扫尾工程和缺陷修复。对工程或（和）单项工程的操作、使用没有实质影响的扫尾工程和缺陷修复，不能作为发包人不接收工程的理由。经发包人与承包人协商确定的承包人完成该扫尾工程和缺陷修复的合理时间，作为接收证书的附件。

3）接收工程的责任

（1）保安责任。自单项工程和（或）工程接收之日起，发包人承担其保安责任。

（2）照管责任。自单项工程和（或）工程接收之日起，发包人承担其照管责任。发包人负责单项工程和（或）工程的维护、保养、维修，但不包括需由承包人完成的缺陷修复和零星扫尾的工程部位及其区域。

（3）投保责任。如合同约定施工期间工程的应投保方是承包人时，承包人应负责对工程进行投保并将保险期限保持到本款中上述通用条款内第 2）款第（1）项约定的发包人接收工程的日期。该日期之后由发包人负责对工程投保。

4）未能接收工程

（1）不接收工程。如发包人收到承包人送交的单项工程和（或）工程接收证书申请后的 15 日内不组织接收,视为单项工程、和（或）工程的接收证书申请已被发包人认可。从第 16 日起,发包人应根据本款中上述第 3）款的约定承担相关责任。

（2）未按约定接收工程。承包人未按约定提交单项工程和（或）工程接收证书申请的、或未符合单项工程或工程接收条件的,发包人有权拒绝接收单项工程和（或）工程。

发包人未能遵守本款约定,使用或强令接收不符合接受条件的单项工程和（或）工程的,将承担本款中上述第 3）款接收工程约定的相关责任,以及已被使用或强令接收的单项工程和（或）工程后进行操作、使用等所造成的损失、损坏、损害和（或）赔偿责任。

2. 专用条款

工程接收

（1）按单项工程或（和）按工程接收。

在以下两种情况中选择其一,作为双方对工程接受的约定。

□由承包人负责指导发包人进行单项工程或（和）工程竣工后试验,并承担试运行考核责任的,接收单项工程的先后顺序及时间安排,或接受工程的时间安排如下:

_____。

□由发包人负责单项工程或（和）工程竣工后试验及其试运行考核责任的,接收单项工程的先后顺序及时间安排,或接受工程的时间安排如下:_____

_____。

（2）接收工程提交的资料。

提交竣工试验资料的类别、内容、份数和时间:_____。

12.3.10　竣工后试验

1. 通用条款

本合同工程包含竣工后试验的,遵守本条约定。

1）权力与义务

（1）发包人的权利与义务。

① 发包人有权对本款下述通用条款内第 1）款第（2）项第②目约定的由承包人协助发包人编制的竣工后试验方案进行审查并批准,发包人的批准并不能减轻或免除承包人的合同责任。

② 竣工后试验联合协调领导机构由发包人组建,在发包人的组织领导下,由承包人知道,依据批准的竣工后试验方案进行分工、组织完成竣工后试验的各项准备工作、进行竣工后试验和试运行考核。联合协调领导机构的设置方案及其分工职责等作为本合同的组成部分。

③ 发包人对承包人根据本款下述通用条款内第 1）款第（2）项第④目提出的建议,有权向承包人发出不接受或接受的通知。

发包人未能接受承包人的上述建议,承包人有义务仍按本款下述通用条款内第 1）款第（2）项第②目的组织安排执行。承包人因执行发包人的此项安排而发生事故、人身伤害和工程损害时,由发包人承担其责任。

④ 发包人在竣工后试验阶段向承包人发出的组织安排、指令和通知,应以书面形式送达承包人的项目经理,由项目经理在回执上签署收到日期、时间和签名。

⑤ 发包人有权在紧急情况下，以口头、或书面形式向承包人发出紧急指令，承包人应立即执行。如承包人未能按发包人的指令执行，因此造成的事故责任、人身伤害和工程损害，由承包人承担。发包人应在发出口头指令后 12 小时内，将该口头指令再以书面送达承包人的项目经理。

⑥ 发包人在竣工后试验阶段的其他义务和工作，在专用条款中约定。

（2）承包人的责任和义务。

① 承包人在发包人组建的竣工后试验联合协调领导机构的统一安排下，派出具有相应资格和经验的人员指导竣工后试验。承包人派出的开车经理或指导人员在竣工后试验期间开现场，必须事先得到发包人批准。

② 承包人应根据合同约定和工程竣工后试验的特点，协助发包人编制竣工后试验方案，并在竣工试验开始前编制完成。竣工后试验方案应包括：工程、单项工程及其相关部位的操作试验程序、资源条件、试验条件、操作规程、安全规程、事故处理程序及进度计划等。竣工后试验方案经发包人审查批准后实施。竣工后试验方案的份数和时间在专用条款约定。

③ 因承包人未能执行发包人的安排、指令和通知，而发生的事故、人身伤害和工程损害，由发包人承担其责任。

④ 承包人有义务对发包人的组织安排、指令和通知提出建议，并说明因由。

⑤ 在紧急情况下，发包人以口头指令承包人进行的操作、工作及作业，承包人应立即执行。承包人应对此项指令做好记录，并做好实施的记录。发包人应在 12 小时内，将上述口头指令再以书面形式送达承包人。

发包人未能在 12 小时内将此项口头指令以书面形式送达承包人时，承包人及其项目经理有权在接到口头指令后的 24 小时内，以书面形式将该口头指令交发包人，发包人须在回执上签字确认，并签署接到的日期和时间。如发包人未能在 24 小时内在回执上签字确认，视为已被发包人确认。

承包人因执行发包人的口头指令而发生事故责任、人身伤害、工程损害和费用增加时，由发包人承担。但承包人错误执行上述口头指令而发生事故责任、人身伤害、工程损害和费用增加时，由承包人负责。

⑥ 操作维修手册的缺陷责任。因承包人负责编制的操作维修手册存在缺陷所造成的事故责任、人身伤害和工程损害，由承包人承担；因发包人（包括其专利商）提供的操作指南存在缺陷，造成承包人操作手册的缺陷，因此发生事故责任、人身伤害、工程损害和承包人的费用增加时，由发包人负责。

⑦ 承包人根据合同约定和（或）行业规定，在竣工后试验阶段的其他义务和工作，在专用条款中约定。

2）竣工后试验程序

（1）发包人应根据联合协调领导机构批准的竣工后试验方案，提供全部电力、水、燃料、动力、原材料、辅助材料和消耗材料以及其他试验条件，并组织安排其管理人员、操作维修人员和其他各项准备工作。

（2）承包人应根据经批准的竣工后试验方案，提供竣工后试验所需要的其他临时辅助设备、设施、工具和器具，及应由承包人完成的其他准备工作。

（3）发包人应根据批准的竣工后试验方案，按照单项工程内的任何部分、单项工程、单项工程之间、或(和)工程的竣工后试验程序和试验条件,组织竣工后试验。

(4)联合协调领导机构组织全面检查并落实工程、单项工程及工程的任何部分竣工后试验所需要的资源条件、试验条件、安全设施条件、消防设施条件及紧急事故处理设施条件和(或)相关措施,保证记录仪器、专用记录表格的齐全和数量的充分。

(5)竣工后试验日期的通知。发包人应在接收单项工程或(和)接收工程日期后的15日内通知承包人开始竣工后试验的日期。专用条款另有约定时除外。

因发包人原因未能在接收单项工程和(或)工程的20日内,或在专用条款中约定的日期内进行竣工后试验,发包人应自第21日开始或自专用条款中约定的开始日期后的第二日开始,承担承包人由此发生的相关窝工费用,包括人工费、临时辅助设备、设施的闲置费、管理费及其合理利润。

3)竣工后试验及试运行考核

(1)按照批准的竣工后试验方案的试验程序、试验条件、操作程序进行试验,达到合同约定的工程和(或)单项工程的生产功能和(或)使用功能。

(2)发包人的操作人员和承包人的指导人员,在竣工后试验过程中的同一个岗位上的试验条件记录、试验记录及表格上,应如实填写数据、条件、情况、时间、姓名及约定的其他内容。

(3)试运行考核。

① 根据12.3.5中通用条款内第1)款第(1)项约定,由承包人提供生产工艺技术和(或)建筑设计方案的,承包人应保证工程在试运行考核周期内,达到12.3.5中专用条款内第1)款第(1)项中约定的考核保证值和(或)使用功能。

② 根据12.3.5中通用条款内第1)款第(2)项约定,由发包人提供生产工艺技术和(或)建筑设计方案的,承包人应保证在试运行考核周期内达到12.3.5中专用条款内第1)款第(2)项中约定的,应由承包人承担的工程相关部分的考核保证值和(或)使用功能。

③ 试运行考核的时间周期由双方根据相关行业对试运行考核周期的规定,在专用条款中约定。

④ 试运行考核通过后或使用功能通过后,双方应共同整理竣工后试验及其试运行考核结果,并编写评价报告。报告一式两份,经合同双方签字或盖章后各持一份,作为本合同组成部分。发包人并应根据本款中通用条款内第7)款的约定颁发考核验收证书。

(4)产品和(或)服务收益的所有权。单项工程和(或)工程竣工后试验及试运行考核期间的任何产品收益和(或)服务收益,均属发包人所有。

4)竣工后试验的延误

(1)根据本款中通用条款内第2)款第(5)项竣工后试验日期通知的约定,非因承包人原因,发包人未能在发出竣工后试验通知后的90日内开始竣工后试验的,工程和(或)单项工程视为通过了竣工后试验和试运行考核。除非专用条款另有规定。

(2)因承包人的原因造成竣工后试验延误时,承包人应采取措施,尽快组织,配合发包人开始并通过竣工后试验。当延误造成发包人的费用增加时,发包人有权根据12.3.16中通用条款内第2)款第(1)项的约定向承包人提出索赔。

(3)按本款中通用条款内第3)款第(3)项第④目试运行考核时间周期的约定,在试运行考核期间,因发包人原因导致考核中断或停止,且中断或停止的累计天数超过第12.3.3中专用条款内第3)款中约定的试运行考核周期时,试运行考核应在中断或停止后的60日内重新开始,超过此期限视为单项工程和(或)工程已通过了试运行考核。

5)重新进行竣工后试验

(1)根据12.3.5中通用条款内第1)款第(1)项或12.3.5中通用条款内第1)款第(2)项及其专用条款中的约定,因承包人原因导致工程、单项工程或工程的任何部分未能通过竣工后试验,承包人应自费修补其缺陷,由发包人依据本款中通用条款内第2)款第(3)项约定的试验程序、试验条件,重新组织进行此项试验。

(2)承包人根据本款中通用条款内弟5)款第(1)项重新进行试验,仍未能通过该项试验时,承包人应自费继续修补缺陷,并在发包人的组织领导下,按本款中第5)款第(1)项约定的试验程序、试验条件,再次进行此项试验。

(3)因承包人原因,重新进行竣工后试验,给发包人增加了额外费用时,发包人有权根据12.3.16中通用条款内第2)款第(1)项的约定向承包人提出索赔。

6)未能通过考核

因承包人原因使工程和(或)单项工程未能通过考核,但尚具有生产功能、使用功能时,按以下约定处理:

(1)未能通过试运行考核的赔偿。

① 承包人提供的生产工艺技术或建筑设计方案未能通过试运行考核。

承包人提供的生产工艺技术和(或)建筑设计方案未能通过试运行考核时,承包人在根据12.3.5中专用条款内第1)款第(1)项约定的工程和(或)单项工程试运行考核保证值和(或)使用功能保证的说明书,并按照在本项专用条款中约定的未能通过试运行考核的赔偿金额或赔偿计算公式计算的金额,向发包人支付相应赔偿金额后,视为承包人通过了试运行考核。

② 发包人提供的生产工艺技术或建筑设计方案未能通过试运行考核。

发包人提供的生产工艺技术和(或)建筑设计方案未能通过试运行考核时,承包人根据12.3.5中通用条款内第1)款第(2)项约定的工程和(或)单项工程试运行考核中应由承包人承担的相关责任,并按照在本项专用条款对相关责任约定的赔偿金额或赔偿公式计算的金额,向发包人支付相应赔偿金额后,视为承包人通过了试运行考核。

(2)承包人对未能通过试运行考核的工程和(或)单项工程,若提出自费调查、调整和修正并被发包人接受时,双方商定相应的调查、修正和试验期限,发包人应为此提供方便。在通过该项考核之前,发包人可暂不按本通用条款内上述第6)款第(1)项的约定提出赔偿。

(3)发包人接受了本款上述第(2)项约定,但在商定的期限内发包人未能给承包人提供方便,致使承包人无法在约定期限内进行调查、调整和修正的,视为该项试运行考核已被通过。

7)竣工后试验及考核验收证书

(1)在专用条款中约定按工程和(或)按单项工程颁发竣工后试验及考核验收证书。

(2)发包人根据本通用条款内上述第3)款、第4)款、第5)款第(1)项、第5)款第(2)项及第6)款的约定对通过或视为通过竣工后试验和(或)试运行考核的,应按本通用条款内上述第7)款第(1)项颁发竣工后试验及考核验收证书。该证书中写明的试运行考核通过的日期和时间,为实际完成考核或视为通过试运行考核的日期和时间。

8)丧失了生产价值和使用价值

因承包人的原因,工程和(或)单项工程未能通过竣工后试验,并使整个工程丧失了生产价值或使用价值时,发包人有权提出未能履约的索赔,并扣罚已提交的履约保函。但发包人不得将本合同以外的连带合同损失包括在未履约索赔之中。

连带合同损失指市场销售合同损失、市场预计盈利、生产流动资金贷款利息和竣工后试验及试运行考核周期以外所签订的原材料、辅助材料、电力、水和燃料等供应合同损失,以及运输合同等损失,适用法律另有规定除外。

2. 专用条款

本合同包含承包人知道竣工后试验/不含承包人知道竣工后试验。保留其一,作为双方约定。

1) 权利和义务

(1) 发包人的权利和义务。

其他义务和工作:_____。

(2) 承包人的责任和义务。

① 竣工后试验方案的份数和完成时间:_____。

② 其他义务和工作:_____。

2) 竣工后试验程序

竣工后试验日期的通知。

单项工程或(和)工程竣工后试验开始日期的约定:_____。

3) 竣工后试验及试运行考核

试运行考核。

试运行考核周期:_____小时(或日、周、月、年)。

4) 未能通过考核

(1) 未能通过试运行考核的赔偿。

① 承包人提供的生产工艺技术或建筑设计方案未能通过试运行考核的赔偿。

根据工程情况,在以下方式中选择一项,作为双方的考核赔偿约定。

各单项工程的赔偿金额(或赔偿公式)分别为:_____;

工程的赔偿金额(或赔偿公式):_____。

② 发包人提供的生产工艺技术或建筑设计方案未能通过试运行考核的赔偿。其中,承包人应承担相关责任的赔偿金额(或赔偿公式)分别为:_____。

5) 考核验收证书

在以下方式中选择其一,作为颁发竣工后试验及考核验收证书的约定。

□按工程颁发竣工后试验及考核验收证书。

□按单项工程和工程颁发竣工后试验及考核验收证书。

12.3.11 质量保修责任

1. 通用条款

1) 质量保修责任书

(1) 质量保修责任书。

按照相关法律规定签订质量保修责任书是竣工验收的条件之一。双方应按法律规定的保修内容、范围、期限和责任,签订质量保修责任书,作为本合同附件。12.3.9 中通用条款内第2)款第(1)项接收证书中写明的单项工程和(或)工程的接收日期,或单项工程和(或)工程视为被接收的日期,是承包人保修责任开始的日期,也是缺陷责任期的开始日期。

（2）未能提交质量保修责任书。

承包人未能提交质量保修责任书、无正当理由不与发包人签订质量保修责任书，发包人可不与承包人办理竣工结算，不承担尚未支付的竣工结算款项的相应利息，即使合同已约定延期支付利息。

如承包人提交了质量保修责任书，提请与发包人签订该责任书并在合同中约定了延期付款利息，但因发包人原因未能及时签署质量保修责任书，发包人应从接到该责任书的第 11 日起承担竣工结算款项延期支付的利息。

2）缺陷责任保修金

（1）缺陷责任保修金金额。

缺陷责任保修金的金额，在专用条款中的约定。

（2）缺陷责任保修金的暂扣。

缺陷责任保修金的暂扣方式，在专用条款中约定。

（3）缺陷责任保修金的支付。

发包人应依据 12.3.14 中通用条款内第 5）款第（2）项缺陷责任保修金支付的约定，支付被暂扣的缺陷责任保修金。

2. 专用条款

1）缺陷责任保修金

（1）缺陷责任保修金金额。

缺陷责任保修金金额为合同协议书约定的合同价格的＿＿＿＿＿＿％。

（2）缺陷责任保修金金额的暂扣。

缺陷责任保修金金额的暂扣方式：＿＿＿＿＿＿＿＿＿＿＿＿。

12.3.12 工程竣工验收

1. 通用条款

1）竣工验收报告及完整的竣工资料

（1）工程符合 12.3.9 中通用条款内第 1）款工程接收的相关约定，和（或）发包人已按 12.3.10 中通用条款内第 7）款的约定颁发了竣工后试验及考核验收证书，且承包人完成了 12.3.9 中通用条款内第 2）款第（2）项约定的扫尾工程和缺陷修复，经发包人或监理人验收后，承包人应依据 12.3.8 中通用条款内第 1）款第（1）项第①、②、③目、12.3.8 中通用条款内第 2）款竣工试验的检验与验收、12.3.10 中通用条款内第 3）款第（3）项第④目竣工后试验及其试运行考核结果等资料，向发包人提交竣工验收报告和完整的工程竣工资料。竣工验收报告和完整的竣工资料的格式、内容和份数在专用条款约定。

（2）发包人应在接到竣工验收报告和完整的竣工资料后 25 日内提出修改意见或予以确认，承包人应按照发包人的意见自费对竣工验收报告和竣工资料进行修改。25 日内发包人未提出修改意见，视为竣工资料和竣工验收报告已被确认。

（3）分期建设、分期投产或分期使用的工程，按本款内上述第（1）项及第（2）项的约定办理。

2）竣工验收

（1）组织竣工验收。

发包人应在接到竣工验收报告和完整的竣工资料，并根据本通用条款内第 1）款第（2）项的约定被确认后的 30 日内，组织竣工验收。

（2）延后组织的竣工验收。

发包人未能根据本款上述第（1）项的约定，在 30 日内组织竣工验收时，按照 12.3.14 中通用条款内第 12）款第（1）项至第（3）项的约定，结清竣工结算的款项。

在本款上述第（1）项约定的时间之后，发包人进行竣工验收时，承包人有义务参加。发包人在验收后的 25 日内，对承包人的竣工验收报告或竣工资料提出的进一步修改意见，承包人应按照发包人的意见自费修改。

（3）分期竣工验收。

分期建设、分期投产或分期使用的合同工程的竣工验收，按本款上述第 1）款第（3）项、本款上述第（1）项的约定，分期组织竣工验收。

2. 专用条款

竣工资料及竣工验收报告

竣工资料和竣工验收报告。

竣工验收报告的格式、份数和提交时间：＿＿＿＿＿＿＿＿＿＿＿＿＿＿＿＿＿＿。

完整竣工资料的格式、份数和提交时间：＿＿＿＿＿＿＿＿＿＿＿＿＿＿＿＿。

12.3.13　变更和合同价格调整

1. 通用条款

1）变更权

（1）变更权。

发包人拥有批准变更的权限。自合同生效后至工程竣工验收前的任何时间内，发包人有权依据监理人的建议、承包人的建议，及本款下属第 2）款约定的变更范围，下达变更指令。变更指令以书面形式发出。

（2）变更。

由发包人批准并发出的书面变更指令，属于变更。包括发包人直接下达的变更指令、或经发包人批准的由监理人下达的变更指令。

承包人对自身的设计、采购、施工、竣工试验及竣工后试验存在的缺陷，应自费修正、调整和完善，不属于变更。

（3）变更建议权。

承包人有义务随时向发包人提交书面变更建议，包括缩短工期，降低发包人的工程、施工、维护和营运的费用，提高竣工工程的效率或价值，给发包人带来的长远利益和其他利益。发包人接到此类建议后，应发出不采纳、采纳或补充进一步资料的书面通知。

2）变更范围

（1）设计变更范围。

① 对生产工艺流程的调整，但未扩大或缩小初步设计批准的生产路线和规模、或未扩大或缩小合同约定的生产路线和规模；

② 对平面布置、竖面布置、局部使用功能的调整，但未扩大初步设计批准的建筑规模，未改变初步设计批准的使用功能，或未扩大合同约定的建筑规模，未改变合同约定的使用功能；

③ 对配套工程系统的工艺调整、使用功能调整；

④ 对区域内基准控制点、基准标高和基准线的调整；

⑤ 对设备、材料、部件的性能、规格和数量的调整；

⑥ 因执行基准日期之后新颁布的法律、标准、规范引起的变更；

⑦ 其他超出合同约定的设计事项；

⑧ 上述变更所需的附加工作。

（2）采购变更范围。

① 承包人已按发包人批准的名单，与相关供货商签订采购合同或已开始加工制造、供货、运输等，发包人通知承包人选择该名单中的另一家供货商；

② 因执行基准日期之后新颁布的法律、标准、规范引起的变更；

③ 发包人要求改变检查、检验、检测、试验的地点和增加的附加试验；

④ 发包人要求增减合同中约定的备品备件、专用工具、竣工后试验物资的采购数量；

⑤ 上述变更所需的附加工作。

（3）施工变更范围。

① 根据本款上述第（1）项的设计变更，造成施工方法改变、设备、材料、部件、人工和工程量的增减；

② 发包人要求增加的附加试验、改变试验地点；

③ 根据 12.3.5 中通用条款内第 2）款第（1）项第①、第②目之外，新增加的施工障碍处理；

④ 发包人对竣工试验经验收或视为验收合格的项目，通知重新进行竣工试验；

⑤ 因执行基准日期之后新颁布的法律、标准、规范引起的变更；

⑥ 现场其他签证；

⑦ 上述变更所需的附加工作。

（4）发包人的赶工指令。承包人接受了发包人的书面指示，以发包人认为必要的方式加快设计、施工或其他任何部分的进度时，承包人为实施该赶工指令需对项目进度计划进行调整，并对所增加的措施和资源提出估算，经发包人批准后，作为变更处理。发包人未能批准此项变更，承包人有权按合同约定的相关阶段的进度计划执行。

因承包人原因，实际进度明显落后于上述批准的项目进度计划时，承包人应按 12.3.4 中通用条款内第 1）款第（2）项的约定，自费赶上；竣工日期延误时，按 12.3.4 中通用条款内第 5）款的约定承担误期赔偿责任。

（5）调减部分工程。发包人的暂停超过 45 日，承包人请求复工时仍不能复工，或因不可抗力持续而无法继续施工的，双方可按合同约定以变更方式调减受暂停影响的部分工程。

（6）其他变更。根据工程的具体特点，在专用条款中约定。

3）变更程序

（1）变更通知。发包人的变更应事先以书面形式通知承包人。

（2）变更通知的建议报告。承包人接到发包人的变更通知后，有义务在 10 日内向发包人提交书面建议报告。

① 如承包人接受发包人变更通知中的变更时，建议报告中应包括：支持此项变更的理由、实施此项变更的工作内容、设备、材料、人力、机具、周转材料及消耗材料等资源消耗，以及相关管理费用和合理利润的估算。相关管理费用和合理利润的百分比，应在专用条款约定。此项变更引起竣工日期延长时，应在报告中说明理由，并提交与此变更相关的进度计划。

承包人未提交增加费用的估算及竣工日期延长，视为该项变更不涉及合同价格调整和竣工日期延长，发包人不再承担此项变更的任何费用及竣工日期延长的责任。

② 如承包人不接受发包人变更通知中的变更时,建议报告中应包括不支持此项变更的理由,理由包括:

A. 此变更不符合法律、法规等有关规定;

B. 承包人难以取得变更所需的特殊设备、材料、部件;

C. 承包人难以取得变更所需的工艺、技术;

D. 变更将降低工程的安全性、稳定性、适用性;

E. 对生产性能保证值、使用功能保证的实现产生不利影响等。

(3) 发包人的审查和批准。发包人应在接到承包人根据本款上述第(2)项约定提交的书面建议报告后 10 日内对此项建议给予审查,并发出批准、撤销、改变及提出进一步要求的书面通知。承包人在等待发包人回复的时间内,不能停止或延误任何工作。

① 发包人接到承包人根据本款上述第(2)项第①目的约定提交的建议报告,对其理由、估算和(或)竣工日期延长经审查批准后,应以书面形式下达变更指令。

发包人在下达的变更指令中,未能确认承包人对此项变更提出的估算和(或)竣工日期延长亦未提出异议的,自发包人接到此项书面建议报告后的第 11 日开始,视为承包人提交的变更估算和(或)竣工日期延长,已被发包人批准。

② 发包人对承包人根据本款上述第(2)项第②目提交的不接受此项变更的理由进行审查后,发出继续执行、改变、提出进一步补充资料的书面通知,承包人应予以执行。

(4) 承包人根据本款上述第 1)款第(3)项的约定提交变更建议书的,其变更程序按照本变更程序的约定办理。

4) 紧急性变更程序

(1) 发包人有权以书面形式或口头形式发出紧急性变更指令,责令承包人立即执行此项变更。承包人接到此类指令后,应立即执行。发包人以口头形式发出紧急性变更指令的,须在 48 小时内以书面方式确认此项变更,并送交承包人项目经理。

(2) 承包人应在紧急性变更指令执行完成后的 10 日内,向发包人提交实施此项变更的工作内容,资源消耗和估算。因执行此项变更造成工程关键路径延误时,可提出竣工日期延长要求,但应说明理由,并提交与此项变更相关的进度计划。

承包人未能在此项变更完成后的 10 日内提交实际消耗的估算和(或)延长竣工日期的书面资料,视为该项变更不涉及合同价格调整和竣工日期延长,发包人不再承担此项变更的任何责任。

(3) 发包人应在接到承包人根据本款内上述第(2)项提交的书面资料后的 10 日内,以书面形式通知承包人被批准的合理估算,和(或)给予竣工日期的合理延长。

发包人在接到承包人的此项书面报告后的 10 日内,未能批准承包人的估算和(或)竣工日期延长亦未说明理由的,自接到该报告的第 11 日后,视为承包人提交的估算和(或)竣工日期延长已被发包人批准。

承包人对发包人批准的变更费用、竣工日期的延长存有争议时,双方应友好协商解决,协商不成时,依据 12.3.16 中通用条款内第 3)款争议和裁决的程序解决。

5) 变更价款确定

变更价款按以下方法确定:

(1) 合同中已有相应人工、机具、工程量等单价(含取费)的,按合同中已有的相应人工、机

具、工程量等单价(含取费)确定变更价款;

(2) 合同中无相应人工、机具、工程量等单价(含取费)的,按类似于变更工程的价格确定变更价款;

(3) 合同中无相应人工、机具、工程量等单价(含取费),亦无类似于变更工程的价格的,双方通过协商确定变更价款。

(4) 专用条款中约定的其他方法。

6) 建议变更的利益分享

因发包人批准采用承包人根据本款上述第1)款第(3)项提出的变更建议,使工程的投资减少、工期缩短、发包人获得长期运营效益或其他利益的,双方可按专用条款的约定进行利益分享,必要时双发可另行签订利益分享补充协议,作为合同附件。

7) 合同价格调整

在下述情况发生后30日内,合同双方均有权将调整合同价格的原因及调整金额,以书面形式通知对方或监理人。经发包人确认的合理金额,作为合同价格的调整金额,并在支付当期工程进度款时支付或扣减调整的金额。一方收到另一方通知后15日内不予确认,也未能提出修改意见的,视为已经同意该项价格的调整。合同价格调整包括以下情况:

(1) 合同签订后,因法律、国家政策和需遵守的行业规定发生变化,影响到合同价格增减的;

(2) 合同执行过程中,工程造价管理部门公布的价格调整,涉及承包人投入成本增减的;

(3) 一周内非承包人原因的停水、停电、停气及道路中断等,造成工程现场停工累计超过8小时的(承包人须提交报告并提供可证实的证明和估算);

(4) 发包人根据本款上述第3)款款至第5)款变更程序中批准的变更估算的增减;

(5) 本合同约定的其他增减的款项调整。

对于合同中未约定的增减款项,发包人不承担调整合同价格的责任。除非法律另有规定时除外。合同价格的调整不包括合同变更。

8) 合同价格调整的争议

经协商,双方未能对工程变更的费用、合同价格的调整或竣工日期的延长达成一致,根据12.3.16中通用条款内第3)款关于争议和裁决的约定解决。

2. 专用条款

1) 变更范围

(1) 其他变更。

双方根据本工程特点,商定的其他变更范围:＿＿＿＿＿＿＿＿＿＿＿＿＿＿＿＿。

2) 变更价款确定

变更价款约定的其他方法:＿＿＿＿＿＿＿＿＿＿＿＿＿＿＿＿＿。

3) 建议变更的利益分享

建议变更的利益分享的约定:＿＿＿＿＿＿＿＿＿＿＿＿＿＿＿。

12.3.14 合同总价和付款

1. 通用条款

1) 合同总价和付款

(1) 合同总价。

本合同为总价合同,除根据12.3.13款变更和合同价格的调整,以及合同中其他相关增减金额的约定进行调整外,合同价格不做调整。

（2）付款。

① 合同价款的货币币种为人民币,由发包人在中国境内支付给承包人。

② 发包人应依据合同约定的应付款类别和付款时间安排,向承包人支付合同价款。承包人指定的银行账户,在专用条款中约定。

2）担保

（1）履约保函。

合同约定由承包人向发包人提交履约保函时,履约保函的格式、金额和提交时间,在专用条款中约定。

（2）支付保函。

合同约定由承包人向发包人提交履约保函时,发包人向承包人提交支付保函。支付保函的格式、内容和提交时间在专用条款中约定。

（3）预付款保函。

合同约定由承包人向发包人提交预付款保函时,预付款保函的格式、金额和提交时间在专用条款中约定。

3）预付款

（1）预付款金额。

发包人同意将按合同价格的一定比例作为预付款金额,具体金额在专用条款中约定。

（2）预付款支付。

合同约定了预付款保函时,在合同生效后,发包人收到承包人提交的预付款保函后10日内,根据本款上述第（1）项约定的预付款金额,一次支付给承包人;未约定预付款保函时,发包人应在合同生效后10日内,根据本款内上述第（1）项约定的预付款金额,一次支付给承包人。

（3）预付款抵扣。

① 预付款的抵扣方式、抵扣比例和抵扣时间安排,在专用条款中约定。

② 在发包人签发工程接收证书或合同解除时,预付款尚未抵扣完的,发包人有权要求承包人支付尚未抵扣完的预付款。承包人未能支付的,发包人有权按如下程序扣回预付款的余额:

A. 从应付给承包人的款项中或属于承包人的款项中一次或多次扣除;

B. 应付给承包人的款项或属于承包人的款项不足以抵扣时,发包人有权从预付款保函（如约定提交）中扣除尚未抵扣完的预付款;

C. 应付给承包人或属于承包人的款项不足以抵扣且合同未约定承包人提交预付款保函时,承包人应与发包人签订支付尚未抵扣完的预付款支付时间安排协议书;

D. 承包人未能按上述协议书执行,发包人有权从履约保函（如有）中抵扣尚未扣完的预付款。

4）工程进度款

（1）工程进度款。工程进度款支付方式、支付条件和支付时间等,在专用条款中约定。

（2）根据工程具体情况,应付的其他进度款,在专用条款约定。

5) 缺陷责任保修金的暂扣与支付

(1) 缺陷责任保修金的暂时扣减。发包人可根据 12.3.11 中通用条款内第 2) 款第（1）项约定的缺陷责任保修金金额和 12.3.11 中通用条款内第 2) 款第（2）项缺陷责任保修金暂扣的约定,暂时扣减缺陷责任保修金。

(2) 缺陷责任保修金的支付。

① 发包人应在办理工程竣工验收和竣工结算时,将按本款内上述第（1）项款暂时扣减的全部缺陷责任保修金金额的一半支付给承包人,专用条款另有约定时除外。此后,承包人未能按发包人通知修复缺陷责任期内出现的缺陷或委托发包人修复该缺陷的,修复缺陷的费用,从余下的缺陷责任保修金金额中扣除。发包人应在缺陷责任期届满后 15 日内,将暂扣的缺陷责任保修金余额支付给承包人。

② 专用条款约定承包人可提交缺陷责任保修金保函的,在办理工程竣工验收和竣工结算时,如承包人请求提供用于替代剩余的缺陷责任保修金的保函,发包人应在接到承包人按合同约定提交的缺陷责任保修金保函后,向承包人支付保修金的剩余金额。此后,如承包人未能自费修复缺陷责任期内出现的缺陷或委托发包人修复该缺陷的,修复缺陷的费用从该保函中扣除。发包人应在缺陷责任期届满后 15 日内,退还该保函。保函的格式、金额和提交时间,在专用条款约定.

6) 按月工程进度申请付款

(1) 1 按月申请付款。按月申请付款的,承包人应以合同协议书约定的合同价格为基础,按每月实际完成的工程量（含设计、采购、施工、竣工试验和竣工后试验等）的合同金额,向发包人或监理人提交付款申请。承包人提交付款申请报告的格式、内容、份数和时间,在专用条款约定。

按月付款申请报告中的款项包括:

① 按本款上述第 4 款工程进度款约定的款项类别;

② 按 12.3.13 中通用条款内第 7) 款合同价格调整约定的增减款项;

③ 按本款上述第 3 款预付款约定的支付及扣减的款项;

④ 按本款上述第 5 款缺陷责任保修金约定暂扣及支付的款项;

⑤ 根据 12.3.16 中通用条款内第 2) 款索赔结果增减的款项;

⑥ 根据另行签订的本合同补充协议增减的款项。

(2) 如双方约定了本款内上述第（1）项按月工程进度申请付款的方式时,则不能再约定按本款通用条款内下述第 7) 款按付款计划表申请付款的方式。

7) 按付款计划表申请付款

(1) 按付款计划表申请付款。

按付款计划表申请付款的,承包人应以合同协议书约定的合同价格为基础,按照专用条款约定的付款期数、计划每期达到的主要形象进度和（或）完成的主要计划工程量（含设计、采购、施工、竣工试验和竣工后试验等）等目标任务,以及每期付款金额,并依据专用条款约定的格式、内容、份数和提交时间,向发包人或监理人提交当期付款申请报告。

每期付款申请报告中的款项包括:

① 按专用条款中约定的当期计划申请付款的金额;

② 按 12.3.13 中通用条款内第 7) 款合同价款调整约定的增减款项;

③ 按本款上述第 3)款预付款约定的,支付及扣减的款项;

④ 按本款上述第 5)款缺陷责任保修金约定暂扣及支付的款项;

⑤ 根据 12.3.16 中通用条款内第 2)款索赔结果增减的款项;

⑥ 根据另行签订的本合同的补充协议增减的款项。

(2) 发包人按付款计划表付款时,承包人的实际工作和(或)实际进度比付款计划表约定的关键路径的目标任务落后 30 日及以上时,发包人有权与承包人商定减少当期付款金额,并有权与承包人共同调整付款计划表。承包人以后各期的付款申请及发包人的付款,以调整后的付款计划表为依据。

(3) 如双方约定了按本款的第 7)款付款计划表的方式申请付款时,不能再约定按本款上述第 6)款按月工程进度付款申请的方式。

8) 付款条件与时间安排

(1) 付款条件。

双方约定由承包人提交履约保函时,履约保函的提交应为发包人支付各项款项的前提条件;未约定履约保函时,发包人按约定支付各项款项。

(2) 预付款的支付。

工程预付款的支付依据本款上述第 3)款第(2)项预付款支付的约定执行。预付款抵扣完后,发包人应及时向承包人退还付款保函。

(3) 工程进度款。

① 按月工程进度申请与付款。依据本款上述第 6)款第(1)项按月工程进度申请付款和付款时,发包人应在收到承包人按本款上述第 6)款第(1)项提交的每月付款申请报告之日起的 25 日内审查并支付。

② 按付款计划表申请与付款。依据本款上述第 7)款第(1)项按付款计划表申请付款和付款时,发包人应在收到承包人按本款上述第 7)款第(1)项提交的每期付款申请报告之日起的 25 日内审查并支付。

9) 付款时间延误

(1) 因发包人的原因未能按本款上述第 8)款第(3)项约定的时间向承包人支付工程进度款的,应从发包人收到付款申请报告后的第 26 日开始,以中国人民银行颁布的同期同类贷款利率向承包人支付延期付款的利息,作为延期付款的违约金额。

(2) 发包人延误付款 15 日以上,承包人有权向发包人发出要求付款的通知,发包人收到通知后仍不能付款,承包人可暂停部分工作,视为发包人导致的暂停,并遵照 12.3.4 中通用条款内第 6)款第(1)项发包人的暂停的约定执行。

双方协商签订延期付款协议书的,发包人应按延期付款协议书中约定的期数、时间、金额和利息付款;当双方未能达成延期付款协议,导致工程无法实施,承包人可停止部分或全部工程,发包人应承担违约责任;导致工程关键路径延误时,竣工日期顺延。

(3) 发包人的延误付款达 60 日以上,并影响到整个工程实施的,承包人有权根据 12.3.18 中第 2)款的约定向发包人发出解除合同的通知,并有权就因此增加的相关费用向发包人提出索赔。

10) 税务与关税

(1) 发包人与承包人按国家有关纳税规定,各自履行各自的纳税义务,含与进口工程物资相关的各项纳税义务。

（2）合同一方享有本合同进口工程设备、材料、设备配件等进口增值税和关税减免时，另一方有义务就办理减免税手续给予协助和配合。

11）索赔款项的支付

（1）经协商或调解确定的、或经仲裁裁定的、或法院判决的发包人应得的索赔款项，发包人可从应支付给承包人的当月工程进度款或当期付款计划表的付款中扣减该索赔款项。当支付给承包人的各期工程进度款中不足以抵扣发包人的索赔款项时，承包人应当另行支付。承包人未能支付，可协商支付协议，仍未支付时，发包人可从履约保函（如有）中抵扣。如履约保函不足以抵扣时，承包人须另行支付该索赔款项，或以双方协商一致的支付协议的期限支付。

（2）经协商或调解确定的、或经仲裁裁决的、或法院判决的承包人应得的索赔款项，承包人可在当月工程进度款或当期付款计划表的付款申请中单列该索赔款项，发包人应在当期付款中支付该索赔款项。发包人未能支付该索赔款项时，承包人有权从发包人提交的支付保函（如有）中抵扣。如未约定支付保函时，发包人须另行支付该索赔款项。

12）竣工结算

（1）提交竣工结算资料。

承包人应在根据 12.3.12 中通用条款内第 1）款的约定提交的竣工验收报告和完整的竣工资料被发包人确定后的 30 日内，向发包人递交竣工结算报告和完整的竣工结算资料。竣工结算资料的格式、内容和份数，在专用条款中约定。

（2）最终竣工结算资料。

发包人应在收到承包人提交的竣工结算报告和完整的竣工结算资料后的 30 日内，进行审查并提出修改意见，双方就竣工结算报告和完整的竣工结算资料的修改达成一致意见后，由承包人自费进行修正，并提交最终的竣工结算报告和最终的结算资料。

（3）结清竣工结算的款项。

发包人应在收到承包人按本款内上述第（2）项的约定提交的最终竣工结算资料的 30 日内，结清竣工结算的款项。竣工款结清后 5 日内，发包人应将承包人按本款中上述第 2）款第（1）项约定提交的履约保函返还给承包人；承包人应将发包人按本款中上述第 2）款第（2）项约定提交的支付保函返还给发包人。

（4）未能答复竣工结算报告。

发包人在接到承包人根据本款内上述第（1）项约定提交的竣工结算报告和完整的竣工结算资料的 30 日内，未能提出修改意见，也未予答复的，视为发包人认可了该竣工结算资料作为最终竣工结算资料。发包人应根据本款内上述第（3）项的约定，结清竣工结算的款项。

（5）发包人未能结清竣工结算的款项

① 发包人未能按本款内上述第（3）项的约定，结清应付给承包人的竣工结算的款项余额的，承包人有权从发包人根据本款中上述第 2）款第（2）项约定提交的支付保函中扣减该款项的余额。

合同未约定发包人按本款中上述第 2）款第（2）项提交支付保函或支付保函不足以抵偿应向承包人支付的竣工结算款项时，发包人从承包人提交最终结算资料后的第 31 日起，支付拖欠的竣工结算款项的余额，并按中国人民银行同期同类贷款利率支付相应利息。

② 根据本款内上述第（4）项的约定，发包人未能在约定的 30 日内对竣工结算资料提出修

改意见和答复,也未能向承包人支付竣工结算款项的余额的,应从承包人提交该报告后的第31日起,支付拖欠的竣工结算款项的余额,并按中国人民银行同期同类的贷款利率支付相应利息。

发包人在承包人提交最终竣工结算资料的90日内,仍未结清竣工结算款项的,承包人可依据12.3.16中通用条款内第3)款争议和裁决的约定解决。

(6) 未能按时提交竣工结算报告及完整的结算资料。

工程竣工验收报告经发包人认可后的30日内,承包人未能向发包人提交竣工结算报告及完整的结算资料,造成工程竣工结算不能正常进行、或工程竣工结算不能按时结清,发包人要求承包人交付工程时,承包人应进行交付;发包人未要求交付工程时,承包人须承担保管、维护和保养的费用和责任,不包括根据第9条工程接收的约定已被发包人使用、接收的单项工程和工程的任何部分。

(7) 承包人未能支付竣工结算的款项。

① 承包人未能按本款内上述第(3)项的约定,结清应付给发包人的竣工结算中的款项余额时,发包人有权从承包人根据本款中上述第2)款(1)项约定提交的履约保函中扣减该款项的余额。

履约保函的金额不足以抵偿时,承包人应从最终竣工结算资料提交之后的31日起,支付拖欠的竣工结算款项的余额,并按中国人民银行同期同类贷款利率支付相应利息。承包人在最终竣工结算资料提交后的90日内仍未支付时,发包人有权根据12.3.16中通用条款内第3)款争议和裁决的约定解决。

② 合同未约定履约保函时,承包人应从最终竣工结算资料提交后的第31日起,支付拖欠的竣工结算款项的余额,并按中国人民银行同期同类贷款利率支付相应利息。如承包人在最终竣工结算资料提交后的90日内仍未支付时,发包人有权根据12.3.16中通用条款内第3)款争议和裁决的约定解决。

(8) 竣工结算的争议。

如在发包人收到承包人递交的竣工结算报告及完整的结算资料后的30日内,双方对工程竣工结算的价款发生争议时,应共同委托一家具有相应资质等级的工程造价咨询单位进行竣工结算审核,按审核结果,结清竣工结算的款项。审核周期由合同双方与工程造价审核单位约定。对审核结果仍有争议时,依据12.3.16中通用条款内第3)款争议和裁决的约定解决。

2. 专用条款

1) 合同总价和付款

付款。

承包人指定的开户银行及银行账户:＿＿＿＿＿＿＿＿＿＿＿＿＿＿＿＿＿＿＿＿。

2) 担保

(1) 履约保函。

在以下方式中选择其一,作为双方对履约保函的约定:

承包人不提交履约保函。

承包人提交履约保函的格式、金额和时间:＿＿＿＿＿＿＿＿＿＿＿＿＿＿＿。

(2) 支付保函。

在以下方式中选择其一,作为双方对支付保函的约定:

发包人不提交支付保函。

发包人提交支付保函的格式、金额和时间：_____。

（3）预付款保函。

在以下方式中选择其一，作为双方对预付款保函的约定。

承包人不提交预付款保函。

承包人提交预付款保函的格式、金额和时间：_____。

3）预付款

（1）预付款金额。

预付款的金额为：_____。

（2）预付款抵扣。

预付款的抵扣方式、抵扣比例和抵扣时间安排：_____。

4）工程进度款

（1）工程进度款。

工程进度款的支付方式、支付条件和支付时间：_____。

（2）其他进度款。

其他进度款有：_____。

5）缺陷责任保修金的暂扣与支付

缺陷责任保修金的支付。

缺陷责任保修金保函的格式、金额和时间：_____。

6）按月工程进度申请付款

按月付款申请报告的格式、内容、份数和提交时间：_____。

7）按付款计划表申请付款

付款期数、每期付款金额、每期需达到的主要计划形象进度和主要计划工程量进度：

_____

付款申请报告的格式、内容、份数和提交时间：_____。

8）竣工结算

提交竣工结算资料。

竣工结算资料的格式、内容和份数：_____。

12.3.15 保险

1. 通用条款

1）承包人的投保

（1）按适用法律和专用条款约定的投保类别，由承包人投保的保险种类，其投保费用包含在合同价格中。由承包人投保的保险种类、保险范围、投保金额、保险期限和持续有效的时间等在专用条款中约定。

① 适用法律规定及专用条款约定的，由承包人负责投保的，承包人应依据工程实施阶段的需要按期投保；

② 在合同执行过程中，新颁布的适用法律规定由承包人投保的强制性保险，根据 12.3.13款变更和合同价格调整的约定调整合同价格。

（2）保险单对联合被保险人提供保险时，保险赔偿对每个联合被保险人分别施用。承包人应代表自己的被保险人,保证其被保险人遵守保险单约定的条件及其赔偿金额。

（3）承包人从保险人收到的理赔款项,应用于保单约定的损失、损害、伤害的修复、购置、重建和赔偿。

（4）承包人应在投保项目及其投保期限内,向发包人提供保险单副本、保费支付单据复印件和保险单生效的证明。

承包人未提交上述证明文件的,视为未按合同约定投保,发包人可以自己名义投保相应保险,由此引起的费用及理赔损失,由承包人承担。

2）一切险和第三方责任险

对于建筑工程一切险、安装工程一切险和第三者责任险,无论应投保方是任何一方,其在投保时均应将本合同的另一方、本合同项下分包商、供货商、服务商同时列为保险合同项下的被保险人。具体的应投保方在专用条款中约定。

3）保险的其他规定

（1）由承包人负责采购运输的设备、材料、部件的运输险,由承包人投保。此项保险费用已包含在合同价格中,专用条款中另有约定时除外。

（2）保险事项的意外事件发生时,在场的各方均有责任努力采取必要措施,防止损失、损害的扩大。

（3）本合同约定以外的险种,根据各自的需要自行投保,保险费用由各自承担。

2．专用条款

1）承包人的投保

合同双方商定,由承包人负责投保的保险种类、保险范围、投保金额、保险期限和持续有效的时间：

_____。

2）一切险和第三方责任

土建工程一切险的投保方及对投保的相关要求：_____。

安装工程及竣工试验一切险的投保方及对投保的相关要求：

_____。

第三者责任险的应投保方及对投保的相关要求：_____。

12.3.16　违约、索赔和争议

1．通用条款

1）违约责任

（1）发包人的违约责任。

当发生下列情况时：

① 发包人未能履行 12.3.5 中通用条款内第 1）款第（2）项、12.3.5 中通用条款内第 2）款第（1）项第①目、第②目的约定,未能按时提供真实、准确、齐全的工艺技术和（或）建筑设计方案、项目基础资料和现场障碍资料；

② 发包人未能按 12.3.13 款的约定调整合同价格,未能按 12.3.14 款有关预付款、工程进度款、竣工结算约定的款项类别、金额及承包人指定的账户和时间支付相应款项；

③ 发包人未能履行合同中约定的其他责任和义务。

发包人应采取补救措施,并赔偿因上述违约行为给承包人造成的损失。因其违约行为造成工程关键路径延误时,竣工日期顺延。发包人承担违约责任,并不能减轻或免除合同中约定的应由发包人继续履行的其他责任和义务。

（2）承包人的违约责任。

当发生下列情况时:

① 承包人未能履行 12.3.6 中通用条款内第 2)款对其提供的工程物资进行检验的约定、12.3.7 中通用条款内第 5)款施工质量与检验的约定,未能修复缺陷;

② 承包人经三次试验仍未能通过竣工试验、或经三次试验仍未能通过竣工后试验,导致的工程任何主要部分或整个工程丧失了使用价值、生产价值、使用利益;

③ 承包人未经发包人同意、或未经必要的许可或适用法律不允许分包的,将工程分包给他人;

④ 承包人未能履行合同约定的其他责任和义务。

承包人应采取补救措施,并赔偿因上述违约行为给发包人造成的损失。承包人承担违约责任,并不能减轻或免除合同中约定的由承包人继续履行的其他责任和义务。

2）索赔

（1）发包人的索赔

发包人认为,承包人未能履行合同约定的职责、责任、义务,且根据本合同约定、与本合同有关的文件、资料的相关情况与事项,承包人应承担损失、损害赔偿责任,但承包人未能按合同约定履行其赔偿责任时,发包人有权向承包人提出索赔。索赔依据法律及合同约定,并遵循如下程序进行:

① 发包人应在索赔事件发生后的 30 日内,向承包人送交索赔通知。未能在索赔事件发生后的 30 日内发出索赔通知,承包人不再承担任何责任,法律另有规定的除外;

② 发包人应在发出索赔通知后的 30 日内,以书面形式向承包人提供说明索赔事件的正当理由、条款根据、有效的可证实的证据和索赔估算等相关资料;

③ 承包人应在收到发包人送交的索赔资料后 30 日内与发包人协商解决,或给予答复,或要求发包人进一步补充提供索赔的理由和证据;

④ 承包人在收到发包人送交的索赔资料后 30 日内未与发包人协商、未于答复或未向发包人提出进一步要求,视为该项索赔已被承包人认可。

⑤ 当发包人提出的索赔事件持续影响时,发包人每周应向承包人发出索赔事件的延续影响情况,在该索赔事件延续影响停止后的 30 日内,发包人应向承包人送交最终索赔报告和最终索赔估算。索赔程序与本款上述第①目至第④目的约定相同。

（2）承包人的索赔。

承包人认为,发包人未能履行合同约定的职责、责任和义务,且根据本合同的任何条款的约定、与本合同有关的文件、资料的相关情况和事项,发包人应承担损失、损害赔偿责任及延长竣工日期的,发包人未能按合同约定履行其赔偿义务或延长竣工日期时,承包人有权向发包人提出索赔。索赔依据法律和合同约定,并遵循如下程序进行:

① 承包人应在索赔事件发生后 30 日内,向发包人发出索赔通知。未在索赔事件发生后的 30 日内发出索赔通知,发包人不再承担任何责任,法律另有规定除外;

② 承包人应在发出索赔事件通知后的 30 日内,以书面形式向发包人提交说明索赔事件的正当理由、条款根据、有效的可证实的证据和索赔估算资料的报告;

③ 发包人应在收到承包人送交的有关索赔资料的报告后 30 日内与承包人协商解决,或给予答复,或要求承包人进一步补充索赔理由和证据;

④ 发包人在收到承包人按本款上述第③目提交的报告和补充资料后的 30 日内未与承包人协商,或未予答复或未向承包人提出进一步补充要求,视为该项索赔已被发包人认可;

⑤ 当承包人提出的索赔事件持续影响时,承包人每周应向发包人发出索赔事件的延续影响情况,在该索赔事件延续影响停止后的 30 日内,承包人向发包人送交最终索赔报告和最终索赔估算,索赔程序与本款上述第①目至第④目的约定相同。

3) 争议和裁决

(1) 争议的解决程序。

根据本合同或与本合同相关的事项所发生的任何索赔争议,合同双方首先应通过友好协商解决。争议的一方,应以书面形式通知另一方,说明争议的内容、细节及因由。在上述书面通知发出之日起的 30 日内,经友好协商后仍存争议时,合同双方可提请双方一致同意的工程所在地有关单位或权威机构对此项争议进行调解;在争议提交调解之日起 30 日内,双方仍存争议时,或合同任何一方不同意调解的,按专用条款的约定通过仲裁或诉讼方式解决争议事项。

(2) 争议不应影响履约。

发生争议后,须继续履行其合同约定的责任和义务,保持工程继续实施。除非出现下列情况,任何一方不得停止工程或部分工程的实施。

① 当事人一方违约导致合同确已无法履行,经合同双方协议停止实施;

② 仲裁机构或法院责令停止实施。

(3) 停止实施的工程保护。

根据本款内上述第(2)项约定,停止实施的工程或部分工程,当事人按合同约定的职责、责任和义务,保护好与合同工程有关的各种文件、资料、图纸和已完工程,以及尚未使用的工程物资。

2. 专用条款

争议和裁决

争议的解决程序。

在争议提交调解之日起 30 日内,双方仍存有争议时,或合同任何一方不同意调解的,在以下方式中选择其一,作为双方解决争议事项的约定。

提交＿＿＿＿＿＿＿仲裁委员会,按照申请仲裁时该会有效的仲裁规则进行仲裁。仲裁裁决是终局的,对双方均有约束力。

向＿＿＿＿＿＿所在地人民法院提起诉讼。

12.3.17　不可抗力

1. 通用条款

1) 不可抗力发生时的义务

(1) 通知义务。

觉察或发现不可抗力事件发生的一方,有义务立即通知另一方。根据本合同约定,工程现场照管的责任方,在不可抗力事件发生时,应在力所能及的条件下迅速采取措施,尽力减少损失;另一方全力协助并采取措施。需暂停实施的施工或工作,立即停止。

（2）通报义务。

工程现场发生不可抗力时，在不可抗力事件结束后的 48 小时内，承包人（如为工程现场的照管方）须向发包人通报受害和损失情况。当不可抗力事件持续发生时，承包人每周应向发包人和工程总监报告受害情况。对报告周期另有约定时除外。

2）不可抗力的后果

因不可抗力事件导致的损失、损害、伤害所发生的费用及延误的竣工日期，按如下约定处理：

（1）永久性工程和工程物资等的损失、损害，由发包人承担。

（2）受雇人员的伤害，分别按照各自的雇用合同关系负责处理。

（3）承包人的机具、设备、财产和临时工程的损失、损害，由承包人承担。

（4）承包人的停工损失，由承包人承担。

（5）不可抗力事件发生后，因一方迟延履行合同约定的保护义务导致的延续损失、损害，由迟延履行义务的一方承担相应责任及其损失。

（6）发包人通知恢复建设时，承包人应在接到通知后的 20 日内、或双方根据具体情况约定的时间内，提交清理、修复的方案及其估算，以及进度计划安排的资料和报告。经发包人确认后，所需的清理、修复费用由发包人承担。恢复建设的竣工日期相应顺延。

12.3.18 合同解除

1. 通用条款

1）由发包人解除合同

（1）通知改正。

承包人未能按合同履行其职责、责任和义务，发包人可通知承包人，在合理的时间内纠正并补救其违约行为。

（2）由发包人解除合同。

发包人有权基于下列原因，以书面形式通知解除合同或解除合同的部分工作。发包人应在发出解除合同通知 15 日前告知承包人。发包人解除合同并不影响其根据合同约定享有的任何其他权利。

① 承包人未能遵守 12.3.14 中通用条款内第 2）款第（1）项履约保函的约定；

② 承包人未能执行本款内上述第（1）项通知改正的约定；

③ 承包人未能遵守 12.3.3 中通用条款内第 8）款第（1）项至第（4）项的有关分包和转包的约定；

④ 承包人实际进度明显落后于进度计划，发包人指令其采取措施并修正进度计划时，承包人无作为；

⑤ 工程质量有严重缺陷，承包人无正当理由使修复开始日期拖延达 30 日以上；

⑥ 承包人明确表示或以自己的行为明显表明不履行合同、或经发包人以书面形式通知其履约后仍未能依约履行合同或以明显不适当的方式履行合同；

⑦ 根据 12.3.8 中通用条款内第 6）款第（2）项第④目（或）和 12.3.10 中通用条款内第 8）款的约定，未能通过的竣工试验、未能通过的竣工后试验，使工程的任何部分和（或）整个工程丧失了主要使用功能、生产功能；

⑧ 承包人破产、停业清理或进入清算程序，或情况表明承包人将进入破产和（或）清算

程序。

　　发包人不能为另行安排其他承包人实施工程而解除合同或解除合同的部分工作。发包人违反该约定时，承包人有权依据本项约定，提出仲裁或诉讼。

　　（3）解除合同通知后停止和进行的工作。

　　承包人收到解除合同通知后的工作。承包人应在解除合同 30 日内或双方约定的时间内，完成以下工作：

　　① 除了为保护生命、财产或工程安全、清理和必须执行的工作外，停止执行所有被通知解除的工作。

　　② 将发包人提供的所有信息及承包人为本工程编制的设计文件、技术资料及其他文件移交给发包人。在承包人留有的资料文件中，销毁与发包人提供的所有信息相关的数据及资料的备份。

　　③ 移交已完成的永久性工程及负责已运抵现场的永久性工程物资。在移交前，妥善做好已完工程和已运抵现场的永久性工程物资的保管、维护和保养。

　　④ 移交相应实施阶段已经付款的并已完成的和尚待完成的设计文件、图纸、资料、操作维修手册、施工组织设计、质检资料及竣工资料等。

　　⑤ 向发包人提交全部分包合同及执行情况说明。其中包括：承包人提供的工程物资（含在现场保管的、已经订货的、正在加工的、运输途中的及运抵现场尚未交接的），发包人承担解除合同通知之日之前发生的、合同约定的此类款项。承包人有义务协助并配合处理与其有合同关系的分包人的关系。

　　⑥ 经发包人批准，承包人应将其与被解除合同或被解除合同中的部分工作相关的和正在执行的分包合同及相关的责任和义务转让至发包人和（或）发包人指定方的名下，包括永久性工程及工程物资，以及相关工作；

　　⑦ 承包人按照合同约定，继续履行其未被解除的合同部分工作。

　　⑧ 在解除合同的结算尚未结清之前，承包人不得将其机具、设备、设施、周转材料及措施材料撤离现场和（或）拆除，除非得到发包人同意。

　　（4）解除日期的结算。

　　根据本款内上述第（2）项的约定，承包人收到解除合同或解除合同部分工作的通知后，发包人应立即与承包人商定已发生的合同款项，包括 12.3.14 中通用条款内第 3）款的预付款、12.3.14 中通用条款内第 4）款的工程进度款、12.3.13 中通用条款内第 7）款的合同价格调整的款项、12.3.14 中通用条款内第 5）款的缺陷责任保修金暂扣的款项、12.3.16 中通用条款内第 2）款的索赔款项和本合同补充协议的款项，及合同约定的任何应增减的款项。经双方协商一致的合同款项，作为解除日期的结算资料。

　　（5）解除合同后的结算。

　　① 双方应根据本款内上述第（4）项解除合同日期的结算资料，结清双方应收应付款项的余额。此后，发包人应将承包人根据 12.3.14 中通用条款内第 2）款第（1）项约定提交的履约保函返还给承包人，承包人应将发包人根据 12.3.14 中通用条款内第 2）款约定提交的支付保函返还给发包人。

　　② 如合同解除时仍有未被扣减完的预付款，发包人应根据 12.3.14 中通用条款内第 3）款第（3）项预付款抵扣的约定扣除，并在此后将约定提交的预付款保函返还给承包人。

③ 发包人尚有其他未能扣减完的应收款余额时,有权从 12.3.14 中通用条款内第 2)款第(1)项约定的承包人提交的履约保函中扣减,并在此后将履约保函返还给承包人。

④ 发包人按上述约定扣减后,仍有未能收回的款项时;或合同未能约定提交履约保函和预付款保函时,仍有未能扣减应收款项的余额时,可扣留与应收款价值相当的承包人的机具、设备、设施及周转材料等作为抵偿。

(6) 承包人的撤离。

① 全部合同解除的撤离。承包人有权按本款内上述第(5)项第④目的约定,将未被因抵偿扣留的机具、设备、设施等自行撤离现场。并承担撤离和拆除临时设施的费用。发包人为此提供必要条件。

② 部分合同解除的撤离。承包人接到发包人发出撤离现场的通知后,将其多余的机具、设备、设施等自费拆除并自费撤离现场(不包括根据本款内上述第(5)项第④目约定被抵偿的机具等)。发包人为此提供必要条件。

(7) 解除合同后继续实施工程的权利。发包人可继续完成工程或委托其他承包人继续完成工程。发包人有权与其他承包人使用已移交的永久性工程的物资,及承包人为本工程编制的设计文件、实施文件及资料,以及使用根据本款内上述第(5)项第④目约定扣留抵偿的设施、机具和设备。

2) 由承包人解除合同

(1) 由承包人解除合同。基于下列原因,承包人有权以书面形式通知发包人解除合同,但在发出解除合同通知 15 日前告知发包人:

① 发包人延误付款达 60 日以上,或根据 12.3.4 中通用条款内第 6)款第(4)项承包人要求复工,但发包人在 180 日内仍未通知复工的;

② 发包人实质上未能根据合同约定履行其义务,影响承包人实施工作停止 30 日以上;

③ 发包人未能按 12.3.14 中通用条款内第 2)款第(2)项的约定提交支付保函;

④ 出现 12.3.17 款约定的不可抗力事件,导致继续履行合同主要义务已成为不可能或不必要;

⑤ 发包人破产、停业清理或进入清算程序、或情况表明发包人将进入破产和(或)清算程序,或发包人无力支付合同款项。

发包人接到承包人根据本款上述第①目、第②目、第③目解除合同的通知后,发包人随后给予了付款,或同意复工、或继续履行其义务、或提供了支付保函时,承包人应尽快安排并恢复正常工作。因此造成关键路线延误时,竣工日期顺延;承包人因此增加的费用,由发包人承担。

(2) 承包人发出解除合同的通知后,有权停止和必须进行的工作如下:

① 除为保护生命、财产、工程安全、清理和必须执行的工作外,停止所有进一步的工作。

② 移交已完成的永久性工程及承包人提供的工程物资(包括现场保管的、已经订货的、正在加工制造的、正在运输途中的及现场尚未交接的)。在未移交之前,承包人有义务妥善做好已完工程和已购工程物资的保管、维护和保养。

③ 移交已经付款并已经完成和尚待完成的设计文件、图纸、资料、操作维修手册、施工组织设计、质检资料及竣工资料等。应发包人的要求,对已经完成但尚未付款的相关设计文件、图纸和资料等,按商定的价格付款后,承包人按约定的时间提交给发包人。

④ 向发包人提交全部分包合同及执行情况说明,由发包人承担其费用。

⑤ 应发包人的要求,承包人将分包合同转让至发包人和(或)发包人指定方的名下,包括永久性工程及其物资,以及相关工作;

⑥ 在承包人自留文件资料中,销毁发包人提供的所有信息及其相关的数据及资料的备份。

(3) 解除合同日期的结算资料。

根据本款中上述第(1)项的约定,发包人收到解除合同的通知后,应与承包人商定已发生的工程款项,包括:12.3.14 中通用条款内第 3)款预付款、12.3.14 中通用条款内第 4)款工程进度款、12.3.13 中通用条款内第 7)款合同价格调整的款项、12.3.14 中通用条款内第 5)款保修金暂扣与支付的款项、12.3.16 中通用条款内第 2)款索赔的款项、本合同补充协议的款项,及合同任何条款约定的增减款项,以及承包人拆除临时设施和机具、设备等撤离到承包人企业所在地的费用(当出现本款中上述第(1)项第④目不可抗力的情况,撤离费用由承包人承担)。经双方协商一致的合同款项,作为解除日期的结算依据。

(4) 解除合同后的结算。

① 双方应根据本款中上述第(3)项解除合同日期的结算资料,结清解除合同时双方的应收应付款项的余额。此后,承包人应将发包人根据 12.3.14 中通用条款内第 2)款第(2)项约定提交的支付保函返还给发包人,发包人将承包人根据 12.3.14 中通用条款内第 2)款第(1)项约定提交的履约保函返还给承包人。

② 如合同解除时发包人仍有未被扣减完的预付款,发包人可根据 12.3.14 中通用条款内第 3)款第(3)项预付款抵扣的约定扣除,此后,应将预付款保函返还给承包人。

③ 如合同解除时承包人尚有其他未能收回的应收款余额,承包人可从 12.3.14 中通用条款内第 2)款第(2)项约定的发包人提交的支付保函中扣减.此后,应将支付保函返还给发包人。

④ 如合同解除时承包人尚有其他未能收回的应收款余额,而合同未约定发包人按 12.3.14 中通用条款内第 2)款第(2)项提交支付保函时,发包人应根据本款中上述第(3)项的约定,经协商一致的解除合同日期结算资料后的第 1 日起,按中国人民银行同期同类贷款利率,支付拖欠的余额和利息。发包人在此后的 60 日内仍未支付,承包人有权根据 12.3.16 中通用条款内第 3)款争议和裁决的约定解决。

⑤ 如合同解除时承包人尚有未能付给发包人的付款余额,发包人有权根据本款上述第 1)款第(5)项约定的解除合同后的结算中的第②目至第④目进行结算。

(5) 承包人的撤离。在合同解除后,承包人应将除为安全需要以外的所有其他物资、机具、设备和设施,全部撤离现场。

3) 合同解除后的事项

(1) 付款约定仍然有效。

合同解除后,由发包人或由承包人解除合同的结算及结算后的付款约定仍然有效,直至解除合同的结算工作结清。

(2) 解除合同的争议。

合同双方对解除合同或对解除日期的结算有争议的,应采取友好协商方式解决。经友好协商仍存在争议、或有一方不接受友好协商时,根据 12.3.16 中通用条款内第 3)款争议和裁决的约定解决。

12.3.19 合同生效与终止

1. 通用条款

1）合同生效

在合同协议书中约定的合同生效条件满足之日生效。

2）合同份数

合同正本、合同副本的份数，及合同双方应持的份数，在专用条款中约定。

3）后合同义务

合同双方应在合同终止后，遵循诚实信用原则，履行通知、协助、保密等义务。

2. 专用条款

合同份数

本合同正本一式：_____份，合同副本一式：_____份。合同双方应持的正本份数：_____，副本份数：_____。

12.3.20 补充条款

1. 通用条款

双方对本通用条款内容的具体约定、补充或修改在专用条款中约定。

2. 专用条款

1）承包合同工程的内容及合同工作范围划分：_____。

2）承包合同的单项工程一览表：_____。

3）合同价格清单分项表：_____。

4）其他合同附件：_____。

13   FIDIC 施工合同条件

13.1   施工合同条件的构成

FIDIC《施工合同条件》(1999 年第一版),由通用合同条件和专用合同条件两部分构成,并附有合同协议书、投标函和争端仲裁协议书的格式等。

(1) 通用条件。通用条件是固定不变的,工程建设项目只要是属于房屋建筑或者工程的施工,比如,工业与民用建筑工程、水电工程、路桥工程、港口工程等建设项目,都可适用。

通用条件共分 20 条,247 款,包括一般规定,雇主,工程师,承包商,指定分包商,职员和劳工,工程设备、材料和工艺,开工、误期和暂停竣工检验,雇主的接收,缺陷责任,测量和估价,变更和调整,合同价格和支付,雇主提出终止,承包商提出暂停和终止,风险和责任,保险,不可抗力,索赔、争端和仲裁。

(2) 专用条件。通用条件内容具体详尽,但只有通用条件是不够的,具体到某一工程,有些条款应进一步明确,有些条款还必须考虑工程的具体特点和所在地区的情况予以必要的变动,专用合同条件就是为了实现这一目的。通用条件与专用条件一起构成了对某一具体工程各方权利义务关系,以及对工程施工具体要求的完整的规定。

专用条件的出现可起因于以下因素:

在通用条件的措词中专门要求在专用条件中包含进一步信息,如果没有这些信息,合同条件则不完整。

在通用条件中说到在专用条件中可能包含有补充材料的地方。但如果没有这些补充条件,合同条件仍不失其完整性。

工程类型、环境或所在地区要求必须增加的条款。

工程所在国家法律或特殊环境要求通用条件所含条款有所变更:在专用条件中说明通用条件的某条或某款予以删除,并根据具体情况给出适用的替代条款。

专用条件是针对一个具体的工程,考虑到国家和地区的法律法规的不同、项目的特点和业主对合同实施的不同要求,而对通用条件进行的具体化、修改和补充。FIDIC 编制的各类合同条件的专用条件中,有许多建议性的措辞范例,业主与他聘用的咨询工程师有权决定采用这些措辞范例或另行编制自己认为合理的措辞来对通用条件进行修改和补充。在合同中凡合同专用条件和通用条件的不同之处均以专用条件为准,专用条件的条款号与通用条件相同,这样通用条件和专用条件共同构成一个完整的合同条件。

13.2   施工合同条件的应用

(1) FIDIC 推荐,施工合同条件用于由雇主提供设计的建筑或工程。这种合同的通常情况是,由承包商按照雇主提供的设计进行施工。但该工程可以包含由承包商设计的土木、机械、电气和(或)构筑物的某些部分。

(2) 施工合同条件的性质。FIDIC 合同条件在传统上主要适用于国际工程施工。但对

FIDIC 合同条件进行适当修改后,同样可以适用于国内工程。

(3)应用施工合同条件的前提。施工合同条件注重业主、承包商、工程师三方关系的协调,强调工程师在合同管理中的作用。在工程施工中应用施工合同条件应具备以下前提。

① 通过竞争性招标确定承包商。

② 委托工程师对工程施工进行监督管理。

③ 单价合同形式,也可以有些子项采用总价形式。

本章将摘要介绍《施工合同条件》(1999 第一版)中通用条件的主要内容。

13.3 一般规定

13.3.1 部分重要词语和规定

(1)合同。合同协议书、中标函、投标函、合同条件、规范、图纸、资料表以及合同协议书或中标函中列出的其他文件。

(2)合同协议书。双方应在承包商收到中标函后 28 天内签订合同协议书。

(3)基准日期。投标截止日期前第 28 天。

(4)成本(费用)。承包商在现场内外发生的(或将发生的)所有合理开支,包括管理费用及类似的支出,但不包括利润。

(5)永久工程。按照合同规定由承包商实施的永久性工程。

(6)临时工程。为实施和完成永久工程及修补任何缺陷,在现场所需的所有各类临时性工程。

(7)工程。永久工程和临时工程,或视情况指二者之一。

(8)区段。投标函附录中指明为区段的部分工程。

(9)承包商文件。由承包商根据合同提交的所有计算书、计算机程序和其他软件、图纸、手册、模型和其他技术性文件。

(10)资料表。由承包商填写并随投标函一起提交的文件,包括工程量表、数据、表册、费率和(或)价格表。

(11)法律。合同应受投标书附录中所述国家(或其他司法管辖区)的法律管辖。

(12)文件优先次序

构成合同的文件应被认为是可以互作说明的。为了解释,文件的优先次序为

合同协议书→中标函→投标函→专用条件→通用条件→规范→图纸→资料表和构成合同组成部分的其他文件。

如文件中发现有歧义或不一致,工程师应发出必要的澄清或指示。

13.3.2 雇主

1)现场进入权

雇主应在投标书附录中规定的时间内给予承包商进入现场、占用现场的权利。

2)许可、执照或批准

业主应当根据承包商的请求,提供与合同有关,但不易得到的工程所在国的法律文本;协助承包商申请工程所在国要求的许可、执照或批准。

3)雇主设备和免费提供的材料

(1)雇主应准备雇主设备,供承包商按照规范中规定的细节、安排和价格,在工程实施中

使用。当承包商使用某项雇主设备时,承包商应对该项设备负责。

（2）雇主应自担风险和费用,按照合同规定的时间、地点和规范中规定的细节,提供"免费供应的材料"。

承包商应对其进行目视检查,并将这些材料的短少、缺陷或缺项迅速通知工程师。目视检查后,这些免费供应的材料应由承包商照管、监护和控制。承包商的检查、照管、监护和控制不应解除雇主对目视检查难以发现的任何短少、缺陷或缺项所负的责任。

13.3.3　工程师

1）工程师的任务和权力

雇主应任命工程师,工程师应该行使合同中规定的或必然隐含的工程师的权力。每当工程师履行或行使合同规定或隐含的任务或权力时,应视为代表雇主执行。

工程师无权解除任一方根据合同规定的任何任务、义务或职责,工程师无权修改合同。

如果要求工程师在行使规定权力前须取得雇主批准,应在专用条件中写明,但当工程师行使需由雇主批准规定的权力时,则应视为雇主已予批准。

工程师的任何指示、批准（包括未表示不批准）,不应解除合同规定的承包商的任何职责,包括对错误、遗漏、误差和未遵办的职责。

2）工程师的授权

工程师可以向其助手指派任务和委托权力。这些助手包括驻地工程师,被任命为检验和（或）试验各项工程设备、材料的独立检查员。

助手只能在授权范围内对承包商发出指示,并应与工程师做出的行动具有同样的效力。

如承包商对助手的指示提出质疑,承包商可将此事项提交工程师,工程师应及时进行确认、取消或修改。

3）工程师的替换

如果雇主准备替换工程师,应在拟替换日期 42 天前通知承包商,告知拟替换工程师的名称、地址和有关经验。如果承包商提出合理的反对意见,并附有详细依据,雇主就不应用该人替换工程师。

4）工程师的指示

工程师可按照合同规定向承包商发出指示,只要实际可行,指示应采用书面形式。承包商仅应接受工程师或其助手的指示。承包商应遵循工程师或其助手对与合同有关的任何事项发出的指示。

如工程师或其助手发出口头指示,承包商可在两个工作日内提出书面确认。工程师或其助手在收到书面确认后两个工作日内,未进行答复,该确认应成为书面指示。

5）工程师决定

合同条件中规定的需工程师对某事项进行决定时,工程师应与每一方协商,尽量达成协议。如达不成协议,工程师应对所有相关情况给予应有考虑后,按照合同作出公正的决定。

工程师应将每项商定意见或决定向双方发出通知,并附详细依据。除非并直到根据"索赔、争端和仲裁"的规定作出修改,各方均应履行工程师的决定。

13.3.4　承包商

1）承包商的一般义务

（1）承包商应按照合同及工程师的指示,设计（在合同规定的范围内）、实施和完成工程,并修补工程中的任何缺陷。

（2）承包商应提供合同规定的生产设备和承包商文件，以及所需的临时性或永久性的承包商人员、货物、消耗品及其他物品和服务。

（3）承包商应对现场作业、施工方法和工程的完备性、稳定性、安全性负责。承包商应对承包商文件、临时工程、按照合同要求的生产设备和材料的设计负责。

（4）当工程师提出要求时，承包商应提交工程施工安排和方法的细节。事先未通知工程师，对这些安排和方法不得做重要改变。

（5）如果合同规定承包商设计永久工程的某一部分，则承包商应按合同规定的程序，向工程师提交有关该部分的承包商文件。

2）承包商代表

承包商应任命承包商代表，并授予他代表承包商根据合同采取行动所需的全部权力。

承包商代表的任命应当取得工程师的同意。未经工程师事先同意，承包商不得撤销承包商代表的任命，承包商代表应将其全部时间用于履行合同。如果承包商代表在工程施工期间要暂时离开现场，应事先征得工程师的同意，任命合适的替代人员，并通知工程师。

承包商代表可向任何胜任的人员委托任何职权、任务和权力，并可随时撤销委托。但应事先通知工程师。

13.4 有关工程进度的条款

13.4.1 开工

开工日期应在承包商收到中标函后 42 天内，工程师应至少提前 7 天通知承包商开工日期。

13.4.2 进度计划的提交

承包商应当在接到通知后的 28 天内，向工程师提交详细的进度计划，进度计划应包括：

（1）承包商计划实施工程的次序，包括设计（如有时）、承包商文件、采购、永久工程设备的制造、运到现场、施工、安装检验的各个阶段的预期时间。

（2）每个指定分包商工程各个阶段的安排。

（3）合同中规定的检查和检验的次序和时间。

（4）包括下列内容的一份证明文件：

① 对实施工程中承包商准备采用的方法和主要阶段的总体描述；

② 各主要阶段承包商准备投入的人员和设备数量的计划等。

如果工程师在接到进度计划后 21 天内没有通知承包商该计划不符合合同规定，承包商应按此进度计划履行义务。如果工程师通知承包商进度计划不符合合同规定，承包商应向工程师提交一份修改的进度计划。

13.4.3 工程师对施工进度的监督

1）进度报告

承包商应每月向工程师提交进度报告，说明前一阶段的进度情况和施工中存在的问题，以及下一阶段的实施计划和准备采取的相应措施。每份报告应包括：

（1）设计（如有时）、承包商文件、采购、制造、货物运达现场、施工、安装和调试的每一阶

段,以及指定分包商实施工程的这些阶段进展情况的图表与详细说明;

(2)表明制造和现场进展状况的照片;

(3)与主要永久设备和材料制造有关的制造商名称、制造地点、进度百分比、开始制造、承包商的检查、检验,以及运输和到达现场的实际或预期日期;

(4)承包商人员和设备数量;

(5)质量保证文件、材料的检验结果及证书;

(6)安全统计,包括涉及环境和公共关系方面的任何危险事件与活动的详情;

(7)实际进度与计划进度的对比,包括可能影响按照合同完工的任何事件和情况的说明,以及为消除延误而正在(或准备)采取的措施。

2)进度计划的修改

如果实际进度过于缓慢以致无法按竣工时间完工,实际进度已经(或将要)落后于计划进度,工程师可以指示承包商提交一份修改的进度计划以及证明文件,详细说明承包商为加快施工并在竣工时间内完工拟采取的修正方法,并提交工程师认可后执行,以新进度计划代替原来的计划。

承包商应自担风险且自付费用采取这些修正方法。即不论因何方原因导致实际进度与计划进度不符,承包商都无权对修改进度计划的工作要求额外支付。工程师对修改后进度计划的批准,并不意味着承包商可以摆脱合同规定应承担的责任。

13.4.4 工程暂停

工程师可随时指示承包商暂停部分或全部工程。暂停期间,承包商应保护、保管以及保障该部分或全部工程免遭任何损蚀、损失或损害。

1)暂停引起的后果

如果工程暂停是由承包商错误的设计、工艺或材料引起的,或由于承包商未能按规定采取保护、保管及保障措施引起的,则承包商无权获得所需的延期和增加的费用。

2)暂停时对永久设备和材料的支付

如果有关永久设备的工作或永久设备以及材料的运送被暂停超过28天,并且承包商根据工程师的指示已将这些永久设备和材料标记为雇主的财产,则承包商有权获得未被运至现场的永久设备以及材料的支付,付款应为该永久设备以及材料在停工开始日期时的价值。

3)持续的暂停

如果工程暂停已持续84天以上,承包商可要求工程师同意继续施工。若在接到请求后28天内工程师未给予许可,则承包商可以通知工程师将把暂停影响到的工程视为删减。如果此类暂停影响到整个工程,承包商可提出终止合同。

4)复工

在接到继续工作的许可或指示后,承包商应和工程师一起检查受到暂停影响的工程以及永久设备和材料。承包商应修复在暂停期间发生在工程、永久设备或材料中的任何损蚀、缺陷或损失。

13.4.5 竣工时间的延长

由于下列原因,承包商有权获得竣工时间的延长。

(1)延误移交施工现场和延误发放图纸。

（2）承包商依据工程师提供的错误数据导致放线错误。

（3）不可预见的外界条件。

（4）施工中遇到的文物和古迹对施工进度的影响。

（5）非承包商原因检验导致的施工延误。

（6）发生变更或合同中包括的任何一项工程数量上的实质性变化。

（7）施工中遇到有经验的承包商不能合理遇见的异常不利气候条件的影响。

（8）由于传染病或政府行为导致的延误。

（9）施工中受到雇主或其他承包商的干扰。

（10）后续法规变化引起的延误。

（11）不可抗力事件的影响。

（12）导致承包商根据本合同条件的某条款有权获得延长工期的延误原因。

13.4.6　接收证书的颁发

工程通过竣工检验达到了合同规定的"基本竣工"要求后，承包商应在他认为可以完成移交工作前 14 天以书面形式向工程师申请颁发接收证书。基本竣工是指工程已通过竣工检验，能够按照预定目的交给业主占用或使用，而非完成了合同规定的包括扫尾、清理施工现场及不影响工程使用的某些次要部位缺陷修复工作后的最终竣工，剩余工作允许承包商在缺陷通知期内继续完成。

工程师在收到承包商的申请后 28 天内，决定是否颁发接收证书。

如果认为已满足竣工条件，即可向承包商颁发接收证书，但某些不会实质影响工程按其预定目的使用的扫尾工作以及缺陷除外。

如果认为尚未满足竣工条件，驳回申请，提出理由并说明承包商尚需完成的工作。承包商应在再一次发出申请通知前，完成此类工作。

如果在 28 天期限内，工程师既未颁发接收证书，也未驳回承包商的申请，并且当工程或区段基本符合合同要求时，应视为在上述期限内的最后一天已经颁发了接收证书。

工程接收证书中包括确认工程达到竣工的具体日期。工程接收证书颁发后，表明对工程照管的责任转移给业主。

在工程师颁发接收证书前。雇主不得使用工程的任何部分，如果在接收证书颁发前雇主确实使用了工程的任何部分，则

（1）被使用的部分自被使用之日，应视为已被雇主接收。

（2）承包商应从使用之日起停止对该部分的照管责任。

（3）当承包商要求时，工程师应为此部分颁发接收证书。

13.4.7　缺陷通知期

缺陷通知期即国内施工合同中所指的工程保修期，是指自工程接收证书中写明的竣工日期开始，至工程师颁发履约证书为止的日历天数。

1）完成扫尾工作和修补缺陷

在缺陷通知期内，承包商的工作包括从完成至接收证书注明的日期时尚未完成的工作；实施修补缺陷所必需的所有工作。

2）缺陷通知期的延长

如果工程、区段或主要永久设备，由于缺陷不能按预定的目的使用，则雇主有权要求延长

缺陷通知期,但缺陷通知期的延长不得超过 2 年。

13.4.8　履约证书的颁发

缺陷通知期期满后 28 天内,工程师应向承包商颁发履约证书,并向雇主提交一份履约证书的副本。工程师向承包商颁发履约证书,构成对工程的接受,说明承包商义务的履行被认为已完成。履约证书颁发后工程师无权再指示承包商进行任何施工工作,承包商即可办理最终结算手续。

13.4.9　有关期限的几个概念

1)合同工期

合同工期在合同条件中用"竣工时间"的概念,指所签合同内注明的完成全部工程的时间,加上合同履行过程中因非承包商原因导致变更和索赔事件发生后,经工程师批准顺延工期之和。合同内约定的工期指承包商在投标书附录中承诺的竣工时间。合同工期是衡量承包商是否按合同约定期限履行施工义务的标准。

2)施工期

从工程师按合同约定发布的"开工令"中指明的开工之日起,至工程接收证书注明的竣工日止的日历天数为承包商的施工期。用施工期与合同工期比较,可以判定承包商的施工是提前竣工,还是延误竣工。

3)合同有效期

自合同签字日起至承包商提交给业主的"结清单"生效日止,施工合同对雇主和承包商均具有约束力。颁发履约证书只是表示承包商的施工义务终止,合同约定的权利义务并未完全结束,还剩有管理和结算等手续。结清单生效是指雇主已按工程师签发的最终支付证书付款,并退还承包商的履约保函。结清单一经生效,承包商在合同内享有的索赔权利也自行终止。

13.5　有关价格和支付的条款

13.5.1　预付款

1)动员预付款

动员预付款与我国的预付款(主要以备料为目的,所以我国也称预付备料款)的含义有所不同,是雇主为了帮助承包商解决施工前期开展工作时的资金短缺,从未来的工程款中提前支付的一笔款项。是否有预付款,以及预付款的金额多少、支付(分期支付的次数及时间)和扣还方式等均应在专用条件内约定。

(1)动员预付款的支付。预付款的数额由承包商在投标书中确认。预付款支付的时间在中标函发出后 42 天,或在收到履约担保和预付款担后 21 天,两者中较晚的日期内,雇主按合同约定的数额支付预付款。预付款保函金额应始终保持与预付款等额,随着承包商对预付款的偿还可逐渐递减保函金额。

(2)动员预付款的扣还。预付款在分期支付工程进度款的支付中按百分比扣减的方式偿还。

① 起扣。自承包商获得工程进度款累计总额(不包括预付款的支付和保留金的扣减)达到合同总价(减去暂列金额)10%的那个月起扣。

② 每次支付时的扣减额度。本月证书中承包商应获得的合同款额(不包括预付款及保留

金的扣减)中扣除 25% 作为预付款的偿还,直至还清全部预付款。

2)材料和设备预付款

由于合同条件是针对包工包料的单价合同编制的,因此,规定由承包商自筹资金采购工程材料和设备,只有当材料和设备用于永久工程后,才能将这部分费用计入工程进度款内支付。为了帮助承包商解决订购主要材料和设备所占用资金的周转,订购物资经工程师确认合格后,按发票价值 80% 作为材料和设备预付的款额,包括在当月应支付的工程进度款内。双方也可以在专用条款内修正这个百分比。

(1)承包商申请支付材料和设备预付款。工程材料和设备的采购满足以下条件后,承包商向工程师提交预付材料和设备款的支付清单。

① 材料和设备的质量和储存条件符合技术条款的要求;

② 材料和设备已到达工地并经承包商和工程师共同验收入库;

③ 承包商按要求提交了订货单、收据价格证明文件(包括运至现场的费用)。

(2)工程师核查提交的证明材料。预付款金额为经工程师审核后实际材料和设备价乘以合同约定的百分比。

(3)预付材料和设备款的扣还。当已预付款项的材料和设备用于永久工程,构成永久工程合同价格的一部分后,从计量工程量的承包商应得款内扣除预付的款项,扣除金额与预付金额的计算方法相同。专用条款内也可以约定其他扣除方式,如每次预付的材料和设备款在付款后的约定月内(最长不超过 6 个月),每个月平均扣回。

13.5.2　工程进度款

1)承包商提供报表

每个月的月末,承包商应按工程师规定的格式提交本月支付报表。内容包括提出本月已完成合格工程的应付款要求和对应扣款的确认,一般包括以下几个方面:

(1)本月完成的工程量清单中工程项目及其他项目的应付金额(包括变更)。

(2)法规变化引起的调整应增加或减扣的款额。

(3)作为保留金扣减的款额。

(4)预付款的支付(分期支付的预付款)和扣还应增加或减扣的款额。

(5)承包商采购用于永久工程的设备和材料应预付或扣减款额。

(6)根据合同或其他规定(包括索赔、争端裁决和仲裁),应增加或扣减的款额。

(7)对以前支付证书中款额的扣除或减少。

2)工程计量

支付价值应通过工程计量来确定,当工程师要求对工程进行计量时,应通知承包商代表,承包商代表应完成如下工作:

(1)立即参加或派一名合格的代表协助工程师进行计量。

(2)提供工程师所要求的全部详细资料。

如果承包商未能参加或派出代表,则由工程师进行的计量应被视为准确的计量而接受。

在进行计量时,工程师应准备好需用的记录,当承包商被要求时,他应参加审查并就此类记录与工程师达成一致,并在双方一致时,在上述文件上签名。如果承包商没有参加审查,则应认为此类记录是准确的并被接受。

如果承包商在审查之后不同意上述记录,承包商应通知工程师并说明认为不准确的各个方面。在接到通知后,工程师应复查记录,予以确认或修改。如果承包商在被要求对记录进行审查后 14 天内未向工程师发出通知,则认为它们是准确的并被接受。

工程师在进行计量时,应计量每部分永久工程的实际净值,且计量方法应符合工程量表或其他适用报表的规定。

3)估价

每项工作的估价是用计量数据乘以此项工作的相应费率或价格得到的。对每项工作,合适的费率或价格应该是合同中对此项工作规定的费率或价格。如果没有该项,则为对其类似工作所规定的费率或价格。但是,在下列情况下,应对该项工作规定新的费率或价格。

如果此项工作实际测量的工程量比工程量表或其他报表中规定的工程量变动大于 10%;工程量的变更与对该项工作规定的费率的乘积超过了接受的合同款额的 0.01%;由此工程量变更直接造成该项工作每单位工程量费用的变动超过 1%;这项工作不是合同中规定的固定费率项目。

此工作是根据"变更与调整"的指示进行的。合同中对此项工作未规定费率或价格,且此工作与合同中的任何工作没有类似的性质或不在类似的条件下进行,故没有一个规定的费率或价格适用。

每种新的费率或价格应是在考虑任何相关事件以后,从实施工作的合理费用加上合理利润中得到。在商定或决定了合适的费率或价格之前,工程师应为期中支付证书决定临时费率或价格。

4)期中支付证书的颁发

工程师在收到承包商的支付报表后 28 天内,按核查结果签发期中支付证书。工程师在下列情况下,可以不签发证书或扣减承包商报表中部分金额。

(1)合同内约定有工程师签证的最小金额时,本月应签发的金额小于签证的最小金额,工程师不出具期中支付证书。本月应付款接转下月,超过最小签证金额后一并支付。

(2)承包商提供的货物或施工的工程不符合合同要求,可扣发修正或重置相应的费用,直至修整或重置工作完成后再支付。

(3)承包商未能按合同规定进行工作或履行义务,并且工程师已经通知了承包商,则可以扣留该工作或义务的价值,直至工作或义务履行为止。

期中支付证书属于临时支付证书,工程师可在任一次付款证书中,对以前付款证书作出修改。付款证书不应被视为工程师接受、批准、同意或满意的表示。承包商也有权提出更改或修正,经双方复核同意后,将增加或扣减的金额纳入本次支付中。

5)雇主支付

承包商的报表经过工程师认可并签发期中支付证书后,雇主应在接到证书后及时给承包商付款。雇主的付款时间不应超过工程师收到承包商支付报表后的 56 天。

13.5.3　保留金

保留金是按合同约定从承包商应得的工程进度款中相应扣减的一笔金额保留在雇主手中,作为约束承包商履行合同义务的措施之一。当承包商有违约行为使雇主受到损失时,可从该项金额内直接扣除。

(1)保留金的约定。承包商在投标书附录中按招标文件提供的信息和要求确认了每次扣留保留金的百分比和保留金限额。每次月进度款支付时扣留的百分比一般为 5%~10%,累计扣留的最高限额为合同价的 2.5%～5%。

（2）保留金的扣留。从首次支付工程进度款开始,以该月承包商完成合格工程应得款(不考虑因后续法规变化引起的调整和价格变化引起的调整)为基数,乘以合同约定保留金的百分比作为本次支付时应扣留的保留金。累计扣到合同约定的保留金最高限额为止。

（3）保留金的返还。保留金的返还分为以下两个阶段:

当工程师已经颁发了整个工程的接收证书时,工程师应开具证书将保留金的一半支付给承包商。如果颁发的接收证书只是限于一个区段或工程的一部分,则应就相应百分比的保留金开具证书并给予支付。这个百分数应该是将估算的区段或部分的合同价值除以最终合同价格的估算值计算得出的比例的 40%。

在缺陷通知期期满时,工程师应立即开具证书将保留金尚未支付的部分支付给承包商。如果颁发的接收证书只限于一个区段,则在这个区段的缺陷通知期期满后,应立即就保留金的后一半的相应百分比开具证书并给予支付。这个百分数应该是将估算的区段或部分的合同价值除以最终合同价格的估算值计算得出的比例的 40%。

13.5.4　竣工结算

1）承包商报送竣工报表

在收到接收证书后 84 天内,承包商应向工程师提交竣工报表,并附证明文件,详细说明以下内容:

（1）到接收证书注明的日期为止,根据合同所完成的所有工作的价值。

（2）承包商认为应进一步支付给他的款项,如索赔款、应退还的保留金等。

（3）承包商认为应支付的任何其他估算款额。估算款额是还未经过工程师审核同意。估算款额应在竣工报表中单独列出,以便工程师签发支付证书。

2）竣工结算与支付

工程师接到竣工报表后,应对支付要求进行审查,然后再依据审查结果签署竣工结算的期中支付证书。此项签证工作,工程师应在收到竣工报表后 28 天内完成。雇主应在工程师收到竣工报表和证明文件后 56 天内支付。

13.5.5　最终结算

在颁发履约证书 56 天内,承包商应向工程师提交最终报表草案,并附证明文件,详细说明以下内容:

（1）根据合同所完成的所有工作的价值。

（2）承包商认为应进一步支付给他的任何款项。

如果工程师不同意或不能证实最终报表草案中的某一部分,承包商应根据工程师要求提交进一步的资料,并就双方所达成的一致意见对草案进行修改。随后,承包商应编制并向工程师提交双方同意的最终报表。该双方同意的报表被称为"最终报表"。

如果工程师和承包商对最终报表草案进行了双方同意的修改后,仍明显存在争议,工程师应向雇主送交一份最终报表中双方协商一致的期中支付证书,同时将一副本送交承包商。存在的争议得到解决后,承包商随后应根据争议解决的结果编制一份最终报表提交给雇主,同时将副本送交工程师。

承包商将最终报表送交工程师的同时,还需向雇主提交一份"结清单"进一步证实最终报表中的支付总额,作为同意与雇主终止合同关系的书面文件。工程师在接到最终报表和结清单附件后的 28 天内签发最终支付证书,雇主应在收到证书后的 56 天内支付。只有当雇主按照最终支付证书的金额予以支付并退还履约保函后,"结清单"才生效,承包商的索赔权也即行终止。

13.5.6　工程变更

1. 工程变更的范围

在颁发工程接收证书前,工程师可通过发布指示的方式,提出变更。变更可包括:

（1）对合同中任何工作内容的数量的改变。

（2）任何工作质量或其他特性的变更。

（3）工程任何部分标高、位置和（或）尺寸上的改变。

（4）任何工作的删减,但要交由他人实施的工作除外。

（5）永久工程所需的任何附加工作、永久设备、材料或服务。

（6）工程实施的顺序或时间安排的改变。

承包商应执行每项变更并受每项变更的约束,除非承包商马上通知工程师（并附具体的证明资料）并说明承包商无法得到变更所需的货物。在接到此通知后,工程师应取消、确认或修改指示。

2. 承包商提出的变更

1）承包商提出变更建议

承包商可以随时向工程师提交一份书面建议,承包商认为如果采纳其建议可能:

（1）加速完工;

（2）降低雇主实施、维护或运行工程的费用;

（3）对雇主而言能提高竣工工程的效率或价值;

（4）为雇主带来其他利益。

则承包商应自费编制此类建议书。如果工程师批准的建议包括一项对部分永久工程设计的改变,则承包商应设计该部分工程。

2）接受变更建议的估价

如果工程师接受承包商的变更建议,造成该部分工程合同的价值减少,工程师应商定或决定一笔费用,并将之加入合同价格。这笔费用应是以下金额差额的一半（50%）:

（1）合同价值的减少,不包括法规变化引起的调整和费用变化引起的调整;

（2）考虑到质量、预期寿命或运行效率的降低,对雇主而言,变更工作价值上的减少（如有时）。

如果上述（1）的金额少于（2）,则没有该笔费用。

13.5.7　法规变化引起的调整

在投标截止日期前的第 28 天以后,工程所在国的法律（包括新法律的实施以及现有法律的废止或修改）或对此法律的司法的或官方政府的解释的变更导致费用的增减,则合同价格应作出相应调整。

如果承包商由于此类在基准日期后所作的法律或解释上的变更而遭受了延误和（或）承担额外费用,承包商有权要求获得工期的延长和（或）有关费用。

13.5.8 费用变化引起的调整

对于施工期较长的合同,为了分担物价变化对施工成本影响的风险,一般在合同内约定调整的方法。常用的形式如下:

$$P_n = a + b \times L_n/L_0 + c \times M_n/M_0 + d \times E_n/E_0 + \cdots$$

式中 P_n——对第"n"期间内所完成工作合同价值所采用的调整倍数,这个期间通常是一个月;

a——代表支付中不调整部分的估算比例;

b,c,d——代表与实施工程有关的每项费用因素的估算比例,此表中显示的费用因素可能是指资源,如劳务、设备和材料;

L_n,M_n,E_n——第 n 期间时使用的现行费用指数或参照价格,按照该期间(具体的支付证书的相关期限)最后一日之前第 49 天当天的费用指数或参照价格确定;

L_0,M_0,E_0——基本费用指数或参照价格,按照在基准日期时的费用指数或参照价格确定。

13.5.9 暂列金额

暂列金额是雇主的备用金,一般在工程量清单中包括有"暂列金额"款项,评标时不作为评标指标,但包括在合同价格内。尽管包括在合同价格中,但其使用却归工程师控制,施工中工程师有权根据工程进展的需要,指示将暂列金额用于提供物资、设备或技术服务等内容的支出,也可作为意外用途的支出,他有权全部使用、部分使用或完全不用。只有当承包商按工程师的指示完成暂列金额项内开支的工作任务后,才能从其中获得相应的支付。

由于暂列金额是用于招标文件规定承包商必须完成工作之外的费用,承包商报价时不将承包范围内发生的间接费、利润、税金等摊入其中,所以,他未获得暂列金额内的支付不损害其利益。承包商接受工程师的指示完成暂列金额项内的工作时,应按工程师要求提供有关凭证,包括报价单、发票、账单、收据等的证明材料。

13.5.10 计日工作

对于数量少或偶然进行的零散工作,工程师可以指示按计日工作实施变更。对于此类工作应按照包括在合同中的计日工作计划表进行估价。

在订购工程所需货物时,承包商应向工程师提交报价。当申请支付时,承包商应提交此货物的发票、凭证以及账单或收据。

除了计日工报表中规定的不进行支付的项目以外,承包商应每日向工程师提交报表,包括前一工作日中使用的下列资源的详细资料:

(1)承包商人员的姓名、工种和工时。

(2)承包商设备和临时工程的种类、型号以及工时。

(3)使用的永久设备和材料的数量和型号。

13.6　有关工程质量的条款

13.6.1　承包商的质量责任和义务

1）质量保证

承包商应建立质量保证体系,工程师有权对体系的任何方面进行审查。承包商应在每一设计和实施阶段开始前,向工程师提交所有程序和如何贯彻要求的文件的细节。但遵守质量保证体系不应解除合同规定的承包商的任何任务、义务或职责。

2）现场数据

雇主应将其取得的现场地下、水文条件及环境方面的所有有关数据,提交给承包商。承包商应负责解释所有此类资料。

承包商应被认为已经取得了可能对投标书或工程产生影响的有关风险、偶发事件和其他情况的所有必要资料,已经视察和检查了现场、周围环境、上述数据和其他得到的资料。对所有相关事项已感到满足要求,包括(不限于):现场的状况和性质,包括地下条件;水文和气候条件;为实施、完成工程和修补任何缺陷所需工作和货物的范围和性质;工程所在国的法律、程序和劳务惯例;承包商对进入、食宿、设施、人员、电力、运输、水和其他服务的要求。

3）安全措施

承包商应遵守所有适用的安全规则,照料有权在现场的所有人员的安全,尽合理的努力保持现场和工程,清除不需要的障碍物,以避免对这些人员造成危险,在工程移交前,提供围栏、照明、保卫和看守,因实施工程为公众和邻近土地的所有人、占用人使用和提供保护,提供可能需要的任何临时工程(包括道路、人行路、防护物和围栏等)。

4）环境保护

承包商应采取一切适当措施,保护(现场内外)环境,限制由其施工作业引起的污染、噪声和其他后果对公众和财产造成的损害和妨害。承包商应确保因其活动产生的气体排放、地面排水及排污等,不超过规范规定的数值,也不超过适用法律规定的数值。

5）放线

承包商应按照合同规定的或工程师通知的原始基准点、基准线和基准标高对工程放线。承包商应负责对工程的所有部分正确定位,并应纠正在工程的位置、标高、尺寸或定线中的任何错误。

雇主应对规定的或通知的这几项基准的任何错误负责,但承包商应在使用前,作出努力对其准确性进行验证。

如果承包商在实施中,由于这几项基准中的某项错误导致延误和(或)增加费用,而有经验的承包商不能合理发现此类错误,并避免此延误和(或)增加费用,承包商有权要求工期的延长,和(或)此类费用和合理利润。

6）承包商设备

承包商应负责所有承包商设备。承包商设备运到现场后,未经工程师同意,承包商不得从现场运走任何主要承包商设备。

13.6.2　分包控制

1. 分包商

承包商不得将整个工程分包出去。

承包商应对任何分包商、其代理人或雇员的行为或违约,如同承包商自己的行为或违约一样地负责。

承包商在选择材料供应商或向合同中已指明的分包商进行分包时,通知工程师无需取得同意,对其他建议的分包商应取得工程师的事先同意,承包商应至少在 28 天前各分包商承担工作的拟定开工日期和该工作在现场的拟定开工日期。

2. 指定分包商

指定分包商指合同中提出的指定的分包商,或工程师指示承包商雇用的分包商。雇主有权将部分工程项目的施工任务或涉及提供材料、设备、服务等工作内容发包给指定分包商实施。虽然指定分包商是由雇主(或工程师)指定,但他们与承包商签订分包合同,由承包商负责对他们的协调和管理,并对之进行支付。

1) 对指定分包商的反对

如果承包商有理由相信,该分包商没有足够的能力、资源或财力,分包合同没有明确规定指定分包商应保障承包商不承担指定分包商及其代理人和雇员疏忽或误用货物的责任等,则承包商对指定分包商的反对应被认为是合理的,除非雇主同意保障承包商免受这些事项的影响。

2) 对指定分包商的付款

为了不损害承包商的利益,给指定分包商的付款应从暂列金额内开支。承包商在每个月报送工程款支付报表时,工程师有权要求他出示以前已按指定分包合同给指定分包商付款的证明。如果承包商没有合法理由而扣押了指定分包商应得工程款,雇主有权按工程师出具的证明在本月应付款内扣除这笔金额直接付给指定分包商。

13.6.3 对永久设备、材料和工艺的控制

承包商应以合同中规定的方法,按照公认的良好惯例,以恰当、熟练和谨慎的方式,使用适当装备、设施以及安全材料,进行永久设备的制造、材料的制造和生产,并实施所有其他工程。

1. 检查和检验

1) 检查

雇主的人员在一切合理的时间内:

(1) 应完全能进入现场及进入获得自然材料的所有场所;

(2) 有权在生产、制造和施工期间对材料和工艺进行检查,并对永久设备的制造进度和材料的生产及制造进度进行检查。

承包商应向雇主的人员提供一切机会执行该任务,包括提供通道、设施、许可及安全装备。

在覆盖、掩蔽或包装以备储运或运输之前,承包商应及时通知工程师,工程师应随即进行检查。如果承包商未发出此类通知而工程师要求时,他应打开这部分工程并随后自费恢复原状,使之完好。

2) 检验

承包商应提供进行检验所需的条件,承包商应与工程师商定检验的时间和地点。

工程师可以变更规定检验的位置或细节,或指示承包商进行附加检验。如果此变更或附加检验证明被检验的永久设备、材料或工艺不符合合同规定,则此变更费用由承包商承担。

工程师应提前至少 24 小时将其参加检验的意图通知承包商。如果工程师未在商定的时间和地点参加检验,承包商可着手进行检验,并且此检验应被视为是在工程师在场的情况下进

行的。

如果由于承包商服从这些指示或雇主原因,导致承包商延误和(或)增加费用,则承包商有权要求工期的延长和(或)获得有关费用加上合理利润。

当规定的检验通过后,工程师应对承包商的检验证书批注认可或就此向承包商颁发证书。若工程师未能参加检验,他应被视为对检验数据的准确性予以认可。

2. 拒收

如果从检查、检验的结果看,发现任何永久设备、材料或工艺有缺陷或不符合合同规定,工程师可拒收此永久设备、材料或工艺,承包商应立即修复缺陷并保证使被拒收的项目符合合同规定。

若工程师要求对此永久设备、材料或工艺再度进行检验,则检验应按相同条款和条件重新进行。如果拒收和再度检验致使雇主产生了附加费用,则承包商应向雇主支付这笔费用。

3. 补救工作

不论以前是否进行了检验或颁发了证书,工程师仍可以指示承包商:

(1) 将不符合合同规定的永久设备或材料从现场移走并进行替换;

(2) 把不符合合同规定的任何其他工程移走并重建;

(3) 实施任何因保护工程安全而急需的工作,无论因为事故、不可预见事件或是其他事件。

承包商应在规定的期限内执行该指示。如果承包商未能遵守该指示,则雇主有权雇用其他人来实施工作,并予以支付。承包商应向雇主支付因其未完成工作而导致的费用。

13.6.4　竣工检验

承包商完成工程并准备好竣工报告后,应提前21天将某一确定日期通知工程师,说明在该日期后他将准备好进行竣工检验。竣工检验应在该日期后14天内于工程师指示的某日或数日内进行。

1. 不能进行规定的竣工检验

1) 承包商原因导致不能进行规定的竣工检验

如果承包商无故延误竣工检验,工程师可通知承包商要求他在收到该通知后21天内进行检验。承包商应在该期限内他可能确定的某日或数日内进行检验,并将此日期通知工程师。

若承包商未能在21天的期限内进行竣工检验,雇主的人员可着手进行此类检验,其风险和费用均由承包商承担。竣工检验应被视为是在承包商在场的情况下进行的,且检验结果应被认为是准确的。

2) 雇主原因导致不能进行规定的竣工检验

如果由于雇主的原因妨碍承包商进行竣工检验已达14天以上,则应认为雇主已在本应完成竣工检验之日接收了工程或区段。

工程师应相应地颁发接收证书,并且承包商应在缺陷通知期期满前尽快进行竣工检验。工程师应提前14天发出通知,要求根据合同的有关规定进行竣工检验。

若延误进行竣工检验导致承包商遭受了延误和(或)增加了费用,则承包商有权要求工期延长,和(或)支付有关费用加上合理的利润。

2. 未能通过竣工检验

1) 重新检验

如果工程或某区段未能通过竣工检验,则工程师或承包商可要求按相同条款或条件,重复进行此类未通过的检验以及对任何相关工作的竣工检验。

2) 重复检验仍未能通过

如果整个工程或某区段未能通过重复竣工检验,则工程师有权选择以下任何一种处理方法:

(1) 指示再进行一次重复的竣工检验。

(2) 如果由于该工程缺陷致使雇主基本上无法享用该工程或区段所带来的全部利益,拒收整个工程或区段,在此情况下,雇主有权获得承包商的赔偿。包括:雇主为整个工程或该部分工程所支付的全部费用以及融资费用;拆除工程、清理现场和将永久设备和材料退还给承包商所支付的费用。

(3) 折价接收该部分工程。承包商应根据合同中规定的所有其他义务继续工作,合同价格中应扣除由于此类失误而给雇主造成的损失。

13.6.5 缺陷责任

1) 未能修补缺陷

如果承包商未能在合理时间内修补缺陷,雇主可确定某一日期,规定在该日或该日之前修补缺陷。如果承包商到该日期尚未修补好缺陷,则雇主可以:

(1) 以合理的方式由自己或他人进行此项工作,并由承包商承担费用。

(2) 扣减相应部分的合同价格(由工程师对合同价格的减少额做出商定或决定)。

(3) 如果该缺陷致使雇主基本上无法享用全部工程或部分工程所带来的全部利益,则对整个工程或不能按期投入使用的那部分主要工程终止合同。雇主应有权收回为整个工程或该部分工程所支付的全部费用以及融资费用、拆除工程、清理现场和将永久设备和材料退还给承包商所支付的费用。

2) 现场清理

在接到履约证书后,承包商应从现场运走任何剩余的承包商设备、剩余材料、残物、垃圾或临时工程。

若在雇主接到履约证书副本后 28 天内上述物品还未被运走,则雇主可对留下的任何物品予以出售或另作处理。雇主有权获得为此类出售或处理及清理现场有关费用的支付。

出售的余额应归还承包商,若雇主出售所得少于费用支出,则承包商还应向雇主支付不足部分的款项。

13.7 其他条款

13.7.1 风险和责任

1. 保障

承包商应保障和保护雇主、雇主的人员、以及他们各自的代理人免遭与下述有关的一切索赔、损害、损失和开支(包括法律费用和开支):

(1) 由于承包商的设计(如有时)、施工、竣工以及任何缺陷的修补导致的任何人员的身体伤害、生病、病疫或死亡。

（2）物资财产，即不动产或私人财产（工程除外）的损伤或毁坏，当此类损伤或毁坏是：

① 由于承包商的设计（如有时）、施工、竣工以及任何缺陷的修补导致的；

② 由于承包商、承包商的人员、他们各自的代理人，或由他们直接或间接雇用的任何人的任何渎职、恶意行为或违反合同而造成的。

2. 承包商对工程的照管

从工程开工日期起直到颁发接收证书的日期为止，承包商应对工程的照管负全部责任。此后，照管工程的责任移交给雇主。如果就工程的某区段或部分颁发了接收证书（或认为已颁发），则该区段或部分工程的照管责任即移交给雇主。

照管责任移交给雇主后，承包商仍有责任照管在接收证书上注明的日期内应完成而尚未完成的工作。

在承包商负责照管期间，如果工程、货物或承包商文件发生的任何损失或损害不是由于雇主的风险所致，则承包商应自担风险和费用弥补此类损失或修补损害。

承包商还应为在接收证书颁发后由于他的任何行为导致的任何损失或损害负责。接收证书颁发后，由于在此之前承包商的责任而导致的任何损失或损害，承包商也应负有责任。

3. 雇主的风险

1）通用条件所列的雇主的风险包括

（1）战争、敌对行动（不论宣战与否）、入侵、外敌行动。

（2）工程所在国内的叛乱、恐怖活动、革命、暴动、军事政变或篡夺政权，或内战。

（3）暴乱、骚乱或混乱，完全局限于承包商的人员以及承包商和分包商的其他雇用人员中间的事件除外。

（4）工程所在国的军火、爆炸性物质、离子辐射或放射性污染，由于承包商使用此类军火、爆炸性物质、辐射或放射性活动的情况除外。

（5）以音速或超音速飞行的飞机或其他飞行装置产生的压力波。

（6）雇主使用或占用永久工程的任何部分。

（7）因工程任何部分设计不当而造成的，而此类设计是由雇主的人员提供的，或由雇主所负责的其他人员提供的。

（8）一个有经验的承包商不可预见且无法合理防范的自然力的作用。

2）雇主的风险造成的后果

如果上述所列的雇主的风险导致了工程、货物或承包商文件的损失或损害，则承包商应尽快通知工程师，并应按工程师的要求弥补此类损失或修复此类损害。

如果为了弥补此类损失或修复此类损害使承包商延误工期和（或）承担了费用，则承包商应进一步通知工程师，并且有权要求延长工期，和（或）获得有关费用，如果雇主的风险中（6）段及（7）段的情况发生，上述费用应加上合理的利润。

4. 延误的图纸或指示

如果任何必需的图纸或指示未能在合理的特定时间内发至承包商，以致工程可能拖延或中断时，承包商应通知工程师。通知应包括必需的图纸或指示的细节，为何和何时前必须发出的详细理由，以及如果晚发出可能遭受的延误或中断的详情。

如果工程师未能在通知中要求的时间内发出图纸或指示，使承包商遭受延误和（或）增加费用，承包商应再次通知工程师，并有权要求工期延长、费用和合理利润。

如果工程师未能发出是由于承包商的错误或拖延,包括承包商文件中的错误或提交拖延造成的,承包商无权要求此类工期延长、费用或利润的增加。

5．不可预见的物质条件

"物质条件"指承包商在现场施工时遇到的自然物质条件和人为的及其他物质障碍,包括地下和水文条件,但不包括气候条件。

如果承包商遇到他认为不可预见的不利物质条件,应尽快通知工程师。应说明物质条件以便工程师进行检验,并应提出承包商认为不可预见的理由。承包商应采取措施继续施工,并应遵循工程师可能给出的任何指示。

如果承包商遇到不可预见的物质条件,并发出此项通知,如果这些条件达到遭受延误和(或)增加费用的程度,承包商有权要求工期延长和有关费用。

工程师收到此类通知并对该物质条件进行检验和(或)研究后,应考虑此类物质条件是否不可预见以及不可预见的程度,决定是否给予补偿。

6．化石

当在现场发现化石、钱币、有价值的物品或文物,以及具有地质或考古意义的结构物和其他遗迹或物品时,承包商应采取合理预防措施,防止承包商人员或其他人员移动或损坏任何此类发现物。承包商应立即通知工程师,工程师应就处理发出指示。如承包商因执行这些指示遭受延误和(或)增加费用,承包商有权要求工期的延长和任何此类费用。

7．不可抗力

1) 不可抗力的定义

不可抗力是指如下所述的特殊事件或情况:

(1) 一方无法控制的;

(2) 在签订合同前该方无法合理防范的;

(3) 情况发生时,该方无法合理回避或克服的;

(4) 主要不是由于另一方造成的。

不可抗力可包括(但不限于)下列特殊事件或情况:

(1) 战争、敌对行动(不论宣战与否)、入侵、外敌行动;

(2) 叛乱、恐怖活动、革命、暴动、军事政变或篡夺政权,或内战;

(3) 暴乱、骚乱、混乱、罢工或停业,完全局限于承包商的人员以及承包商和分包商的其他雇员中间的事件除外;

(4) 军火,爆炸物,离子辐射或放射性污染,由于承包商使用此类军火,爆炸物,辐射或放射性的情况除外;

(5) 自然灾害,如地震、飓风、台风或火山爆发。

2) 不可抗力的通知

如果由于不可抗力,一方已经或将要无法依据合同履行他的任何义务,则该方应将构成不可抗力的事件或情况通知另一方,并具体说明已经无法或将要无法履行的义务、工作。该方应在注意到(或应该开始注意到)构成不可抗力的相应事件或情况发生后 14 天内发出通知。

在发出通知后,该方应在此类不可抗力持续期间免除此类义务的履行。不可抗力的规定不适用于任一方依据合同向另一方进行支付的义务。

3）减少延误的责任

每一方都应尽力履行合同规定的义务，以减少由于不可抗力导致的任何延误。当不可抗力的影响终止时，一方应通知另一方。

4）不可抗力引起的后果

如果由于不可抗力，承包商无法依据合同履行他的任何义务，而且已经发出了相应的通知，并且由于承包商无法履行此类义务而使其遭受工期的延误和（或）费用的增加，则承包商有权获得工期的延长；如果发生了不可抗力所包括内容中的（1）至（4）条所描述的事件或情况，承包商还有权获得有关费用。

5）可选择的终止、支付和返回

如果由于不可抗力，导致整个工程的施工无法进行已经持续了 84 天，且已发出了相应的通知，或如果由于同样原因停工时间的总和已经超过了 140 天，则任一方可向另一方发出终止合同的通知。在这种情况下，合同将在通知发出后 7 天终止。

一旦发生此类终止，工程师应决定已完成的工作的价值，并颁发包括下列内容的支付证书：

（1）已完成的且其价格在合同中有规定的任何工作的应付款额。

（2）为工程订购的，且已交付给承包商或承包商有责任去接受交货的永久设备和材料的费用。当雇主为之付款后，此类永久设备和材料应成为雇主的财产，并且承包商应将此类永久设备和材料交由雇主处置。

（3）为完成整个工程，承包商在某些情况合理导致的任何其他费用。

（4）将临时工程和承包商的设备撤离现场并运回承包商本国设备基地的合理费用（或运回其他目的地的费用，但不能超过运回本国基地的费用）。

（5）在合同终止日期将完全是为工程雇用的承包商职员和劳工遣返回国的费用。

13.7.2 担保和保险

1. 履约担保

承包商应按照投标书附录中的规定，自费取得履约担保。并应在收到中标函后 28 天内向雇主提交履约担保，并向工程师送一份副本。履约担保应由雇主批准的国家（或其他司法管辖区域）内的实体提供。

承包商应确保履约担保直到完成工程的施工、竣工及修补完任何缺陷前持续有效。如果在履约担保的条款中规定了期满日期，而承包商在该期满日期前 28 天尚无权拿到履约证书，承包商应将履约担保的有效期延长至工程竣工和修补完任何缺陷时为止。

雇主可以对履约担保提出索赔的情况包括：

（1）承包商未能按要求延长履约担保的有效期，这时雇主可以索赔履约担保的全部金额。

（2）按照雇主的索赔或争议、仲裁等决定，承包商未能及时向雇主支付应付的索赔款额。

（3）承包商未能在收到雇主要求纠正违约的通知后 42 天内进行纠正。

（4）雇主有权终止合同的情况。

雇主应在收到履约证书副本后 21 天内，将履约担保退还承包商。

2. 保险

1）有关保险的总体要求

（1）投保方。投保方的含义是指根据相关条款的规定投保各种类型的保险并保持其有效的一方。当承包商作为投保方时,他应按照雇主批准的承保人及条件办理保险。当雇主作为投保方时,他应按照专用条件后所附详细说明的承保人及条件办理保险。

（2）如果某一保险单被要求对联合被保险人进行保障,则该保险应适用于每一单独的被保险人,其效力应和向每一联合被保险人颁发了一张保险单的效力一致。

（3）投保方在支付每一笔保险费后,应将支付证明提交给另一方。在提交此类证明或保险单的同时,投保方还应将此类提交事宜通知工程师。

（4）没有另一方的事先批准,任一方都不得对保险条款作出实质性的变动。如果承保人作出（或欲作出）任何实质性的变动,承保人先行通知的一方应立即通知另一方。

（5）如果投保方未能按合同要求办理保险并使之保持有效,或未能提供令另一方满意的证明和保险单的副本,则另一方可以办理相应的保险,并支付应交的保险费。投保方应向另一方支付此类保险费的款额。

（6）如果投保方未能按合同要求办理保险并使之保持有效,则任何通过此类保险本可收回的款项应由投保方支付给另一方。

2）工程和承包商设备的保险

投保方应为工程、永久设备、材料以及承包商文件投保,该保险的最低限额应不少于全部复原成本,包括补偿拆除和移走废弃物以及专业服务费和利润。此类保险应至颁发工程的接收证书之日止保持有效。

投保方应维持该保险在直到颁发履约证书的日期为止的期间继续有效,以便对承包商负责的、由颁发接收证书前发生的某项原因引起的损失或损害,以及由承包商在任何其他作业（包括缺陷责任所规定的作业）过程中造成的损失或损坏,提供保险。

投保方应为承包商的设备投保,该保险的最低限额应不少于全部重置价值（包括运至现场）。对于每项承包商的设备,该保险应保证其运往现场的过程中以及设备停留在现场或附近期间,均处于被保险之中,直至不再将其作为承包商的设备使用为止。

保险应由承包商作为投保方办理并使之保持有效,并应以合同双方联合的名义投保,双方均有权从承保人处得到支付,仅为修复损失或损害的目的,该支付的款额由合同双方共同占有或在各方间进行分配。

3）人员伤亡和财产损害的保险

投保方应为履行合同引起的,并在履约证书颁发之前发生的任何物资财产（"工程和承包商的设备的保险"规定的被投保的物品除外）的损失或损害,或任何人员（"承包商人员的保险"规定的被投保的人员除外）的伤亡引起的每一方的责任办理保险。

保险应由承包商作为投保方办理并使之保持有效,并应以合同双方联合的名义投保。

4）承包商人员的保险

承包商应对承包商雇用的任何人员或其他任何承包商人员的伤害、疾病、病疫或死亡所导致的一切索赔、损害、损失和开支（包括法律费用和开支）的责任办理保险,并使之保持有效。

雇主和工程师也应能够依此保险单得到保障,但此类保险不承保由雇主或雇主的人员的任何行为或疏忽引起的损失和索赔。

该保险此类人员协助实施工程的整个期间都要保持完全有效。对于分包商的雇员,此类保险可由分包商来办理,但承包商应负责使分包商遵循本条的要求。

13.7.3 索赔

1) 承包商的索赔

如果承包商认为他有权获得竣工时间的延长和(或)任何附加款项,他应通知工程师,说明引起索赔的事件或情况。该通知应尽快发出,并应不迟于承包商开始注意到,或应该开始注意到这种事件或情况之后 28 天。

如果承包商未能在 28 天内发出索赔通知,竣工时间将不予延长,承包商也无权得到附加款项,并且雇主将被解除有关索赔的一切责任。

承包商应在现场或工程师可接受的另一地点保持用以证明任何索赔可能需要的同期记录。

工程师在收到上述通知后,在不必事先承认雇主责任的情况下,监督此类记录的进行,并(或)可指示承包商保持进一步的同期记录。承包商应允许工程师审查所有此类记录,并应向工程师提供复印件。

在承包商开始注意到,或应该开始注意到,引起索赔的事件或情况之日起 42 天内,或在承包商可能建议且由工程师批准的其他时间内,承包商应向工程师提交一份足够详细的索赔报告,包括一份完整的证明报告,详细说明索赔的依据以及索赔的工期和(或)索赔的金额。

如果引起索赔的事件或情况具有连续影响,则:

(1) 该全面详细的索赔应被认为是临时的;

(2) 承包商应该按月提交进一步的临时索赔,说明累计索赔工期和(或)索赔款额,以及工程师可能合理要求的进一步的详细报告;

(3) 在索赔事件所产生的影响结束后的 28 天内(或在承包商可能建议且由工程师批准的其他时间内),承包商应提交一份最终索赔报告。

在收到索赔报告或该索赔的任何进一步的详细证明报告后 42 天内(或在工程师可能建议且由承包商批准的此类其他时间内),工程师应表示批准或不批准,不批准时要给予详细的评价。他可能会要求任何必要的进一步的详细报告,但工程师应在这段时间内就索赔的原则作出反应。

如果承包商提供的详细报告不足以证明全部的索赔,则承包商仅有权得到已被证实的那部分索赔。

2) 雇主的索赔

如果雇主认为有权得到任何付款,和(或)对缺陷通知期限的任何延长,雇主或工程师应向承包商发出通知,通知应在雇主了解引起索赔的事项或情况后尽快发出。关于缺陷通知期限延长的通知,应在该期限到期前发出。

通知应说明提出索赔根据的条款或其他依据,还应包括雇主认为根据合同他有权得到的索赔金额和(或)延长期的事实根据。

工程师应在协商后作出雇主得到承包商支付的金额和(或)缺陷通知期延长期的决定。这一金额可在合同价格和付款证书中列为扣减额。

13.7.4 合同争端的解决

1. 争端裁决委员会

1) 争端裁决委员会的委任

争端应由争端裁决委员会进行裁决,争端裁决委员会是由合同双方在投标函附录规定的日期内共同任命的。

争端裁决委员会由具有恰当资格的成员组成,成员的数目可为一名或三名,如果投标函附录中没有注明成员的数目,且合同双方没有其他的协议,则争端裁决委员会应包含三名成员。

如果争端裁决委员会由三名成员组成,则由合同每一方提名一名成员,由对方批准。合同双方与这两名成员协商,确定第三名成员,作为主席。

争端裁决委员会成员,包括争端裁决委员会向其征求建议的任何专家的报酬,应由合同双方在协商任命条件时共同商定,每一方负责支付此类酬金的一半。

在合同双方认可的任何时候,他们可以共同将争端事宜提交给争端裁决委员会,没有另一方的同意,任一方不得就任何事宜向争端裁决委员会征求建议。

任何成员的委任只有在合同双方同意的情况下才能终止,雇主或承包商各自的行动将不能终止此类委任。结清单生效时,争端裁决委员会(包括每一个成员)的任期即告期满。

2) 未能同意争端裁决委员会的委任

如果合同双方未能在规定的日期前就争端裁决委员会的唯一成员的委任达成一致意见;合同中任一方未能在此日期前,为由三名成员组成的争端裁决委员会提名一名为另一方接受的人员;合同双方未能在此日期,就担任主席的第三名成员的委任达成一致意见;或者合同双方在唯一成员或三名成员中的一名成员拒绝履行其职责,或由于死亡、伤残、辞职或其委任终止而不能尽其职责之日后 42 天内,未能就替代人选的任命达成一致意见,则专用条件中指定的机构或官方应根据合同一方或双方的要求,并在与合同双方适当协商后,提名该争端裁决委员会成员。该任命应是最终的和具有决定性的。每一方应负责支付该指定的机构或官方的酬金的一半。

2. 获得争端裁决委员会的决定

如果在合同双方之间产生了争端,任一方可以将争端事宜以书面形式提交争端裁决委员会,供其裁定,并将副本送交另一方和工程师。

合同双方应立即向争端裁决委员会提供可能要求的所有附加资料、进一步的现场通道和适当的设施,以对此类争端进行裁决。

在争端裁决委员会收到争端事宜的提交后 84 天内,或在争端裁决委员会建议并由双方批准的其他时间内,争端裁决委员会应作出决定。该决定对双方都有约束力,合同双方应立即执行争端裁决委员会作出的决定,除非此类决定在友好解决或仲裁裁决中得以修改。除非合同已被放弃、撤销或终止,承包商应继续按照合同实施工程。

如果任一方对争端裁决委员会的裁决不满意,则他可在收到决定的通知后第 28 天或此前将其不满通知对方。如果争端裁决委员会未能在其收到委托后 84 天(或经认可的其他)期限内,作出决定,则任一方可以在上述期限期满后 28 天之内,向另一方发出不满通知。

表示不满的通知应指明争端事宜及不满的理由。任何一方若未按本款发出表示不满的通知,均无权就该争端要求开始仲裁。

如果争端裁决委员会已将其对争端作出的决定通知了合同双方,而双方中的任一方在收到争端裁决委员会决定的第 28 天或此前未将其不满事宜通知对方,则该决定应被视为最终决定,并对合同双方均具有约束力。

3. 提交仲裁

1）友好解决

任何一方对争端裁决委员会的裁决不满意,或争端裁决委员会在 84 天内未能作出决定,在此期限后的 28 天内应将争议提交仲裁。仲裁机构在收到申请后的 56 天才开始仲裁,这一时间要求双方尽力以友好的方式解决合同争议。

2）未能遵守争端裁决委员会的决定

如果合同双方中的任一方未在规定的期限内向争端裁决委员会发出表示不满的通知;或争端裁决委员会的有关决定已成为最终决定并且具有约束力,但合同一方未遵守此类决定,则合同的另一方可将不执行决定的行为提交仲裁。

3）仲裁

如果争端裁决委员会有关争端的决定未能成为最终决定并具有约束力,没能得到友好解决,或争端裁决委员会的决定未能得到遵守,则争端应由国际仲裁机构最终裁决。仲裁应按下列规定:

（1）争端应根据国际商会的仲裁规则被最终解决;

（2）争端应由按本规则指定的三名仲裁人裁决;

（3）仲裁应以合同中规定的日常交流语言作为仲裁语言。

合同双方在仲裁过程中均不受以前为取得争端裁决委员会的决定而提供的证据、论据或其不满意通知中提出的不满理由的限制。在仲裁过程中,可将争端裁决委员会的决定作为一项证据。工程师具有被作为证人以及向仲裁人提供任何与争端有关证据的资格。

工程竣工之前或之后均可开始仲裁。但在工程进行过程中,合同双方、工程师以及争端裁决委员会的各自义务不得因任何仲裁正在进行而改变。

14　建设工程材料设备采购合同

工程项目所需物资采购按标的物的特点可区分为工程材料采购和工程设备采购两大类。采购大宗工程材料或定型批量生产的中小型设备,由于其规格、性能、主要技术参数均为通用指标,因此,合同内容比较简单。而采购非标大型复杂机组设备、特殊用途、非标部件,需要对技术规格、质量标准、交货期限和方式、安装调试、保修和操作人员培训等制定详细的合同条款。

14.1　工程材料设备采购合同概述

14.1.1　工程材料设备采购合同概念

工程材料设备采购合同,是指具有平等主体的自然人、法人、其他组织之间为实现工程材料设备买卖,设立、变更、终止权利义务关系的协议。依照协议,出卖人转移工程材料设备的所有权于买受人,买受人接受该项工程材料设备并支付价款。

工程材料设备采购合同属于买卖合同,它具有买卖合同的一般特点:

(1)买卖合同以转移财产的所有权为目的。出卖人与买受人之所以订立买卖合同,是为了实现财产所有权的转移。

(2)买卖合同中买受人取得财产所有权,必须支付相应的价款;出卖人转移财产所有权,必须以买受人支付价款为对价。

(3)买卖合同是双务、有偿合同。所谓双务、有偿是指买卖双方互负一定义务,卖方必须向买方转移财产所有权,买方必须向卖方支付价款,买方不能无偿取得财产的所有权。

(4)买卖合同是诺成合同。除法律有特别规定外,当事人之间意思表示一致买卖合同即可成立,并不以实物的交付为成立要件。

(5)买卖合同不是要式合同。除法律有特别规定外,买卖合同的成立和生效并不需要具备特别的形式或履行审批手续。

按照世界银行采购指南规定,货物采购的方式大致可分为国际竞争性招标、国内竞争性招标、有限国际招标、询价采购和直接采购等几种方式,但主要以国际竞争性招标的方式为主。从统计数字来看,国际竞争性招标占采购总金额的 70% 以上,具有广泛的示范性。本章以竞争性招标采购方式为范例,就工程项目大宗材料和大型设备采购合同做一些必要的解释和说明。

14.1.2　工程材料设备采购合同的形式及合同结构

当事人订立合同,有书面形式、口头形式和其他形式。随着市场经济的发展,世界各国立法强调合同自由,合同采用什么形式,由当事人决定,一般不加以干涉。但是工程材料设备采购活动具有一定的特殊性,其采购合同不完全等同于一般的民事合同,不宜采用口头形式和其他形式。根据《合同法》的规定,订立合同依照法律、行政法规或当事人约定采用书面形式的,应当采用书面形式,工程材料设备采购合同中的标的物用量大,质量要求复杂,且根据工程进度计划分期分批均衡履行,同时还涉及售后维修服务工作,合同履行周期长,因此,应当采用书面形式。

所谓书面形式,是指合同书、信件和数据电文(包括电报、电传、传真、电子数据交换和电子邮件)等可以有形地表现所载内容的形式。材料设备采购合同通常采用标准合同格式,其内容可分为三部分:

第一部分约首,即合同开头部分,包括项目名称、合同号、签约日期、签约地点、双方当事人名称或者姓名和住所等条款。

第二部分正文,即合同的主要内容包括合同文件、合同范围和条件、货物及数量,合同金额、付款条件、交货时间和交货地点及合同生效等条款。其中合同文件包括合同条款、投标格式和投标人提交的投标报价表、要求一览表、技术规范、履约保证金、规格响应表、买方授权通知书等;货物及数量、交货时间和交货地点等均在要求一览表中明确,合同金额指合同的总价,分项价格则在投标报价表中确定,合同生效条款规定合同经双方授权代理人签名盖章即产生法律效力。若当事人要求鉴证或公证的,则经鉴证机关或公证机关盖章后方可生效。

第三部分结尾,包括双方的名称、签字盖章及签字时间、地点等。

14.1.3 工程材料设备采购合同的共同特征

工程材料设备采购合同的特征主要有

1)以施工合同为订立依据

施工合同中确立了关于工程材料设备采购的协议条款,无论是发包方供应材料设备,还是承包方供应材料设备,都应依据施工合同采购物资。根据施工合同的工程量来确定所需工程材料设备的数量,以及根据施工合同的类别来确定工程材料设备的质量要求。因此,施工合同一般是订立工程材料设备采购合同的前提。

2)以转移财物和支付价款为基本内容

工程材料设备采购合同内容繁多,条款复杂,涉及数量和质量、包装、运输方式、结算方式等条款。但最为根本的是双方应尽的义务,即卖方按质、按量、按时地将工程材料设备的所有权转归买方;买方按时、按量地支付货款,这两项主要义务构成了工程材料设备采购合同最主要的内容。

3)品种繁多、供货条件复杂

工程材料设备采购合同的标的是工程材料和设备,它包括钢材、木材、水泥和其他辅助材料以及机电成套设备。这些工程材料设备的特点在于品种、质量、数量和价格差异较大。因此,在合同中必须对各种所需物资逐一明细,以确保工程施工的需要。

4)实际履行

由于工程材料设备采购合同是依据施工合同订立的,工程材料设备采购合同的履行直接影响施工合同的履行,因此,工程材料设备采购合同一旦订立,卖方义务一般不能解除,不允许卖方以支付违约金和赔偿金的方式代替合同的履行,除非合同的迟延履行对买方成为不必要。

14.1.4 工程材料采购与设备采购合同的区别

由于材料采购与设备采购具有不同的特点,其合同方面存在以下主要区别:

(1)工程材料采购合同的标的是物的转移,而设备采购合同的标的一般是完成约定的工作,并表现为一定的劳动成果。设备(尤其是大型设备)采购合同的标的物表面上与工程材料采购合同的标的物没有区别,但它是供货方按照采购方提出的特殊要求加工制造的,或虽有定型生产的设计和图纸,但不是大批量生产的产品。还可能是采购方根据工程项目特点,对定型设计的设备图纸提出更改某些技术参数或结构要求后,由厂家进行制造的。

(2)工程材料采购合同的标的物可以是在合同成立时已经存在,也可能是签订合同时还未生产,而后按采购方要求数量生产;而作为设备采购合同的标的物,可能是合同成立后供货方依据采购方的要求所制造的特定产品,它在合同签约前并不存在。

(3)工程材料采购合同的采购方只能在合同约定期限到来时要求供货方履行,一般无权过问供货方是如何组织生产的;而设备采购合同的供货方必须按照采购方交付的任务和要求去完成工作,在不影响供货方正常制造的情况下,采购方还要对加工制造过程中的质量和工期等进行检查和监督,一般情况下可派驻厂代表或聘请设备监造工程师负责对生产过程进行监督控制。

(4)工程材料采购合同中供货方按质、按量、按期将订购货物交付采购方后即完成了合同义务;而设备采购合同中有时还可能包括要求供货方承担设备安装服务,或在其他承包人进行设备安装时负责协助、指导等的合同约定,以及对生产技术人员的培训服务等内容。

(5)采购标的数额较大、市场竞争比较激烈的工程材料宜通过招标的方式进行材料采购,零星材料(品种多、价格低),双方可以通过询价或直接采购形式交易;设备采购合同由于标的物的特殊性,要求供货方应具备一定的资质条件以及相应的技术加工能力,因此多采用公开招标或邀请招标的方式,由采购方以合同形式将生产任务委托给承揽加工制造的供货商来实施。

14.1.5 常用的工程材料和设备国际采购合同

随着我国经济的快速发展,工程建设项目也日益向大型化、复杂化、技术水平先进的方向发展。材料设备的采购已从原来只限于国内市场,转向面对国际大市场以获得质量优良、技术先进的材料和设备。由于国际采购的特殊性,因此国际采购合同比国内采购合同要相对复杂得多。国际采购合同除包括国内采购合同应遵循的基本原则外,还将涉及有关国际运输、保险、关税等问题,以及支付方式中的汇率、支付手段等内容。

按照国际惯例,不同的计价合同类型,反映着采购方和供货方之间在货物交接过程中不同的权利、义务和责任。最常采用的有以下三种类型:

1. 到岸价(CIF 价)合同

这种计价方式是国际上采用最多的合同类型,也可称之为成本、保险加运费合同。按照国际商会《1990 年国际贸易术语解释通则》中的规定,合同双方的责任应分为:

1)供货方责任

供货方的责任主要有提供符合合同规定的货物;许可证、批准证件及海关手续;运输与保险;交货;通知采购方;交货凭证;核查、包装、标记;其他义务。

2)采购方责任

采购方的责任主要有支付价款;许可证、批准证件及海关手续;受领货物;通知供货方;凭证;货物检验;其他义务。

从以上责任分担可以看出,CIF 价合同规定,除了在供货方所在国进行的发运前的货物检验费用由采购方承担外,运抵目的港前所发生的各种费用支出均由供货方承担。也即供货方应将这些开支计入货物价格之内。这些费用包括:货物包装费、出口关税、制单费、租船费、装船费、海运费、运输保险费,以及到达目的港卸船前可能发生的各种费用。而采购方则负责卸船及以后所发生的各种费用开支,包括卸船费、港口仓储费、进口关税、进口检验费、国内运输费等。

另外,CIF价采用的是验单付款方式,即供货方是按货单交货、凭单索付的原则向对方交付合同规定的一切有效单证,采购方审查无误后即应通过银行拨付,而不是监货后再付款。

2. 离岸价(FOB价)合同

离岸价合同与到岸价合同的主要区别表现在费用承担责任的划分上。离岸价合同由采购方负责租船定仓,办理好有关手续后,将装船时间、船名、泊位通知供货方。供货方负责包装、供货方所在国的内陆运输、办理出口有关手续、装船时货物吊运至船上越过船舷前发生的有关费用等。采购方负责租船、装船后的平仓、办理海运保险,以及货物运达目的港后的所有费用开支。风险责任的转移也以货物吊运至船上越过船舷空间的时间作为风险转移的时间界限。

3. 成本加运费价(C&F价)合同

成本加运费价合同与到岸价合同的主要差异,仅为办理海运保险的责任和费用的承担不同。由到岸价合同双方责任的划分可以看到,尽管合同规定由供货方负责办理海运保险并支付保险费,但这只属于为采购方代办性质,因为合同规定供货方承担风险责任的时间仅限于货物在启运港吊运过船舷空间时为止。也就是说,虽然由供货方负责办理海运保险并承担该项费用支出,但在海运过程中出现货物损坏或灭失时,供货方不负有向保险公司索赔的责任,仍由采购方向保险公司索赔,供货方只承担采购方向保险公司索赔时的协助义务。由于这一原因,从到岸价合同演变为成本加运费价合同,即其他责任和费用都与到岸价规定相同,只是将办理海运保险一项工作转由采购方负责办理并承担其费用支出。

14.2 工程材料采购合同

14.2.1 工程材料采购合同的基本条款

依据《合同法》规定,材料采购合同的主要条款如下:

(1)双方当事人的名称、地址,法定代表人的姓名。委托代订合同的,应有授权委托书并注明代理人的姓名、职务等。

(2)合同标的。材料的名称、品种、型号、规格等应符合施工合同的规定。

(3)技术标准和质量要求。质量条款应明确各类材料的技术要求、试验项目、试验方法、试验频率以及国家法律规定的国家强制性标准和行业强制性标准。

(4)材料数量及计量方法。材料数量的确定由当事人协商,应以材料清单为依据,并规定交货数量的正负尾差、合理磅差和在途自然减(增)量及计量方法;计量单位采用国家规定的度量衡标准,计量方法按国家的有关规定执行,没有规定的,可由当事人协商执行。

(5)材料的包装。材料的包装是保护材料在储运过程中免受损坏不可缺少的环节。包装质量可按国家和有关部门规定的标准签订,当事人有特殊要求的,可由双方商定标准,但应保证材料包装适合材料的运输方式,并根据材料特点采取防潮、防雨、防锈,防震,防腐蚀的保护措施等。

(6)材料交付方式。可采取送货、自提和代运三种方式。由于工程用料数量多、体积大、品种繁杂、时间性较强,当事人应采取合理的交付方式,明确交货地点,以便及时、准确、安全、经济地履行合同。

(7)材料的交货期限。

（8）材料的价格。材料的价格应在订立合同时明确定价，可以是约定价格，也可以是政府定价或指导价。

（9）违约责任。在合同中，当事人应对违反合同所负的经济责任作出明确规定。

（10）特殊条款。如果双方当事人对一些特殊条件或要求达成一致意见，也可在合同中明确规定，成为合同的条款。当事人对以上条款达成一致意见形成书面协议后，经当事人签名盖章即产生法律效力，若当事人要求鉴证或公证的，则经鉴证机关或公证机关盖章后方可生效。

14.2.2　主要条款的约定内容

标准化的示范文本涉及内容较为全面，但仅作出指导性的要求，以便广泛用于各类标的采购合同，因此，就某一具体合同而言，则要依据采购标的物的特点加以详细约定。

1．标的物的约定

1）物资名称

合同中标的物应按行业主管部门颁布的产品目录规定正确填写，不能用习惯名称或自行命名，以免产生由于订货差错而造成物资积压、缺货、拒收或拒付等情况。订购产品的商品牌号、品种、规格型号是标的物的具体化，综合反映产品的内在素质和外观形态，因此，应填写清楚。订购特定产品，最好还要注明其用途，以免事后产生不必要的纠纷。但对品种、型号、规格等级明确的产品，则不必再注明用途，如订购425硅酸盐水泥，名称本身就已说明了它的品种、规格和等级要求。

2）质量要求和技术标准

产品质量应满足规定用途的特性指标，因此合同内必须约定产品应达到的质量标准。约定质量标准的一般原则是：

（1）按颁布的国家标准执行；

（2）无国家标准而有部颁标准的产品，按部颁标准执行；

（3）没有国家标准和部颁标准作为依据时，可按企业标准执行；

（4）没有上述标，或虽有上述某一标准但采购方有特殊要求时，按双方在合同中商定的技术条件、样品或补充的技术要求执行。

合同内必须写明执行的质量标准代号、编号和标准名称，明确各类材料的技术要求、试验项目、试验方法、试验频率等。采购成套产品时，合同内也需规定附件的质量要求。

3）产品的数量

合同内约定产品数量时，应写明订购产品的计量单位、供货数量、允许的合理磅差范围和计算方法。建筑材料数量的计量方法一般有理论换算计量、按质量计量和计件三种。

凡国家、行业或地方规定有计量标准的产品，合同中应按统一标准注明计量单位。没有规定的，可由当事人协商执行，不可以用含糊不清的计量单位。应注意的是，若建筑材料或产品有计量换算问题，则应按标准计量单位确定订购数量。如国家规定的平板玻璃计量单位为标准重量箱，即某一厚度的玻璃每一块有标准尺寸，在每一标准箱中规定放置若干块。因此，采购方要依据设计图纸计算出所需玻璃的面积后，按重量箱换算系数折算成订购的标准重量箱数，并写明在合同中，而不能用面积作为计量单位。

供货方发货时所采用的计量单位与计量方法应与合同一致，并在发货明细表或质量证明书中注明，以便采购方检验。运输中转单位也应按供货方发货时所采用的计量方法进行验收和发货。

订购数量必须在合同内注明,尤其是一次订购分期供货的合同,还应明确每次交货的时间、地点、数量。某些机电产品,要明确随机的易耗品备件和安装修理专用工具的数量。若为成套供应的产品,需明确成套的供应范围,详细列出成套设备清单。

建筑材料在运输过程中容易造成自然损耗,如挥发、飞散、干燥、风化、潮解、破碎、漏损等,在装卸操作或检验环节中换装、拆包检查等也都会造成物资数量的减少,这些都属于途中自然减量。另外,有些情况不能作为自然减量,如非人力所能抗拒的自然灾害所造成的非常损失,由于工作失职和管理造成的失误等。因此,为了避免合同履行过程中发生纠纷,一般建筑材料采购合同中,应列明每次交货时允许的交货数量与订购数量之间的合理磅差、自然损耗的计算方法,以及最终的合理尾差范围。

2. 订购产品的交付

1) 产品的交付方式

订购物资或产品的供应方式,可以分为采购方到合同约定地点自提货物和供货方负责将货物送达指定地点两大类。而供货方送货又可细分为将货物负责送抵现场和委托运输部门代运两种方式。为了明确货物的运输责任,应在相应条款内写明所采用的交(提)货方式、交(接)地点和接货单位(或接货人)的名称。

由于工程用料数量多、体积大、品种繁杂、时间性较强,当事人应采取合理的交付方式,明确交货地点,以便及时、准确、安全、经济地履行合同。运输方式可分为铁路、公路、水路、航空、管道运输及海上运输等,一般由采购方在合同签订时提出采取哪一种运输方式。

2) 交货期限

货物的交(提)货期限,是指货物交接的具体时间要求。它不仅关系到合同是否按期履行,还可能会出现货物意外灭失或损坏时的责任承担问题。合同内应对货物的交(提)货期限,写明月份或更具体的时间(如旬、日)。如果合同内规定分批交货,还需注明各批次交货的时间,以便明确责任。

合同履行过程中,判定是否按期交货或提货,依照约定的交(提)货方式不同,可能有以下几种情况:

(1) 供货方送货到现场的交货日期,以采购方接收货物时在货单上签收的日期为准;

(2) 供货方委托代运货物,以发货时承运部门签发货单上签收的日期为准;

(3) 采购方自提产品,以供货方通知提货的日期为准,但在供货方的提货通知中,应给对方合理预留必要的途中时间。

实际交(提)货日期早于或迟于合同规定的期限,都应视为提前或逾期交(提)货,由有关方承担相应责任。

3) 产品包装

产品包装是保护材料在储运过程中免受损坏的不可避免的环节。根据《工矿产品购销合同条例》的有关规定:凡国家或业务主管部门对包装有技术规定的产品,应按国家标准或专业标准技术规定的类型、规格、容量、印刷标志,以及产品的盛放、衬垫、封袋方法等要求执行。无国家标准或专业标准规定可循的某些专用产品,双方应在合同内议定包装方法,应保证材料包装适合材料的运输方式,并根据材料特点采取防潮、防雨、防锈、防震、防腐蚀等保护措施。

除特殊情况外,包装材料一般由供货方负责并包含在产品价格内,不得向采购方另行收取费用。如果采购方对包装提出特殊要求,双方应在合同内商定,超过原标准费用部分由采购方承担;反之,若议定的包装标准低于有关规定标准,应相应降低产品价格。

对于可以多次使用的包装材料,或使用一次后还可以加工利用的包装物,双方应协商回收办法;该协议作为合同附件。包装物的回收办法可以采用如下两种形式之一:

(1)押金回收。适用于专用的包装物,如电缆卷筒、集装箱、大中型木箱等。

(2)折价回收。适用于可以再次利用的包装器材,如油漆桶、麻袋、玻璃瓶等。

回收办法中还要明确规定回收品的质量、回收价格、回收期限和验收办法等事项。

3. 产品验收

合同内应对验收明确以下几方面问题:

1)验收依据

供货方交付产品时,可以作为双方验收依据的资料包括

(1)双方签订的采购合同;

(2)供货方提供的发货单、计量单、装箱单以及其他有关凭证;

(3)合同内约定的质量标准,应写明执行的标准代号、标准名称;

(4)产品合格证、检验单;

(5)图纸、样品或其他技术证明文件;

(6)双方当事人共同封存的样品。

2)验收内容

(1)查明产品的名称、规格、型号、数量、质量是否与供应合同以及其他技术文件相符;

(2)设备的主机、配件是否齐全;

(3)包装是否完整,外表有无损坏;

(4)对需要检验的材料进行必要的物理化学检验;

(5)合同规定的其他需要检验事项。

3)验收方式

具体写明检验的内容和手段,以及检测应达到的质量标准。对于抽样检查的产品,还应约定抽检的比例和取样的方法,以及双方共同认可的检测单位。

(1)驻厂验收。即在制造时期,由采购方派人在供应的生产厂家进行材质检验。

(2)提运验收。对于加工订制、市场采购和自提自运的物资,由提货人在提取产品时检验。

(3)接运验收。由接运人员对到达的物资进行检查,发现问题当场作出记录。

(4)入库验收。这是大量采用的正式的验收方式,由仓库管理人员负责数量和外观检验。

4)对产品提出异议的时间和办法

合同中应具体写明采购方对不合格产品提出异议的时间和拒付货款的条件。在采购方提出的书面异议中,应说明检验情况,出具检验证明和对不符合规定产品提出具体处理意见。凡因采购方使用、保管、保养不善导致的质量下降,供货方不承担责任。在接到采购方书面异议通知后,供货方应在 10 天内(或合同商定的时间内)负责处理,否则即视为默认采购方提出的异议和处理意见。

4. 货款结算

产品的价格应在合同订立时明确定价。由国家定价的产品,应按国家定价执行;按规定应由国家定价但国家尚无定价的,其价格应报请物价主管部门批准;不属于国家定价的产品,可

以由供需双方协商约定价格。合同中应明确规定以下各项内容：

1）办理结算的时间和手续

合同中首先需明确是验单付款还是验货付款，然后再约定结算方式和结算时间。尤其是对分批交货的物资，也应明确注明每批交付后应在多少天内支付货款。我国现行结算方式可分为现金结算和转账结算两种。现金结算只适用于成交货物数量少且金额小的购销合同。转账结算在异地之间进行，可分为托收承付、委托收款、信用证、汇兑或限额结算等方法；转账结算在同城市或同地区内进行，有支票、付款委托书、托收无承付和同城托收承付。

2）拒付货款条件

采购方有权部分或全部拒付货款的情况大致包括：

（1）交付货物的数量少于合同约定，拒付少交部分的货款；

（2）有权拒付质量不符合合同要求部分货物的货款；

（3）供货方交付的货物多于合同规定的数量且采购方不同意接收部分的货物，在承付期内可以拒付。

3）逾期付款的利息

合同中应规定采购方逾期付款应偿付违约金的计算办法。按照中国人民银行有关延期付款的规定，延期付款利率一般按每天万分之五计算。

5．违约责任

在合同中，当事人应对违反合同所负的经济责任作出明确规定。

1）承担违约责任的形式

当事人任何一方不能正确履行合同义务时，均应承担违约赔偿责任。国务院颁布的《工矿产品购销合同条例》对违约金的计算作出了明确规定：通用产品的违约金按违约部分货款总额的1%～5%计算；专用产品按违约部分货款总额的10%～30%计算。双方应通过协商，将具体采用的比例数写明在合同条款内。

2）供货方的违约责任

（1）未能按合同约定交付货物。

这类违约行为可能包括不能供货和不能按期供货两种情况。由于这两种错误行为给对方造成的损失不同，因此，承担违约责任的形式也不完全一样。

如果因供货方应承担责任原因导致不能全部或部分交货，应按合同约定的违约金比例乘以不能交货部分货款计算违约金。若违约金不足以偿付采购方所受到的实际损失，可以修改违约金的计算方法，使实际受到的损失能够得到合理的补偿。如施工承包人为了避免停工待料，不得不以较高价格紧急采购不能供应部分的货物而受到的价差损失等。

供货方不能按期交货的行为，又可以进一步区分为逾期交货和提前交货两种情况。只要发生供货方逾期交货的情况，即不论合同内规定由供货方将货物送达指定地点交接，还是由采购方自提，均要按合同约定依据逾期交货部分货款总价计算违约金。对约定由采购方自提货物而不能按期交付时，若发生采购方的其他额外损失，这笔实际开支的费用也应由供货方承担。如采购方已按期派车到指定地点接收货物，而供货方又不能交付时，则派车损失应由供货方承担。发生逾期交货事件后，供货方还应在发货前与采购方就发货的相关事宜进行协商。采购方仍需要时，可继续发货照数补齐，并承担逾期付货责任。如果采购方认为已不再需要，有权在接到发货协商通知后的15天内，通知供货方办理解除合同手续；但逾期不予答复视为同意供货方继续发货。

对于提前交付货物的情况,属于约定由采购方自提货物的合同,采购方接到对方发出的提前提货通知后,可以根据自己的实际情况拒绝提前提货;对于供货方提前发运或交付的货物,采购方仍可按合同规定的时间付款,而且对多交货部分,以及品种、型号、规格、质量等不符合合同规定的产品,在代为保管期内实际支出的保管、保养等费用由供货方承担;在代为保管期内,不是因采购方保管不善原因而导致的损失,仍由供货方负责。

(2)产品的质量缺陷。

交付货物的品种、型号、规格、质量不符合合同规定,如果采购方同意利用,应当按质论价;当采购方不同意使用时,由供货方负责包换或包修。不能修理或调换的产品,按供货方不能交货对待。

(3)供货方的运输责任。

供货方的运输责任主要涉及包装责任和发运责任两个方面。合理的包装是安全运输的保障,供货方应按合同约定的标准对产品进行包装。凡因包装不符合规定而造成货物运输过程中的损坏或灭失,均由供货方负责赔偿。

供货方如果将货物错发到货地点或接货人时,除应负责运交合同规定的到货地点或接货人外,还应承担对方因此多支付的一切实际费用和逾期交货的违约金。供货方应按合同约定的路线和运输工具发运货物,如果未经对方同意私自变更运输工具或路线,要承担由此增加的费用。

3)采购方的违约责任

(1)不按合同约定接受货物。合同签订以后或履行过程中,采购方要求中途退货,应向供货方支付按退货部分货款总额计算的违约金。对于实行供货方送货或代运的物资,采购方违反合同规定拒绝接货,要承担由此造成的货物损失和运输部门的罚款。合同约定为自提的产品,采购方不能按期提货,除需支付按逾期提货部分货款总值计算延期付款的违约金之外,还应承担逾期提货时间内供货方实际发生的代为保管、保养费用。逾期提货,可能是未按合同约定的日期提货,也可能是已同意供货方逾期交付货物而接到提货通知后未在合同规定的时限内去提货两种情况。

(2)逾期付款。采购方逾期付款,应按照合同约定的计算办法,支付逾期付款利息。

(3)延误提供包装物。如果合同约定由采购方提供包装物,其未能按约定时间和要求提供给对方而导致供货方不能按期发运时,除交货日期应予顺延外,还应比照延期付款的规定支付相应的违约金。如果不能提供,按中途退货处理。但此项规定,不适用于应由供货方提供多次使用包装物的回收情况。

(4)货物交接地点错误的责任。不论是由于采购方在合同上错填到货地点或接货人,还是由于未在合同约定的时限内及时将变更的到货地点或接货人通知对方,导致供货方送货或代运过程中不能顺利交接货物,所产生的后果均由采购方负责。责任范围包括自行运到所需地点或承担供货方及运输部门按采购方要求改变交货地点的一切额外支出。

14.3　设备采购合同

设备采购合同基本条款是指设备需方和中标方应共同遵守的基本原则,并作为双方签约的依据。本节根据世界银行采购指南,参照国内常用设备采购合同文本,说明设备采购合同的基本条款。

14.3.1　基本术语

合同下列术语应解释如下：

（1）"合同"系指买卖双方签署的、合同格式中载明的买卖双方所达成的协议,包括所有的附件、附录和构成合同的所有文件。

（2）"合同价"系指根据合同规定卖方在正确地完全履行合同义务后买方应支付给卖方的价格。

（3）"货物"系指卖方根据合同规定须向买方提供的一切材料、设备、机械、仪表、备件、工具和/或其他材料。

（4）"服务"系指根据合同规定卖方承担与供货有关的辅助服务,比如运输、保险以及其他的伴随服务,比如安装、调试、提供技术援助、培训和合同中规定卖方应承担的其他义务。

（5）"买方"系指购买货物和服务的单位。

（6）"卖方"系指提供货物和服务的公司或实体。

14.3.2　商务条款

商务条款的主要内容有

1）付款

卖方应按照双方签订的合同规定交货。交货后卖方应把下列单据提交给买方,买方按合同规定审核后付款。

（1）有关运输部门出具的收据。

（2）发票。

（3）装箱单。

（4）制造厂家出具的质量检验证书和数量证明书。

（5）验收证书。

卖方应在每批货物装运完毕后四十八小时内将上述要求除验收证书外的单据航寄给买方。买方将按合同条款规定的付款计划安排付款。

2）保险

在国际竞争性货物采购合同条件下,提供的货物应对其在制造、购置、运输、存放及交货过程中的丢失或损坏按专用条款规定的方式,用一种可以自由兑换的货币进行全面保险。如果买方要求按到岸价(CIF)或运费、保险付至……价(CIP)交货,其货物保险将由卖方办理、支付,并以买方为受益人。如果按离岸价(FOB)或货交承运人价(FCA)交货,则保险是买方的责任。

以出厂价、仓库交货价或货架交货价签订的国内供货合同,其保险将由买方办理,保险范围应包括卖方装运的全部货物;所有其他情况将由卖方办理货物在运抵目的港/项目现场途中的保险,保险应按照发票金额的百分之一百一十办理"一切险"。

3）履约保证金

卖方应在收到中标通告书后三十天内,向买方提交专用条款规定金额的履约保证金。履约保证金的金额应能补偿买方因卖方不能完成其合同义务而蒙受的损失。除非专用条款另有规定,在卖方完成其合同义务包括任何保证义务后三十天内,买方将把履约保证金退还卖方。

4）转让和分包

除买方事先书面同意外,卖方不得部分转让或全部转让其应履行的合同。

如投标书中没有明确分包合同,在合同签约前,卖方应书面通知买方其在合同中所分包的全部分包合同,无论原投标书或后来的分包通知均不能解除卖方履行合同的责任和义务。

14.3.3 技术性能和质量要求

技术性能和质量要求的主要内容包括以下几个方面:

1)技术规格

卖方所提供货物的技术规格应符合按国家有关部门颁布的标准规范,与招标文件规定的技术规格一致,货物的单价与总价应包括全部交货前的所有费用:送货、安装、调试、培训、技术服务、必不可少的部件、标准配件、专用工具及税金等费用。货物除要求中提出的配置外,其余应为标准配置。

2)质量保证

卖方应保证所供货物是全新的、未使用过的,是最新或最流行的型号和用一流的工艺生产的,并完全符合合同规定的质量、规格和性能的要求。卖方应保证其货物在正确安装、正常使用和保养条件下,在其使用寿命期内具有满意的性能。

在货物最终验收后的十二个月的质量保证期内,卖方应对由于设计、工艺或材料的缺陷而产生的故障负责。根据当地商检局或有关部门检验结果或者在质量保证期内,如果货物的数量、质量或规格与合同不符,或证实货物是有缺陷的,包括潜在的缺陷或使用不符合要求的材料等,买方应尽快以书面形式向卖方提出本保证下的索赔。卖方在收到通知后二十八天内应免费维修或更换有缺陷的货物或部件。

如果卖方在收到通知后二十八天内没有弥补缺陷,买方可采取必要的补救措施,但其风险和费用将由卖方承担,买方根据合同规定对卖方行使的其他权力不受影响。

3)货物检验

在交货前,卖方应对货物的质量、规格、性能、数量和重量等进行详细而全面的检验,并出具一份证明货物符合合同规定的检验证书,检验证书是付款时所需要的文件的组成部分,但不能作为有关质量、规格、数量或重量的最终检验。卖方检验的结果和细节应附在检验证书后面。

货物运抵现场后,买方应向当地的商检局或有关部门申请对货物的质量、规格、数量和重量进行检验,并出具检验证书。如果货物的质量和规格与合同规定不符,或在质量保证期内发现货物是有缺陷的,包括潜在缺陷或使用不符合要求的材料,买方有权拒收货物,由此引起的货物灭失或毁损的风险由卖方承担。

4)备件

卖方要提供下列任一和全部卖方制造或分配的与备件有关的材料、通知和资料。

(1)买方从卖方选购的备件,但前提条件是该选择并不能免除卖方在合同保证期内所承担的义务。

(2)在备件停止生产的情况下:

① 事先将要停止生产的计划通知买方使买方有足够的时间采购所需的备件;和

② 在停止生产后,如果买方要求,免费向买方提供备件的蓝图、图纸和规格。

5)知识产权

卖方应保证买方在使用该货物或其任何部分时免受第三方提出侵犯其专利权、商标权和工业设计权的起诉。

6）伴随服务

卖方应提交所供货物的技术文件,包括相应的每一套设备和仪器的技术文件,例如,产品目录、图纸、操作手册、使用说明、维护手册和/或服务指南。这些文件应在合同生效后五十六天内寄给买方。另外一套完整的上述资料应包装好随同每批货物一起发运。

如合同条款中有具体规定,卖方还应提供下列服务:

（1）货物的现场安装和启动监督;

（2）提供货物组装和维修所需的工具;

（3）在双方商定的一定期限内对所供货物实施运行监督、维修,但前提条件是该服务并不能免除卖方在质量保证期内所承担的义务。

（4）在厂家和/或在项目现场就货物的安装、启动、运营、维护对买方人员进行培训。除合同条款中另有规定外,伴随服务的费用应含在合同价中,不单独进行支付。

14.3.4 包装和装运

1）包装

（1）包装要求。卖方提供的全部货物均应按标准保护措施进行包装。这类包装应适应于远距离运输、防潮、防震、防锈和防野蛮装卸,以确保货物安全无损运抵指定现场。每一个包装箱内应附一份详细装箱单和质量证书。

（2）包装标志。卖方应在每一包装箱的相邻四侧用不褪色的油漆以醒目的中文字样做出下列标记:

① 收货人;

② 合同号;

③ 唛头;

④ 收货人代号;

⑤ 目的地;

⑥ 货物名称、品目号和箱号;

⑦ 毛重/净重;

⑧ 尺寸（长×宽×高,以厘米或 cm 计）等。

如果每件包装箱重量在 2 吨或 2 吨以上,卖方应在每件包装箱的两侧用中文和适当的运输标记,标明重心和吊装点,以便装卸和搬运。根据货物的特点和运输的不同要求,卖方应在包装箱上清楚地标注小心轻放、请勿倒置、防潮等字样和其他适当的标志。

2）装运条件

如果是从国外供应的货物,卖方应负责安排订舱位、运输和支付运费,以确保按照合同规定的交货期交货。提单日期应视为实际交货日期;

如果是从国内供应的货物,卖方应负责安排内陆运输,但买方支付运费。有关运输部门出具收据的日期应视为交货日期。

3）装运通知

（1）国外供应。

如果是从国外供应的货物:卖方应在合同规定的装运日期之前,即海运前二十八天或空运前十四天之内以电报或电传或传真形式将合同号、货物名称、数量、箱数、总毛重、总净重、总体积（立方米）和在装运口岸备妥待运日期通知买方。同时,卖方应用航空挂号信把详细的货物清单一式五份,包括合同号、货物名称、规格、数量、总毛重、总净重、总体积(立方米)、每箱尺寸(长×宽×高)、单价、总金额、启运口岸、备妥待运日期和货物在运输、储存中的特殊要求和注意事项等寄给买方。

卖方应在货物装船完成后 24 小时之内以电报或电传或传真形式将合同号、货物名称、数量、总毛重、总体积(立方米)、发票金额、运输工具名称及启运日期通知买方。如果每个包装箱的重量超过 20 吨或体积达到或超过长 12 米、宽 2.7 米和高 3 米,卖方应将每个包装箱的重量和体积通知买方,易燃品或危险品的细节还应另行注明。

(2)国内供应。

如果是从国内供应的货物:卖方应在合同规定的装运日期之前十四天内以电报或电传或传真形式将合同号、货物名称、数量、箱数、总毛重、总体积(立方米)和备妥待运的日期通知买方。同时,卖方应用挂号信把详细的货物清单一式四份,包括合同号、货物名称、规格、数量、箱数、总毛重、总净重、总体积(立方米)、每箱尺寸(长×宽×高)、单价、总金额、启运口岸、备妥待运日期和货物在运输、储存中的特殊要求和注意事项等通知买方。

卖方应在货物装完后 24 小时之内以电报或电传或传真形式将合同号、货物名称、数量、毛重、体积(立方米)、发票金额、运输工具名称及启运日期通知买方。如果每个包装箱的重量超过 20 吨或体积达到或超过长 12 米,宽 2.7 米和高 3 米,卖方应将每个包装箱的重量和体积通知买方,易燃品或危险品的细节还应另行注明。

在出厂价合同项下,如果是因为卖方延误不能将上述内容通知买方,使买方不能及时办理保险,由此而造成的全部损失应由卖方负责。

4)运 输

如果合同要求卖方以离岸价(FOB)交货,卖方应负责办理、支付直至和包括将货物在指定的装船港装上船的一切事项,有关费用包括在合同价中。如果合同要求卖方以货交承运人(FCA)价交货,卖方应负责办理、支付将货物在买方指定地点或其他同意的地点交由承运方保管的一切事项,有关费用应包括在合同价中。

如果合同要求卖方以到岸价(CIF)或运费、保险付至……价(CIP)交货,卖方应负责办理、支付将货物运至目的港或合同中指定的买方国内的其他目的地的一切事项,有关费用应包括在合同价中。

如果合同要求卖方将货物运至买方国内指定的目的地——项目现场,卖方应负责办理货物运至买方国内指定目的地,包括合同规定的保险和储存在内的一切事项,有关费用应包括在合同价中。

14.3.5 变更和索赔

1)不可抗力

"不可抗力"系指那些卖方无法控制、不可预见的事件,但不包括卖方的违约或疏忽。这些事件包括,但不限于战争、严重火灾、洪水、台风、地震以及其他双方商定的事件。如果卖方因不可抗力而导致合同实施延误或不能履行合同义务的话,不应该被没收履约保证金,也不应该承担误期赔偿或终止合同的责任。

在不可抗力事件发生后,卖方应尽快将不可抗力情况和原因通知买方。除买方书面另行要求外,卖方应尽实际可能继续履行合同义务,以及寻求采取合理的方案履行不受不可抗力影响的其他事项。如果不可抗力事件影响持续超过一百二十六天,双方应通过友好协商在合理的时间内达成进一步履行合同的协议。

2）变更指令

根据通用条款规定,买方可以在任何时候书面向卖方发出指令,在合同的一般范围内变更下述一项或几项：

（1）合同项下提供的货物是专为买方制造时,变更图纸、设计或规格；

（2）运输或包装的方法；

（3）交货地点；

（4）卖方提供的服务。

如果上述变更使卖方履行合同义务的费用或时间增加或减少,合同价或交货时间或两者将进行公平的调整,同时相应修改合同。卖方根据本条进行调整的要求,必须在收到买方的变更指令后三十天内提出。

3）费用索赔

买方有权根据当地商检局或有关部门出具的检验证书向卖方提出索赔,但责任由保险公司或运输部门承担的除外。

在合同规定的检验期和质量保证期内,如果卖方对差异负有责任而买方提出索赔,卖方应按照买方同意的下列一种或多种方式解决索赔事宜：

（1）卖方同意退货并用合同规定的货币将货款退还给买方,并承担由此发生的一切损失和费用,包括利息、银行手续费、运费、保险费、检验费、仓储费、装卸费以及为保护退回货物所需的其他必要费用。

（2）根据货物低劣程度、损坏程度以及买方所遭受损失的金额,经买卖双方商定降低货物的价格。

（3）用符合合同规定的规格、质量和性能要求的新零件、部件和/或设备来更换有缺陷的部分和/或修补缺陷部分,卖方应承担一切风险并负担买方蒙受的全部直接损失费用。同时,卖方应按合同规定,相应延长修补和/或更换件的质量保证期。

如果在买方发出索赔通知后二十八天内,卖方未作答复,上述索赔应视为已被卖方接受。如卖方未能在买方发出索赔通知后二十八天内或买方同意的延长期限内,按照合同规定的任何一种方法解决索赔事宜,并征得买方同意,买方将从议付货款或从卖方开具的履约保证金中扣回索赔金额。

4）误期赔偿

卖方应按照货物需求一览表中买方规定的时间表交货和提供服务。如卖方无正当理由而拖延交货,将受到以下制裁：没收履约保证金,加收误期赔偿和/或违约终止合同。

在履行合同过程中,如果卖方可能遇到妨碍按时交货和提供服务的情况时,应及时以书面形式将拖延的事实,可能拖延的期限和理由通知买方。买方在收到卖方通知后,应尽快对情况进行评价,并确定是否通过修改合同,酌情延长交货时间。

如果卖方没有按照合同规定的时间交货和提供服务,买方应从货款中扣除误期赔偿费而不影响合同项下的其他补救方法,赔偿费按每周迟交货物交货价或未提供服务费用的百分之零点五计收,直至交货或提供服务为止。但误期赔偿费的最高限额不超过误期货物或服务合同价的百分之五。一周按七天计算,不足七天按一周计算。一旦达到误期赔偿的最高限额,买方可考虑终止合同。

14.3.6 争端解决

仲裁应按照下列程序进行：

（1）如果是国内合同（即买方与国内卖方签订的合同），仲裁应由双方商定的仲裁委员会根据其仲裁程序进行仲裁；

（2）如果是涉外合同（即买方与国外卖方签订的合同），仲裁应由中国国际经济贸易仲裁委员会按其规则进行仲裁。

仲裁裁决应为最终裁决，对双方均具有约束力。仲裁费除仲裁机关另有裁决外均应由败诉方负担。在仲裁期间，除正在进行仲裁的部分外，合同的其他部分应继续执行。

14.3.7 合同终止

合同终止分为下列几种情况：

1）违约终止合同

在买方对卖方违约而采取的任何补救措施不受影响的情况下，买方可向卖方发出书面通知书，提出终止部分或全部合同。

（1）如果卖方未能在合同规定的限期或买方同意延长的限期内提供部分或全部货物。

（2）如果卖方未能履行合同规定的其他任何义务。

（3）如果买方认为卖方在本合同的竞争或实施中有腐败和欺诈行为。为此，定义如下：

"腐败行为"是指提供、给予、接受或索取任何有价值的物品来影响公共官员在采购过程或合同实施过程中的行为；

"欺诈行为"指为了影响采购过程或合同实施过程而谎报事实，损害买方的利益，包括投标人之间串通投标（递交投标书之前和之后），人为地使投标丧失竞争性，剥夺买方从自由的公开竞争所能获得的权益。

如果买方根据上述条款的规定，终止了全部或部分合同，买方可以依其认为适当的条件和方法购买与未交货物类似的货物，卖方应对购买类似货物所超出的那部分费用负责。但是，卖方应继续执行合同中未终止的部分。

2）破产终止合同

如果卖方破产或无清偿能力，买方可在任何时候以书面形式通知卖方终止合同而不给卖方补偿。该终止合同将不损害或影响买方已经采取或将要采取的任何行动或补救措施的权利。

3）便利终止合同

买方可在任何时候出于自身的便利向卖方发出书面通知全部或部分终止合同，终止通知应明确该终止合同是出于买方的便利，合同终止的程度，以及终止的生效日期。

对卖方在收到终止通知后二十八天内已完成并准备装运的货物，买方应按原合同价格和条款予以接收。对于剩下的货物，买方可

（1）让任一部分按照原来的合同价格和条款来完成和交货；和/或

（2）取消该剩下的货物，并按双方商定的金额向卖方支付部分完成的货物和服务以及卖方以前已采购的材料和部件的费用。

15　建设工程勘察合同

15.1　文本说明

为了指导建设工程勘察合同当事人的签约行为,维护合同当事人的合法权益,依据《中华人民共和国合同法》、《中华人民共和国建筑法》、《中华人民共和国招标投标法》等相关法律法规的规定,住房和城乡建设部、国家工商行政管理总局对《建设工程勘察合同(一)[岩土工程勘察、水文地质勘察(含凿井)、工程测量、工程物探]》(GF-2000-0203)及《建设工程勘察合同(二)[岩土工程设计、治理、监测]》(GF-2000-0204)进行了修订,形成了《建设工程勘察合同(示范文本)(一)[岩土工程勘察、水文地质勘察(含凿井)、工程测量、工程物探]》(GF-2016-0203)和《建设工程勘察合同(示范文本)(二)[岩土工程设计、治理、监测]》(GF-2016-0204)。

本章以《建设工程勘察合同(示范文本)(一)》为基础(以下简称《示范文本》),对建设工程勘察合同进行介绍。

15.1.1　《示范文本》的组成

《示范文本》由合同协议书、通用合同条款和专用合同条款三部分组成。

1)合同协议书

《示范文本》合同协议书共计 12 条,主要包括工程概况、勘察范围和阶段、技术要求及工作量、合同工期、质量标准、合同价款、合同文件构成、承诺、词语定义、签订时间、签订地点、合同生效和合同份数等内容,集中约定了合同当事人基本的合同权利义务。

2)通用合同条款

通用合同条款是合同当事人根据《中华人民共和国合同法》、《中华人民共和国建筑法》、《中华人民共和国招标投标法》等相关法律法规的规定,就工程勘察的实施及相关事项对合同当事人的权利义务作出的原则性约定。

通用合同条款具体包括一般约定、发包人、勘察人、工期、成果资料、后期服务、合同价款与支付、变更与调整、知识产权、不可抗力、合同生效与终止、合同解除、责任与保险、违约、索赔、争议解决及补充条款等共计 17 条。上述条款的安排,既考虑了现行法律法规对工程建设的有关要求,也考虑了工程勘察管理的特殊需要。

3)专用合同条款

专用合同条款是对通用合同条款原则性约定的细化、完善、补充、修改或另行约定的条款。合同当事人可以根据不同建设工程的特点及具体情况,通过双方的谈判、协商对相应的专用合同条款进行修改补充。在使用专用合同条款时,应注意以下事项:

(1)专用合同条款编号应与相应的通用合同条款编号一致;

(2)合同当事人可以通过对专用合同条款的修改,满足具体项目工程勘察的特殊要求,避免直接修改通用合同条款;

(3)在专用合同条款中有横道线的地方,合同当事人可针对相应的通用合同条款进行细化、完善、补充、修改或另行约定;如无细化、完善、补充、修改或另行约定,则填写"无"或划"/"。

15.1.2 《示范文本》的性质和适用范围

《示范文本》为非强制性使用文本,合同当事人可结合工程具体情况,根据《示范文本》订立合同,并按照法律法规和合同约定履行相应的权利义务,承担相应的法律责任。

《示范文本》适用于岩土工程勘察、岩土工程设计、岩土工程物探/测试/检测/监测、水文地质勘察及工程测量等工程勘察活动,岩土工程设计也可使用《建设工程设计合同示范文本(专业建设工程)》(GF-2015-0210)。

15.2 合同协议书

合同协议书内容及格式如下。

发包人(全称):＿＿＿＿＿＿＿＿＿＿＿＿＿＿＿＿＿＿＿＿

勘察人(全称):＿＿＿＿＿＿＿＿＿＿＿＿＿＿＿＿＿＿＿＿

根据《中华人民共和国合同法》、《中华人民共和国建筑法》、《中华人民共和国招标投标法》等相关法律法规的规定,遵循平等、自愿、公平和诚实信用的原则,双方就＿＿＿＿＿＿＿＿＿项目工程勘察有关事项协商一致,达成如下协议。

1. 工程概况

(1) 工程名称:＿＿＿＿＿＿＿＿＿＿＿＿＿＿＿＿。

(2) 工程地点:＿＿＿＿＿＿＿＿＿＿＿＿＿＿＿＿。

(3) 工程规模、特征:＿＿＿＿＿＿＿＿＿＿＿＿。

2. 勘察范围和阶段、技术要求及工作量

(1) 勘察范围和阶段:＿＿＿＿＿＿＿＿＿＿＿。

(2) 技术要求:＿＿＿＿＿＿＿＿＿＿＿＿＿＿。

(3) 工作量:＿＿＿＿＿＿＿＿＿＿＿＿＿＿＿。

3. 合同工期

(1) 开工日期:＿＿＿＿＿＿＿＿＿＿＿＿＿＿。

(2) 成果提交日期:＿＿＿＿＿＿＿＿＿＿＿＿。

(3) 合同工期(总日历天数)＿＿＿＿＿＿＿＿＿天。

4. 质量标准

质量标准:＿＿＿＿＿＿＿＿＿＿＿＿＿＿＿＿。

5. 合同价款

(1) 合同价款金额:人民币(大写)＿＿＿＿＿＿＿(￥＿＿＿元)。

(2) 合同价款形式:＿＿＿＿＿＿＿＿＿＿＿＿。

6. 合同文件构成

组成本合同的文件包括:

(1) 合同协议书;

(2) 专用合同条款及其附件;

(3) 通用合同条款;

(4) 中标通知书(如果有);

(5) 投标文件及其附件(如果有);

(6) 技术标准和要求;

（7）图纸；

（8）其他合同文件。

在合同履行过程中形成的与合同有关的文件构成合同文件组成部分。

7. 承诺

（1）发包人承诺按照法律规定履行项目审批手续，按照合同约定提供工程勘察条件和相关资料，并按照合同约定的期限和方式支付合同价款。

（2）勘察人承诺按照法律法规和技术标准规定及合同约定提供勘察技术服务。

8. 词语定义

本合同协议书中词语含义与合同第二部分《通用合同条款》中的词语含义相同。

9. 签订时间

本合同于____年____月____日签订。

10. 签订地点

本合同在_____签订。

11. 合同生效

本合同自_____生效。

12. 合同份数

本合同一式____份，具有同等法律效力，发包人执____份，勘察人执____份。

发包人：（印章）　　　　　　　　　勘察人：（印章）

法定代表人或其委托代理人：　　　　法定代表人或其委托代理人：

（签字）　　　　　　　　　　　　　（签字）

统一社会信用代码：　　　　　　　　统一社会信用代码：

地址：　　　　　　　　　　　　　　地址：

邮政编码：　　　　　　　　　　　　邮政编码：

电话：　　　　　　　　　　　　　　电话：

传真：　　　　　　　　　　　　　　传真：

电子邮箱：　　　　　　　　　　　　电子邮箱：

开户银行：　　　　　　　　　　　　开户银行：

账号：　　　　　　　　　　　　　　账号：

15.3 合同条款

15.3.1 一般约定

1. 通用条款

1）词语定义与解释

下列词语除专用合同条款另有约定外，应具有本条所赋予的含义。

（1）合同：指根据法律规定和合同当事人约定具有约束力的文件，构成合同的文件包括合同协议书、专用合同条款及其附件、通用合同条款、中标通知书（如果有）、投标文件及其附件（如果有）、技术标准和要求、图纸以及其他合同文件。

（2）合同协议书：指构成合同的由发包人和勘察人共同签署的称为"合同协议书"的书面

文件。

（3）通用合同条款：是根据法律、行政法规规定及建设工程勘察的需要订立，通用于建设工程勘察的合同条款。

（4）专用合同条款：是发包人与勘察人根据法律、行政法规规定，结合具体工程实际，经协商达成一致意见的合同条款，是对通用合同条款的细化、完善、补充、修改或另行约定。

（5）发包人：指与勘察人签定合同协议书的当事人以及取得该当事人资格的合法继承人。

（6）勘察人：指在合同协议书中约定，被发包人接受的具有工程勘察资质的当事人以及取得该当事人资格的合法继承人。

（7）工程：指发包人与勘察人在合同协议书中约定的勘察范围内的项目。

（8）勘察任务书：指由发包人就工程勘察范围、内容和技术标准等提出要求的书面文件。勘察任务书构成合同文件的组成部分。

（9）合同价款：指合同当事人在合同协议书中约定，发包人用以支付勘察人完成合同约定范围内工程勘察工作的款项。

（10）费用：指为履行合同所发生的或将要发生的必需的支出。

（11）工期：指合同当事人在合同协议书中约定，按总日历天数（包括法定节假日）计算的工作天数。

（12）天：除特别指明外，均指日历天。约定按天计算时间的，开始当天不计入，从次日开始计算。时限的最后一天是休息日或者其他法定节假日的，以节假日次日为时限的最后一天，时限的最后一天的截止时间为当日 24:00 时。

（13）开工日期：指合同当事人在合同中约定，勘察人开始工作的绝对或相对日期。

（14）成果提交日期：指合同当事人在合同中约定，勘察人完成合同范围内工作并提交成果资料的绝对或相对日期。

（15）图纸：指由发包人提供或由勘察人提供并经发包人认可，满足勘察人开展工作需要的所有图件，包括相关说明和资料。

（16）作业场地：指工程勘察作业的场所以及发包人具体指定的供工程勘察作业使用的其他场所。

（17）书面形式：指合同书、信件和数据电文（包括电报、电传、传真、电子数据交换和电子邮件）等可以有形地表现所载内容的形式。

（18）索赔：指在合同履行过程中，一方违反合同约定，直接或间接地给另一方造成实际损失，受损方向违约方提出经济赔偿和（或）工期顺延的要求。

（19）不利物质条件：指勘察人在作业场地遇到的不可预见的自然物质条件、非自然的物质障碍和污染物。

（20）后期服务：指勘察人提交成果资料后，为发包人提供的后续技术服务工作和程序性工作，如报告成果咨询、基槽检验、现场交桩和竣工验收等。

2）合同文件及优先解释顺序

合同文件应能相互解释，互为说明。除专用合同条款另有约定外，组成本合同的文件及优先解释顺序如下：

（1）合同协议书；

（2）专用合同条款及其附件；

（3）通用合同条款；

（4）中标通知书（如果有）；

（5）投标文件及其附件（如果有）；

（6）技术标准和要求；

（7）图纸；

（8）其他合同文件。

上述合同文件包括合同当事人就该项合同文件所作出的补充和修改,属于同一类内容的文件,应以最新签署的为准。

当合同文件内容含糊不清或不相一致时,在不影响工作正常进行的情况下,由发包人和勘察人协商解决。双方协商不成时,按(争议解决)的约定处理。

3）适用法律法规、技术标准

（1）适用法律法规。

本合同文件适用中华人民共和国法律、行政法规、部门规章以及工程所在地的地方性法规、自治条例、单行条例和地方政府规章等。其他需要明示的规范性文件,由合同当事人在专用合同条款中约定。

（2）适用技术标准。

适用于工程的现行有效国家标准、行业标准、工程所在地的地方标准以及相应的规范、规程为本合同文件适用的技术标准。合同当事人有特别要求的,应在专用合同条款中约定。

发包人要求使用国外技术标准的,应在专用合同条款中约定所使用技术标准的名称及提供方,并约定技术标准原文版、中译本的份数、时间及费用承担等事项。

4）语言文字

本合同文件使用汉语语言文字书写、解释和说明。如专用合同条款约定使用两种以上（含两种）语言时,汉语为优先解释和说明本合同的语言。

5）联络

（1）与合同有关的批准文件、通知、证明、证书、指示、指令、要求、请求、意见、确定和决定等,均应采用书面形式或合同双方确认的其他形式,并应在合同约定的期限内送达接收人。

（2）发包人和勘察人应在专用合同条款中约定各自的送达接收人、送达形式及联系方式。合同当事人指定的接收人、送达地点或联系方式发生变动的,应提前3天以书面形式通知对方,否则视为未发生变动。

（3）发包人、勘察人应及时签收对方送达至约定送达地点和指定接收人的来往信函；如确有充分证据证明一方无正当理由拒不签收的,视为拒绝签收一方认可往来信函的内容。

6）严禁贿赂

合同当事人不得以贿赂或变相贿赂的方式,谋取非法利益或损害对方权益。因一方的贿赂造成对方损失的,应赔偿损失并承担相应的法律责任。

7）保密

除法律法规规定或合同另有约定外,未经发包人同意,勘察人不得将发包人提供的图纸、文件以及声明需要保密的资料信息等商业秘密泄露给第三方。

除法律法规规定或合同另有约定外,未经勘察人同意,发包人不得将勘察人提供的技术文件、成果资料、技术秘密及声明需要保密的资料信息等商业秘密泄露给第三方。

2. 专用条款

1）词语定义

_____。

2）合同文件及优先解释顺序

合同文件组成及优先解释顺序：_____。

3）适用法律法规、技术标准

（1）适用法律法规。

需要明示的规范性文件：_____。

（2）适用技术标准。

特别要求：_____。

使用国外技术标准的名称、提供方、原文版、中译本的份数、时间及费用承担：

_____。

4）语言文字

本合同除使用汉语外，还使用_____语言文字。

5）联络

（1）发包人和勘察人应在_____天内将与合同有关的通知、批准、证明、证书、指示、指令、要求、请求、同意、意见、确定和决定等书面函件送达对方当事人。

（2）发包人接收文件的地点：_____。

发包人指定的接收人：_____。

发包人指定的联系方式：_____。

勘察人接收文件的地点：_____。

勘察人指定的接收人：_____。

勘察人指定的联系方式：_____。

6）保密

合同当事人关于保密的约定：_____。

15.3.2 发包人

1. 通用条款

1）发包人权利

（1）发包人对勘察人的勘察工作有权依照合同约定实施监督，并对勘察成果予以验收。

（2）发包人对勘察人无法胜任工程勘察工作的人员有权提出更换。

（3）发包人拥有勘察人为其项目编制的所有文件资料的使用权，包括投标文件、成果资料和数据等。

2）发包人义务

（1）发包人应以书面形式向勘察人明确勘察任务及技术要求。

（2）发包人应提供开展工程勘察工作所需要的图纸及技术资料，包括总平面图、地形图、已有水准点和坐标控制点等，若上述资料由勘察人负责搜集时，发包人应承担相关费用。

（3）发包人应提供工程勘察作业所需的批准及许可文件，包括立项批复、占用和挖掘道路许可等。

（4）发包人应为勘察人提供具备条件的作业场地及进场通道（包括土地征用、障碍物清除、场地平整、提供水电接口和青苗赔偿等)并承担相关费用。

（5）发包人应为勘察人提供作业场地内地下埋藏物(包括地下管线、地下构筑物等)的资料、图纸,没有资料、图纸的地区,发包人应委托专业机构查清地下埋藏物。若因发包人未提供上述资料、图纸,或提供的资料、图纸不实,致使勘察人在工程勘察工作过程中发生人身伤害或造成经济损失时,由发包人承担赔偿责任。

（6）发包人应按照法律法规规定为勘察人安全生产提供条件并支付安全生产防护费用,发包人不得要求勘察人违反安全生产管理规定进行作业。

（7）若勘察现场需要看守,特别是在有毒、有害等危险现场作业时,发包人应派人负责安全保卫工作;按国家有关规定,对从事危险作业的现场人员进行保健防护,并承担费用。发包人对安全文明施工有特殊要求时,应在专用合同条款中另行约定。

（8）发包人应对勘察人满足质量标准的已完成工作,按照合同约定及时支付相应的工程勘察合同价款及费用。

3）发包人代表

发包人应在专用合同条款中明确其负责工程勘察的发包人代表的姓名、职务、联系方式及授权范围等事项。发包人代表在发包人的授权范围内,负责处理合同履行过程中与发包人有关的具体事宜。

2. 专用条款

1）发包人义务

（1）发包人委托勘察人搜集的资料:＿＿＿＿＿＿＿＿＿＿＿＿＿＿＿＿＿＿＿＿＿。

（2）发包人对安全文明施工的特别要求:＿＿＿＿＿＿＿＿＿＿＿＿＿＿＿＿＿＿＿。

2）发包人代表

姓名:＿＿＿＿＿＿＿ 职务:＿＿＿＿＿＿＿ 联系方式:＿＿＿＿＿＿＿＿＿＿＿＿＿＿＿。

授权范围:＿＿＿＿＿＿＿＿＿＿＿＿＿＿＿＿＿＿＿＿＿＿＿＿＿＿＿＿＿＿＿＿＿＿＿

＿＿＿＿＿＿＿＿＿＿＿＿＿＿＿＿＿＿＿＿＿＿＿＿＿＿＿＿＿＿＿＿＿＿＿＿＿。

15.3.3 勘察人

1. 通用条款

1）勘察人权利

（1）勘察人在工程勘察期间,根据项目条件和技术标准、法律法规规定等方面的变化,有权向发包人提出增减合同工作量或修改技术方案的建议。

（2）除建设工程主体部分的勘察外,根据合同约定或经发包人同意,勘察人可以将建设工程其他部分的勘察分包给其他具有相应资质等级的建设工程勘察单位。发包人对分包的特殊要求应在专用合同条款中另行约定。

（3）勘察人对其编制的所有文件资料,包括投标文件、成果资料、数据和专利技术等拥有知识产权。

2）勘察人义务

（1）勘察人应按勘察任务书和技术要求并依据有关技术标准进行工程勘察工作。

（2）勘察人应建立质量保证体系,按本合同约定的时间提交质量合格的成果资料,并对其质量负责。

（3）勘察人在提交成果资料后,应为发包人继续提供后期服务。

（4）勘察人在工程勘察期间遇到地下文物时，应及时向发包人和文物主管部门报告并妥善保护。

（5）勘察人开展工程勘察活动时应遵守有关职业健康及安全生产方面的各项法律法规的规定，采取安全防护措施，确保人员、设备和设施的安全。

（6）勘察人在燃气管道、热力管道、动力设备、输水管道、输电线路、临街交通要道及地下通道（地下隧道）附近等风险性较大的地点，以及在易燃易爆地段及放射、有毒环境中进行工程勘察作业时，应编制安全防护方案并制定应急预案。

（7）勘察人应在勘察方案中列明环境保护的具体措施，并在合同履行期间采取合理措施保护作业现场环境。

3）勘察人代表

勘察人接受任务时，应在专用合同条款中明确其负责工程勘察的勘察人代表的姓名、职务、联系方式及授权范围等事项。勘察人代表在勘察人的授权范围内，负责处理合同履行过程中与勘察人有关的具体事宜。

2. 专用条款

1）勘察人权利

关于分包的约定：＿＿＿＿＿＿＿＿＿＿＿＿＿＿＿＿＿＿＿＿＿＿＿＿＿＿＿。

2）勘察人代表

姓名：＿＿＿＿＿＿＿ 职务：＿＿＿＿＿＿ 联系方式：＿＿＿＿＿＿＿＿＿＿＿＿。

授权范围：＿＿＿＿＿＿＿＿＿＿＿＿＿＿＿＿＿＿＿＿＿＿＿＿＿＿＿＿＿＿。

15.3.4 工期

1. 通用条款

1）开工及延期开工

（1）勘察人应按合同约定的工期进行工程勘察工作，并接受发包人对工程勘察工作进度的监督、检查。

（2）因发包人原因不能按照合同约定的日期开工，发包人应以书面形式通知勘察人，推迟开工日期并相应顺延工期。

2）成果提交日期

勘察人应按照合同约定的日期或双方同意顺延的工期提交成果资料，具体可在专用合同条款中约定。

3）发包人造成的工期延误

因以下情形造成工期延误，勘察人有权要求发包人延长工期、增加合同价款和（或）补偿费用：

（1）发包人未能按合同约定提供图纸及开工条件；

（2）发包人未能按合同约定及时支付定金、预付款和（或）进度款；

（3）变更导致合同工作量增加；

（4）发包人增加合同工作内容；

（5）发包人改变工程勘察技术要求；

（6）发包人导致工期延误的其他情形。

除专用合同条款对期限另有约定外，勘察人在上述情形发生后 7 天内，应就延误的工期以书面形式向发包人提出报告。发包人在收到报告后 7 天内予以确认;逾期不予确认也不提出修改意见,视为同意顺延工期。补偿费用的确认程序参照(合同价款与支付)执行。

4)勘察人造成的工期延误

勘察人因以下情形不能按照合同约定的日期或双方同意顺延的工期提交成果资料的,勘察人承担违约责任:

(1)勘察人未按合同约定开工日期开展工作造成工期延误的;

(2)勘察人管理不善、组织不力造成工期延误的;

(3)因弥补勘察人自身原因导致的质量缺陷而造成工期延误的;

(4)因勘察人成果资料不合格返工造成工期延误的;

(5)勘察人导致工期延误的其他情形。

5)恶劣气候条件

恶劣气候条件影响现场作业,导致现场作业难以进行而造成工期延误的,勘察人有权要求发包人延长工期,具体可参照(发包人造成的工期延误)处理。

2. 专用条款

1)成果提交日期

双方约定工期顺延的其他情况:＿＿＿＿＿＿＿＿＿＿＿＿＿＿＿＿＿＿＿＿＿。

2)发包人造成的工期延误

双方就工期顺延确定期限的约定:＿＿＿＿＿＿＿＿＿＿＿＿＿＿＿＿＿＿＿。

15.3.5　成果资料

1. 通用条款

1)成果质量

(1)成果质量应符合相关技术标准和深度规定,且满足合同约定的质量要求。

(2)双方对工程勘察成果质量有争议时,由双方同意的第三方机构鉴定,所需费用及因此造成的损失,由责任方承担;双方均有责任的,由双方根据其责任分别承担。

2)成果份数

勘察人应向发包人提交成果资料四份,发包人要求增加的份数,在专用合同条款中另行约定,发包人另行支付相应的费用。

3)成果交付

勘察人按照约定时间和地点向发包人交付成果资料,发包人应出具书面签收单,内容包括成果名称、成果组成、成果份数、提交和签收日期及提交人与接收人的亲笔签名等。

4)成果验收

勘察人向发包人提交成果资料后,如需对勘察成果组织验收的,发包人应及时组织验收。除专用合同条款对期限另有约定外,发包人 14 天内无正当理由不予组织验收,视为验收通过。

2. 专用条款

1)成果份数

勘察人应向发包人提交成果资料四份,发包人要求增加的份数为＿＿＿＿＿＿份。

2)成果验收

双方就成果验收期限的约定:＿＿＿＿＿＿＿＿＿＿＿＿＿＿＿＿＿＿＿＿＿。

15.3.6 后期服务

1. 通用条款

1）后续技术服务

勘察人应派专业技术人员为发包人提供后续技术服务，发包人应为其提供必要的工作和生活条件，后续技术服务的内容、费用和时限应由双方在专用合同条款中另行约定。

2）竣工验收

工程竣工验收时，勘察人应按发包人要求参加竣工验收工作，并提供竣工验收所需相关资料。

2. 专用条款

后续技术服务内容约定：_____。

后续技术服务费用约定：_____。

后续技术服务时限约定：_____。

15.3.7 合同价款与支付

1. 通用条款

1）合同价款与调整

（1）依照法定程序进行招标工程的合同价款由发包人和勘察人依据中标价格载明在合同协议书中；非招标工程的合同价款由发包人和勘察人议定，并载明在合同协议书中。合同价款在合同协议书中约定后，除合同条款约定的合同价款调整因素外，任何一方不得擅自改变。

（2）合同当事人可任选下列一种合同价款的形式，双方可在专用合同条款中约定：

① 总价合同。双方在专用合同条款中约定合同价款包含的风险范围和风险费用的计算方法，在约定的风险范围内合同价款不再调整。风险范围以外的合同价款调整因素和方法，应在专用合同条款中约定。

② 单价合同。合同价款根据工作量的变化而调整，合同单价在风险范围内一般不予调整，双方可在专用合同条款中约定合同单价调整因素和方法。

③ 其他合同价款形式。合同当事人可在专用合同条款中约定其他合同价格形式。

（3）需调整合同价款时，合同一方应及时将调整原因、调整金额以书面形式通知对方，双方共同确认调整金额后作为追加或减少的合同价款，与进度款同期支付。除专用合同条款对期限另有约定外，一方在收到对方的通知后7天内不予确认也不提出修改意见，视为已经同意该项调整。合同当事人就调整事项不能达成一致的，则按照第16条（争议解决）的约定处理。

2）定金或预付款

（1）实行定金或预付款的，双方应在专用合同条款中约定发包人向勘察人支付定金或预付款数额，支付时间应不迟于约定的开工日期前7天。发包人不按约定支付，勘察人向发包人发出要求支付的通知，发包人收到通知后仍不能按要求支付，勘察人可在发出通知后推迟开工日期，并由发包人承担违约责任。

（2）定金或预付款在进度款中抵扣，抵扣办法可在专用合同条款中约定。

3）进度款支付

（1）发包人应按照专用合同条款约定的进度款支付方式、支付条件和支付时间进行支付。

（2）（合同价款与调整）和（变更合同价款确定）确定调整的合同价款及其他条款中约定的

追加或减少的合同价款,应与进度款同期调整支付。

(3) 发包人超过约定的支付时间不支付进度款,勘察人可向发包人发出要求付款的通知,发包人收到勘察人通知后仍不能按要求付款,可与勘察人协商签订延期付款协议,经勘察人同意后可延期支付。

(4) 发包人不按合同约定支付进度款,双方又未达成延期付款协议,勘察人可停止工程勘察作业和后期服务,由发包人承担违约责任。

4) 合同价款结算

除专用合同条款另有约定外,发包人应在勘察人提交成果资料后 28 天内,依据合同价款与调整和变更合同价款确定的约定进行最终合同价款确定,并予以全额支付。

2. 专用条款

1) 合同价款与调整

(1) 双方约定的合同价款调整因素和方法:＿＿＿＿＿＿＿＿＿＿＿＿＿。

(2) 本合同价款采用＿＿＿＿＿＿＿＿＿方式确定。

① 采用总价合同,合同价款中包括的风险范围:＿＿＿＿＿＿＿＿＿。

风险费用的计算方法:＿＿＿＿＿＿＿＿＿＿＿。

风险范围以外合同价款调整因素和方法:＿＿＿＿＿＿＿＿＿。

② 采用单价合同,合同价款中包括的风险范围:＿＿＿＿＿＿＿。

风险范围以外合同单价调整因素和方法:＿＿＿＿＿＿＿＿＿。

③采用的其他合同价款形式及调整因素和方法:＿＿＿＿＿＿＿。

(3) 双方就合同价款调整确认期限的约定:＿＿＿＿＿＿＿＿＿。

2) 定金或预付款

(1) 发包人向勘察人支付定金金额:＿＿＿＿＿或预付款的金额:＿＿＿＿＿。

(2) 定金或预付款在进度款中的抵扣办法:＿＿＿＿＿＿＿＿＿。

3) 进度款支付

双方约定的进度款支付方式、支付条件和支付时间:＿＿＿＿＿＿＿。

4) 合同价款结算

最终合同价款支付的约定:＿＿＿＿＿＿＿＿＿＿＿＿。

15.3.8　变更与调整

1. 通用条款

1) 变更范围与确认

(1) 变更范围。

本合同变更是指在合同签订日后发生的以下变更:

① 法律法规及技术标准的变化引起的变更;

② 规划方案或设计条件的变化引起的变更;

③ 不利物质条件引起的变更;

④ 发包人的要求变化引起的变更;

⑤ 因政府临时禁令引起的变更;

⑥ 其他专用合同条款中约定的变更。

(2) 变更确认。

当引起变更的情形出现,除专用合同条款对期限另有约定外,勘察人应在 7 天内就调整后的技术方案以书面形式向发包人提出变更要求,发包人应在收到报告后 7 天内予以确认,逾期不予确认也不提出修改意见,视为同意变更。

2)变更合同价款确定

(1)变更合同价款按下列方法进行:

① 合同中已有适用于变更工程的价格,按合同已有的价格变更合同价款;

② 合同中只有类似于变更工程的价格,可以参照类似价格变更合同价款;

③ 合同中没有适用或类似于变更工程的价格,由勘察人提出适当的变更价格,经发包人确认后执行。

(2)除专用合同条款对期限另有约定外,一方应在双方确定变更事项后 14 天内向对方提出变更合同价款报告,否则视为该项变更不涉及合同价款的变更。

(3)除专用合同条款对期限另有约定外,一方应在收到对方提交的变更合同价款报告之日起 14 天内予以确认。逾期无正当理由不予确认的,则视为该项变更合同价款报告已被确认。

(4)一方不同意对方提出的合同价款变更,按(争议解决)的约定处理。

(5)因勘察人自身原因导致的变更,勘察人无权要求追加合同价。

2. 专用条款

1)变更范围与确认

(1)变更范围。

变更范围的其他约定:＿＿＿＿＿＿＿＿＿＿＿＿＿＿＿。

(2)变更确认。

变更提出和确认期限的约定:＿＿＿＿＿＿＿＿＿＿＿。

2)变更合同价款确定

(1)提出变更合同价款报告期限的约定:＿＿＿＿＿＿＿。

(2)确认变更合同价款报告时限的约定:＿＿＿＿＿＿＿。

15.3.9 知识产权

1. 通用条款

(1)除专用合同条款另有约定外,发包人提供给勘察人的图纸、发包人为实施工程自行编制或委托编制的反映发包人要求或其他类似性质的文件的著作权属于发包人,勘察人可以为实现本合同目的而复制、使用此类文件,但不能用于与本合同无关的其他事项。未经发包人书面同意,勘察人不得为了本合同以外的目的而复制、使用上述文件或将之提供给任何第三方。

(2)除专用合同条款另有约定外,勘察人为实施工程所编制的成果文件的著作权属于勘察人,发包人可因本工程的需要而复制、使用此类文件,但不能擅自修改或用于与本合同无关的其他事项。未经勘察人书面同意,发包人不得为了本合同以外的目的而复制、使用上述文件或将之提供给任何第三方。

(3)合同当事人保证在履行本合同过程中不侵犯对方及第三方的知识产权。勘察人在工程勘察时,因侵犯他人的专利权或其他知识产权所引起的责任,由勘察人承担;因发包人提供的基础资料导致侵权的,由发包人承担责任。

(4)在不损害对方利益情况下,合同当事人双方均有权在申报奖项、制作宣传印刷品及出版物时使用有关项目的文字和图片材料。

（5）除专用合同条款另有约定外，勘察人在合同签订前和签订时已确定采用的专利、专有技术、技术秘密的使用费已包含在合同价款中。

2. 专用条款

（1）关于发包人提供给勘察人的图纸、发包人为实施工程自行编制或委托编制的反映发包人要求或其他类似性质的文件的著作权的归属：＿＿＿＿＿＿＿＿＿＿＿＿＿＿＿＿。

关于发包人提供的上述文件的使用限制的要求：＿＿＿＿＿＿＿＿＿＿＿＿＿＿＿＿＿＿＿。

（2）关于勘察人为实施工程所编制文件的著作权的归属：＿＿＿＿＿＿＿＿＿＿＿＿＿＿。

关于勘察人提供的上述文件的使用限制的要求：＿＿＿＿＿＿＿＿＿＿＿＿＿＿＿＿＿＿。

（3）勘察人在工作过程中所采用的专利、专有技术、技术秘密的使用费的承担方式：

＿＿＿＿＿＿＿＿＿＿＿＿＿＿＿＿＿＿＿＿＿＿＿＿＿＿＿＿＿＿＿＿＿＿＿＿＿＿＿。

15.3.10 不可抗力

1. 通用条款

1）不可抗力的确认

（1）不可抗力是在订立合同时不可合理预见，在履行合同中不可避免的发生且不能克服的自然灾害和社会突发事件，如地震、海啸、瘟疫、洪水、骚乱、暴动、战争以及专用条款约定的其他自然灾害和社会突发事件。

（2）不可抗力发生后，发包人和勘察人应收集不可抗力发生及造成损失的证据。合同当事双方对是否属于不可抗力或其损失发生争议时，按（争议解决）的约定处理。

2）不可抗力的通知

（1）遇有不可抗力发生时，发包人和勘察人应立即通知对方，双方应共同采取措施减少损失。除专用合同条款对期限另有约定外，不可抗力持续发生，勘察人应每隔 7 天向发包人报告一次受害损失情况。

（2）除专用合同条款对期限另有约定外，不可抗力结束后 2 天内，勘察人向发包人通报受害损失情况及预计清理和修复的费用；不可抗力结束后 14 天内，勘察人向发包人提交清理和修复费用的正式报告及有关资料。

3）不可抗力后果的承担

（1）因不可抗力发生的费用及延误的工期由双方按以下方法分别承担：

① 发包人和勘察人人员伤亡由合同当事人双方自行负责，并承担相应费用；

② 勘察人机械设备损坏及停工损失，由勘察人承担；

③ 停工期间，勘察人应发包人要求留在作业场地的管理人员及保卫人员的费用由发包人承担；

④ 作业场地发生的清理、修复费用由发包人承担；

⑤ 延误的工期相应顺延。

（2）因合同一方迟延履行合同后发生不可抗力的，不能免除迟延履行方的相应责任。

2. 专用条款

1）不可抗力的确认

双方关于不可抗力的其他约定（如政府临时禁令）：＿＿＿＿＿＿＿＿＿＿＿＿＿＿。

2）不可抗力的通知

（1）不可抗力持续发生，勘察人报告受害损失期限的约定：_____。

（2）勘察人向发包人通报受害损失情况及费用期限的约定：_____。

15.3.11　合同生效与终止

（1）双方在合同协议书中约定合同生效方式。

（2）发包人、勘察人履行合同全部义务，合同价款支付完毕，本合同即告终止。

（3）合同的权利义务终止后，合同当事人应遵循诚实信用原则，履行通知、协助和保密等义务。

15.3.12　合同解除

（1）有下列情形之一的，发包人、勘察人可以解除合同：

① 因不可抗力致使合同无法履行；

② 发生未按（定金或预付款）或（进度款支付）约定按时支付合同价款的情况，停止作业超过 28 天，勘察人有权解除合同，由发包人承担违约责任；

③ 勘察人将其承包的全部工程转包给他人或者肢解以后以分包的名义分别转包给他人，发包人有权解除合同，由勘察人承担违约责任；

④ 发包人和勘察人协商一致可以解除合同的其他情形。

（2）一方依据上一款约定要求解除合同的，应以书面形式向对方发出解除合同的通知，并在发出通知前不少于 14 天告知对方，通知到达对方时合同解除。对解除合同有争议的，按（争议解决）的约定处理。

（3）因不可抗力致使合同无法履行时，发包人应按合同约定向勘察人支付已完工作量相对应比例的合同价款后解除合同。

（4）合同解除后，勘察人应按发包人要求将自有设备和人员撤出作业场地，发包人应为勘察人撤出提供必要条件。

15.3.13　责任与保险

1. 通用条款

（1）勘察人应运用一切合理的专业技术和经验，按照公认的职业标准尽其全部职责和谨慎、勤勉地履行其在本合同项下的责任和义务。

（2）合同当事人可按照法律法规的要求在专用合同条款中约定履行本合同所需要的工程勘察责任保险，并使其于合同责任期内保持有效。

（3）勘察人应依照法律法规的规定为勘察作业人员参加工伤保险、人身意外伤害险和其他保险。

2. 专用条款

工程勘察责任保险的约定：_____。

15.3.14　违约

1. 通用条款

1）发包人违约

（1）发包人违约情形。

① 合同生效后，发包人无故要求终止或解除合同；

② 发包人未按(定金或预付款)约定按时支付定金或预付款;

③ 发包人未按(进度款支付)约定按时支付进度款;

④ 发包人不履行合同义务或不按合同约定履行义务的其他情形。

(2) 发包人违约责任。

① 合同生效后,发包人无故要求终止或解除合同,勘察人未开始勘察工作的,不退还发包人已付的定金或发包人按照专用合同条款约定向勘察人支付违约金;勘察人已开始勘察工作的,若完成计划工作量不足 50% 的,发包人应支付勘察人合同价款的 50%;完成计划工作量超过 50% 的,发包人应支付勘察人合同价款的 100%。

② 发包人发生其他违约情形时,发包人应承担由此增加的费用和工期延误损失,并给予勘察人合理赔偿。双方可在专用合同条款内约定发包人赔偿勘察人损失的计算方法或者发包人应支付违约金的数额或计算方法。

2) 勘察人违约

(1) 勘察人违约情形。

① 合同生效后,勘察人因自身原因要求终止或解除合同;

② 因勘察人原因不能按照合同约定的日期或合同当事人同意顺延的工期提交成果资料;

③ 因勘察人原因造成成果资料质量达不到合同约定的质量标准;

④ 勘察人不履行合同义务或未按约定履行合同义务的其他情形。

(2) 勘察人违约责任。

① 合同生效后,勘察人因自身原因要求终止或解除合同,勘察人应双倍返还发包人已支付的定金或勘察人按照专用合同条款约定向发包人支付违约金。

② 因勘察人原因造成工期延误的,应按专用合同条款约定向发包人支付违约金。

③ 因勘察人原因造成成果资料质量达不到合同约定的质量标准,勘察人应负责无偿给予补充完善使其达到质量合格。因勘察人原因导致工程质量安全事故或其他事故时,勘察人除负责采取补救措施外,应通过所投工程勘察责任保险向发包人承担赔偿责任或根据直接经济损失程度按专用合同条款约定向发包人支付赔偿金。

④ 勘察人发生其他违约情形时,勘察人应承担违约责任并赔偿因其违约给发包人造成的损失,双方可在专用合同条款内约定勘察人赔偿发包人损失的计算方法和赔偿金额。

2. 专用条款

1) 发包人违约

(1) 发包人支付勘察人的违约金:_____。

(2) 发包人发生其他违约情形应承担的违约责任:_____。

2) 勘察人违约

(1) 勘察人支付发包人的违约金:_____。

(2) 勘察人造成工期延误应承担的违约责任:_____。

(3) 因勘察人原因导致工程质量安全事故或其他事故时的赔偿金上限:_____。

(4) 勘察人发生其他违约情形应承担的违约责任:_____。

15.3.15 索赔

1. 通用条款

1）发包人索赔

勘察人未按合同约定履行义务或发生错误以及应由勘察人承担责任的其他情形,造成工期延误及发包人的经济损失,除专用合同条款另有约定外,发包人可按下列程序以书面形式向勘察人索赔:

（1）违约事件发生后 7 天内,向勘察人发出索赔意向通知;

（2）发出索赔意向通知后 14 天内,向勘察人提出经济损失的索赔报告及有关资料;

（3）勘察人在收到发包人送交的索赔报告和有关资料或补充索赔理由、证据后,于 28 天内给予答复;

（4）勘察人在收到发包人送交的索赔报告和有关资料后 28 天内未予答复或未对发包人作进一步要求,视为该项索赔已被认可;

（5）当该违约事件持续进行时,发包人应阶段性向勘察人发出索赔意向,在违约事件终了后 21 天内,向勘察人送交索赔的有关资料和最终索赔报告。索赔答复程序与第（3）、（4）项约定相同。

2）勘察人索赔

发包人未按合同约定履行义务或发生错误以及应由发包人承担责任的其他情形,造成工期延误和（或）勘察人不能及时得到合同价款及勘察人的经济损失,除专用合同条款另有约定外,勘察人可按下列程序以书面形式向发包人索赔:

（1）违约事件发生后 7 天内,勘察人可向发包人发出要求其采取有效措施纠正违约行为的通知;发包人收到通知 14 天内仍不履行合同义务,勘察人有权停止作业,并向发包人发出索赔意向通知。

（2）发出索赔意向通知后 14 天内,向发包人提出延长工期和（或）补偿经济损失的索赔报告及有关资料。

（3）发包人在收到勘察人送交的索赔报告和有关资料或补充索赔理由、证据后,于 28 天内给予答复。

（4）发包人在收到勘察人送交的索赔报告和有关资料后 28 天内未予答复或未对勘察人作进一步要求,视为该项索赔已被认可。

（5）当该索赔事件持续进行时,勘察人应阶段性向发包人发出索赔意向,在索赔事件终了后 21 天内,向发包人送交索赔的有关资料和最终索赔报告。索赔答复程序与第（3）、（4）项约定相同。

2. 专用条款

1）发包人索赔

索赔程序和期限的约定：＿＿＿＿＿＿＿＿＿＿＿＿＿＿＿＿＿＿＿＿＿＿＿＿＿＿＿＿＿＿。

2）勘察人索赔

索赔程序和期限的约定：＿＿＿＿＿＿＿＿＿＿＿＿＿＿＿＿＿＿＿＿＿＿＿＿＿＿＿＿＿＿。

15.3.16 争议解决

1. 通用条款

1）和解

因本合同以及与本合同有关事项发生争议的，双方可以就争议自行和解。自行和解达成协议的，经签字并盖章后作为合同补充文件，双方均应遵照执行。

2）调解

因本合同以及与本合同有关事项发生争议的，双方可以就争议请求行政主管部门、行业协会或其他第三方进行调解。调解达成协议的，经签字并盖章后作为合同补充文件，双方均应遵照执行。

3）仲裁或诉讼

因本合同以及与本合同有关事项发生争议的，当事人不愿和解、调解或者和解、调解不成的，双方可以在专用合同条款内约定以下一种方式解决争议：

（1）双方达成仲裁协议，向约定的仲裁委员会申请仲裁；

（2）向有管辖权的人民法院起诉。

2. 专用条款

双方约定在履行合同过程中产生争议时，采取下列第_____种方式解决：

（1）向_____仲裁委员会提请仲裁；

（2）向_____人民法院提起诉讼。

15.3.17 补充条款

1. 通用条款

双方根据有关法律法规规定，结合实际经协商一致，可对通用合同条款内容具体化、补充或修改，并在专用合同条款内约定。

2. 专用条款

双方根据有关法律法规规定，结合实际经协商一致，补充约定如下：

_____

_____。

16　建设工程设计合同

16.1　文本说明

为了指导建设工程设计合同当事人的签约行为,维护合同当事人的合法权益,依据《中华人民共和国合同法》、《中华人民共和国建筑法》、《中华人民共和国招标投标法》以及相关法律法规,住房城乡建设部、工商总局对《建设工程设计合同(一)(民用建设工程设计合同)》(GF-2000-0209)及《建设工程设计合同(二)(专业建设工程)》(GF-2000-0210)进行了修订,形成了《建设工程设计合同示范文本(一)(房屋建筑工程)》(GF-2015-0209)和《建筑工程设计合同(二)(专业建设工程)》(GF-2015-0210)。

本章以《建设工程设计合同示范文本(一)》为基础(以下简称《示范文本》),对建设工程设计合同进行介绍。

1.《示范文本》的组成

《示范文本》由合同协议书、通用合同条款和专用合同条款三部分组成。

1)合同协议书

《示范文本》合同协议书集中约定了合同当事人基本的合同权利义务。

2)通用合同条款

通用合同条款是合同当事人根据《中华人民共和国建筑法》、《中华人民共和国合同法》等法律法规的规定,就工程设计的实施及相关事项,对合同当事人的权利义务作出的原则性约定。

通用合同条款既考虑了现行法律法规对工程建设的有关要求,也考虑了工程设计管理的特殊需要。

3)专用合同条款

专用合同条款是对通用合同条款原则性约定的细化、完善、补充、修改或另行约定的条款。合同当事人可以根据不同建设工程的特点及具体情况,通过双方的谈判、协商对相应的专用合同条款进行修改补充。在使用专用合同条款时,应注意以下事项:

(1)专用合同条款的编号应与相应的通用合同条款的编号一致;

(2)合同当事人可以通过对专用合同条款的修改,满足具体房屋建筑工程的特殊要求,避免直接修改通用合同条款;

(3)在专用合同条款中有横道线的地方,合同当事人可针对相应的通用合同条款进行细化、完善、补充、修改或另行约定;如无细化、完善、补充、修改或另行约定,则填写"无"或划"/"。

2.《示范文本》的性质和适用范围

《示范文本》供合同双方当事人参照使用,可适用于方案设计招标投标、队伍比选等形式下的合同订立。

《示范文本》适用于建设用地规划许可证范围内的建筑物构筑物设计、室外工程设计、民用建筑修建的地下工程设计及住宅小区、工厂厂前区、工厂生活区、小区规划设计及单体设计等,以及所包含的相关专业的设计内容（总平面布置、竖向设计、各类管网管线设计、景观设计、室内外环境设计及建筑装饰、道路、消防、智能、安保、通信、防雷、人防、供配电、照明、废水治理、空调设施及抗震加固等）等工程设计活动。

16.2 合同协议书

合同协议书内容及格式如下：

发包人（全称）：＿＿＿＿＿＿＿＿＿＿＿＿＿＿＿＿＿＿＿＿＿＿

勘察人（全称）：＿＿＿＿＿＿＿＿＿＿＿＿＿＿＿＿＿＿＿＿＿＿

根据《中华人民共和国合同法》、《中华人民共和国建筑法》及有关法律规定，遵循平等、自愿、公平和诚实信用的原则，双方就＿＿＿＿＿＿＿＿＿工程设计及有关事项协商一致，共同达成如下协议。

1. 工程概况

（1）工程名称：＿＿＿＿＿＿＿＿＿＿＿＿＿＿＿＿＿＿＿＿。

（2）工程地点：＿＿＿＿＿＿＿＿＿＿＿＿＿＿＿＿＿＿＿＿。

（3）规划占地面积：＿＿＿＿平方米，总建筑面积：＿＿＿＿平方米（其中地上约＿＿＿平方米，地下约＿＿平方米）；地上＿＿＿＿层，地下＿＿＿层；建筑高度＿＿＿米。

（4）建筑功能：＿＿＿＿、＿＿＿＿、＿＿＿＿等。

（5）投资估算：约＿＿＿＿＿元人民币。

2. 工程设计范围、阶段与服务内容

（1）工程设计范围：＿＿＿＿＿＿＿＿＿＿＿＿＿＿＿＿。

（2）工程设计阶段：＿＿＿＿＿＿＿＿＿＿＿＿＿＿＿＿。

（3）工程设计服务内容：＿＿＿＿＿＿＿＿＿＿＿＿＿＿。

工程设计范围、阶段与服务内容详见专用合同条款附件1。

3. 工程设计周期

计划开始设计日期：＿＿＿＿年＿＿＿＿月＿＿＿＿日。

计划完成设计日期：＿＿＿＿年＿＿＿＿月＿＿＿＿日。

具体工程设计周期以专用合同条款及其附件的约定为准。

4．合同价格形式与签约合同价

（1）合同价格形式：＿＿＿＿＿＿＿＿＿＿＿＿＿＿。

（2）签约合同价为：＿＿＿＿＿＿＿＿＿＿＿＿＿＿。

人民币（大写）＿＿＿＿＿＿＿＿（￥＿＿＿＿＿元）。

5. 发包人代表与设计人项目负责人

发包人代表：＿＿＿＿＿＿＿＿＿＿＿＿＿＿＿＿＿＿＿。

设计人项目负责人：＿＿＿＿＿＿＿＿＿＿＿＿＿＿＿。

6. 合同文件构成

本协议书与下列文件一起构成合同文件：

（1）专用合同条款及其附件；

（2）通用合同条款；

（3）中标通知书（如果有）；

（4）投标函及其附录（如果有）；

（5）发包人要求；

（6）技术标准；

（7）发包人提供的上一阶段图纸（如果有）；

（8）其他合同文件。

在合同履行过程中形成的与合同有关的文件均构成合同文件组成部分。

上述各项合同文件包括合同当事人就该项合同文件所作出的补充和修改，属于同一类内容的文件，应以最新签署的为准。

7. 承诺

（1）发包人承诺按照法律规定履行项目审批手续，按照合同约定提供设计依据，并按合同约定的期限和方式支付合同价款。

（2）设计人承诺按照法律和技术标准规定及合同约定提供工程设计服务。

8. 词语定义

本合同协议书中词语含义与合同第二部分《通用合同条款》中的词语含义相同。

9. 签订地点

本合同在_____签订。

10. 补充协议

合同未尽事宜，合同当事人另行签订补充协议，补充协议是合同的组成部分。

11. 合同生效

本合同自_____生效。

12. 合同份数

本合同正本一式____份、副本一式____份，均具有同等法律效力，发包人执正本____份、副本____份，设计人执正本____份、副本____份。

发包人：__（盖章）_____	设计人：__（盖章）
法定代表人或其委托代理人：	法定代表人或其委托代理人：
（签字）	（签字）
组织机构代码：_____	组织机构代码：_____
纳税人识别码：_____	纳税人识别码：_____
地　　址：_____	地　　址：_____
邮政编码：_____	邮政编码：_____
法定代表人：_____	法定代表人：_____
委托代理人：_____	委托代理人：_____
电　　话：_____	电　　话：_____
传　　真：_____	传　　真：_____
电子信箱：_____	电子信箱：_____
开户银行：_____	开户银行：_____
账　　号：_____	账　　号：_____
时　　间：____年___月___日	时　　间：____年___月___日

16.3　合同条款

16.3.1　一般约定

1. 通用条款

1）词语定义与解释

合同协议书、通用合同条款、专用合同条款中的下列词语具有本款所赋予的含义。

（1）合同。

① 合同：是指根据法律规定和合同当事人约定具有约束力的文件，构成合同的文件包括合同协议书、专用合同条款及其附件、通用合同条款、中标通知书（如果有）、投标函及其附录（如果有）、发包人要求、技术标准、发包人提供的上一阶段图纸（如果有）以及其他合同文件。

② 合同协议书：是指构成合同的由发包人和设计人共同签署的称为"合同协议书"的书面文件。

③ 中标通知书：是指构成合同的由发包人通知设计人中标的书面文件。

④ 投标函：是指构成合同的由设计人填写并签署的用于投标的称为"投标函"的文件。

⑤ 投标函附录：是指构成合同的附在投标函后的称为"投标函附录"的文件。

⑥ 发包人要求：是指构成合同文件组成部分的，由发包人就工程项目的目的、范围、功能要求及工程设计文件审查的范围和内容等提出相应要求的书面文件，又称设计任务书。

⑦ 技术标准：是指构成合同的设计应当遵守的或指导设计的国家、行业或地方的技术标准和要求，以及合同约定的技术标准和要求。

⑧ 其他合同文件：是指经合同当事人约定的与工程设计有关的具有合同约束力的文件或书面协议。合同当事人可以在专用合同条款中进行约定。

（2）合同当事人及其他相关方。

① 合同当事人：是指发包人和（或）设计人。

② 发包人：是指与设计人签订合同协议书的当事人及取得该当事人资格的合法继承人。

③ 设计人：是指与发包人签订合同协议书的，具有相应工程设计资质的当事人及取得该当事人资格的合法继承人。

④ 分包人：是指按照法律规定和合同约定，分包部分工程设计工作，并与设计人签订分包合同的具有相应资质的法人。

⑤ 发包人代表：是指由发包人指定负责工程设计方面在发包人授权范围内行使发包人权利的人。

⑥ 项目负责人：是指由设计人任命负责工程设计，在设计人授权范围内负责合同履行，且按照法律规定具有相应资格的项目主持人。

⑦ 联合体：是指两个以上设计人联合，以一个设计人身份为发包人提供工程设计服务的临时性组织。

（3）工程设计服务、资料与文件。

① 工程设计服务：是指设计人按照合同约定履行的服务，包括工程设计基本服务、工程设计其他服务。

② 工程设计基本服务：是指设计人根据发包人的委托，提供编制房屋建筑工程方案设计文件、初步设计文件（含初步设计概算）、施工图设计文件服务，并相应提供设计技术交底、解决

施工中的设计技术问题、参加竣工验收等服务。基本服务费用包含在设计费中。

③ 工程设计其他服务：是指发包人根据工程设计实际需要，要求设计人另行提供且发包人应当单独支付费用的服务，包括总体设计服务、主体设计协调服务、采用标准设计和复用设计服务、非标准设备设计文件编制服务、施工图预算编制服务及竣工图编制服务等。

④ 暂停设计：是指发生设计人不能按照合同约定履行全部或部分义务情形而暂时中断工程设计服务的行为。

⑤ 工程设计资料：是指根据合同约定，发包人向设计人提供的用于完成工程设计范围与内容所需要的资料。

⑥ 工程设计文件：指按照合同约定和技术要求，由设计人向发包人提供的阶段性成果、最终工作成果等，且应当采用合同中双方约定的载体。

（4）日期和期限。

① 开始设计日期：包括计划开始设计日期和实际开始设计日期。计划开始设计日期是指合同协议书约定的开始设计日期；实际开始设计日期是指发包人发出的开始设计通知中载明的开始设计日期。

② 完成设计日期：包括计划完成设计日期和实际完成设计日期。计划完成设计日期是指合同协议书约定的完成设计及相关服务的日期；实际完成设计日期是指设计人交付全部或阶段性设计成果及提供相关服务日期。

③ 设计周期又称设计工期：是指在合同协议书约定的设计人完成工程设计及相关服务所需的期限，包括按照合同约定所作的期限变更。

④ 基准日期：招标发包的工程设计以投标截止前 28 天的日期为基准日期，直接发包的工程设计以合同签订日前 28 天的日期为基准日期。

⑤ 天：除特别指明外，均指日历天。合同中按天计算时间的，开始当天不计入，从次日开始计算，期限最后一天的截止时间为当天 24:00 时。

（5）合同价格。

① 签约合同价：是指发包人和设计人在合同协议书中确定的总金额。

② 合同价格又称设计费：是指发包人用于支付设计人按照合同约定完成工程设计范围内全部工作的金额，包括合同履行过程中按合同约定发生的价格变化。

（6）其他。

书面形式：是指合同书、信件和数据电文（包括电报、电传、传真、电子数据交换和电子邮件）等可以有形地表现所载内容的形式。

2）语言文字

合同以中国的汉语简体文字编写、解释和说明。合同当事人在专用合同条款中约定使用两种以上语言时，汉语为优先解释和说明合同的语言。

3）法律

合同所称法律是指中华人民共和国法律、行政法规、部门规章，以及工程所在地的地方性法规、自治条例、单行条例和地方政府规章等。

合同当事人可以在专用合同条款中约定合同适用的其他规范性文件。

4）技术标准

（1）适用于工程的现行有效的国家标准、行业标准、工程所在地的地方性标准，以及相应的规范、规程等,合同当事人有特别要求的,应在专用合同条款中约定。

（2）发包人要求使用国外技术标准的,发包人与设计人在专用合同条款中约定原文版本和中文译本提供方及提供标准的名称、份数、时间及费用承担等事项。

（3）发包人对工程的技术标准、功能要求高于或严于现行国家、行业或地方标准的,应当在专用合同条款中予以明确。除专用合同条款另有约定外,应视为设计人在签订合同前已充分预见前述技术标准和功能要求的复杂程度,签约合同价中已包含由此产生的设计费用。

5）合同文件的优先顺序

组成合同的各项文件应互相解释,互为说明。除专用合同条款另有约定外,解释合同文件的优先顺序如下:

（1）合同协议书;

（2）专用合同条款及其附件;

（3）通用合同条款;

（4）中标通知书(如果有);

（5）投标函及其附录(如果有);

（6）发包人要求;

（7）技术标准;

（8）发包人提供的上一阶段图纸(如果有);

（9）其他合同文件。

上述各项合同文件包括合同当事人就该项合同文件所作出的补充和修改,属于同一类内容的文件,应以最新签署的为准。

在合同履行过程中形成的与合同有关的文件均构成合同文件组成部分,并根据其性质确定优先解释顺序。

6）联络

（1）与合同有关的通知、批准、证明、证书、指示、指令、要求、请求、同意、确定和决定等,均应采用书面形式,并应在合同约定的期限内送达接收人和送达地点。

（2）发包人和设计人应在专用合同条款中约定各自的送达接收人、送达地点、电子邮箱。任何一方合同当事人指定的接收人或送达地点或电子邮箱发生变动的,应提前3天以书面形式通知对方,否则视为未发生变动。

（3）发包人和设计人应当及时签收另一方送达至送达地点和指定接收人的来往信函,如确有充分证据证明一方无正当理由拒不签收的,视为拒绝签收一方认可往来信函的内容。

7）严禁贿赂

合同当事人不得以贿赂或变相贿赂的方式,谋取非法利益或损害对方权益。因一方合同当事人的贿赂造成对方损失的,应赔偿损失,并承担相应的法律责任。

8）保密

除法律规定或合同另有约定外,未经发包人同意,设计人不得将发包人提供的图纸、文件以及声明需要保密的资料信息等商业秘密泄露给第三方。

除法律规定或合同另有约定外,未经设计人同意,发包人不得将设计人提供的技术文件、技术成果、技术秘密及声明需要保密的资料信息等商业秘密泄露给第三方。

保密期限由发包人与设计人在专用合同条款中约定。

2．专用条款

1）词语定义与解释

（1）合同。

其他合同文件包括：_____。

（2）法律。

适用于合同的其他规范性文件：_____。

2）技术标准

（1）适用于工程的技术标准包括：_____。

（2）国外技术标准原文版本和中文译本的提供方：_____；

提供国外技术标准的名称：_____；

提供国外技术标准的份数：_____；

提供国外技术标准的时间：_____；

提供国外技术标准的费用承担：_____。

（3）发包人对工程的技术标准和功能要求的特殊要求：_____。

3）合同文件的优先顺序

合同文件组成及优先顺序为：_____。

4）联络

（1）发包人和设计人应当在）____天内将与合同有关的通知、批准、证明、证书、指示、指令、要求、请求、同意、确定和决定等书面函件送达对方当事人。

（2）发包人与设计人联系信息。

发包人接收文件的地点：_____；

发包人指定的接收人为：_____；

发包人指定的联系电话及传真号码：_____；

发包人指定的电子邮箱：_____。

设计人接收文件的地点：_____；

设计人指定的接收人为：_____；

设计人指定的联系电话及传真号码：_____；

设计人指定的电子邮箱：_____。

5）保密

保密期限：_____。

16.3.2　发包人

1．通用条款

1）发包人一般义务

（1）发包人应遵守法律，并办理法律规定由其办理的许可、核准或备案，包括但不限于建设用地规划许可证、建设工程规划许可证、建设工程方案设计批准及施工图设计审查等许可、核准或备案。

发包人负责本项目各阶段设计文件向规划设计管理部门的送审报批工作，并负责将报批结果书面通知设计人。因发包人原因未能及时办理完毕前述许可、核准或备案手续，导致设计工作量增加和（或）设计周期延长时，由发包人承担由此增加的设计费用和（或）延长的设计周期。

（2）发包人应当负责工程设计的所有外部关系（包括但不限于当地政府主管部门等）的协调，为设计人履行合同提供必要的外部条件。

（3）专用合同条款约定的其他义务。

2）发包人代表

发包人应在专用合同条款中明确其负责工程设计的发包人代表的姓名、职务、联系方式及授权范围等事项。发包人代表在发包人的授权范围内，负责处理合同履行过程中与发包人有关的具体事宜。发包人代表在授权范围内的行为由发包人承担法律责任。发包人更换发包人代表的，应在专用合同条款约定的期限内提前书面通知设计人。

发包人代表不能按照合同约定履行其职责及义务，并导致合同无法继续正常履行的，设计人可以要求发包人撤换发包人代表。

3）发包人决定

（1）发包人在法律允许的范围内有权对设计人的设计工作、设计项目和/或设计文件作出处理决定，设计人应按照发包人的决定执行，涉及设计周期和（或）设计费用等问题按本合同（工程设计变更与索赔）的约定处理。

（2）发包人应在专用合同条款约定的期限内对设计人书面提出的事项作出书面决定，如发包人不在确定时间内作出书面决定，设计人的设计周期相应延长。

4）支付合同价款

发包人应按合同约定向设计人及时足额支付合同价款。

5）设计文件接收

发包人应按合同约定及时接收设计人提交的工程设计文件。

2．专用条款

1）发包人一般义务

发包人其他义务：＿＿＿＿＿＿＿＿＿＿＿＿＿＿＿＿＿＿＿＿＿＿＿＿＿＿＿＿＿＿。

2）发包人代表

发包人代表：＿＿＿＿＿＿＿＿＿＿＿＿＿＿＿＿＿＿＿＿＿＿＿＿＿＿＿＿＿＿＿＿

姓　　　名：＿＿＿＿＿＿＿＿＿＿＿＿＿＿＿＿＿＿＿＿＿＿＿＿＿＿＿＿；

身份证号：＿＿＿＿＿＿＿＿＿＿＿＿＿＿＿＿＿＿＿＿＿＿＿＿＿＿＿＿；

职　　　务：＿＿＿＿＿＿＿＿＿＿＿＿＿＿＿＿＿＿＿＿＿＿＿＿＿＿＿＿；

联系电话：＿＿＿＿＿＿＿＿＿＿＿＿＿＿＿＿＿＿＿＿＿＿＿＿＿＿＿＿；

电子信箱：＿＿＿＿＿＿＿＿＿＿＿＿＿＿＿＿＿＿＿＿＿＿＿＿＿＿＿＿；

通信地址：＿＿＿＿＿＿＿＿＿＿＿＿＿＿＿＿＿＿＿＿＿＿＿＿＿＿＿＿。

发包人对发包人代表的授权范围如下：＿＿＿＿＿＿＿＿＿＿＿＿＿＿＿＿＿＿。

发包人更换发包人代表的，应当提前＿＿＿＿＿天书面通知设计人。

3）发包人决定

发包人应在＿＿＿＿＿＿＿＿＿天内对设计人书面提出的事项作出书面决定。

16.3.3 设计人

1. 通用条款

1) 设计人一般义务

(1) 设计人应遵守法律和有关技术标准的强制性规定,完成合同约定范围内的房屋建筑工程方案设计、初步设计、施工图设计,提供符合技术标准及合同要求的工程设计文件,提供施工配合服务。

设计人应当按照专用合同条款约定配合发包人办理有关许可、核准或备案手续的,因设计人原因造成发包人未能及时办理许可、核准或备案手续,导致设计工作量增加和(或)设计周期延长时,由设计人自行承担由此增加的设计费用和(或)设计周期延长的责任。

(2) 设计人应当完成合同约定的工程设计其他服务。

(3) 专用合同条款约定的其他义务。

2) 项目负责人

(1) 项目负责人应为合同当事人所确认的人选,并在专用合同条款中明确项目负责人的姓名、执业资格及等级、注册执业证书编号、联系方式及授权范围等事项,项目负责人经设计人授权后代表设计人负责履行合同。

(2) 设计人需要更换项目负责人的,应在专用合同条款约定的期限内提前书面通知发包人,并征得发包人书面同意。通知中应当载明继任项目负责人的注册执业资格、管理经验等资料,继任项目负责人继续履行第(1)项约定的职责。未经发包人书面同意,设计人不得擅自更换项目负责人。设计人擅自更换项目负责人的,应按照专用合同条款的约定承担违约责任。对于设计人项目负责人确因患病、与设计人解除或终止劳动关系、工伤等原因更换项目负责人的,发包人无正当理由不得拒绝更换。

(3) 发包人有权书面通知设计人更换其认为不称职的项目负责人,通知中应当载明要求更换的理由。对于发包人有理由的更换要求,设计人应在收到书面更换通知后在专用合同条款约定的期限内进行更换,并将新任命的项目负责人的注册执业资格、管理经验等资料书面通知发包人。继任项目负责人继续履行第(1)项约定的职责。设计人无正当理由拒绝更换项目负责人的,应按照专用合同条款的约定承担违约责任。

3) 设计人人员

(1) 除专用合同条款对期限另有约定外,设计人应在接到开始设计通知后7天内,向发包人提交设计人项目管理机构及人员安排的报告,其内容应包括建筑、结构、给排水、暖通及电气等专业负责人名单及其岗位、注册执业资格等。

(2) 设计人委派到工程设计中的设计人员应相对稳定。设计过程中如有变动,设计人应及时向发包人提交工程设计人员变动情况的报告。设计人更换专业负责人时,应提前7天书面通知发包人,除专业负责人无法正常履职情形外,还应征得发包人书面同意。通知中应当载明继任人员的注册执业资格、执业经验等资料。

(3) 发包人对于设计人主要设计人员的资格或能力有异议的,设计人应提供资料证明被质疑人员有能力完成其岗位工作或不存在发包人所质疑的情形。发包人要求撤换不能按照合同约定履行职责及义务的主要设计人员的,设计人认为发包人有理由的,应当撤换。设计人无正当理由拒绝撤换的,应按照专用合同条款的约定承担违约责任。

4）设计分包

（1）设计分包的一般约定。

设计人不得将其承包的全部工程设计转包给第三人，或将其承包的全部工程设计肢解后以分包的名义转包给第三人。设计人不得将工程主体结构、关键性工作及专用合同条款中禁止分包的工程设计分包给第三人，工程主体结构、关键性工作的范围由合同当事人按照法律规定在专用合同条款中予以明确。设计人不得进行违法分包。

（2）设计分包的确定。

设计人应按专用合同条款的约定或经过发包人书面同意后进行分包，确定分包人。按照合同约定或经过发包人书面同意后进行分包的，设计人应确保分包人具有相应的资质和能力。工程设计分包不减轻或免除设计人的责任和义务，设计人和分包人就分包工程设计向发包人承担连带责任。

（3）设计分包管理。

设计人应按照专用合同条款的约定向发包人提交分包人的主要工程设计人员名单、注册执业资格及执业经历等。

（4）分包工程设计费。

① 除本项第②目约定的情况或专用合同条款另有约定外，分包工程设计费由设计人与分包人结算，未经设计人同意，发包人不得向分包人支付分包工程设计费；

② 生效的法院判决书或仲裁裁决书要求发包人向分包人支付分包工程设计费的，发包人有权从应付设计人合同价款中扣除该部分费用。

5）联合体

（1）联合体各方应共同与发包人签订合同协议书。联合体各方应为履行合同向发包人承担连带责任。

（2）联合体协议，应当约定联合体各成员工作分工，经发包人确认后作为合同附件。在履行合同过程中，未经发包人同意，不得修改联合体协议。

（3）联合体牵头人负责与发包人联系，并接受指示，负责组织联合体各成员全面履行合同。

（4）发包人向联合体支付设计费用的方式在专用合同条款中约定。

2．专用条款

1）设计人一般义务

（1）设计人_____（需/不需）配合发包人办理有关许可、批准或备案手续。

（2）设计人其他义务：_____。

2）项目负责人

（1）项目负责人。

姓　　名：_____；

执业资格及等级：_____；

注册证书号：_____；

联系电话：_____；

电子信箱：_____；

通信地址：_____；

设计人对项目负责人的授权范围如下：_____。

（2）设计人更换项目负责人的，应提前_____天书面通知发包人。

设计人擅自更换项目负责人的违约责任：_____。

（3）设计人应在收到书面更换通知后____天内更换项目负责人。

设计人无正当理由拒绝更换项目负责人的违约责任：_____。

3）设计人人员

（1）设计人提交项目管理机构及人员安排报告的期限_____。

（2）设计人无正当理由拒绝撤换主要设计人员的违约责任：_____。

4）设计分包

（1）设计分包的一般约定。

禁止设计分包的工程包括：_____。

主体结构、关键性工作的范围：_____。

（2）设计分包的确定。

允许分包的专业工程包括：_____。

其他关于分包的约定：_____。

（3）设计人向发包人提交有关分包人资料包括：_____。

（4）分包工程设计费支付方式：_____。

5）联合体

发包人向联合体支付设计费用的方式：_____。

16.3.4　工程设计资料

通用条款

1）提供工程设计资料

发包人应当在工程设计前或专用合同条款附件 2 约定的时间向设计人提供工程设计所必需的工程设计资料，并对所提供资料的真实性、准确性和完整性负责。

按照法律规定确需在工程设计开始后方能提供的设计资料，发包人应及时地在相应工程设计文件提交给发包人前的合理期限内提供，合理期限应以不影响设计人的正常设计为限。

2）逾期提供的责任

发包人提交上述文件和资料超过约定期限的，超过约定期限 15 天以内，设计人按本合同约定的交付工程设计文件时间相应顺延；超过约定期限 15 天以外时，设计人有权重新确定提交工程设计文件的时间。工程设计资料逾期提供导致增加了设计工作量的，设计人可以要求发包人另行支付相应设计费用，并相应延长设计周期。

16.3.5　工程设计要求

1. 通用条款

1）工程设计一般要求

（1）对发包人的要求。

① 发包人应当遵守法律和技术标准，不得以任何理由要求设计人违反法律和工程质量、安全标准进行工程设计，降低工程质量。

② 发包人要求进行主要技术指标控制的，钢材用量、混凝土用量等主要技术指标控制值

应当符合有关工程设计标准的要求,且应当在工程设计开始前书面向设计人提出,经发包人与设计人协商一致后以书面形式确定作为本合同附件。

③ 发包人应当严格遵守主要技术指标控制的前提条件,由于发包人的原因导致工程设计文件超出主要技术指标控制值的,发包人承担相应责任。

(2)对设计人的要求。

① 设计人应当按法律和技术标准的强制性规定及发包人要求进行工程设计。有关工程设计的特殊标准或要求由合同当事人在专用合同条款中约定。

设计人发现发包人提供的工程设计资料有问题的,设计人应当及时通知发包人并经发包人确认。

② 除合同另有约定外,设计人完成设计工作所应遵守的法律以及技术标准,均应视为在基准日期适用的版本。基准日期之后,前述版本发生重大变化,或者有新的法律以及技术标准实施的,设计人应就推荐性标准向发包人提出遵守新标准的建议,对强制性的规定或标准应当遵照执行。因发包人采纳设计人的建议或遵守基准日期后新的强制性的规定或标准,导致增加设计费用和(或)设计周期延长的,由发包人承担。

③ 设计人应当根据建筑工程的使用功能和专业技术协调要求,合理确定基础类型、结构体系、结构布置、使用荷载及综合管线等。

④ 设计人应当严格执行其双方书面确认的主要技术指标控制值,由于设计人的原因导致工程设计文件超出在专用合同条款中约定的主要技术指标控制值比例的,设计人应当承担相应的违约责任。

⑤ 设计人在工程设计中选用的材料、设备,应当注明其规格、型号、性能等技术指标及适应性,满足质量、安全、节能和环保等要求。

2)工程设计保证措施

(1)发包人的保证措施。

发包人应按照法律规定及合同约定完成与工程设计有关的各项工作。

(2)设计人的保证措施。

设计人应做好工程设计的质量与技术管理工作,建立健全工程设计质量保证体系,加强工程设计全过程的质量控制,建立完整的设计文件的设计、复核、审核、会签和批准制度,明确各阶段的责任人。

3)工程设计文件的要求

(1)工程设计文件的编制应符合法律、技术标准的强制性规定及合同的要求。

(2)工程设计依据应完整、准确、可靠,设计方案论证充分,计算成果可靠,并能够实施。

(3)工程设计文件的深度应满足本合同相应设计阶段的规定要求,并符合国家和行业现行有效的相关规定。

(4)工程设计文件必须保证工程质量和施工安全等方面的要求,按照有关法律法规规定在工程设计文件中提出保障施工作业人员安全和预防生产安全事故的措施建议。

(5)应根据法律、技术标准要求,保证房屋建筑工程的合理使用寿命年限,并应在工程设计文件中注明相应的合理使用寿命年限。

4)不合格工程设计文件的处理

(1)因设计人原因造成工程设计文件不合格的,发包人有权要求设计人采取补救措施,直至达到合同要求的质量标准,并按(设计人违约责任)的约定承担责任。

(2)因发包人原因造成工程设计文件不合格的,设计人应当采取补救措施,直至达到合同要求的质量标准,由此增加的设计费用和(或)设计周期的延长由发包人承担。

2. 专用条款

1)工程设计一般要求

(1)工程设计的特殊标准或要求:_____。

(2)工程设计适用的技术标准:_____。

(3)工程设计文件的主要技术指标控制值及比例:_____。

2)工程设计文件的要求

(1)工程设计文件深度规定:_____。

(2)建筑物及其功能设施的合理使用寿命年限:_____。

16.3.6 工程设计进度与周期

1. 通用条款

1)工程设计进度计划

(1)工程设计进度计划的编制。

设计人应按照专用合同条款约定提交工程设计进度计划,工程设计进度计划的编制应当符合法律规定和一般工程设计实践惯例,工程设计进度计划经发包人批准后实施。工程设计进度计划是控制工程设计进度的依据,发包人有权按照工程设计进度计划中列明的关键性控制节点检查工程设计进度情况。

工程设计进度计划中的设计周期应由发包人与设计人协商确定,明确约定各阶段设计任务的完成时间区间,包括各阶段设计过程中设计人与发包人的交流时间,但不包括相关政府部门对设计成果的审批时间及发包人的审查时间。

(2)工程设计进度计划的修订。

工程设计进度计划不符合合同要求或与工程设计的实际进度不一致的,设计人应向发包人提交修订的工程设计进度计划,并附具有关措施和相关资料。除专用合同条款对期限另有约定外,发包人应在收到修订的工程设计进度计划后5天内完成审核和批准或提出修改意见,否则视为发包人同意设计人提交的修订的工程设计进度计划。

2)工程设计开始

发包人应按照法律规定获得工程设计所需的许可。发包人发出的开始设计通知应符合法律规定,一般应在计划开始设计日期7天前向设计人发出开始工程设计工作通知,工程设计周期自开始设计通知中载明的开始设计的日期起算。

设计人应当在收到发包人提供的工程设计资料及专用合同条款约定的定金或预付款后,开始工程设计工作。

各设计阶段的开始时间均以设计人收到的发包人发出开始设计工作的书面通知书中载明的开始设计的日期起算。

3)工程设计进度延误

(1)因发包人原因导致工程设计进度延误。

在合同履行过程中,发包人导致工程设计进度延误的情形主要有:

① 发包人未能按合同约定提供工程设计资料或所提供的工程设计资料不符合合同约定

或存在错误或疏漏的；

② 发包人未能按合同约定日期足额支付定金或预付款、进度款的；

③ 发包人提出影响设计周期的设计变更要求的；

④ 专用合同条款中约定的其他情形。

因发包人原因未按计划开始设计日期开始设计的，发包人应按实际开始设计日期顺延完成设计日期。

除专用合同条款对期限另有约定外，设计人应在发生上述情形后 5 天内向发包人发出要求延期的书面通知，在发生该情形后 10 天内提交要求延期的详细说明供发包人审查。除专用合同条款对期限另有约定外，发包人收到设计人要求延期的详细说明后，应在 5 天内进行审查并就是否延长设计周期及延期天数向设计人进行书面答复。

如果发包人在收到设计人提交要求延期的详细说明后，在约定的期限内未予答复，则视为设计人要求的延期已被发包人批准。如果设计人未能按本款约定的时间内发出要求延期的通知并提交详细资料，则发包人可拒绝作出任何延期的决定。

发包人上述工程设计进度延误情形导致增加了设计工作量的，发包人应当另行支付相应设计费用。

（2）因设计人原因导致工程设计进度延误。

因设计人原因导致工程设计进度延误的，设计人应当按照（设计人违约责任）承担责任。设计人支付逾期完成工程设计违约金后，不免除设计人继续完成工程设计的义务。

4）暂停设计

（1）发包人原因引起的暂停设计。

因发包人原因引起暂停设计的，发包人应及时下达暂停设计指示。

因发包人原因引起的暂停设计，发包人应承担由此增加的设计费用和（或）延长的设计周期。

（2）设计人原因引起的暂停设计。

因设计人原因引起的暂停设计，设计人应当尽快向发包人发出书面通知并按（设计人违约责任）承担责任，且设计人在收到发包人复工指示后 15 天内仍未复工的，视为设计人无法继续履行合同的情形，设计人应按（合同解除）的约定承担责任。

（3）其他原因引起的暂停设计。

当出现非设计人原因造成的暂停设计，设计人应当尽快向发包人发出书面通知。

在上述情形下设计人的设计服务暂停，设计人的设计周期应当相应延长，复工应由发包人与设计人共同确认的合理期限。

当发生本项约定的情况，导致设计人增加设计工作量的，发包人应当另行支付相应设计费用。

（4）暂停设计后的复工。

暂停设计后，发包人和设计人应采取有效措施积极消除暂停设计的影响。当工程具备复工条件时，发包人向设计人发出复工通知，设计人应按照复工通知要求复工。

除设计人原因导致暂停设计外，设计人暂停设计后复工所增加的设计工作量，发包人应当另行支付相应设计费用。

5）提前交付工程设计文件

（1）发包人要求设计人提前交付工程设计文件的,发包人应向设计人下达提前交付工程设计文件指示,设计人应向发包人提交提前交付工程设计文件建议书,提前交付工程设计文件建议书应包括实施的方案、缩短的时间、增加的合同价格等内容。发包人接受该提前交付工程设计文件建议书的,发包人和设计人协商采取加快工程设计进度的措施,并修订工程设计进度计划,由此增加的设计费用由发包人承担。设计人认为提前交付工程设计文件的指示无法执行的,应向发包人提出书面异议,发包人应在收到异议后 7 天内予以答复。任何情况下,发包人不得压缩合理设计周期。

（2）发包人要求设计人提前交付工程设计文件,或设计人提出提前交付工程设计文件的建议能够给发包人带来效益的,合同当事人可以在专用合同条款中约定提前交付工程设计文件的奖励。

2．专用条款

1）工程设计进度计划

（1）工程设计进度计划的编制。

合同当事人约定的工程设计进度计划提交的时间：＿＿＿＿＿＿＿＿＿＿＿＿。

合同当事人约定的工程设计进度计划应包括的内容：＿＿＿＿＿＿＿＿＿＿＿＿。

（2）工程设计进度计划的修订。

发包人在收到工程设计进度计划后确认或提出修改意见的期限：＿＿＿＿＿＿。

2）工程设计进度延误

因发包人原因导致工程设计进度延误的其他情形：＿＿＿＿＿＿＿＿＿＿＿＿。

设计人应在发生进度延误的情形后＿＿＿天内向发包人发出要求延期的书面通知,在发生该情形后＿＿＿天内提交要求延期的详细说明。

发包人收到设计人要求延期的详细说明后,应在＿＿＿天内进行审查并书面答复。

3）提前交付工程设计文件

提前交付工程设计文件的奖励：＿＿＿＿＿＿＿＿＿＿＿＿＿＿＿＿＿。

16.3.7 工程设计文件交付

1）工程设计文件交付的内容

（1）工程设计图纸及设计说明。

（2）发包人可以要求设计人提交专用合同条款约定的具体形式的电子版设计文件。

2）工程设计文件的交付方式

设计人交付工程设计文件给发包人,发包人应当出具书面签收单,内容包括图纸名称、图纸内容、图纸形式、份数、提交和签收日期以及提交人与接收人的亲笔签名。

3）工程设计文件交付的时间和份数

工程设计文件交付的名称、时间和份数在专用合同条款附件 3 中约定。

16.3.8 变更与调整

1．通用条款

（1）设计人的工程设计文件应报发包人审查同意,审查的范围和内容在发包人要求中约定,审查的具体标准应符合法律规定、技术标准要求和本合同约定。

除专用合同条款对期限另有约定外,自发包人收到设计人的工程设计文件以及设计人的通知之日起,发包人对设计人的工程设计文件审查期不超过 15 天。

发包人不同意工程设计文件的,应以书面形式通知设计人,并说明不符合合同要求的具体内容。设计人应根据发包人的书面说明,对工程设计文件进行修改后重新报送发包人审查,审查期重新起算。

合同约定的审查期满,发包人没有做出审查结论也没有提出异议的,视为设计人的工程设计文件已获发包人同意。

(2) 设计人的工程设计文件不需要政府有关部门审查或批准的,设计人应当严格按照经发包人审查同意的工程设计文件进行修改,如果发包人的修改意见超出或更改了发包人要求,发包人应当根据(工程设计变更与索赔)的约定,向设计人另行支付费用。

(3) 工程设计文件需政府有关部门审查或批准的,发包人应在审查同意设计人的工程设计文件后在专用合同条款约定的期限内,向政府有关部门报送工程设计文件,设计人应予以协助。

对于政府有关部门的审查意见,不需要修改发包人要求的,设计人需按该审查意见修改设计人的工程设计文件;需要修改发包人要求的,发包人应重新提出发包人要求,设计人应根据新提出的发包人要求修改设计人的工程设计文件,发包人应当根据(工程设计变更与索赔)的约定,向设计人另行支付费用。

(4) 发包人需要组织审查会议对工程设计文件进行审查的,审查会议的审查形式和时间安排,在专用合同条款中约定。发包人负责组织工程设计文件审查会议,并承担会议费用及发包人的上级单位、政府有关部门参加的审查会议的费用。

设计人按(工程设计文件交付)的约定向发包人提交工程设计文件,有义务参加发包人组织的设计审查会议,向审查者介绍、解答、解释其工程设计文件,并提供有关补充资料。

发包人有义务向设计人提供设计审查会议的批准文件和纪要。设计人有义务按照相关设计审查会议批准的文件和纪要,并依据合同约定及相关技术标准,对工程设计文件进行修改、补充和完善。

(5) 因设计人原因,未能按(工程设计文件交付)约定的时间向发包人提交工程设计文件,致使工程设计文件审查无法进行或无法按期进行,造成设计周期延长、窝工损失及发包人增加费用的,设计人应按(设计人违约责任)的约定承担责任。

因发包人原因,致使工程设计文件审查无法进行或无法按期进行,造成设计周期延长、窝工损失及设计人增加的费用,由发包人承担。

(6) 因设计人原因造成工程设计文件不合格致使工程设计文件审查无法通过的,发包人有权要求设计人采取补救措施,直至达到合同要求的质量标准,并按(设计人违约责任)的约定承担责任。

因发包人原因造成工程设计文件不合格致使工程设计文件审查无法通过的,由此增加的设计费用和(或)延长的设计周期由发包人承担。

(7) 工程设计文件的审查,不减轻或免除设计人依据法律应当承担的责任。

2. 专用条款

(1) 发包人对设计人的设计文件审查期限不超过____天。

(2) 发包人应在审查同意设计人的工程设计文件后在____天内,向政府有关部门报送工程设计文件。

（3）工程设计审查形式及时间安排：_____。

16.3.9　施工现场配合服务

（1）除专用合同条款另有约定外，发包人应为设计人派赴现场的工作人员提供工作、生活及交通等方面的便利条件。

（2）设计人应当提供设计技术交底、解决施工中设计技术问题和竣工验收服务。如果发包人在专用合同条款约定的施工现场服务时限外仍要求设计人负责上述工作的，发包人应按所需工作量向设计人另行支付服务费用。

16.3.10　合同价款与支付

1．通用条款

1）合同价款组成

发包人和设计人应当在专用合同条款附件6中明确约定合同价款各组成部分的具体数额，主要包括：

（1）工程设计基本服务费用；

（2）工程设计其他服务费用；

（3）在未签订合同前发包人已经同意或接受或已经使用的设计人为发包人所做的各项工作的相应费用等。

2）合同价格形式

发包人和设计人应在合同协议书中选择下列一种合同价格形式：

（1）单价合同。

单价合同是指合同当事人约定以建筑面积（包括地上建筑面积和地下建筑面积）每平方米单价或实际投资总额的一定比例等进行合同价格计算、调整和确认的建设工程设计合同，在约定的范围内合同单价不作调整。合同当事人应在专用合同条款中约定单价包含的风险范围和风险费用的计算方法，并约定风险范围以外的合同价格的调整方法。

（2）总价合同。

总价合同是指合同当事人约定以发包人提供的上一阶段工程设计文件及有关条件进行合同价格计算、调整和确认的建设工程设计合同，在约定的范围内合同总价不作调整。合同当事人应在专用合同条款中约定总价包含的风险范围和风险费用的计算方法，并约定风险范围以外的合同价格的调整方法。

（3）其他价格形式。

合同当事人可在专用合同条款中约定其他合同价格形式。

3）定金或预付款

（1）定金或预付款的比例。

定金的比例不应超过合同总价款的20%。预付款的比例由发包人与设计人协商确定，一般不低于合同总价款的20%。

（2）定金或预付款的支付

定金或预付款的支付按照专用合同条款约定执行，但最迟应在开始设计通知载明的开始设计日期前专用合同条款约定的期限内支付。

发包人逾期支付定金或预付款超过专用合同条款约定的期限的,设计人有权向发包人发出要求支付定金或预付款的催告通知,发包人收到通知后 7 天内仍未支付的,设计人有权不开始设计工作或暂停设计工作。

4）进度款支付

（1）发包人应当按照专用合同条款附件 6 约定的付款条件及时向设计人支付进度款。

（2）进度付款的修正。

在对已付进度款进行汇总和复核中发现错误、遗漏或重复的,发包人和设计人均有权提出修正申请。经发包人和设计人同意的修正,应在下期进度付款中支付或扣除。

5）合同价款的结算与支付

（1）对于采取固定总价形式的合同,发包人应当按照专用合同条款附件 6 的约定及时支付尾款。

（2）对于采取固定单价形式的合同,发包人与设计人应当按照专用合同条款附件 6 约定的结算方式及时结清工程设计费,并将结清未支付的款项一次性支付给设计人。

（3）对于采取其他价格形式的,也应按专用合同条款的约定及时结算和支付。

6）支付账户

发包人应将合同价款支付至合同协议书中约定的设计人账户。

2. 专用条款

1）合同价格形式

（1）单价合同。

单价包含的风险范围：＿＿＿＿＿＿＿＿＿＿＿＿＿＿＿＿＿＿＿＿＿。

风险费用的计算方法：＿＿＿＿＿＿＿＿＿＿＿＿＿＿＿＿＿＿＿＿＿。

风险范围以外合同价格的调整方法：＿＿＿＿＿＿＿＿＿＿＿＿＿＿＿。

（2）总价合同。

总价包含的风险范围：＿＿＿＿＿＿＿＿＿＿＿＿＿＿＿＿＿＿＿＿＿。

风险费用的计算方法：＿＿＿＿＿＿＿＿＿＿＿＿＿＿＿＿＿＿＿＿＿。

风险范围以外合同价格的调整方法：＿＿＿＿＿＿＿＿＿＿＿＿＿＿＿。

（3）其他价格形式：＿＿＿＿＿＿＿＿＿＿＿＿＿＿＿＿＿＿＿＿＿＿＿。

2）定金或预付款

（1）定金或预付款的比例。

定金的比例＿＿＿＿＿＿＿＿或预付款的比例＿＿＿＿＿＿＿＿＿。

（2）定金或预付款的支付。

定金或预付款的支付时间：＿＿＿＿＿＿,但最迟应在开始设计通知载明的开始设计日期＿＿＿＿＿天前支付。

16.3.11　工程设计变更与索赔

（1）发包人变更工程设计的内容、规模、功能和条件等,应当向设计人提供书面要求,设计人在不违反法律规定以及技术标准强制性规定的前提下应当按照发包人要求变更工程设计。

（2）发包人变更工程设计的内容、规模、功能和条件或因提交的设计资料存在错误或作较大修改时,发包人应按设计人所耗工作量向设计人增付设计费,设计人可按本条约定和专用合同条款附件 7 的约定,与发包人协商对合同价格和/或完工时间做可共同接受的修改。

（3）如果由于发包人要求更改而造成的项目复杂性的变更或性质的变更使得设计人的设计工作减少，发包人可按本条约定和专用合同条款附件7的约定，与设计人协商对合同价格和/或完工时间做可共同接受的修改。

（4）基准日期后，与工程设计服务有关的法律、技术标准的强制性规定的颁布及修改，由此增加的设计费用和（或）延长的设计周期由发包人承担。

（5）如果发生设计人认为有理由提出增加合同价款或延长设计周期的要求事项，除专用合同条款对期限另有约定外，设计人应于该事项发生后5天内书面通知发包人。除专用合同条款对期限另有约定外，在该事项发生后10天内，设计人应向发包人提供证明设计人要求的书面声明，其中包括设计人关于因该事项引起的合同价款和设计周期的变化的详细计算。除专用合同条款对期限另有约定外，发包人应在接到设计人书面声明后的5天内，予以书面答复。逾期未答复的，视为发包人同意设计人关于增加合同价款或延长设计周期的要求。

16.3.12 专业责任与保险

（1）设计人应运用一切合理的专业技术和经验知识，按照公认的职业标准尽其全部职责和谨慎、勤勉地履行其在本合同项下的责任和义务。

（2）除专用合同条款另有约定外，设计人应具有发包人认可的、履行本合同所需要的工程设计责任保险并使其于合同责任期内保持有效。

（3）工程设计责任保险应承担由于设计人的疏忽或过失而引发的工程质量事故所造成的建设工程本身的物质损失以及第三者人身伤亡、财产损失或费用的赔偿责任。

16.3.13 知识产权

1. 通用条款

（1）除专用合同条款另有约定外，发包人提供给设计人的图纸、发包人为实施工程自行编制或委托编制的技术规格书以及反映发包人要求的或其他类似性质的文件的著作权属于发包人，设计人可以为实现合同目的而复制、使用此类文件，但不能用于与合同无关的其他事项。未经发包人书面同意，设计人不得为了合同以外的目的而复制、使用上述文件或将之提供给任何第三方。

（2）除专用合同条款另有约定外，设计人为实施工程所编制的文件的著作权属于设计人，发包人可因实施工程的运行、调试、维修和改造等目的而复制、使用此类文件，但不能擅自修改或用于与合同无关的其他事项。未经设计人书面同意，发包人不得为了合同以外的目的而复制、使用上述文件或将之提供给任何第三方。

（3）合同当事人保证在履行合同过程中不侵犯对方及第三方的知识产权。设计人在工程设计时，因侵犯他人的专利权或其他知识产权所引起的责任，由设计人承担；因发包人提供的工程设计资料导致侵权的，由发包人承担责任。

（4）合同当事人双方均有权在不损害对方利益和保密约定的前提下，在自己宣传用的印刷品或其他出版物上，或申报奖项时等情形下公布有关项目的文字和图片材料。

（5）除专用合同条款另有约定外，设计人在合同签订前和签订时已确定采用的专利、专有技术的使用费应包含在签约合同价中。

2. 专用条款

（1）关于发包人提供给设计人的图纸、发包人为实施工程自行编制或委托编制的技术规格以及反映发包人关于合同要求或其他类似性质的文件的著作权的归属：_____。

关于发包人提供的上述文件的使用限制的要求：_____。

（2）关于设计人为实施工程所编制文件的著作权的归属：_____。

关于设计人提供的上述文件的使用限制的要求：_____。

（3）设计人在设计过程中所采用的专利、专有技术的使用费的承担方式：_____
_____。

16.3.14 违约责任

1. 通用条款

1）发包人违约责任

（1）合同生效后，发包人因非设计人原因要求终止或解除合同，设计人未开始设计工作的，不退还发包人已付的定金或发包人按照专用合同条款的约定向设计人支付违约金；已开始设计工作的，发包人应按照设计人已完成的实际工作量计算设计费，完成工作量不足一半时，按该阶段设计费的一半支付设计费；超过一半时，按该阶段设计费的全部支付设计费。

（2）发包人未按专用合同条款附件6约定的金额和期限向设计人支付设计费的，应按专用合同条款约定向设计人支付违约金。逾期超过15天时，设计人有权书面通知发包人中止设计工作。自中止设计工作之日起15天内发包人支付相应费用的，设计人应及时根据发包人要求恢复设计工作；自中止设计工作之日起超过15天后发包人支付相应费用的，设计人有权确定重新恢复设计工作的时间，且设计周期相应延长。

（3）发包人的上级或设计审批部门对设计文件不进行审批或本合同工程停建、缓建，发包人应在事件发生之日起15天内按本合同（合同解除）的约定向设计人结算并支付设计费。

（4）发包人擅自将设计人的设计文件用于本工程以外的工程或交第三方使用时，应承担相应法律责任，并应赔偿设计人因此遭受的损失。

2）设计人违约责任

（1）合同生效后，设计人因自身原因要求终止或解除合同，设计人应按发包人已支付的定金金额双倍返还给发包人或设计人按照专用合同条款约定向发包人支付违约金。

（2）由于设计人原因，未按专用合同条款附件3约定的时间交付工程设计文件的，应按专用合同条款的约定向发包人支付违约金，前述违约金经双方确认后可在发包人应付设计费中扣减。

（3）设计人对工程设计文件出现的遗漏或错误负责修改或补充。由于设计人原因产生的设计问题造成工程质量事故或其他事故时，设计人除负责采取补救措施外，应当通过所投建设工程设计责任保险向发包人承担赔偿责任或者根据直接经济损失程度按专用合同条款约定向发包人支付赔偿金。

（4）由于设计人原因，工程设计文件超出发包人与设计人书面约定的主要技术指标控制值比例的，设计人应当按照专用合同条款的约定承担违约责任。

（5）设计人未经发包人同意擅自对工程设计进行分包的，发包人有权要求设计人解除未经发包人同意的设计分包合同，设计人应当按照专用合同条款的约定承担违约责任。

2. 专用条款

1）发包人违约责任

（1）发包人支付设计人的违约金：_____。

（2）发包人逾期支付设计费的违约金：_____。

2）设计人违约责任

（1）设计人支付发包人的违约金：_____。

（2）设计人逾期交付工程设计文件的违约金：_____。

设计人逾期交付工程设计文件的违约金的上限：_____。

（3）设计人设计文件不合格的损失赔偿金的上限：_____。

（4）设计人工程设计文件超出主要技术指标控制值比例的违约责任：_____。

（5）设计人未经发包人同意擅自对工程设计进行分包的违约责任：_____。

16.3.15 不可抗力

1. 通用条款

1）不可抗力的确认

不可抗力是指合同当事人在签订合同时不可预见，在合同履行过程中不可避免且不能克服的自然灾害和社会性突发事件，如地震、海啸、瘟疫、骚乱、戒严、暴动、战争和专用合同条款中约定的其他情形。

不可抗力发生后，发包人和设计人应收集证明不可抗力发生及不可抗力造成损失的证据，并及时认真统计所造成的损失。合同当事人对是否属于不可抗力或其损失发生争议时，按（争议解决）的约定处理。

2）不可抗力的通知

合同一方当事人遇到不可抗力事件，使其履行合同义务受到阻碍时，应立即通知合同另一方当事人，书面说明不可抗力和受阻碍的详细情况，并在合理期限内提供必要的证明。

不可抗力持续发生的，合同一方当事人应及时向合同另一方当事人提交中间报告，说明不可抗力和履行合同受阻的情况，并于不可抗力事件结束后 28 天内提交最终报告及有关资料。

3）不可抗力后果的承担

不可抗力引起的后果及造成的损失由合同当事人按照法律规定及合同约定各自承担。不可抗力发生前已完成的工程设计应当按照合同约定进行支付。

不可抗力发生后，合同当事人均应采取措施尽量避免和减少损失的扩大，任何一方当事人没有采取有效措施导致损失扩大的，应对扩大的损失承担责任。

因合同一方迟延履行合同义务，在迟延履行期间遭遇不可抗力的，不免除其违约责任。

2. 专用条款

1）不可抗力的确认

除通用合同条款约定的不可抗力事件之外，视为不可抗力的其他情形：_____。

16.3.16 合同解除

（1）发包人与设计人协商一致，可以解除合同。

（2）有下列情形之一的，合同当事人一方或双方可以解除合同：

① 设计人工程设计文件存在重大质量问题，经发包人催告后，在合理期限内修改后仍不能满足国家现行深度要求或不能达到合同约定的设计质量要求的，发包人可以解除合同；

② 发包人未按合同约定支付设计费用，经设计人催告后，在 30 天内仍未支付的，设计人可以解除合同；

③ 暂停设计期限已连续超过 180 天,专用合同条款另有约定的除外;

④ 因不可抗力致使合同无法履行;

⑤ 因一方违约致使合同无法实际履行或实际履行已无必要;

⑥ 因本工程项目条件发生重大变化,使合同无法继续履行。

(3) 任何一方因故需解除合同时,应提前 30 天书面通知对方,对合同中的遗留问题应取得一致意见并形成书面协议。

(4) 合同解除后,发包人除应按(发包人违约责任)的约定及专用合同条款约定期限内向设计人支付已完工作的设计费外,应当向设计人支付由于非设计人原因合同解除导致设计人增加的设计费用,违约一方应当承担相应的违约责任。

16.3.17 争议解决

1. 通用条款

1)和解

合同当事人可以就争议自行和解,自行和解达成协议的经双方签字并盖章后作为合同补充文件,双方均应遵照执行。

2)调解

合同当事人可以就争议请求相关行政主管部门、行业协会或其他第三方进行调解,调解达成协议的,经双方签字并盖章后作为合同补充文件,双方均应遵照执行。

3)争议评审

合同当事人在专用合同条款中约定采取争议评审方式解决争议以及评审规则,并按下列约定执行:

(1) 争议评审小组的确定。

合同当事人可以共同选择一名或三名争议评审员,组成争议评审小组。除专用合同条款另有约定外,合同当事人应当自合同签订后 28 天内,或者争议发生后 14 天内,选定争议评审员。

选择一名争议评审员的,由合同当事人共同确定;选择三名争议评审员的,各自选定一名,第三名成员为首席争议评审员,由合同当事人共同确定或由合同当事人委托已选定的争议评审员共同确定,或由专用合同条款约定的评审机构指定第三名首席争议评审员。

除专用合同条款另有约定外,评审所发生的费用由发包人和设计人各承担一半。

(2) 争议评审小组的决定。

合同当事人可在任何时间将与合同有关的任何争议共同提请争议评审小组进行评审。争议评审小组应秉持客观、公正原则,充分听取合同当事人的意见,依据相关法律、技术标准及行业惯例等,自收到争议评审申请报告后 14 天内作出书面决定,并说明理由。合同当事人可以在专用合同条款中对本事项另行约定。

(3) 争议评审小组决定的效力。

争议评审小组作出的书面决定经合同当事人签字确认后,对双方具有约束力,双方应遵照执行。

任何一方当事人不接受争议评审小组决定或不履行争议评审小组决定的,双方可选择采用其他争议解决方式。

4）仲裁或诉讼

因合同及合同有关事项产生的争议，合同当事人可以在专用合同条款中约定以下一种方式解决争议：

（1）向约定的仲裁委员会申请仲裁；

（2）向有管辖权的人民法院起诉。

5）争议解决条款效力

合同有关争议解决的条款独立存在，合同的变更、解除、终止及无效或者被撤销均不影响其效力。

双方根据有关法律法规规定，结合实际经协商一致，可对通用合同条款内容具体化、补充或修改，并在专用合同条款内约定。

2．专用条款

1）争议评审

合同当事人是否同意将工程争议提交争议评审小组决定：＿＿＿＿＿＿＿＿＿＿。

（1）争议评审小组的确定。

争议评审小组成员的确定：＿＿＿＿＿＿＿＿＿＿＿＿＿＿＿＿＿＿＿＿。

选定争议评审员的期限：＿＿＿＿＿＿＿＿＿＿＿＿＿＿＿＿＿＿＿＿＿。

评审所发生的费用承担方式：＿＿＿＿＿＿＿＿＿＿＿＿＿＿＿＿＿＿。

其他事项的约定：＿＿＿＿＿＿＿＿＿＿＿＿＿＿＿＿＿＿＿＿＿＿＿。

（2）争议评审小组的决定。

合同当事人关于本事项的约定：＿＿＿＿＿＿＿＿＿＿＿＿＿＿＿＿＿。

2）仲裁或诉讼

因合同及合同有关事项发生的争议，按下列第＿＿＿＿＿种方式解决：

（1）向＿＿＿＿＿＿＿＿＿＿＿＿＿＿仲裁委员会申请仲裁；

（2）向＿＿＿＿＿＿＿＿＿＿＿＿＿＿人民法院起诉。

16.3.18　其他（如果没有，填"无"）

＿＿＿＿＿＿＿＿＿＿＿＿＿＿＿＿＿＿＿＿＿＿＿＿＿＿＿＿＿＿＿＿。

16.4　附件

附件1：工程设计范围、阶段与服务内容

工程设计范围、阶段与服务内容

发包人与设计人可根据项目的具体情况，选择确定本附件内容。

一、本工程设计范围

规划土地内相关建筑物、构筑物的有关建筑、结构、给水排水、暖通空调、建筑电气和总图专业（不含住宅小区总图）的设计。

精装修设计、智能化专项设计、泛光立面照明设计、景观设计、娱乐工艺设计、声学设计、舞台机械设计、舞台灯光设计、厨房工艺设计、煤气设计、幕墙设计、气体灭火及其他特殊工艺设计等，另行约定。

二、本工程设计阶段划分

方案设计阶段、初步设计、施工图设计及施工配合四个阶段。

三、各阶段服务内容

1. 方案设计阶段

（1）与发包人及发包人聘用的顾问充分沟通，深入研究项目基础资料，协助发包人提出本项目的发展规划和市场潜力；

（2）完成总体规划和方案设计，提供满足深度的方案设计图纸，并制作符合政府部门要求的规划意见书与设计方案报批文件，协助发包人进行报批工作；

（3）根据政府部门的审批意见在本合同约定的范围内对设计方案进行修改和必要的调整，以通过政府部门审查批准；

（4）协调景观、交通、精装修等各专业顾问公司的工作，对其设计方案和技术经济指标进行审核，提供咨询意见，在保证与该项目总体方案设计相一致的情况下，接受经发包人确认的顾问公司的合理化建议并对方案进行调整；

（5）配合发包人进行人防、消防、交通、绿化及市政管网等方面的咨询工作；

（6）负责完成人防、消防等规划方案，协助发包人完成报批工作。

2. 初步设计阶段

（1）负责完成并制作建筑、结构、给排水、暖通空调、电气、动力及室外管线综合等专业的初步设计文件，设计内容和深度应满足政府相关规定；

（2）制作报政府相关部门进行初步设计审查的设计图纸，配合发包人进行交通、园林、人防、消防、供电、市政及气象等各部门的报审工作，提供相关的工程用量参数，并负责有关解释和修改。

3. 施工图设计阶段

（1）负责完成并制作总图、建筑、结构、机电和室外管线综合等全部专业的施工图设计文件；

（2）对发包人的审核修改意见进行修改、完善，保证其设计意图的最终实现；

（3）根据项目开发进度要求及时提供各阶段报审图纸，协助发包人进行报审工作，根据审查结果在本合同约定的范围内进行修改调整，直至审查通过，并最终向发包人提交正式的施工图设计文件；

（4）协助发包人进行工程招标答疑。

4. 施工配合阶段

（1）负责工程设计交底，解答施工过程中施工承包人有关施工图的问题，项目负责人及各专业设计负责人，及时对施工中与设计有关的问题做出回应，保证设计满足施工要求；

（2）根据发包人要求，及时参加与设计有关的专题会，现场解决技术问题；

（3）协助发包人处理工程洽商和设计变更，负责有关设计修改，及时办理相关手续；

（4）参与与设计人相关的必要的验收以及项目竣工验收工作，并及时办理相关手续；

（5）提供产品选型、设备加工订货、建筑材料选择以及分包商考察等技术咨询工作；

（6）应发包人要求协助审核各分包商的设计文件是否满足接口条件并签署意见，以保证其与总体设计协调一致，并满足工程要求。

附件 2:发包人向设计人提交有关资料及文件一览表

发包人向设计人提交有关资料及文件一览表

序号	资料及文件名称	份数	提交日期	有关事宜
1	项目立项报告和审批文件	各1	方案开始3天前	
2	发包人要求即设计任务书(含对建筑、结构、给水排水、暖通空调、建筑电气和总图等专业的具体要求)	1	方案开始3天前	
3	建筑红线图,建筑钉桩图	各1	方案开始3天前	
4	当地规划部门的规划意见书	1	方案开始3天前	
5	工程勘察报告	2	方案设计开始前3天提供初步勘察报告;初步设计开始3天前提供详细勘察报告	
6	各阶段主管部门的审批意见	1	下一个阶段设计开始3天前提供上一个阶段审批意见	
7	方案设计确认单(含初设开工令)	1	初步设计开始3天前	
8	工程所在地地形图(1/500)电子版及区域位置图	1	初步设计开始3天前	
9	初步设计确认单(含施工图开工令)	1	施工图设计开始3天前	
10	施工图审查合格意见书	1	施工图审查通过后5天内	
11	市政条件(包括给排水、暖通、电力、道路、热力和通讯等)	1	方案设计开始3天前	
12	其他设计资料	1	各设计阶段设计开始3天前	
13	竣工验收报告	1	工程竣工验收通过后5天内	

(上表内容仅供参考,发包人和设计人应当根据项目具体商定)

附件 3:设计人向发包人交付的工程设计文件目录

设计人向发包人交付的工程设计文件目录

序号	资料及文件名称	份数	提交日期	有关事宜
1	方案设计文件		_____天	
2	初步设计文件		_____天	
3	施工图设计文件		_____天	

特别约定:

1. 在发包人所提供的设计资料(含设计确认单、规划部门批文、政府各部门批文等)能满足设计人进行各阶段设计的前提下开始计算各阶段的设计时间。

2. 上述设计时间不包括法定的节假日。

3. 图纸交付地点：设计人工作地（或发包人指定地）。发包人要求设计人提供电子版设计文件时，设计人有权对电子版设计文件采取加密、设置访问权限、限期使用等保护措施。

4. 如发包人要求提供超过合同约定份数的工程设计文件，则设计人仍应按发包人的要求提供，但发包人应向设计人支付工本费。

附件 4：设计人主要设计人员表

设计人主要设计人员表

名　称	姓　名	职　务	注册执业资格	承担过的主要项目
一、总部人员				
项目主管				
其他人员				
二、项目组成员				
项目负责人				
项目副负责人				
建筑专业负责人				
结构专业负责人				
给水排水专业负责人				
暖通空调专业负责人				
建筑电气专业负责人				

附件 5：设计进度表

设计进度表

附件 6：设计费明细及支付方式

设计费明细及支付方式

一、设计费总额：＿＿＿＿＿＿＿＿＿＿＿＿＿＿＿＿＿＿＿＿＿＿

二、设计费总额构成：

1. 工程设计基本服务费用：固定总价：＿＿＿＿＿＿＿＿＿；

固定单价（＿＿＿＿＿元/平方米或费率 ＿＿＿＿＿％）。

2. 工程设计其他服务费用：＿＿＿＿＿＿＿＿＿＿＿＿＿＿＿＿。

3. 合同签订前设计人已完成工作的费用：＿＿＿＿＿＿＿＿＿。

4. 特别约定：

（1）工程设计基本服务费用包含设计人员赴工地现场的旅差费＿＿＿人次日，每人每次不超 2 天；不含长期驻现场的设计工地代表和现场服务费。

（2）采用固定单价形式的设计费，实际设计费按初步设计批准（或通过审查的施工图设计）的建筑面积（或投资额）和本合同约定的单价（或费率）核定，多退少补。

（3）超过上述约定人次日赴项目现场所发生的费用（包括往返机票费、机场建设费、交通费、食宿费及保险费等）和人工费由发包人另行支付。其中人工费支付标准为＿＿＿＿＿＿＿。（建议参照本单位年人均产值确定人工费标准）

（4）其他：＿＿＿＿＿＿＿＿＿＿＿＿＿＿＿＿＿＿＿＿＿＿＿。

三、设计费明细计算表

（略）。

四、设计费支付方式

经发包人、设计人双方确认，如果发包人委托设计人负责全过程工程设计服务，各阶段的设计费比例为：方案设计阶段的设计费占本合同设计费总额的 20％，初步设计阶段的设计费占本合同设计费总额的 30％，施工图设计阶段的设计费占本合同设计费总额的 40％，施工配合阶段占本合同设计费总额的 10％；如果发包人委托设计人负责部分工程设计服务，则每个阶段的设计费比例双方另行协商确定。

具体支付时间如下：

1. 本合同生效后 7 天内，发包人向设计人支付设计费总额的＿＿＿＿％作为定金（或预付款），计＿＿＿＿＿＿＿元，设计合同履行完毕后，定金（或预付款）抵作部分工程设计费。

2. 设计人向发包人提交方案设计文件后 7 天内，发包人向设计人支付设计费总额的 10％，计 ＿＿＿＿＿＿元。

3. 设计人向发包人提交初步设计文件后 7 天内，发包人向设计人支付设计费总额的 20％，计＿＿＿＿＿元。

4. 设计人向发包人提交施工图设计文件后 7 天内，发包人向设计人支付设计费总额的 30％，计＿＿＿＿＿元。

5. 施工图设计文件通过审查后 7 天内或施工图设计文件提交后 3 个月内，发包人向设计人支付设计费总额的 10％,计____元。

6. 工程结构封顶后 7 天内,发包人向设计人支付设计费总额的 5％,计____元。

7. 工程竣工验收后 7 天内,发包人向设计人支付全部剩余设计费,计____元。

注:上述支付方式供发包人、设计人参考使用。

附件 7:设计变更计费依据和方法

设计变更计费依据和方法

17　建设工程监理合同

为规范建设工程监理活动，维护建设工程监理合同当事人的合法权益，住房和城乡建设部、国家工商行政管理总局对《建设工程委托监理合同（示范文本）》（GF—2000—2002）进行了修订，制定了《建设工程监理合同（示范文本）》（GF—2012—0202）。

本章以《建设工程监理合同（示范文本）》（GF—2012—0202）为基础，对建设工程监理合同进行介绍。

17.1　合同协议书

合同协议书内容及格式如下：

委托人（全称）：_____

监理人（全称）：_____

根据《中华人民共和国合同法》《中华人民共和国建筑法》及其他有关法律、法规，遵循平等、自愿、公平和诚信的原则，双方就下述工程委托监理与相关服务事项协商一致，订立本合同。

1. 工程概况

（1）工程名称：_____；

（2）工程地点：_____；

（3）工程规模：_____；

（3）工程概算投资额或建筑安装工程费：_____。

2. 词语限定

协议书中相关词语的含义与通用条件中的定义与解释相同。

3. 组成本合同的文件

（1）协议书；

（2）中标通知书（适用于招标工程）或委托书（适用于非招标工程）；

（3）投标文件（适用于招标工程）或监理与相关服务建议书（适用于非招标工程）；

（4）专用条件；

（5）通用条件；

（6）附录，即：

附录A：相关服务的范围和内容；

附录B：委托人派遣的人员和提供的房屋、资料、设备。

本合同签订后，双方依法签订的补充协议也是本合同文件的组成部分。

4. 总监理工程师

总监理工程师姓名：_____，身份证号码：_____，注册号：_____。

5. 签约酬金

签约酬金（大写）：_____（￥_____元）。

包括：

（1）监理酬金：_____。

（2）相关服务酬金：_____。

其中：

① 勘察阶段服务酬金：_____。

② 设计阶段服务酬金：_____。

③ 保修阶段服务酬金：_____。

④ 其他相关服务酬金：_____。

6. 期限

（1）监理期限：

自_____年____月____日始，至_____年____月____日止。

（2）相关服务期限：

① 勘察阶段服务期限自____年____月____日始，至____年____月____日止。

② 设计阶段服务期限自____年____月____日始，至____年____月____日止。

③ 保修阶段服务期限自____年____月____日始，至____年____月____日止。

④ 其他相关服务期限自____年____月____日始，至____年____月____日止。

7. 双方承诺

（1）监理人向委托人承诺，按照本合同约定提供监理与相关服务。

（2）委托人向监理人承诺，按照本合同约定派遣相应的人员，提供房屋、资料、设备，并按本合同约定支付酬金。

8. 合同订立

（1）订立时间：_____年_____月_____日。

（2）订立地点：_____。

（3）本合同一式____份，具有同等法律效力，双方各执_____份。

委托人：_____（盖章）　　　　监理人：_____（盖章）

住所：_____　　　　住所：_____

邮政编码：_____　　　　邮政编码：_____

法定代表人或其授权　　　　　　　法定代表人或其授权

的代理人：_____（签字）　　　　的代理人：_____（签字）

开户银行：_____　　　　开户银行：_____

账号：_____　　　　账号：_____

电话：_____　　　　电话：_____

传真：_____　　　　传真：_____

电子邮箱：_____　　　　电子邮箱：_____

17.2 合同条款

17.2.1 定义与解释

1. 通用条款

1）定义

除根据上下文另有其意义外,组成本合同的全部文件中的下列名词和用语应具有本款所赋予的含义:

(1)"工程"是指按照本合同约定实施监理与相关服务的建设工程。

(2)"委托人"是指本合同中委托监理与相关服务的一方,以及其合法的继承人或受让人。

(3)"监理人"是指本合同中提供监理与相关服务的一方,以及其合法的继承人。

(4)"承包人"是指在工程范围内与委托人签订勘察、设计、施工等有关合同的当事人,以及其合法的继承人。

(5)"监理"是指监理人受委托人的委托,依照法律法规、工程建设标准、勘察设计文件及合同,在施工阶段对建设工程质量、进度、造价进行控制,对合同、信息进行管理,对工程建设相关方的关系进行协调,并履行建设工程安全生产管理法定职责的服务活动。

(6)"相关服务"是指监理人受委托人的委托,按照本合同约定,在勘察、设计、保修等阶段提供的服务活动。

(7)"正常工作"指本合同订立时通用条件和专用条件中约定的监理人的工作。

(8)"附加工作"是指本合同约定的正常工作以外监理人的工作。

(9)"项目监理机构"是指监理人派驻工程负责履行本合同的组织机构。

(10)"总监理工程师"是指由监理人的法定代表人书面授权,全面负责履行本合同、主持项目监理机构工作的注册监理工程师。

(11)"酬金"是指监理人履行本合同义务,委托人按照本合同约定给付监理人的金额。

(12)"正常工作酬金"是指监理人完成正常工作,委托人应给付监理人并在协议书中载明的签约酬金额。

(13)"附加工作酬金"是指监理人完成附加工作,委托人应给付监理人的金额。

(14)"一方"是指委托人或监理人,"双方"是指委托人和监理人,"第三方"是指除委托人和监理人以外的有关方。

(15)"书面形式"是指合同书、信件和数据电文(包括电报、电传、传真、电子数据交换和电子邮件)等可以有形地表现所载内容的形式。

(16)"天"是指第一天零时至第二天零时的时间。

(17)"月"是指按公历从一个月中任何一天开始的一个公历月时间。

(18)"不可抗力"是指委托人和监理人在订立本合同时不可预见,在工程施工过程中不可避免发生并不能克服的自然灾害和社会性突发事件,如地震、海啸、瘟疫、水灾、骚乱、暴动、战争和专用条件约定的其他情形。

2）解释

(1)本合同使用中文书写、解释和说明。如专用条件约定使用两种及以上语言文字时,应以中文为准。

(2)组成本合同的下列文件彼此应能相互解释、互为说明。除专用条件另有约定外,本合同文件的解释顺序如下：

　　① 协议书；

　　② 中标通知书（适用于招标工程）或委托书（适用于非招标工程）；

　　③ 专用条件及附录 A、附录 B；

　　④ 通用条件；

　　⑤ 投标文件（适用于招标工程）或监理与相关服务建议书（适用于非招标工程）。

　　双方签订的补充协议与其他文件发生矛盾或歧义时，属于同一类内容的文件，应以最新签署的为准。

2. 专用条款

1) 解释

(1) 本合同文件除使用中文外，还可用＿＿＿＿＿＿＿＿＿＿＿＿＿＿＿＿＿＿＿＿＿＿＿。

(2) 约定本合同文件的解释顺序为：＿＿＿＿＿＿＿＿＿＿＿＿＿＿＿＿＿＿＿＿＿＿。

17.2.2　监理人的义务

1. 通用条款

1) 监理人的义务

(1) 监理范围在专用条件中约定。

(2) 除专用条件另有约定外，监理工作内容包括：

　　① 收到工程设计文件后编制监理规划，并在第一次工地会议 7 天前报委托人。根据有关规定和监理工作需要，编制监理实施细则；

　　② 熟悉工程设计文件，并参加由委托人主持的图纸会审和设计交底会议；

　　③ 参加由委托人主持的第一次工地会议；主持监理例会并根据工程需要主持或参加专题会议；

　　⑤ 审查施工承包人提交的施工组织设计，重点审查其中的质量安全技术措施、专项施工方案与工程建设强制性标准的符合性；

　　⑥ 检查施工承包人工程质量、安全生产管理制度及组织机构和人员资格；

　　⑦ 检查施工承包人专职安全生产管理人员的配备情况；

　　⑧ 审查施工承包人提交的施工进度计划，核查承包人对施工进度计划的调整；

　　⑨ 检查施工承包人的试验室；

　　⑩ 审核施工分包人资质条件；

　　⑪ 查验施工承包人的施工测量放线成果；

　　⑫ 审查工程开工条件，对条件具备的签发开工令；

　　⑬ 审查施工承包人报送的工程材料、构配件、设备质量证明文件的有效性和符合性，并按规定对用于工程的材料采取平行检验或见证取样方式进行抽检；

　　⑭ 审核施工承包人提交的工程款支付申请，签发或出具工程款支付证书，并报委托人审核、批准；

　　⑮ 在巡视、旁站和检验过程中，发现工程质量、施工安全存在事故隐患的，要求施工承包人整改并报委托人；

　　⑯ 经委托人同意，签发工程暂停令和复工令；

　　⑰ 审查施工承包人提交的采用新材料、新工艺、新技术和新设备的论证材料及相关验收

标准；

⑱ 验收隐蔽工程、分部分项工程；

⑲ 审查施工承包人提交的工程变更申请，协调处理施工进度调整、费用索赔、合同争议等事项；

⑳ 审查施工承包人提交的竣工验收申请，编写工程质量评估报告；

㉑ 参加工程竣工验收，签署竣工验收意见；

㉒ 审查施工承包人提交的竣工结算申请并报委托人；

㉓ 编制、整理工程监理归档文件并报委托人。

（3）相关服务的范围和内容在附录 A 中约定。

2）监理与相关服务依据

（1）监理依据包括：

① 适用的法律、行政法规及部门规章；

② 与工程有关的标准；

③ 工程设计及有关文件；

④ 本合同及委托人与第三方签订的与实施工程有关的其他合同。

双方根据工程的行业和地域特点，在专用条件中具体约定监理依据。

（2）相关服务依据在专用条件中约定。

3）项目监理机构和人员

（1）监理人应组建满足工作需要的项目监理机构，配备必要的检测设备。项目监理机构的主要人员应具有相应的资格条件。

（2）本合同履行过程中，总监理工程师及重要岗位监理人员应保持相对稳定，以保证监理工作正常进行。

（3）监理人可根据工程进展和工作需要调整项目监理机构人员。监理人更换总监理工程师时，应提前 7 天向委托人书面报告，经委托人同意后方可更换；监理人更换项目监理机构其他监理人员，应以相当资格与能力的人员替换，并通知委托人。

（4）监理人应及时更换有下列情形之一的监理人员：

① 严重过失行为的；

② 有违法行为不能履行职责的；

③ 涉嫌犯罪的；

④ 不能胜任岗位职责的；

⑤ 严重违反职业道德的；

⑥ 专用条件约定的其他情形。

（5）委托人可要求监理人更换不能胜任本职工作的项目监理机构人员。

4）履行职责

监理人应遵循职业道德准则和行为规范，严格按照法律法规、工程建设有关标准及本合同履行职责。

（1）在监理与相关服务范围内，委托人和承包人提出的意见和要求，监理人应及时提出处置意见。当委托人与承包人之间发生合同争议时，监理人应协助委托人、承包人协商解决。

（2）当委托人与承包人之间的合同争议提交仲裁机构仲裁或人民法院审理时，监理人应提供必要的证明资料。

（3）监理人应在专用条件约定的授权范围内，处理委托人与承包人所签订合同的变更事宜。如果变更超过授权范围，应以书面形式报委托人批准。

在紧急情况下，为了保护财产和人身安全，监理人所发出的指令未能事先报委托人批准时，应在发出指令后的 24 小时内以书面形式报委托人。

（4）除专用条件另有约定外，监理人发现承包人的人员不能胜任本职工作的，有权要求承包人予以调换。

5）提交报告

监理人应按专用条件约定的种类、时间和份数向委托人提交监理与相关服务的报告。

6）文件资料

在本合同履行期内，监理人应在现场保留工作所用的图纸、报告及记录监理工作的相关文件。工程竣工后，应当按照档案管理规定将监理有关文件归档。

7）使用委托人的财产

监理人无偿使用附录 B 中由委托人派遣的人员和提供的房屋、资料、设备。除专用条件另有约定外，委托人提供的房屋、设备属于委托人的财产，监理人应妥善使用和保管，在本合同终止时将这些房屋、设备的清单提交委托人，并按专用条件约定的时间和方式移交。

2．专用条款

1）监理的范围和内容

（1）监理范围包括：_____。

（2）监理工作内容还包括：_____。

2）监理与相关服务依据

（1）监理依据包括：_____。

（2）相关服务依据包括：_____。

3）项目监理机构和人员

更换监理人员的其他情形：_____。

4）履行职责

（1）对监理人的授权范围：_____。

在涉及工程延期_____天内和（或）金额_____万元内的变更，监理人不需请示委托人即可向承包人发布变更通知。

（2）监理人有权要求承包人调换其人员的限制条件：_____。

5）提交报告

监理人应提交报告的种类（包括监理规划、监理月报及约定的专项报告）、时间和份数：

_____。

6）使用委托人的财产

附录 B 中由委托人无偿提供的房屋、设备的所有权属于：_____。

监理人应在本合同终止后_____天内移交委托人无偿提供的房屋、设备，移交的时间和方式为：_____。

17.2.3 委托人的义务

1. 通用条款

1）告知

委托人应在委托人与承包人签订的合同中明确监理人、总监理工程师和授予项目监理机构的权限。如有变更，应及时通知承包人。

2）提供资料

委托人应按照附录B约定，无偿向监理人提供工程有关的资料。在本合同履行过程中，委托人应及时向监理人提供最新的与工程有关的资料。

3）提供工作条件

委托人应为监理人完成监理与相关服务提供必要的条件。

（1）委托人应按照附录B约定，派遣相应的人员，提供房屋、设备，供监理人无偿使用。

（2）委托人应负责协调工程建设中所有外部关系，为监理人履行本合同提供必要的外部条件。

4）委托人代表

委托人应授权一名熟悉工程情况的代表，负责与监理人联系。委托人应在双方签订本合同后7天内，将委托人代表的姓名和职责书面告知监理人。当委托人更换委托人代表时，应提前7天通知监理人。

5）委托人意见或要求

在本合同约定的监理与相关服务工作范围内，委托人对承包人的任何意见或要求应通知监理人，由监理人向承包人发出相应指令。

6）答复

委托人应在专用条件约定的时间内，对监理人以书面形式提交并要求作出决定的事宜，给予书面答复。逾期未答复的，视为委托人认可。

7）支付

委托人应按本合同约定，向监理人支付酬金。

2. 专用条款

1）委托人代表

委托人代表为：＿＿＿＿＿＿＿＿＿＿＿＿＿＿＿＿＿＿＿＿。

2）答复

委托人同意在＿＿＿＿天内，对监理人书面提交并要求做出决定的事宜给予书面答复。

17.2.4 违约责任

1. 通用条款

1）监理人的违约责任

监理人未履行本合同义务的，应承担相应的责任。

（1）因监理人违反本合同约定给委托人造成损失的，监理人应当赔偿委托人损失。赔偿金额的确定方法在专用条件中约定。监理人承担部分赔偿责任的，其承担赔偿金额由双方协商确定。

（2）监理人向委托人的索赔不成立时，监理人应赔偿委托人由此发生的费用。

2）委托人的违约责任

委托人未履行本合同义务的,应承担相应的责任。

(1) 委托人违反本合同约定造成监理人损失的,委托人应予以赔偿。

(2) 委托人向监理人的索赔不成立时,应赔偿监理人由此引起的费用。

(3) 委托人未能按期支付酬金超过 28 天,应按专用条件约定支付逾期付款利息。

3）除外责任

因非监理人的原因,且监理人无过错,发生工程质量事故、安全事故、工期延误等造成的损失,监理人不承担赔偿责任。

因不可抗力导致本合同全部或部分不能履行时,双方各自承担其因此而造成的损失、损害。

2. 专用条款

1）监理人的违约责任

监理人赔偿金额按下列方法确定:

赔偿金＝直接经济损失×正常工作酬金÷工程概算投资额(或建筑安装工程费)

2）委托人的违约责任

委托人逾期付款利息按下列方法确定:

逾期付款利息＝当期应付款总额×银行同期贷款利率×拖延支付天数

17.2.5　支付

1. 通用条款

1）支付货币

除专用条件另有约定外,酬金均以人民币支付。涉及外币支付的,所采用的货币种类、比例和汇率在专用条件中约定。

2）支付申请

监理人应在本合同约定的每次应付款时间的 7 天前,向委托人提交支付申请书。支付申请书应当说明当期应付款总额,并列出当期应支付的款项及其金额。

3）支付酬金

支付的酬金包括正常工作酬金、附加工作酬金、合理化建议奖励金额及费用。

4）有争议部分的付款

委托人对监理人提交的支付申请书有异议时,应当在收到监理人提交的支付申请书后 7 天内,以书面形式向监理人发出异议通知。无异议部分的款项应按期支付,有异议部分的款项按〔争议解决〕约定办理。

2. 专用条款

1）支付货币

币种为:＿＿＿＿＿＿＿,比例为:＿＿＿＿＿＿＿,汇率为:＿＿＿＿＿＿＿。

2）支付酬金

正常工作酬金的支付：

支付次数	支付时间	支付比例	支付金额（万元）
首付款	本合同签订后 7 天内		
第二次付款			
第三次付款			
……			
最后付款	监理与相关服务期届满 14 天内		

17.2.6　合同生效、变更、暂停及解除与终止

1. 通用条款

1）生效

除法律另有规定或者专用条件另有约定外，委托人和监理人的法定代表人或其授权代理人在协议书上签字并盖单位章后本合同生效。

2）变更

（1）任何一方提出变更请求时，双方经协商一致后可进行变更。

（2）除不可抗力外，因非监理人原因导致监理人履行合同期限延长、内容增加时，监理人应当将此情况与可能产生的影响及时通知委托人。增加的监理工作时间、工作内容应视为附加工作。附加工作酬金的确定方法在专用条件中约定。

（3）合同生效后，如果实际情况发生变化使得监理人不能完成全部或部分工作时，监理人应立即通知委托人。除不可抗力外，其善后工作以及恢复服务的准备工作应为附加工作，附加工作酬金的确定方法在专用条件中约定。监理人用于恢复服务的准备时间不应超过 28 天。

（4）合同签订后，遇有与工程相关的法律法规、标准颁布或修订的，双方应遵照执行。由此引起监理与相关服务的范围、时间、酬金变化的，双方应通过协商进行相应调整。

（5）因非监理人原因造成工程概算投资额或建筑安装工程费增加时，正常工作酬金应作相应调整。调整方法在专用条件中约定。

（6）因工程规模、监理范围的变化导致监理人的正常工作量减少时，正常工作酬金应作相应调整。调整方法在专用条件中约定。

3）暂停与解除

除双方协商一致可以解除本合同外，当一方无正当理由未履行本合同约定的义务时，另一方可以根据本合同约定暂停履行本合同直至解除本合同。

（1）在本合同有效期内，由于双方无法预见和控制的原因导致本合同全部或部分无法继续履行或继续履行已无意义，经双方协商一致，可以解除本合同或监理人的部分义务。在解除之前，监理人应作出合理安排，使开支减至最小。

因解除本合同或解除监理人的部分义务导致监理人遭受的损失，除依法可以免除责任的情况外，应由委托人予以补偿，补偿金额由双方协商确定。

解除本合同的协议必须采取书面形式，协议未达成之前，本合同仍然有效。

（2）在本合同有效期内，因非监理人的原因导致工程施工全部或部分暂停，委托人可通知监理人要求暂停全部或部分工作。监理人应立即安排停止工作，并将开支减至最小。除不可

抗力外,由此导致监理人遭受的损失应由委托人予以补偿。

暂停部分监理与相关服务时间超过 182 天,监理人可发出解除本合同约定的该部分义务的通知;暂停全部工作时间超过 182 天,监理人可发出解除本合同的通知,本合同自通知到达委托人时解除。委托人应将监理与相关服务的酬金支付至本合同解除日,且应承担(委托人的违约责任)约定的责任。

(3) 当监理人无正当理由未履行本合同约定的义务时,委托人应通知监理人限期改正。若委托人在监理人接到通知后的 7 天内未收到监理人书面形式的合理解释,则可在 7 天内发出解除本合同的通知,自通知到达监理人时本合同解除。委托人应将监理与相关服务的酬金支付至限期改正通知到达监理人之日,但监理人应承担(监理人的违约责任)约定的责任。

(4) 监理人在专用条款(支付酬金)中约定的支付之日起 28 天后仍未收到委托人按本合同约定应付的款项,可向委托人发出催付通知。委托人接到通知 14 天后仍未支付或未提出监理人可以接受的延期支付安排,监理人可向委托人发出暂停工作的通知并可自行暂停全部或部分工作。暂停工作后 14 天内监理人仍未获得委托人应付酬金或委托人的合理答复,监理人可向委托人发出解除本合同的通知,自通知到达委托人时本合同解除。委托人应承担(委托人的违约责任)约定的责任。

(5) 因不可抗力致使本合同部分或全部不能履行时,一方应立即通知另一方,可暂停或解除本合同。

(6) 本合同解除后,本合同约定的有关结算、清理、争议解决方式的条件仍然有效。

4) 终 止

以下条件全部满足时,本合同即告终止:

(1) 监理人完成本合同约定的全部工作;

(2) 委托人与监理人结清并支付全部酬金。

2. 专用条款

1) 生效

本合同生效条件:＿＿＿＿＿＿＿＿＿＿＿＿＿＿＿＿＿＿＿＿＿＿＿＿＿＿。

2) 变更

(1) 除不可抗力外,因非监理人原因导致本合同期限延长时,附加工作酬金按下列方法确定:

附加工作酬金＝本合同期限延长时间(天)×正常工作酬金÷协议书约定的监理与相关服务期限(天)

(2) 附加工作酬金按下列方法确定:

附加工作酬金＝善后工作及恢复服务的准备工作时间(天)×正常工作酬金÷协议书约定的监理与相关服务期限(天)

(3) 正常工作酬金增加额按下列方法确定:

正常工作酬金增加额＝工程投资额或建筑安装工程费增加额×正常工作酬金÷工程概算投资额(或建筑安装工程费)

(4) 因工程规模、监理范围的变化导致监理人的正常工作量减少时,按减少工作量的比例从协议书约定的正常工作酬金中扣减相同比例的酬金。

17.2.7 工程设计文件交付

1. 通用条款

1）协商

双方应本着诚信原则协商、解决彼此间的争议。

2）调解

如果双方不能在 14 天内或双方商定的其他时间内解决本合同争议,可以将其提交给专用条件约定的或事后达成协议的调解人进行调解。

3）仲裁或诉讼

双方均有权不经调解直接向专用条件约定的仲裁机构申请仲裁或向有管辖权的人民法院提起诉讼。

2. 专用条款

1）调解

本合同争议进行调解时,可提交_____进行调解。

2）仲裁或诉讼

合同争议的最终解决方式为下列第_____种方式:

(1) 提请_____仲裁委员会进行仲裁。

(2) 向_____人民法院提起诉讼。

17.2.8 其他

1. 通用条款

1）外出考察费用

经委托人同意,监理人员外出考察发生的费用由委托人审核后支付。

2）检测费用

委托人要求监理人进行的材料和设备检测所发生的费用,由委托人支付,支付时间在专用条件中约定。

3）咨询费用

经委托人同意,根据工程需要由监理人组织的相关咨询论证会以及聘请相关专家等发生的费用由委托人支付,支付时间在专用条件中约定。

4）奖励

监理人在服务过程中提出的合理化建议,使委托人获得经济效益的,双方在专用条件中约定奖励金额的确定方法。奖励金额在合理化建议被采纳后,与最近一期的正常工作酬金同期支付。

5）守法诚信

监理人及其工作人员不得从与实施工程有关的第三方处获得任何经济利益。

6）保密

双方不得泄露对方申明的保密资料,亦不得泄露与实施工程有关的第三方所提供的保密资料,保密事项在专用条件中约定。

7）通知

本合同涉及的通知均应当采用书面形式,并在送达对方时生效,收件人应书面签收。

8）著作权

监理人对其编制的文件拥有著作权。

监理人可单独或与他人联合出版有关监理与相关服务的资料。除专用条件另有约定外，如果监理人在本合同履行期间及本合同终止后两年内出版涉及本工程的有关监理与相关服务的资料，应当征得委托人的同意。

2. 专用条款

1）检测费用

委托人应在检测工作完成后_____天内支付检测费用。

2）咨询费用

委托人应在咨询工作完成后_____天内支付咨询费用。

3）奖励

合理化建议的奖励金额按下列方法确定为：

奖励金额＝工程投资节省额×奖励金额的比率

奖励金额的比率为_____％。

4）保密

委托人申明的保密事项和期限：_____。

监理人申明的保密事项和期限：_____。

第三方申明的保密事项和期限：_____。

5）著作权

监理人在本合同履行期间及本合同终止后两年内出版涉及本工程的有关监理与相关服务的资料的限制条件：_____。

17.2.9 补充条款

_____。

17.3 附件

附件1:相关服务的范围和内容

相关服务的范围和内容

1-1 勘察阶段：_____。

1-2 设计阶段：_____。

1-3 保修阶段：_____。

1-4 其他（专业技术咨询、外部协调工作等）：_____。

附件2：委托人派遣的人员和提供的房屋、资料、设备

委托人派遣的人员和提供的房屋、资料、设备

2-1　委托人派遣的人员

名称	数量	工作要求	提供时间
1．工程技术人员			
2．辅助工作人员			
3．其他人员			

2-2　委托人提供的房屋

名称	数量	面积	提供时间
1．办公用房			
2．生活用房			
3．试验用房			
4．样品用房			
用餐及其他生活条件			

2-3　委托人提供的资料

名称	份数	提供时间	备注
1.工程立项文件			
2.工程勘察文件			
3.工程设计及施工图纸			
4.工程承包合同及其他相关合同			
5.施工许可文件			
6.其他文件			

2-4　委托人提供的设备

名称	数量	型号与规格	提供时间
1.通讯设备			
2.办公设备			
3.交通工具			
4.检测和试验设备			

18　建设工程造价咨询合同

18.1　文本说明

为了指导建设工程造价咨询合同当事人的签约行为,维护合同当事人的合法权益,依据《中华人民共和国合同法》、《中华人民共和国建筑法》《中华人民共和国招标投标法》以及相关法律法规,住房和城乡建设部、国家工商行政管理总局对《建设工程造价咨询合同(示范文本)》(GF-2002-0212)进行了修订,制定了《建设工程造价咨询合同(示范文本)》(GF-2015-0212)(以下简称《示范文本》)。

1.《示范文本》的组成

《示范文本》由协议书、通用条件和专用条件三部分组成。

1)协议书

《示范文本》协议书集中约定了合同当事人基本的合同权利义务。

2)通用条件

通用条件是合同当事人根据《中华人民共和国合同法》《中华人民共和国建筑法》等法律法规的规定,就工程造价咨询的实施及相关事项,对合同当事人的权利义务作出的原则性约定。

通用条件既考虑了现行法律法规对工程发承包计价的有关要求,也考虑了工程造价咨询管理的特殊需要。

3)专用条件

专用条件是对通用条件原则性约定的细化、完善、补充和修改或另行约定的条件。合同当事人可以根据不同建设工程的特点及发承包计价的具体情况,通过双方的谈判、协商对相应的专用条件进行修改补充。在使用专用条件时,应注意以下事项:

(1)专用条件的编号应与相应的通用条件的编号一致;

(2)合同当事人可以通过对专用条件的修改,满足具体工程的特殊要求,避免直接修改通用条件;

(3)在专用条件中有横道线的地方,合同当事人可针对相应的通用条件进行细化、完善、补充和修改或另行约定;如无细化、完善、补充和修改或另行约定,则填写"无"或划"/"。

2.《示范文本》的性质和适用范围

《示范文本》供合同双方当事人参照使用,可适用于各类建设工程全过程造价咨询服务以及阶段性造价咨询服务的合同订立。合同当事人可结合建设工程具体情况,按照法律法规规定,根据《示范文本》的内容,约定双方具体的权利义务。

18.2　合同协议书

合同协议书内容及格式如下:

委托人(全称):＿＿＿＿＿＿＿＿＿＿＿＿＿＿＿＿＿＿＿＿＿＿＿＿＿＿＿

咨询人(全称):＿＿＿＿＿＿＿＿＿＿＿＿＿＿＿＿＿＿＿＿＿＿＿＿＿＿

根据《中华人民共和国合同法》及其他有关法律、法规,遵循平等、自愿、公平和诚实信用的原则,双方就下述建设工程委托造价咨询与其他服务事项协商一致,订立本合同。

1. 工程概况

(1)工程名称:＿＿＿＿＿＿＿＿＿＿＿＿＿＿＿＿＿＿＿＿＿＿＿＿。

(2)工程地点:＿＿＿＿＿＿＿＿＿＿＿＿＿＿＿＿＿＿＿＿＿＿＿＿。

(3)工程规模:＿＿＿＿＿＿＿＿＿＿＿＿＿＿＿＿＿＿＿＿＿＿＿＿。

(4)投资金额:＿＿＿＿＿＿＿＿＿＿＿＿＿＿＿＿＿＿＿＿＿＿＿＿。

(5)资金来源:＿＿＿＿＿＿＿＿＿＿＿＿＿＿＿＿＿＿＿＿＿＿＿＿。

(6)建设工期或周期:＿＿＿＿＿＿＿＿＿＿＿＿＿＿＿＿＿＿＿＿＿。

(7)其他:＿＿＿＿＿＿＿＿＿＿＿＿＿＿＿＿＿＿＿＿＿＿＿＿。

2. 服务范围及工作内容

双方约定的服务范围及工作内容:＿＿＿＿＿＿＿＿＿＿＿＿＿＿＿＿＿＿。

服务范围及工作内容详见附件1。

3. 服务期限

本合同约定的建设工程造价咨询服务自＿＿＿＿年＿＿＿＿月＿＿＿＿日开始实施,至＿＿＿＿年＿＿＿＿月＿＿＿＿日终结。

4. 质量标准

工程造价咨询成果文件应符合:
＿＿＿＿＿＿＿＿＿＿＿＿＿＿＿＿＿＿＿＿＿＿＿＿＿＿＿＿＿。

5. 酬金或计取方式

(1)酬金:＿＿＿＿＿＿＿＿＿＿＿＿(大写)(¥＿＿＿＿＿＿＿＿元)。

(2)计取方式:＿＿＿＿＿＿＿＿＿＿＿＿＿＿＿＿＿＿。

酬金或计取方式详见附件1。

6. 合同文件的构成

本协议书与下列文件一起构成合同文件:

(1)中标通知书或委托书(如果有);

(2)投标函及投标函附件或造价咨询服务建议书(如果有);

(3)专用条件及附件;

(4)通用条件;

(5)其他合同文件。

上述各项合同文件包括合同当事人就该项合同文件所作出的补充和修改,属于同一类内容的文件,应以最新签署的为准。

在合同订立及履行过程中形成的与合同有关的文件(包括补充协议)均构成合同文件的组成部分。

7. 词语定义

协议书中相关词语的含义与通用条件中的定义与解释相同。

8. 合同订立

(1)订立时间:＿＿＿＿＿＿＿＿＿＿＿＿＿＿＿＿＿＿＿日。

（2）订立地点：_____。

9. 合同生效

本合同自_____生效。

10. 合同份数

本合同一式_____份，具有同等法律效力，其中委托人执_____份，咨询人执_____份。

委　托　人：_____（盖章）　　　咨　询　人：_____（盖章）

法定代表人或其授权的　　　　　　　　　　法定代表人或其授权的

代　理　人：_____（签字）　　　代　理　人：_____（签字）

组织机构代码：　　　　　　　　　　　　　　组织机构代码：

纳税人识别码：　　　　　　　　　　　　　　纳税人识别码：

住　　　所：　　　　　　　　　　　　　　　住　　　所：

账　　　号：　　　　　　　　　　　　　　　账　　　号：

开户银行：　　　　　　　　　　　　　　　　开户银行：

邮政编码：　　　　　　　　　　　　　　　　邮政编码：

电　　　话：　　　　　　　　　　　　　　　电　　　话：

传　　　真：　　　　　　　　　　　　　　　传　　　真：

电子信箱：　　　　　　　　　　　　　　　　电子信箱：

18.3 合同条款

18.3.1 词语定义、语言、解释顺序与适用法律

1. 通用条款

1）词语定义

组成本合同的全部文件中的下列名词和用语应具有本款所赋予的含义：

（1）"工程"是指按照本合同约定实施造价咨询与其他服务的建设工程。

（2）"工程造价"是指工程项目建设过程中预计或实际支出的全部费用。

（3）"委托人"是指本合同中委托造价咨询与其他服务的一方，以及其合法的继承人或受让人。

（4）"咨询人"是指本合同中提供造价咨询与其他服务的一方，以及其合法的继承人。

（5）"第三人"是指除委托人、咨询人以外与本咨询业务有关的当事人。

（6）"正常工作"是指本合同订立时通用条件和专用条件中约定的咨询人的工作。

（7）"附加工作"是指咨询人根据合同条件完成的正常工作以外的工作。

（8）"项目咨询团队"是指咨询人指派负责履行本合同的团队，其团队成员为本合同的项目咨询人员。

（9）"项目负责人"是指由咨询人的法定代表人书面授权，在授权范围内负责履行本合同、主持项目咨询团队工作的负责人。

（10）"委托人代表"是指由委托人的法定代表人书面授权，在授权范围内行使委托人权利的人。

（11）"酬金"是指咨询人履行本合同义务，委托人按照本合同约定给付咨询人的金额。

（12）"正常工作酬金"是指在协议书中载明的，咨询人完成正常工作，委托人应给付咨询

人的酬金。

(13)"附加工作酬金"是指咨询人完成附加工作,委托人应给付咨询人的酬金。

(14)"书面形式"是指合同书、信件和数据电文(包括电报、电传、传真、电子数据交换和电子邮件)等可以有形地表现所载内容的形式。

(15)"不可抗力"是指委托人和咨询人在订立本合同时不可预见,在合同履行过程中不可避免并不能克服的自然灾害和社会性突发事件,如地震、海啸、瘟疫、水灾、骚乱、暴动及战争等情形。

2)语言

本合同使用中文书写、解释和说明。如专用条件约定使用两种及以上语言文字时,应以中文为准。

3)合同文件的优先顺序

组成本合同的下列文件彼此应能相互解释、互为说明。除专用条件另有约定外,本合同文件的解释顺序如下:

(1)协议书

(2)中标通知书或委托书(如果有);

(3)专用条件及附件;

(4)通用条件;

(5)投标函及投标函附件或造价咨询服务建议书(如果有);

(6)其他合同文件。

上述各项合同文件包括合同当事人就该项合同文件所作出的补充和修改,属于同一类内容的文件,应以最新签署的为准。

在合同订立及履行过程中形成的与合同有关的文件均构成合同文件的组成部分。

4)适用法律

本合同适用中华人民共和国法律、行政法规、部门规章以及工程所在地的地方性法规、自治条例、单行条例和地方政府规章等。

合同当事人可以在专用条件中约定本合同适用的其他规范、规程、定额和技术标准等规范性文件。

2. 专用条款

1)语言

本合同文件除使用中文外,还可用＿＿＿＿＿＿＿＿＿＿＿＿＿＿＿＿＿＿＿＿＿＿＿。

2)合同文件的优先顺序

本合同文件的解释顺序为:＿＿＿＿＿＿＿＿＿＿＿＿＿＿＿＿＿＿＿＿＿＿＿＿。

3)适用法律

本合同适用的其他规范性文件包括:＿＿＿＿＿＿＿＿＿＿＿＿＿＿＿＿＿＿＿＿。

18.3.2 委托人的义务

1. 通用条款

1)提供资料

委托人应当在专用条件约定的时间内,按照附件3的约定无偿向咨询人提供与本合同咨询业务有关的资料。在本合同履行过程中,委托人应及时向咨询人提供最新的与本合同咨询业务有关的资料。委托人应对所提供资料的真实性、准确性、合法性与完整性负责。

2）提供工作条件

委托人应为咨询人完成造价咨询提供必要的条件。

（1）委托人需要咨询人派驻项目现场咨询人员的，除专用条件另有约定外，项目咨询人员有权无偿使用附件4中由委托人提供的房屋及设备。

（2）委托人应负责与本工程造价咨询业务有关的所有外部关系的协调，为咨询人履行本合同提供必要的外部条件。

3）合理工作时限

委托人应当为咨询人完成其咨询工作，设定合理的工作时限。

4）委托人代表

委托人应授权一名代表负责本合同的履行。委托人应在双方签订本合同7日内，将委托人代表的姓名和权限范围书面告知咨询人。委托人更换委托人代表时，应提前7日书面通知咨询人。

5）答复

委托人应当在专用条件约定的时间内就咨询人以书面形式提交并要求做出答复的事宜给予书面答复。逾期未答复的，由此造成的工作延误和损失由委托人承担。

6）支付

委托人应当按照合同的约定，向咨询人支付酬金。

2．专用条款

1）提供资料

委托人按照附件3约定无偿向咨询人提供与本合同咨询业务有关资料的时间为：

_____。

2）提供工作条件

项目咨询人员使用附件4中由委托人提供的房屋及设备，支付使用费的标准为：

_____。

3）委托人代表

委托人代表为：_____，其权限范围：_____。

4）答复

委托人同意在_____日内，对咨询人书面提交并要求做出决定的事宜给予书面答复。逾期未答复的，视为委托人认可。

18.3.3　咨询人的义务

1．通用条款

1）项目咨询团队及人员

（1）项目咨询团队的主要人员应具有专用条件约定的资格条件，团队人员的数量应符合专用条件的约定。

（2）项目负责人

咨询人应以书面形式授权一名项目负责人负责履行本合同、主持项目咨询团队工作。采用招标程序签署本合同的，项目负责人应当与投标文件载明的一致。

（3）在本合同履行过程中，咨询人员应保持相对稳定，以保证咨询工作正常进行。

咨询人可根据工程进展和工作需要等情形调整项目咨询团队人员。咨询人更换项目负责人时,应提前7日向委托人书面报告,经委托人同意后方可更换。除专用条件另有约定外,咨询人更换项目咨询团队其他咨询人员,应提前3日向委托人书面报告,经委托人同意后以相当资格与能力的人员替换。

(4) 咨询人员有下列情形之一,委托人要求咨询人更换的,咨询人应当更换:

① 存在严重过失行为的;

② 存在违法行为不能履行职责的;

③ 涉嫌犯罪的;

④ 不能胜任岗位职责的;

⑤ 严重违反职业道德的;

⑥ 专用条件约定的其他情形。

2) 咨询人的工作要求

(1) 咨询人应当按照专用条件约定的时间等要求向委托人提供与工程造价咨询业务有关的资料,包括工程造价咨询企业的资质证书和承担本合同业务的团队人员名单及执业(从业)资格证书、咨询工作大纲等,并按合同约定的服务范围和工作内容实施咨询业务。

(2) 咨询人应当在专用条件约定的时间内,按照专用条件约定的份数、组成向委托人提交咨询成果文件。

咨询人提供造价咨询服务以及出具工程造价咨询成果文件应符合现行国家或行业有关规定、标准、规范的要求。委托人要求的工程造价咨询成果文件质量标准高于现行国家或行业标准的,应在专用条件中约定具体的质量标准,并相应增加服务酬金。

(3) 咨询人提交的工程造价咨询成果文件,除加盖咨询人单位公章、工程造价咨询企业执业印章外,还必须按要求加盖参加咨询工作人员的执业(从业)资格印章。

(4) 咨询人应在专用条件约定的时间内,对委托人以书面形式提出的建议或者异议给予书面答复。

(5) 咨询人从事工程造价咨询活动,应当遵循独立、客观、公正和诚实信用的原则,不得损害社会公共利益和他人的合法权益。

(6) 咨询人承诺按照法律规定及合同约定,完成合同范围内的建设工程造价咨询服务,不转包承接的造价咨询服务业务。

3) 咨询人的工作依据

咨询人应在专用条件内与委托人协商明确履行本合同约定的咨询服务需要适用的技术标准、规范、定额等工作依据,但不得违反国家及工程所在地的强制性标准、规范。

咨询人应自行配备本条所述的技术标准、规范、定额等相关资料。必须由委托人提供的资料,应在附件3中载明。需要委托人协助才能获得的资料,委托人应予以协助。

4) 使用委托人房屋及设备的返还

项目咨询人员使用委托人提供的房屋及设备的,咨询人应妥善使用和保管,在本合同终止时将上述房屋及设备按专用条件约定的时间和方式返还委托人。

2. 专用条款

1) 项目咨询团队及人员

(1) 项目咨询团队的主要人员应具有_____资格条件,团队人员的数量为

_____人。

(2) 项目负责人为：_____，项目负责人为履行本合同的权限为：_____。

(3) 咨询人更换项目咨询团队其他咨询人员的约定：_____。

(4) 委托人要求更换咨询人员的情形还包括：_____。

2) 咨询人的工作要求

(1) 咨询人向委托人提供有关资料的时间：_____。咨询人向委托人提供的资料还包括：_____。

(2) 咨询人向委托人提供咨询成果文件的名称、组成、时间、份数及质量标准：_____。详见附件3。

(3) 咨询人应在收到委托人以书面形式提出的建议或者异议后_____日内给予书面答复。

3) 咨询人的工作依据

经双方协商，本合同约定的造价咨询服务适用的技术标准、规范、定额等工作依据为：

_____。

4) 使用委托人房屋及设备的返还

咨询人应在本合同终止后_____日内移交委托人提供的房屋及设备，移交的方式为_____。

18.3.4　违约责任

1. 通用条款

1) 委托人的违约责任

(1) 委托人不履行本合同义务或者履行义务不符合本合同约定的，应承担违约责任。双方可在专用条件中约定违约金的计算及支付方法。

(2) 委托人违反本合同约定造成咨询人损失的，委托人应予以赔偿。双方可在专用条件中约定赔偿金额的确定及支付方法。

(3) 委托人未能按期支付酬金超过14天，应按下列方法计算并支付逾期付款利息。逾期付款利息＝当期应付款总额×中国人民银行发布的同期贷款基准利率×逾期支付天数（自逾期之日起计算）。双方也可在专用条件中另行约定逾期付款利息的计算及支付方法。

2) 咨询人的违约责任

(1) 咨询人不履行本合同义务或者履行义务不符合本合同约定的，应承担违约责任。双方可在专用条件中约定违约金的计算及支付方法。

(2) 因咨询人违反本合同约定给委托人造成损失的，咨询人应当赔偿委托人损失。双方可在专用条件中约定赔偿金额的确定及支付方法。

2. 专用条款

1) 委托人的违约责任

(1) 委托人违约金的计算及支付方法：_____。

(2) 委托人赔偿金额按下列方法确定并支付：_____。

(3) 委托人逾期付款利息按下列方法计算并支付：_____。

2)咨询人的违约责任

(1)咨询人违约金的计算及支付方法：_____。

(2)咨询人赔偿金额按下列方法确定并支付：_____。

18.3.5　支付

1.通用条款

1)支付货币

除专用条件另有约定外,酬金均以人民币支付。涉及外币支付的,所采用的货币种类和汇率等在专用条件中约定。

2)支付申请

咨询人应在本合同约定的每次应付款日期前,向委托人提交支付申请书,支付申请书的提交日期由双方在专用条件中约定。支付申请书应当说明当期应付款总额,并列出当期应支付的款项及其金额。

3)支付酬金

支付酬金包括正常工作酬金、附加工作酬金、合理化建议奖励金额及费用。

4)有异议部分的支付

委托人对咨询人提交的支付申请书有异议时,应当在收到咨询人提交的支付申请书后7日内,以书面形式向咨询人发出异议通知。无异议部分的款项应按期支付,有异议部分的款项按〔争议解决〕约定办理。

2.专用条款

1)支付货币

币种为：_____,汇率为：_____,其他约定：_____。

2)支付申请

咨询人应在本合同约定的每次应付款日期_____日前,向委托人提交支付申请书。

3)支付酬金

正常工作酬金的支付：

支付次数	支付时间	支付比例	支付金额(万元)

18.3.6　合同变更、解除与终止

1.通用条款

1)合同变更

(1)任何一方以书面形式提出变更请求时,双方经协商一致后可进行变更。

(2)除不可抗力外,因非咨询人原因导致咨询人履行合同期限延长、内容增加时,咨询人应当将此情况与可能产生的影响及时通知委托人。增加的工作时间或工作内容应视为附加工作。附加工作酬金的确定方法由双方根据委托的服务范围及工作内容在专用条件中约定。

(3)合同履行过程中,遇有与工程相关的法律法规、强制性标准颁布或修订的,双方应遵

照执行。非强制性标准、规范、定额等发生变化的,双方协商确定执行依据。由此引起造价咨询的服务范围及内容、服务期限、酬金变化的,双方应通过协商确定。

(4) 因工程规模、服务范围及工作内容的变化等导致咨询人的工作量增减时,服务酬金应作相应调整,调整方法由双方在专用条件中约定。

2) 合同解除

(1) 委托人与咨询人协商一致,可以解除合同。

(2) 有下列情形之一的,合同当事人一方或双方可以解除合同:

① 咨询人将本合同约定的工程造价咨询服务工作全部或部分转包给他人,委托人可以解除合同;

② 咨询人提供的造价咨询服务不符合合同约定的要求,经委托人催告仍不能达到合同约定要求的,委托人可以解除合同;

③ 委托人未按合同约定支付服务酬金,经咨询人催告后,在 28 天内仍未支付的,咨询人可以解除合同;

④ 因不可抗力致使合同无法履行;

⑤ 因一方违约致使合同无法实际履行或实际履行已无必要。

除上述情形外,双方可以根据委托的服务范围及工作内容,在专用条件中约定解除合同的其他条件。

(3) 任何一方提出解除合同的,应提前 30 天书面通知对方。

(4) 合同解除后,委托人应按照合同约定向咨询人支付已完成部分的咨询服务酬金。

因不可抗力导致的合同解除,其损失的分担按照合理分担的原则由合同当事人在专用条件中自行约定。除不可抗力外因非咨询人原因导致的合同解除,其损失由委托人承担。因咨询人自身原因导致的合同解除,按照违约责任处理。

(5) 本合同解除后,本合同约定的有关结算、争议解决方式的条款仍然有效。

3) 合同终止

除合同解除外,以下条件全部满足时,本合同终止:

(1) 咨询人完成本合同约定的全部工作;

(2) 委托人与咨询人结清并支付酬金;

(3) 咨询人将委托人提供的资料交还。

2. 专用条款

1) 合同变更

(1) 除不可抗力外,因非咨询人原因导致本合同履行期限延长、内容增加时,附加工作酬金按下列方法确定:_____。

(2) 因工程规模、服务范围及内容的变化等导致咨询人的工作量增减时,服务酬金的调整方法:_____。

2) 合同解除

(1) 双方约定解除合同的条件还包括:_____。

(2) 因不可抗力导致的合同解除,双方约定损失的分担如下:_____。

18.3.7 争议解决

1. 通用条款

1) 协商

双方应本着诚实信用的原则协商解决本合同履行过程中发生的争议。

2) 调解

如果双方不能在 14 日内或双方商定的其他时间内解决本合同争议,可以将其提交给专用条件约定的或事后达成协议的调解人进行调解。

3) 仲裁或诉讼

双方均有权不经调解直接向专用条件约定的仲裁机构申请仲裁或向有管辖权的人民法院提起诉讼。

2. 专用条款

1) 调解

如果双方不能在_____日内解决本合同争议,可以将其提交 _____进行调解。

2) 仲裁或诉讼

合同争议的最终解决方式为下列第_____种方式:

(1) 提请_____仲裁委员会进行仲裁。

(2) 向_____人民法院提起诉讼。

18.3.8 其他

1. 通用条款

1) 考察及相关费用

除专用条件另有约定外,咨询人经委托人同意进行考察发生的费用由委托人审核后另行支付。差旅费及相关费用的承担由双方在专用条件中约定。

2) 奖励

对于咨询人在服务过程中提出合理化建议,使委托人获得效益的,双方在专用条件中约定奖励金额的确定方法。奖励金额在合理化建议被采纳后,与最近一期的正常工作酬金同期支付。

3) 保密

在本合同履行期间或专用条件约定的期限内,双方不得泄露对方申明的保密资料,亦不得泄露与实施工程有关的第三人所提供的保密资料。保密事项在专用条件中约定。

4) 联络

(1) 与合同有关的通知、指示、要求及决定等,均应采用书面形式,并应在专用条件约定的期限内送达接收人和送达地点。

(2) 委托人和咨询人应在专用条件中约定各自的送达接收人、送达地点、电子邮箱。任何一方指定的接收人或送达地点或电子邮箱发生变动的,应提前 3 天以书面形式通知对方,否则视为未发生变动。

(3) 委托人和咨询人应当及时签收另一方送达至送达地点和指定接收人的往来函件,如确有充分证据证明一方无正当理由拒不签收的,视为认可往来函件的内容。

5) 知识产权

除专用条件另有约定外,委托人提供给咨询人的图纸、委托人为实施工程自行编制或委托编制的技术规范以及反映委托人要求的或其他类似性质文件的著作权属于委托人,咨询人可以为实现本合同目的而复制或者以其他方式使用此类文件,但不能用于与本合同无关的其他事项。未经委托人书面同意,咨询人不得为了本合同以外的目的而复制或者以其他方式使用上述文件或将之提供给任何第三方。

除专用条件另有约定外,咨询人为履行本合同约定而编制的成果文件,其著作权属于咨询人。委托人可以为实现合同目的而复制、使用此类文件,但不能擅自修改或用于与本合同无关的其他事项。未经咨询人书面同意,委托人不得为了本合同以外的目的而复制或者以其他方式使用上述文件或将之提供给任何第三方。

双方保证在履行本合同过程中不侵犯对方及第三方的知识产权。因咨询人侵犯他人知识产权所引起的责任,由咨询人承担;因委托人提供的基础资料导致侵权的,由委托人承担责任。

除专用条件另有约定外,双方均有权在履行本合同保密义务并且不损害对方利益的情况下,将履行本合同形成的有关成果文件用于企业宣传、申报奖项以及接受上级主管部门的检查。

2. 专用条款

1）考察及相关费用

咨询人经委托人同意进行考察发生的费用由_____支付。

差旅费及相关费用的支付：_____。

2）奖励

合理化建议的奖励金额按下列方法确定：_____。

3）保密

委托人申明的保密事项和期限：_____。

咨询人申明的保密事项和期限：_____。

第三人申明的保密事项和期限：_____。

4）联络

（1）任何一方与合同有关的通知、指示、要求及决定等,均应在_____日内送达对方指定的接收人和送达地点。

（2）委托人指定的送达接收人：_____,送达地点：_____,电子邮箱：_____。

咨询人指定的送达接收人：_____,送达地点：_____,电子邮箱：_____。

5）知识产权

委托人提供给咨询人的图纸、委托人为实施工程自行编制或委托编制的技术规范以及反映委托人要求的或其他类似性质文件的著作权属于_____。

咨询人为履行本合同约定而编制的成果文件,其著作权属于_____。

双方将履行本合同形成的有关成果文件用于企业宣传、申报奖项以及接受上级主管部门的检查须遵守以下约定：_____。

18.3.9 补充条款

_____

_____。

18.4 附件

附件 1:服务范围及工作内容、酬金一览表

服务范围及工作内容、酬金一览表

服务阶段	服务范围及工作内容		酬金			备注
	服务范围	工作内容	收费基数	收费标准（比例）	酬金数额（单位:万元）	
决策阶段	投资估算	□编制□审核□调整				
	经济评价	□编制□审核□调整				
	其他:					
设计阶段	设计概算	□编制□审核□调整				
	施工图预算	□编制□审核□调整				
	其他:					
发承包阶段	工程量清单	□编制□审核□调整				
	最高投标限价	□编制□审核□调整				
	投标报价分析	□编制□审核□调整				
	清标报告	□编制□审核□调整				
	其他:					
实施阶段	资金使用计划	□编制				
	工程计量与工程款审核	□编制□审核□调整				
	合同价款调整	□编制□审核□调整				
	工程变更、索赔、签证	□审核				
	工程实施阶段造价控制					
	其他:					
竣工阶段	竣工结算	□编制□审核□调整				
	竣工决算	□编制□审核□调整				
	其他:					
其他服务	工程造价鉴定					

注:1. 附件 1 中服务范围及工作内容未涉及的可在"其他"项中列明。

2. 实行全过程造价咨询的工程,服务范围及工作内容按上表,酬金及计取方式为:_____。

附件2:咨询人提交成果文件一览表

咨询人提交成果文件一览表

服务阶段	成果文件名称	成果文件组成	提交时间	份数	质量标准
决策阶段					
设计阶段					
发承包阶段					
实施阶段					
竣工阶段					
其他服务					

附件3:委托人提供资料一览表

委托人提供资料一览表

名称	份数	提供时间	备注

附件 4:委托人提供房屋及设备一览表

委托人提供房屋及设备一览表

名称	数量	面积、型号及规格	提供时间

19　工程咨询服务合同

工程咨询服务合同是工程合同的一个重要组成部分,工程咨询服务代表了一个国家工程管理的水平。世界工程咨询业已有上百年的历史,我国工程咨询业是改革开放以来,在原有工程设计、建设管理以及高等院校队伍基础上发展起来的,承担着为各级投资决策部门和各类建设项目提供战略规划、项目决策、工程设计以及项目实施管理等投资建设全过程的咨询服务。尽管我国工程咨询业起步较晚,但近年来发展较快。工程咨询合同对工程咨询业的发展起着重要的作用,本章简要介绍工程咨询合同的一些基本概念、合同原则和内容。

19.1　工程咨询服务的分类及内容

19.1.1　工程咨询服务的分类

咨询(consultant)的含义在朗文字典的解释:Someone who has a lot of experience and whose job it is to give advice and training in a particular area,是顾问的意思。工程咨询服务是在工程的前期或实施过程中咨询者包括咨询专家或咨询机构付出智力劳动获取回报的过程,咨询者以自己丰富的专业知识、技能和经验为委托者提供咨询意见、培训人员或进行其他创造性劳动。工程咨询服务是一种知识性商品,实行有偿服务。在国际上,工程咨询服务实行竞争选聘机制,使人们有机会比较不同的技术建议和咨询方案,以选择恰当的技术和服务。工程咨询服务的有偿性,意味着这种知识性商品交易需要有规范和法律的保障,需要实行合同管理。提供咨询服务既包括咨询公司提供的咨询服务,也包括咨询专家个人提供的咨询服务。

工程咨询服务的范围广泛,涵盖项目管理、工程服务、施工监理等。一般按照项目的阶段、职责、技术、地点和管理而确定的模式来分类。按时间顺序分为六个阶段,如投资前、可行性研究、规划和设计、采购、实施和运行等阶段的各类咨询。按职责分类为任务和建议两类,在任务职责中,工程咨询单位负责对所承担的任务及所需的服务进行管理;在建议职责中,委托者是否接受任何最终提出的建议,是委托者的特权和职责。培训是咨询服务的一种。按内容分类,如编织项目建议书、规划与策划、编制项目可行性研究报告、评估、工程勘察设计、合同管理或招标代理、工程监理、项目管理及造价咨询等。

国际上主要咨询合同文本有国际咨询工程师联合会(FIDIC)编制的《客户/咨询工程师(单位)协议书范本》、世界银行的《世界银行借款人选择和聘用咨询顾问指南》以及世界银行《标准建议书征询文件(SRFP)》。国内有住房和建设部及国家工商管理总局制定的示范合同文本,如:《建设工程勘察合同》、《建设工程设计合同》、《建设工程委托监理合同》、《建设工程造价咨询合同》以及中国工程咨询协会编制的《工程咨询服务协议书》等。

19.1.2　工程咨询服务的内容

我国对工程咨询服务的管理隶属于不同的政府职能部门。工程咨询服务的内容包括:项目前期策划与战略规划咨询、编制项目建议书、编制项目可行性研究报告、评估咨询、工程勘察设计、工程招标咨询、合同管理或工程监理、投产后咨询及工程项目管理等。

1）项目前期策划与战略规划咨询

（1）规划研究对象的现状、特点、比较优势、外部环境变化和影响的分析；

（2）发展规划思路，应采取的政策和措施建议；

（3）实现结构调整的方向和目标，新的经济增长点的选择，以及应采取的步骤建议；

（4）对生态环境的污染、破坏和对生产要素的消耗等影响的分析，实现可持续发展的对策研究；

（5）投资筹措的方向和途径，以及可行的融资方案的设想；

（6）发展目标的设想和发展速度预测；

（7）综合咨询建议。

2）编制项目建议书

（1）拟建项目的依据背景，社会和市场的现状和前景的调查分析；

（2）拟建项目的必要性和可行性论证；

（3）建设条件包括厂址或建设地点的选择；

（4）产品方案及项目规模，项目的定义和目标；

（5）对选定的资源及可利用性的分析；

（6）鉴别项目对当地环境及生态产生的影响；

（7）投资估算及投资资金组成，资金来源及筹措方案，财务分析和国民经济评价；

（8）项目的风险分析及方案；

（9）项目建设时间以及进度安排。

3）编制项目可行性研究报告

（1）项目总论，包括项目提出的背景，建设的必要性和经济意义，以及编制可行性研究报告所依据的政策原则和指导思想；

（2）市场需求预测和拟建规模；

（3）资源、原材料、燃料及公用设施情况；

（4）建厂条件和厂址方案；

（5）工艺技术方案和设计方案；

（6）环境保护；

（7）企业组织、管理体制、机构定员及人员培训等；

（8）投资估算和资金筹措；

（9）项目实施计划和进度要求；

（10）项目的财务评价。

4）评估咨询

（1）对项目建议书进行评估，写出评估报告；

（2）对项目建议书或可行性研究报告中的专项进行评估，如选址方案、投资估算等，提出专项评估报告；

（3）对项目进行后评估；

（4）对项目竣工投产后进行单项后评估，提出单项后评估报告。

5）工程勘察设计

（1）为编制项目建议书或可研报告的需要，进行工程勘察，提出勘察报告；

（2）完成项目初步设计或施工图设计；

（3）工程勘察设计附加服务。

6）工程招标咨询

（1）编制工程项目招标资格预审文件；

（2）对资格预审资料分析和投标人选择提出咨询建议；

（3）编制工程项目招标文件；

（4）招标咨询附加服务。

7）合同管理或工程监理

（1）合同管理或工程监理正常服务；

（2）合同管理或工程监理附加服务。

8）投产后咨询

（1）投产后咨询正常服务，包括提供运行、维护和培训顾问服务，提供运行管理承包服务、提供项目业主与运行承包公司签订的承包合同的合同管理咨询服务等；

（2）投产后咨询附加服务。

9）工程项目管理或代建制服务

（1）项目管理服务总体策划；

（2）项目管理组织架构；

（3）工程设计管理；

（4）项目采购管理；

（5）工程施工管理；

（6）项目质量管理；

（7）项目进度管理；

（8）项目资源管理；

（9）项目费用管理；

（10）项目索赔管理；

（11）项目安全、职业健康与环境保护管理；

（12）项目试运行管理；

（13）项目沟通与信息管理；

（14）项目合同管理；

（15）项目的风险管理。

19.2　工程咨询服务的选聘

19.2.1　选聘特点

工程咨询服务的选聘与土建工程、货物采购的招标两者有相同之处，两者都采用竞争性评选，但选聘与招标有一系列不同，主要不同的方面有：

（1）委托者在邀请咨询服务之初提出的任务范围不是已确定的合同条件，只是合同谈判的一项内容，咨询者可以而且往往会提出改进建议。土建与货物采购招标时提出的采购内容则是正式的合同条件，招投标双方均无权更改，只能在必要时按规定予以澄清。

（2）委托者可列出咨询者的短名单，所谓咨询者的短名单是指三至六家咨询公司，并且只向短名单内的咨询者直接发邀请,招标则大多要求通过公开广告直接招标。

(3) 咨询者的选聘应当以技术方面的评审为主,选择最佳的咨询者不应以价格最低为主要标准;招标则是以技术上达到标准为前提,必须将合同授予投标价最低的竞争者。

(4) 咨询者可以对委托者的任务大纲提出修改意见,而参加竞争性招标的投标书,必须以招标书规定的采购内容和技术要求为标准,达不到标准的即为废标。

19.2.2 选聘程序

世界银行选聘咨询服务的方法主要有六种,包括以质量和费用为基础的选择、以质量为基础的选择、预算固定时的选择、最低费用选择、以咨询者资格为基础的选择和单一选择。

基于质量和费用的选择,选择过程包括以下步骤:

(1) 准备任务大纲(TOR);

(2) 准备费用估算及预算;

(3) 刊登广告;

(4) 准备咨询者短名单;

(5) 准备并发出建议书征询文件;

(6) 接收建议书;

(7) 评审技术建议书:考虑质量;

(8) 评审财务建议书;

(9) 最终评审质量和价格;

(10) 谈判并对选定的咨询者授予合同。

委托者负责准备咨询任务的任务大纲,任务大纲应由咨询任务领域的专业人员或公司来准备。任务大纲应明确规定工作任务的目的、目标及范围,以便于咨询者准备其建议书。但是,任务大纲不应过于详尽和缺乏灵活性,这样相互竞争的咨询者才可能提出其自己的工作方法和人员配备。应鼓励咨询者在其建议书中对任务大纲提出意见。委托者和咨询者各自的职责应在任务大纲中明确界定。

费用估算应以委托者对完成这项工作所需资源的估价为依据,即:工时,后勤保障,以及物质投入(如车辆,实验室设备等)。费用应分为两大类:①服务费或报酬;②可报销费用。

委托者准备咨询者短名单,短名单中列入咨询者一般为三至六家,从而确定竞争性选聘的范围。确定短名单的方法可从对广告作出反应的咨询者中挑选,也可从相关咨询者数据信息库中选择。

建议书征询文件包括邀请信、咨询者须知、任务大纲以及合同草案。邀请信应说明委托者希望就咨询服务达成协议的意愿、资金来源、委托者的详细情况以及提交建议书的日期、时间和地点。咨询者须知应包含有助于咨询者准备响应性建议书的所必要的全部信息,并尽可能地使评审程序透明,包括提供评审过程方面的信息、说明评审标准、因素及其各自的权重以及最低的质量合格分数线。

委托者应给予咨询者足够的时间来准备其建议书,给予的时间视任务情况而定,但一般不应少于4周或超过3个月。在此期间,咨询者可要求对建议书邀请函中提供的情况予以澄清。委托者应书面提供这些澄清,并抄送所有列入短名单的公司。

评审建议书应分两个阶段进行:首先是质量,然后才是费用。在技术评审结束之前不得接触财务建议书,财务建议书只能在其后开启。质量评审的标准主要有:①咨询者与该工作任务相关的经验;②所建议的工作方法的质量;③所建议的主要人员的资历。

委托者应以对任务大纲的响应性为基础,对各建议书进行评审。如果某份建议书没有对任务大纲中的重要方面作出响应,或未能达到建议书邀请函中规定的最低技术分,则应被认为是不合适的,并在这一阶段被拒绝。

在质量评审完成以后,委托者应通知那些达到最低合格分值的咨询者,并指明开启财务建议书的日期和时间。财务建议书应在选择参加的咨询者派代表到场的情况下公开开启。在开启财务建议书时,应大声宣读咨询者的名称、质量分数以及提出的报价,并作记录。应将质量和费用得分加权后相加得到总分。应在考虑任务的复杂性和质量的相对重要性的情况下选定"费用"的权重。在以质量和费用为基础的选择方法中,费用的比重一般应限定在10到20分,一般不应超过30分。对质量和费用拟定的比重应在建议书邀请函中规定。应邀请获得最高总分的公司进行谈判,谈判应包括对任务大纲、工作方法、人员配备、委托者的投入以及合同特殊条款的讨论。最终的任务大纲和双方同意的工作方法应写入"服务说明",该说明应作为合同的组成部分。若谈判成功,则双方正式签署咨询服务协议,进入咨询服务的实施阶段。

基于质量的选择方法适用于复杂的或专业性很强的咨询任务,很难确定精确的任务大纲和需要的咨询服务的投入,而委托者又希望咨询者能够提出创新性的建议。固定预算下的选择方法适用于简单的咨询任务,而且能够准确地界定,同时预算也是固定的。最低费用的选择方法适用于为标准的或常规性质的咨询服务,而这类任务一般都有公认的惯例和标准,而且涉及的合同金额不大。基于咨询者资历的选择方法可用于小型的咨询任务,不宜为此准备和评审有竞争的建议书,要求被选定的公司提交一份合并的技术—财务建议书,然后邀请其谈判合同。单一来源选择方法将不能得到质量和费用方面的竞争所带来的优势,该方法适用于该项工作是公司以前承担工作的自然连续、在紧急情况下、非常小的咨询任务以及只有一家公司是合格的或具有特殊价值的经验。

个体咨询者的选择。通常在以下类型的任务中雇用个体咨询者:①不需要一组或几组咨询人员;②不需要外部(公司总部)额外的专业支持;③个人的经验和资历是首当其冲的要求。由于个体咨询者的数量而使得对其协调、管理和形成集体责任变得比较困难时,雇用一个公司将更为可取。应基于个体咨询者针对任务的资格来对其进行选择。可根据推荐,或通过对任务表示有兴趣的咨询者的资格进行比较,或由委托者直接联系来作出选择。委托者雇用的个体咨询者应达到所有相关资格标准并且完全有能力完成任务。对能力的判断应基于其学术背景、经验和对当地条件的了解,如当地语言、文化、管理体制以及政府组织等。咨询公司的永久雇员或其非正式成员随时有可能作为个体咨询者承担任务。

19.3 工程咨询合同文件组成和类型

19.3.1 工程咨询合同文件的组成

标准的工程咨询合同文件一般由工程咨询服务协议书、通用条件、专用条件和附录构成。

协议书简明扼要,包括合同的主体、词语和措词的规定、协议书的组成部分、合同当事人的权利和义务、法人代表或授权代表签字盖章、地址、日期。

通用条件的内容包括:定义及解释;工程咨询单位的义务;委托者的义务;双方代表和职员;责任与赔偿;工程咨询单位的保险;协议书的开始、完成、变更与终止;支付;争端的解决;一般规定;可能附加的内容。

专用条件为当事人提供了编制具体合同时应包括的内容的指南,具体内容由当事人根据工程项目具体情况,针对通用条件的内容进行补充或修正,达到相同序号的通用条件和专用条件共同组成对某一方面问题内容完备的约定。

附录主要包括:服务范围;报告要求;报酬和支付;委托者提供的人员、设备、设施和其他服务;咨询者关键人员和分包咨询者;咨询者人员健康证明。

19.3.2 工程咨询合同类型

1)总价合同

总价合同主要用于那些服务的内容和期限以及要求咨询者提交的产品得到明确规定的任务,这类合同被广泛应用于简单的规划和可行性研究、环境研究、标准或普通建筑物的详细设计和数据处理系统的制备等。付款与成果相联系,如报告、图表、工程量清单、招标文件及软件程序等。总价合同容易管理,因为只有在提交了明确规定的成果后才付款。

2)以时间为基础的合同

这类合同适用于难以确定服务范围和时间长度的服务,或是因为咨询服务达到任务目的所需的投入难以估计。这类合同广泛使用于复杂的研究、施工监理、顾问性服务以及绝大多数的培训任务。付款是基于双方同意的人员按小时、日、周或月计算的费率,以及使用实际支出和或双方同意的单价计算的可报销项目费用。

3)百分比合同

百分比合同将付给咨询者的费用与估算的或实际的项目建设成本,或所采购或检验的货物的成本直接挂钩。对这类合同应以服务的市场标准或估算的人月费用为基础进行谈判,或寻求竞争性报价。

4)不定期服务合同

在委托者需要"随叫随到"专业服务以对某一特定活动提出意见,而提意见的程度和时间在事前无法确定的情况下,可使用这类合同。这类合同通常用于为复杂项目的实施保持一批"顾问",为争端解决小组保持专家调解员、为机构改革、采购建议及技术攻关保持一批专家等,合同期限通常为1年或更长的时间。委托者和咨询公司就对专家付款的费率单价达成协议,并且按实际工作时间付款。

19.4 工程咨询服务协议书文本

中国工程咨询协会编制的工程咨询服务协议书文本包括:工程咨询服务协议书、工程咨询服务协议书通用条件、工程咨询服务协议书专用条件及附录等组成。

工程咨询服务协议书包括委托者与工程咨询单位名称、协议书文件组成、双方的承诺、合同份数及双方签字。

工程咨询服务协议书通用条件包括:

1)词语解释

分别对"项目""服务""正常服务""附加服务""额外服务""工程""委托者""工程咨询单位""第三方""协议书""合同""日""月"十三个词下了定义。

2)工程咨询单位的义务

工程咨询单位的义务包括服务范围、认真尽责和行使职权、使用由委托人提供的财产规定。

工程咨询单位应提供的服务范围在附录 A 中规定,服务包括正常服务、附加服务和额外服务。哪些是正常服务,哪些是附加服务,随项目而不同,应在委托人的委托服务范围中规定或在协议书附录 A 中规定。额外服务是指不属于正常服务和附加服务,但根据协议书的规定,工程咨询单位必循履行的服务。

工程咨询单位在履行协议书规定的义务时,要符合国家的法律、法规和政策,为委托者的利益应用合理的技能,谨慎而勤奋地工作。根据委托者与第三方签订的合同的授权或要求行使权利或履行职责时,工程咨询单位应:①根据合同进行工作。合同中上述权利和职责的详细规定,应在协议书附录中加以说明。②在委托者和第三方之间提供证明、行使决定权或处理权时,不是作为仲裁人,而是作为独立的专业人员,依据自己的专业技能和判断,公正地进行工作。③在变更任何第三方的义务时,对于可能对费用或质量或时间有重大影响的任何变更,须事先得到委托者的批准(发生紧急情况除外,但事后工程咨询单位应尽快通知委托者)。

工程咨询单位使用的由委托者提供或支付费用的物品,属于委托者的财产。当服务完成或终止时,工程咨询单位应将尚未消费的物品库存清单提交给委托者,并按委托者的指示移交此类物品。此项工作应视为附加服务。

3)委托者的主要义务

委托者应在不耽误服务的合理时间内,免费向工程咨询单位提供他所获取的、与服务有关的一切资料。委托者应在双方商定的合理的时间内,就工程咨询单位以书面形式提交给委托者的一切事宜,作出书面决定和答复。委托者应负责咨询服务所涉及的所有外部关系的协调,为工程咨询单位履行职责提供外部条件。提供与其他组织相联系的渠道,以便工程咨询单位收集需要的信息。对于国外咨询项目,委托者应尽其所能对工程咨询单位的人员以及下属提供如下协助:①提供入境、居留、工作和出境所需的文件;②提供服务所需要的畅通无阻的渠道;③个人财产和服务所需物品的进口、出口,以及海关结关;④发生意外事件时的遣返;⑤允许工程咨询单位及其人员为服务目的和个人使用,将外币汇入项目所在国或工作所在地,以及将履行服务中所赚外币汇出项目所在国或工作所在地的手续;⑥工程咨询单位为委托者项目出境考察时,除制装费外,其他一切费用应由委托者负担。

为了服务的需要,委托者应免费向工程咨询单位提供附录 B 所规定的设备和设施。

在与工程咨询单位协商后,委托者应自费从其雇员中为工程咨询单位挑选和提供职员,以及提供其他人员的服务。委托者提供的职员应接受工程咨询单位的指示,工程咨询单位应于委托者提供的人员合作,但不对此类人员或他们的行为负责。

4)双方代表和职员

工程咨询单位和委托者,互相派遣的工作人员,要能胜任工作,并互相取得对方认可。如果委托者未能按规定提供职员及其他人员的服务,工程咨询单位可自行安排,并作为附加服务。

每一方应指定一位高级职员作为本方代表。如果需要更换任何人员,双方同意后,由任命一方负责安排同等能力人员代替,同时承担更换费用。如果另一方提出更换,应提出书面要求,并须阐述更换理由,如提出的理由不能成立,则提出要求的一方要承担更换费用。

5)责任与赔偿

如果工程咨询单位违反了认真尽责和行使职权的规定,委托者提出索赔,则工程咨询单位应对由于其违约引起的或与之有关的事宜负责,并向委托者赔偿。

如果确认委托者违反了对工程咨询单位应尽义务,工程咨询单位提出索赔,则委托者应负责向工程咨询单位赔偿。

任何一方对另一方的赔偿,仅限于因违约所造成的可以合理预见的损失或损害数额,而不牵连其他方面。

任何一方向另一方支付的赔偿的最大数额不能超过专用条件中规定的最高赔偿数额。如果可能要支付的赔偿总额超过应支付的最大数额,则任何一方均应同意放弃对另一方超过部分的索赔。

一方提出索赔要求不能成立时,要完全补偿对方因该索赔要求所导致的各种费用支出。

如果认为任何一方与第三方应共同对另一方负责赔偿,负责赔偿的任何一方所支付的赔偿额,应限于由于其违约所应负责的那一部分比例。

双方必须在专用条件中规定的时间或法律规定的更早时间之前正式提出索赔,在规定时间之外提出索赔无效。

除因工程咨询单位故意违约或缺乏谨慎而渎职引起的索赔外,委托者应保障工程咨询单位免收因委托者、第三方提出的其没有保险的或责任其中之后提出的索赔造成的影响。

工程咨询单位及其任何职员,在根据协议履行义务中的行为或失职只向委托者负责,不应以任何方式向第三方负责。

6)工程咨询单位的保险

在保险监督管理委员会规定的范围内,委托者可要求工程咨询单位进行以下保险:①对工程咨询单位的责任进行保险;②对公共或第三方的责任进行保险;③对委托者提供的财产进行保险。上述各项保险的费用应由委托者负担。

7)协议书的开始、完成、变更与终止

协议书从双方正式签字之日起生效。服务必须在专用条件规定的时间或期限内开始和完成,但根据双方协议延期的例外。

当委托者或工程咨询单位一方提出要求,对方书面同意时,可对协议书进行变更,另签补充协议书。如委托者书面要求,工程咨询单位应提交变更服务的协议书,并视为一项附加服务。

如果委托者或其承包商使服务受到拖延,工程咨询单位应将此情况和可能产生的影响通知委托者,对导致增加的工作应视为附加服务,完成服务时间应相应延长。

如果出现非工程咨询单位应负责的情况,造成全部或部分服务不能按时履行时,工程咨询单位应立即通知委托者。如由此使某些服务不得不已减慢或暂停时,该部分服务完成期限应予延长。对于暂停服务的还应加42天以内的恢复服务期限。

委托者至少在56天前通知工程咨询单位全部或部分暂停服务或终止协议书。工程咨询单位应立即安排停止服务,将开支减至最小。

如果委托者认为工程咨询单位无正当理由而不履行其义务时,可通知工程咨询单位要求按期履行服务。如21天内没有收到满意的答复,委托者可在第一个通知发出35天内进一步发出书面通知终止本协议。

工程咨询单位在支付通知单应支付的日期后30天,仍未收到委托者未提出书面异议的款项时,可向委托者发出通知要求支付,14天后可发出进一步通知,再过42天后,可终止本协议,或在不损害其终止权利情况下,自行暂停或继续暂停全部或部分服务。

当非工程咨询单位的原因暂停或恢复服务时,除正常和附加服务以外,工程咨询单位需作的任何工作或支出的费用应被视为额外服务,并有权得到所需的额外时间和费用。

协议终止,不应损害和影响各方的权利、责任和索赔。

8)支付

工程咨询单位的酬金包括正常服务、附加服务和额外服务的报酬,按照协议书条件和附录C约定的方法计取,并按约定的时间和数额支付。

根据不同的咨询内容,工程咨询单位报酬采用不同的计算办法。项目建议书、可行性研究报告的编制和评估咨询,宜采用按建设项目估算投资分档收费标准或按工程咨询单位员工日费用标准计算酬金;工程设计、工程监理、工程项目管理宜按照工程概算投资费率标准计算酬金;工程勘察宜按照勘察工作量费率计算酬金;没有收费标准,按照双方协议酬金总额付费。

除工程咨询单位的酬金外,委托者应补偿工程咨询单位发生的合理开支,并按实结算。如果委托者在协议书专用条件中规定的支付期限内未支付服务报酬,自规定支付之日起,应当向工程咨询单位补偿应支付的报酬利息。利息额按规定支付期限最后一日银行贷款利率乘以拖欠酬金时间计算。该利息补偿不影响工程咨询单位的权利。

如果委托者对工程咨询单位提交的支付通知单中的报酬或部分报酬项目提出异议,应当在收到支付通知单24小时内向工程咨询单位发出异议的通知,但委托者不得拖延其他无异议报酬项目的支付。履约期间的报酬,按月或按阶段支付,不管哪个月或阶段发生的附加服务或额外服务,都要随着该月或阶段的服务酬金一并支付。

在协议书暂停、终止或撤销的情况下,工程咨询单位有权得到已完成的服务的付款。

9)争端的解决

双方应本着诚信原则协商解决因履行本协议书引起的任何争端或分歧。如在14天或双方商定的其他期间内,未能达成一致,应将争端事项提交调解人进行调解。调解人由双方协商聘请,或双方同意的其他授权机构申请选派一名调解员。

双方应在聘请调解员14天或双方商定的其他期间内,联合与调解员共同商定交流有关资料的计划和将采取的协商步骤。协商应在保密情况下进行。如双方接受调解员的最终建议就解决争端达成一致意见,应写成书面协议,经双方代表签字后,约束双方遵照执行。

如双方在约定期间未达成一致协议,任一方可请调解员提供一份给双方的无约束力的书面意见。除经双方书面同意,调解员的上述意见不能作为随后任何诉讼程序中的证据。调解中,各方作证等支出自行承担,其他费用双方均摊,或按调解员决定分摊。

如双方在聘请调解员28天或双方商定的其他期间内未能达成协议,可将争端事项提交仲裁。如调解失败经双方同意,调解员可将双方已协商一致的事项写出记录。争端的其余事项可提交给仲裁员。除调解员将双方一致事项的记录可交给仲裁员外,在聘请仲裁员后,调解员的任务将终止,不再作为仲裁中的证人,也不再提供调解中得出的其他证据。仲裁按照专用条件中的规定进行。双方同意仲裁为终局,同意裁决结果,放弃以任何形式的上诉权利。

10)其他

因国家法律法规变化,引起服务费用和服务持续期的改变,要签订补充协议,调整和修正协议文本,调整商定的报酬和完成时间。

没有对方的同意,委托者或工程咨询单位均不得转让协议书规定的义务。工程咨询单位对编制的所有文件拥有版权。委托者仅有权为协议书中的工程和其预定的目的使用或复制此类文件。

19.5　工程咨询合同管理

委托者在选择、聘请咨询者与实施咨询合同时要求咨询者遵守最高的道德标准,拒绝把咨询合同授予在竞争合同的过程中有腐败或欺诈行为的咨询者。若咨询者被发现在竞争或合同实施的过程中有腐败或欺诈行为,将立即取消该合同。委托者要求咨询者提供专业的客观的和公正的意见和建议,在全部时间内保持委托者的利益至上而不考虑自己下一步能否从委托者处获得新的任务,严格避免与其他任务和与自己公司的利益发生冲突。咨询者不应该被雇用于与咨询者过去和现在对委托者其他的义务有冲突的任何任务,或者置身于不能以咨询者的最大利益执行本任务的位置。

1) 合同签订前的管理

为此委托者在咨询者须知文件过程中务必使咨询者明了编制技术建议书和财务建议书注意事项,使技术建议书能够反映咨询者技术的全貌及建议的水平,反映投入咨询任务的人员的薪资及其他费用和成本。

技术建议书应包括:

咨询者公司组织机构的简短说明和公司最近与本咨询任务类似的主要经验的简短介绍。对于每一咨询任务,均应列明所提供的人员的姓名和概况、咨询任务延续的时间、合同金额和本公司参与的情况。

对任务大纲和委托者提供的数据、服务一览表和设施的评论和建议。

说明咨询者建议实施本咨询服务的方法和工作计划。

按专业分列的建议的咨询组人员表,每个咨询组成员的任务和时间。

由建议的专业人员本人和提交建议书的代表签署的最近的人员简历,主要信息应该包括在本公司工作的年数和在最近 10 年中承担各项任务的责任程度。

估计承担咨询任务的全部人员(主要人员和支持人员,所需的时间),用横道图表示咨询组主要人员的时间。

如果委托者规定培训是咨询任务的一个主要成分,咨询者应详细说明建议的培训方法、人员配备和监控。

财务建议书应列出与咨询任务有关的全部费用,包括人员报酬、可报销费用,如补贴、交通费(国际交通和当地交通,进点调迁和撤回)、服务费和设备(车辆、办公设备、家具和消耗品)费、办公室房租、保险、文件打印、培训以及各种税、手续费、附加费和其他杂费。

2) 合同签订后的管理

咨询合同一旦签订,双方应互相尊重对方在合同项下的权力并采取各种合理的措施保证实现合同的目标。双方应认识到合同中规定可能发生的全部不可预见的事件是不实际的。合同应在双方之间公平地实施,不伤害各方的利益。如果在合同实施期间一方认为合同实施不公平,双方应尽最大努力达成协议采取必要行动除去不公平的因素。

3) 咨询者对委托者的责任的限制

除了由于咨询者或代表咨询者履行服务的任何公司或个人的忽略或有意的误导而对委托者造成的损害的情况以外,咨询者不应对委托者承担以下责任:

任何间接或后续的损失和损害。

任何直接的损失或损害,除了咨询者在合同项下得到或将要得到的对职业服务和可报销开支的全部支付,或咨询者在对其责任投保后可能从保险中得到的赔偿费。

4)双方的仲裁

双方可选择由独任仲裁员或三名仲裁员组成的仲裁小组仲裁。独任仲裁员双方可协商或向国际职业机构申请。仲裁小组的组成,由委托者和咨询者各自指定一名仲裁员,这两名仲裁员再联合指定第三名仲裁员,第三名仲裁员作为仲裁组长。若双方的仲裁员不能成功地指定第三名仲裁员,任何一方均可向国际职业机构申请指定第三名仲裁员。仲裁的决定是最终的有约束力的决定,在任何法律的管辖下可强制实施,双方均应放弃任何对强制实施的反对或豁免。

参考文献

[1] 中国建设监理协会.全国监理工程师培训考试教材——建设工程合同管理[M].北京:中国建筑工业出版社,2015.

[2] 全国造价工程师执业资格考试教材编审委员会.全国造价工程师执业资格考试培训教材——建设工程计价[M].北京:中国计划出版社,2014.

[3] 成虎.建筑工程合同管理与索赔[M].3版.南京:东南大学出版社,2000.

[4] 何伯森.国际工程合同与合同管理[M].北京:中国建筑工业出版社,1999.

[5] 李启明.土木工程合同管理[M].南京:东南大学出版社,2002.

[6] 冯之楹,何永春,廖仁兴.项目采购管理[M].北京:清华大学出版社,2000.

[7] 中华人民共和国财政部.货物采购国际竞争性招标文件[M].北京:清华大学出版社,1977.

[8] 高茂远.中国浦东干部学院工程建设与管理[M].上海:同济大学出版社,2005.

[9] 张春林,蒋作舟.建世纪工程 创千秋伟业——广州白云国际机场迁建工程建设管理[M].北京:中国建筑工业出版社,2004.

[10] 吴祥明.浦东国际机场建设——项目管理[M].上海:上海科技出版社,1999.

[11] 国际咨询工程师联合会,中国工程咨询协会.施工合同条件[M].北京:机械工业出版社,2002.

[12] 国际咨询工程师联合会,中国工程咨询协会.委托者/咨询工程师(单位)服务协议书范本.[M].3版.北京:机械工业出版社,2004.

[13] 国际咨询工程师联合会,中国工程咨询协会.委托者/咨询工程师(单位)协议书(白皮书)指南[M].2版.北京:机械工业出版社,2004.

[14] 中国工程咨询协会.工程咨询服务协议书文本[M].北京:中国物价出版社,2000.

[15] 财政部,建设部,等.建设工程招标代理合同[EB/OL].[2004-12-15].http://www.com-law.net/hetong/bid.htm.

[16] 世界银行借款人选择和聘请咨询顾问指南.[EB/OL].[2005-02-11].http://ww.worldbank.org.cn.

[17] 世界银行标准建议书征询文件(SRFP).[EB/OL].[2005-05-15].http://www.worldbank.org.cn.

[18] 建设工程施工合同(示范文本)(GF-2013-0201).

[19] 建设项目工程总承包合同示范文本(试行)(GF-2011-0206).

[20] 国家发改委,铁道部等九部委令56号.中华人民共和国标准施工招标文件(2007年版).

[21] 中华人民共和国住房和城乡建设部.中华人民共和国房屋建筑和市政工程标准施工招标文件(2010年版).

[22] 建设工程勘察合同(示范文本)(GF-2016-0203),建设工程设计合同(示范文本)(GF-2015-0209),建设工程监理合同(示范文本)(GF-2012-0202),建设工程造价咨询合同(示范文本)(GF-2015-0212).